高等学校计算机专业系列教材

基于Android平台的移动互联网应用开发

（第3版）

雷擎 编著

清華大学出版社
北京

内 容 简 介

本书从初学者的角度出发，基于 Android Studio 开发环境，详细介绍了安卓应用程序开发的基本概念和技术，并通过简单易懂的示例说明了其具体实现过程。通过本书的学习，可以牢固掌握安卓编程技术的基本概念、原理和编程方法，通过实践的灵活运用，能够进行应用程序的实际开发。

全书共 8 章。第 1 章详细介绍了安卓系统的体系结构、应用程序开发环境和调试环境的搭建；第 2～4 章详细介绍了用户界面的设计方法，常用布局、活动和片段，图形控件等实现安卓用户界面的基本知识，以及在用户浏览模式中的菜单和应用栏的具体实现和界面交互；第 5～8 章详细介绍了安卓平台的高级知识，包括广播接收器、多任务与服务、内容提供器、触摸事件处理。

本书适用于对 Java 编程有一定基础、希望掌握安卓程序设计技术的读者，也适合作为高等学校计算机专业教材，或可作为安卓程序设计的培训教材。

本书封面贴有清华大学出版社防伪标签，无标签者不得销售。
版权所有，侵权必究。举报：010-62782989，beiqinquan@tup.tsinghua.edu.cn。

图书在版编目(CIP)数据

基于 Android 平台的移动互联网应用开发/雷擎编著. —3 版. —北京：清华大学出版社，2023.8
高等学校计算机专业系列教材
ISBN 978-7-302-64167-4

Ⅰ. ①基… Ⅱ. ①雷… Ⅲ. ①移动终端－应用程序－程序设计－高等学校－教材 Ⅳ. ①TN929.53

中国国家版本馆 CIP 数据核字(2023)第 131180 号

责任编辑：龙启铭　薛　阳
封面设计：何凤霞
责任校对：徐俊伟
责任印制：刘海龙

出版发行：清华大学出版社
网　　址：http://www.tup.com.cn，http://www.wqbook.com
地　　址：北京清华大学学研大厦 A 座　　**邮　　编**：100084
社 总 机：010-83470000　　**邮　　购**：010-62786544
投稿与读者服务：010-62776969，c-service@tup.tsinghua.edu.cn
质量反馈：010-62772015，zhiliang@tup.tsinghua.edu.cn
课件下载：http://www.tup.com.cn，010-83470236
印 装 者：北京同文印刷有限责任公司
经　　销：全国新华书店
开　　本：185mm×260mm　　**印　　张**：24.25　　**字　　数**：604 千字
版　　次：2014 年 6 月第 1 版　2023 年 10 月第 3 版　　**印　　次**：2023 年 10 月第1 次印刷
定　　价：69.80 元

产品编号：097463-01

前言

关于本书

随着5G和物联网技术的发展,移动智能终端(即智能手机和平板电脑)已经成为人们日常通信和信息处理的工具,移动互联网正在改变人们的交流和生活方式。作为移动智能终端两大操作系统之一,安卓的影响力已经渗透到移动领域以外,特别是各种消费类电子产品。安卓应用程序也由个人应用逐步向企业应用扩展,安卓人才就业前景非常广泛。

编写本书的主要目的是系统地介绍安卓开发的基础知识,基于Android Studio开发环境提供编程示例。在本书的编写中,我们把安卓的基础知识与自己的教学经验和学习的体会结合起来,希望能够引导安卓技术学习者快速入门,系统地掌握安卓基础编程技术。由于目前安卓技术更新很快,本书内容中的概念和原理主要参考安卓开发的官方网站,尽量做到既准确又易于理解,代码示例均通过实际调试,可运行。本书主要讲述如何利用安卓相关技术开发移动终端的互联网应用程序。全书共分为8章。

第1章概述了使用安卓技术在移动终端开发的基础知识,包括安卓的基本常识和技术框架,并介绍了如何搭建安卓开发环境Android Studio和安卓应用程序项目的结构,引入了移动设备模拟器的概念。

第2章主要介绍了安卓活动组件和片段、布局和资源的概念,介绍了如何使用安卓的活动和片段,以及使用布局管理器来设计用户图形界面。

第3章主要内容是安卓用户界面的事件处理机制,以及常用视图控件如何使用和事件处理的方式,其中包括按钮控件中的Button、RadioButton、Checkbox、ToggleButton和Toast控件,以及文本控件中的TextView和EditText,使用例子说明如何对界面进行处理,使其显示效果多样化。

第4章主要介绍了安卓系统用户和界面之间的交互和数据传递,其中包括意图、广播接收器组件的概念、用途和实现方法。

第5章主要介绍了安卓系统多任务机制、主线程的概念和实现原理,以及如何使用Handle或AsyncTask实现应用程序的多任务。本章的另一部分介绍了安卓服务组件的概念和基本知识。

第6章主要介绍了安卓内容提供器组件的概念和相关基本知识,以及如何创建和使用内容提供器,如何通过数据绑定,使用适配器、视图对象和内容提供器实现数据加载,最终向用户显示数据。

第 7 章主要介绍了安卓有关触摸屏的应用程序开发，包括触摸事件的定义、触摸事件的传递机制、触摸点移动的速率跟踪、手势识别和拖放处理。

第 8 章主要介绍了安卓应用程序如何通过 GPS 和网络位置提供器获取位置信息，实现定位服务。

本书主要针对初学者，内容基本覆盖了安卓技术体系中的基础部分，并使用短小易懂的例子详细说明了如何应用。

读者对象

本书是安卓技术入门的基础类书籍，通过本书的学习，可以牢固掌握安卓编程技术的基本概念、原理和方法，为实际应用程序开发打好基础。本书服务的对象是具有一定的 Java 编程基础和对移动互联网应用感兴趣，但不具有移动终端开放经验的编程爱好者，以及职业教育、高等教育和技术培训的师生。

致谢

在本书的写作过程中，得到了很多人的悉心帮助，在此谨向给予本书帮助的诸位及本书所参考的官方网站和安卓开发社区表示诚挚的感谢。

另外，特别感谢对外经济贸易大学信息学院，为本书的教学和实践提供了支持平台。

由于作者水平有限，在本书的编写过程中可能存在一些对安卓技术及移动互联网技术认识不全面或者表述疏漏的地方，敬请读者批评指正。

作　者

2023 年 1 月

目录

第1章　安卓开发基础　/1

第2章　界面设计基础　/46

第 4 章 界面的交互 /162

第 5 章 实现多任务 /241

第 6 章 内容管理器 /278

第 7 章 触摸和输入 /318

第 8 章 定位服务基础 /353

第1章 安卓开发基础

安卓是一种以 Linux 为基础的开放源代码操作系统，主要使用于便携设备。安卓 12 是第 12 个主要发布版本，是由谷歌领导的开放手机联盟(Open Handset Alliance，OHA)开发的移动设备操作系统。安卓 12 第一个测试版于 2021 年 5 月 18 日发布，于 2021 年 10 月 4 日通过安卓开源项目公开发布，并于 2021 年 10 月 19 日发布以支持谷歌设备。安卓 12 对手机操作系统的质感设计(Material Design)语言进行了重大更新，称为“个性质感(Material You)”，具有更大的按钮、更多的动画以及主屏幕小部件的新样式，允许操作系统使用用户壁纸的颜色为系统菜单和支持的应用程序自动生成颜色主题。安卓 12 还具有对滚动屏幕截图的原生支持。除了用户界面之外，安卓 12 上的小部件还使用新的个性质感设计语言进行了更新。安卓 12 对系统服务进行了性能改进，例如 WindowManager、PackageManager、系统服务器和中断，还为视障人士增加了可访问性改进，安卓 Runtime 已添加到 Project Mainline，允许通过 Play Store 为其提供服务。安卓 12 添加了对空间音频和 MPEG-H 3D 音频的支持，并将支持 HEVC 视频转码，以便向后兼容不支持它的应用程序，丰富的内容插入 API 简化了在应用程序之间传输格式化文本和媒体的能力，例如通过剪贴板。第三方应用程序商店现在可以更新应用程序，而无须不断征求用户的许可。

操作系统级别的机器学习功能被沙盒化在安卓私有计算核心中，明确禁止访问网络。现在可以将请求位置数据的应用程序限制为只能访问近似位置数据，而不是精确位置数据。阻止应用程序在系统范围内使用相机和麦克风的控件已添加到快速设置切换中，如果它们处于活动状态，屏幕上也会显示一个指示器。

1.1 安卓入门

安卓系统是基于 Linux 平台的智能手机操作系统，是一个开源的平台，由操作系统、中间件、用户界面和应用软件等部分组成。安卓系统采用软件堆层(Software Stack，又名软件叠层)的系统架构，由多个程序组合来完成一个共同的任务。安卓的系统架构主要分为三个层次：底层以 Linux 内核为基础，由 C 语言开发，是移动设备的操作系统，只提供基本功能；中间层包括函数库(Library)和虚拟机(Virtual Machine)，由 C++ 开发；最上层是各种应用软件，包括通话程序、短信程序和游戏等。安卓系统作为一个移动开放平台，提供了与苹果移动系统不同的生态环境。任何手机厂商都可以免费使用安卓系统来定制自己的产品，而且安卓系统提供了标准的 SDK，应用软件可以由第三方开发者独立完成。

1.1.1 安卓历史

安卓由 Android Inc.于 2003 年开发，该公司于 2005 年被谷歌收购。在测试版发布之前，谷歌和开放手机联盟至少有两个软件的内部版本。测试版本已于 2007 年 11 月 5 日发布，而软件开发工具包于 2007 年 11 月 12 日发布。因为不存在用于测试操作系统的物理设备，后续的几个公共测试版本是通过软件模拟完成发布的。Android 1.0 的首次公开发布发生在 2008 年 10 月，是通过 T-Mobile G1（又名 HTC Dream）设备发布的。安卓 1.0 和 1.1 并未以特定代号发布，而代号"Astro Boy"和"Bender"在一些早期 1.0 之前的里程碑版本中被内部标记，并且从未用作操作系统 1.0 和 1.1 版本的实际代号。

从安卓 1.5 版本开始，谷歌选择使用甜点名称作为系统版本的代号，其版本的名称分别为：纸杯蛋糕（Cupcake）、甜甜圈（Donut）、松饼（Eclair）、冻酸奶（Froyo）、姜饼（Gingerbread）、蜂巢（Honeycomb）、冰淇淋三明治（Ice Cream Sandwich）、果冻豆（Jelly Bean）、奇巧（KitKat）、棒棒糖（Lollipop）、棉花糖（Marshmallow）、牛轧糖（Nougat）、奥利奥（Oreo）、馅饼（Pie），而且版本名称的英文名首字母按照字母的顺序，从 C 开始到 P。谷歌于 2019 年 8 月宣布，他们将结束甜点名称方案，以便在未来版本中使用数字排序，数字顺序格式下的第一个版本是安卓 10，于 2019 年 9 月发布，如表 1-1 所示。

表 1-1 安卓的各个版本

中文名称	英文名称	版本号	初始稳定发布日期	API 级别
安卓 1.0	Android 1.0	1.0	2008 年 9 月 23 日	1
安卓 1.1	Android 1.1	1.1	2009 年 2 月 9 日	2
纸杯蛋糕	Cupcake	1.5	2009 年 4 月 27 日	3
甜甜圈	Donut	1.6	2009 年 9 月 15 日	4
泡芙	Eclair	2.0	2009 年 10 月 27 日	5
		2.0.1	2009 年 12 月 3 日	6
		2.1	2010 年 1 月 11 日	7
冻酸奶	Froyo	2.2-2.2.3	2010 年 5 月 20 日	8
姜饼	Gingerbread	2.3-2.3.2	2010 年 12 月 6 日	9
		2.3.3-2.3.7	2011 年 2 月 9 日	10
蜂窝	Honeycomb	3.0	2011 年 2 月 22 日	11
		3.1	2011 年 5 月 10 日	12
		3.2-3.2.6	2011 年 7 月 15 日	13
冰淇淋三明治	Ice Cream Sandwich	4.0-4.0.2	2011 年 10 月 18 日	14
		4.0.3-4.0.4	2011 年 12 月 16 日	15

续表

中文名称	英文名称	版本号	初始稳定发布日期	API级别
果冻豆	Jelly Bean	4.1-4.1.2	2012年7月9日	16
		4.2-4.2.2	2012年11月13日	17
		4.3-4.3.1	2013年7月24日	18
奇巧	KitKat	4.4-4.4.4	2013年10月31日	19
		4.4W-4.4W.2	2014年6月25日	20
棒棒糖	Lollipop	5.0-5.0.2	2014年11月4日	21
		5.1-5.1.1	2015年3月2日	22
棉花糖	Marshmallow	6.0-6.0.1	2015年10月2日	23
牛轧糖	Nougat	7.0	2016年8月22日	24
		7.1-7.1.2	2016年10月4日	25
奥利奥	Oreo	8.0	2017年8月21日	26
		8.1	2017年12月5日	27
派	Pie	9	2018年8月6日	28
安卓10	Android 10	10	2019年9月3日	29
安卓11	Android 11	11	2020年9月8日	30
安卓12	Android 12	12	2021年10月4日	31
安卓12L	Android 12L	待定	2022年第一季度	32

2017年，谷歌宣布将开始要求应用开发针对最新的安卓版本，最初的最低要求是2017年下半年发布的安卓8，到2018年8月，新开发应用程序需要支持，2018年11月之前更新现有应用程序，这种模式在随后的几年中一直延续。2020年11月，谷歌宣布新应用需要在2021年8月之前以安卓10为目标，现有应用的任何更新都需要在2021年11月之前以安卓10为目标。安卓11系统在2020年9月9日正式发布，主要增强了聊天气泡、安全性、隐私性的保护、电源菜单，可以更好地支持瀑布屏、折叠屏、双屏和Vulkan扩展程序等。

1.1.2 硬件要求

安卓的主要硬件平台是ARM架构(ARMv7和ARMv8-A架构，以前是ARMv5)，后来的安卓版本也正式支持x86和MIPS架构，但MIPS支持已被弃用并且在NDK r17中删除了支持。安卓1.0～1.5需要带自动对焦的2兆像素相机，这对于使用安卓1.6的定焦相机来说很轻松。2012年，搭载Intel处理器的安卓设备开始出现，包括手机和平板电脑，在获得对64位平台的支持的同时，安卓首先在64位x86上运行，然后在ARM64上运行。自安卓5.0起，除32位变体外，还支持所有平台的64位变体。运行Android 7.1设备的最小RAM容量要求取决于屏幕尺寸和密度以及CPU类型，范围为816MB～1.8GB(64位)和512MB～1.3GB(32位)，这意味着实际上1GB是最常见的显示类型(安卓手表的最低大小为 416MB）。安卓 4.4 的建议是至少有 512MB 的 RAM，而对于低 RAM 的设备，340MB 是所需的最小数量，不包括专用于各种硬件组件的内存。安卓 4.4 需要一个 32 位 ARMv7、MIPS 或 x86 架构处理器，与 OpenGL ES 2.0 兼容图形处理单元（GPU）。安卓支持 OpenGL ES 1.1、2.0、3.0、3.2 和安卓 7.0 的 Vulkan。某些应用程序可能明确需要特定版本的 OpenGL ES，并且需要合适的 GPU 硬件来运行此类应用程序。2021 年，安卓被移植到 RISC-V，高通表示将支持更多更新。

表 1-2 提供了设备的有关共享特定特征（例如屏幕尺寸和密度）相对数量信息，数据快照代表截至 2021 年 11 月 26 日的 7 天内的所有活动设备。这可以帮助选择要优化的设备配置文件，该配置由屏幕尺寸和密度的组合定义。为简化为不同屏幕配置设计用户界面的方式，安卓将实际屏幕尺寸和密度的范围划分为多个类别，如图 1-1 和图 1-2 所示。

表 1-2　屏幕尺寸和密度分布（2021 年 11 月 26 日）

	ldpi	mdpi	tvdpi	hdpi	xhdpi	xxhdpi	总　数
Small	0.1%				0.2%		0.3%
Normal		0.2%	0.2%	11.3%	43.6%	25.3%	80.6%
Large		1.3%	2.6%	0.8%	4.6%	2.2%	11.5%
Xlarge		4.2%	0.1%	3.0%	0.4%		7.7%
Total	0.1%	5.7%	2.9%	15.1%	48.8%	27.5%	

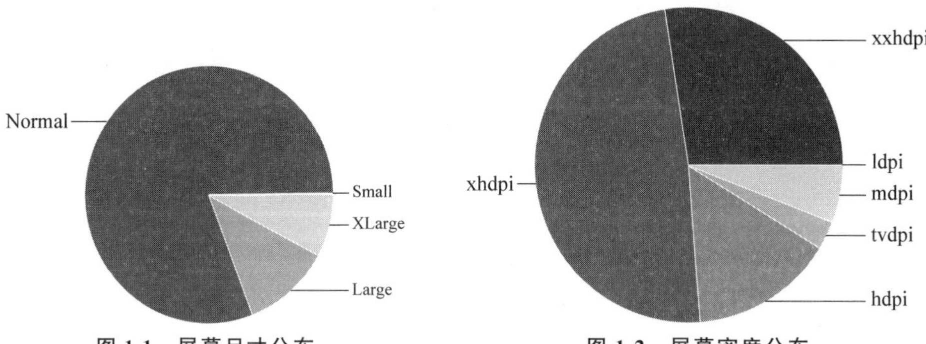

图 1-1　屏幕尺寸分布　　图 1-2　屏幕密度分布

另外，Vulkan 是一个跨平台的 2D 和 3D 绘图应用程序接口，最早由科纳斯组织（Khronos Group）在 2015 年游戏开发者大会（GDC）上发表。科纳斯最先把 Vulkan 称为下一代 OpenGL 行动或 glNext，但在正式宣布 Vulkan 之后这些名字就没有再使用了。就像 OpenGL，Vulkan 针对实时 3D 程序（如电子游戏）设计，并计划提供高性能和低 CPU 管理负担，这也是 Direct3D12 和 AMD 的 Mantle 的目标。Vulkan 兼容 Mantle 的一个分支，并使用了 Mantle 的一些组件。Vulkan 旨在提供更低的 CPU 开销与更直接的 GPU 控制，其理念大致与 Direct3D 12 和 Mantle 类似。表 1-3 提供了有关支持特定 Vulkan 版本的设备的相对数量的数据。不支持 Vulkan 的设备用 None 表示。注意，对一个特定版本的 Vulkan 的支持也意味着对任何较低版本的支持（例如，对 1.1 版的支持也意味着对 1.0.3 的支持），对一个特定版本的 OpenGL ES 的支持也意味着对任何较低版本的支持（例如，对

2.0 版的支持也意味着对 1.1 的支持)。

表 1-3　支持特定 Vulkan 版本

Vulkan 版本,如图 1-3 所示	分　布
None	29.0%
Vulkan 1.0.3	17.0%
Vulkan 1.1	54.0%
OpenGL ES 版本,如图 1-4 所示	**分　布**
GL 2.0	7.50%
GL 3.0	9.95%
GL 3.1	6.63%
GL 3.2	75.92%

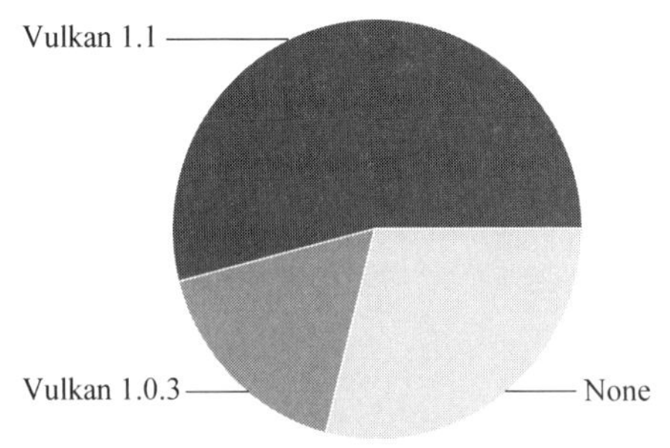

图 1-3　Vulkan 的版本分布

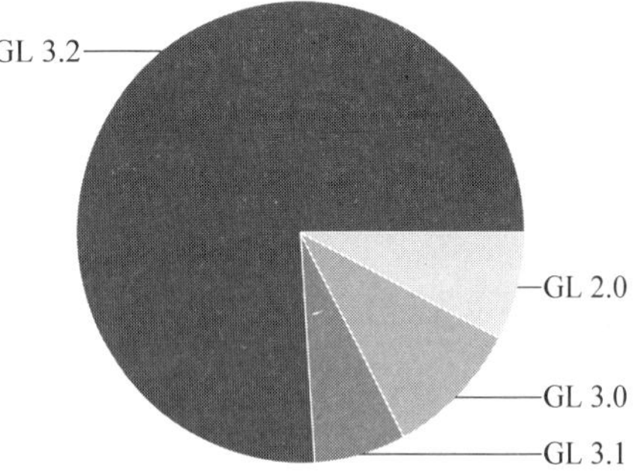

图 1-4　OpenGL ES 的版本分布

1.1.3　技术架构

安卓技术架构如图 1-5 所示。安卓系统架构从顶层到底层分别是 System Apps、Java API Framework、Native C/C++ Libraries、Android Runtime、Hardware Abstraction Layer (HAL)、Linux Kernel。对于一个安卓应用开发者,只需要了解 System Apps 和 Java API Framework 两个层次;如果是嵌入式和硬件移植的开发者,还需要了解 Native C/C++ Libraries、Android Runtime、Hardware Abstraction Layer(HAL)和 Linux Kernel 这几个部分。这本书的内容主要涉及框架中上面两个层次的技术。

1. System Apps

安卓配置了一个核心应用程序集合,包括电子邮件客户端、短信程序、日历、地图、浏览器、联系人、照相机、时钟、拨号和其他设置,所有应用程序都是用编程语言写的,自己开发的应用也在这个层次。

2. Java API Framework

安卓提供开放的应用框架,应用开发者可以方便地设计丰富和新颖的应用程序。通过应用框架,开发者能够自由地利用设备硬件、使用访问位置信息、运行后台服务、设置闹钟、向状态栏添加通知等。由于这个应用开发框架是完全开放的,应用开发者能够使用框架的

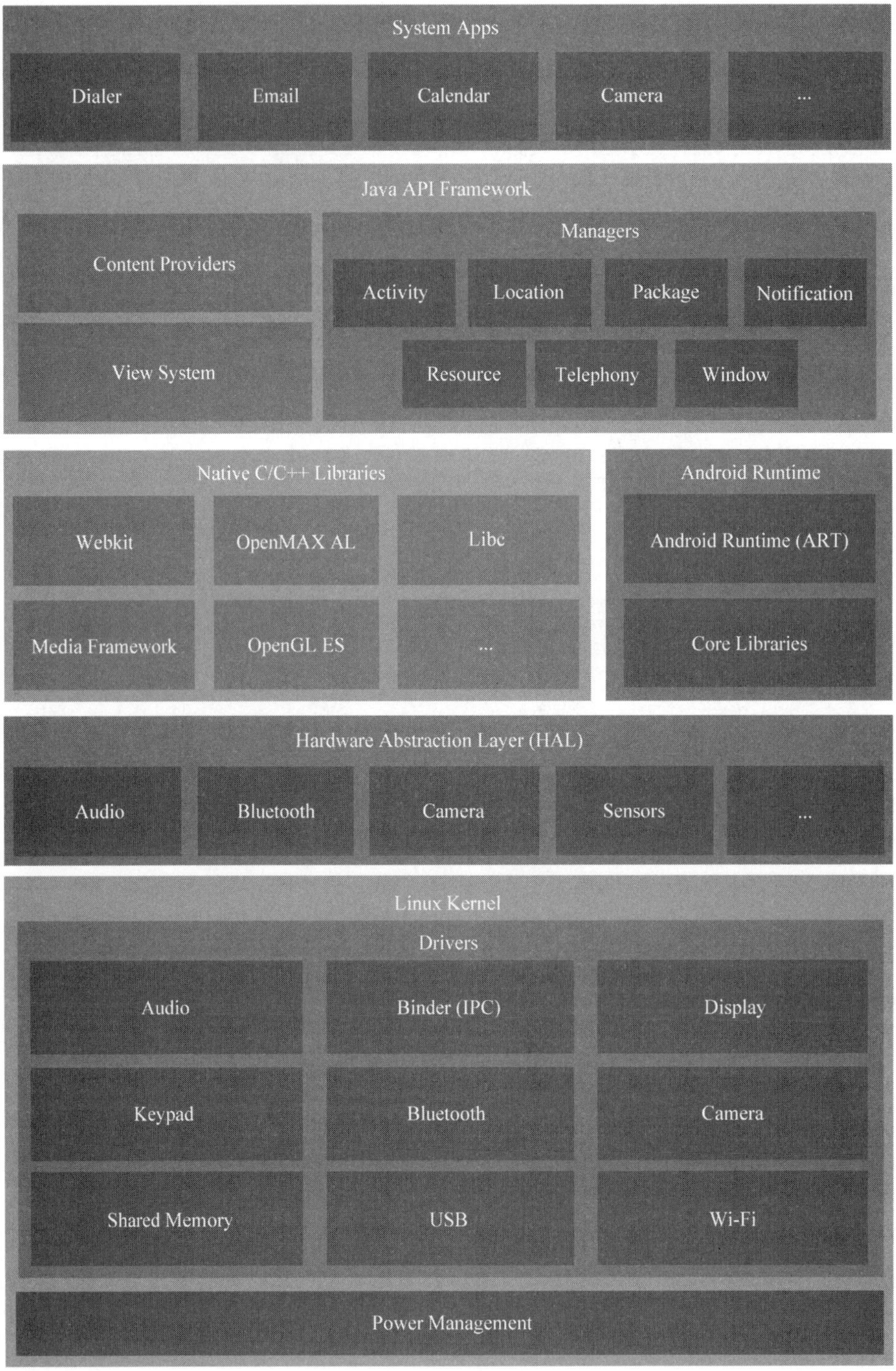

图 1-5 安卓技术架构

核心功能。设计应用框架的目的在于方便组件的重用，简化应用程序的开发，而且应用程序都可以发布和使用应用框架中的功能。应用框架主要是由下面的功能组成的。

(1) 视图系统(View System):包括丰富的、可扩展的视图集合,可用于构建一个应用程序。包括列表、网格、文本框、按钮,甚至是内嵌的网页浏览器。

(2) 内容提供者(Content Providers):使应用程序能访问其他应用程序(如通讯录)的数据,或共享自己的数据。

(3) 管理器(Managers):其中,资源管理器(Resource)为应用程序提供可访问的非代码资源,如本地化字符串、图形和布局文件等;通知管理器(Notification)支持所有的应用程序能在状态栏显示自定义警告;活动管理器(Activity)管理用户界面应用程序的生命周期,提供通用的导航回退功能;窗口管理器(Window);位置管理器(Location)支持移动设备上基于位置和地图的应用。

3. Native C/C++ Libraries

本地库是由安卓提供的一系列本地头文件和共享库文件,应用程序通过应用框架调用。本地库支持使用硬件传感器、访问存储器、处理用户输入、配置信息设置等功能。随着安卓的版本和安卓 API Level 的不断更新,本地库的功能逐渐增多。到目前为止,包括 C/C++ 库、ZLib 压缩库、动态链接库、嵌入式 3D 图形加速标准 OpenGL ES 库、分配和管理 OpenGL ES 的 EGL 库、嵌入式音频加速标准 OpenSL ES 库、FreeType 位图和矢量字体处理库、强大而轻量级的关系数据库引擎 SQLite、WebKit 和 OpenMAX AL 等库。

4. Android Runtime

Android Runtime 包括核心库、ART 和 Dalvik 虚拟机。从安卓 4.4 开始,安卓就推出了新的 Android Runtime(Android RunTime,ART),替代之前版本的 Dalvik。ART 的功能是管理和运行 Android 应用程序和 Android 的一部分系统服务。与 Dalvik 相比,ART 提供了许多新的功能,来改善安卓平台和应用的性能。ART 和它的前身 Dalvik 都是专门为安卓项目创建的,ART 遵循 Dalvik 可执行格式和 Dex 字节码规范。ART 和 Dalvik 运行 Dex 字节码时是兼容的,因此基于 Dalvik 开发的应用也可以在 ART 上运行。但有时候,基于 Dalvik 的技术无法在 ART 上实现。

5. Hardware Abstraction Layer(HAL)

硬件抽象层为硬件厂商定义了一个标准接口,安卓系统通过这个标准接口使用硬件实现的功能,底层的硬件驱动实现对于安卓系统透明。也就是说,安卓的上层应用只需调用这些标准接口来实现软件的功能,不必了解具体是哪家厂商的产品,如何实现。硬件抽象层使得安卓系统的上层软件功能与硬件实现隔离开,不同硬件的支持不会影响也不需要修改上层软件系统。当然,针对不同的厂商产品,需要开发对应的硬件抽象层。硬件抽象层的实现部分以.so 的文件模式存储在共享库模块中。

6. Linux Kernel

安卓的 Linux Kernel 提供操作系统的核心系统服务,包括安全管理、内存管理、进程管理、网络堆栈、电源管理和驱动模型等。例如,声音、显示、相机、蓝牙、Wi-Fi 等设备的驱动都在这一层实现。

1.1.4　开发流程

在 Android Studio 平台上开发安卓,与在其他平台上开发的流程基本一致。作为安卓应用的专用开发平台,Android Studio 平台把开发过程中所需的一些设计和开发的专用工具统一整合，例如，用户界面图形设计工具、Android SDK、安卓虚拟机等，安装后就具有开发中所需要的工具，下面是在 Android Studio 中开发应用的流程，如图 1-6 所示。

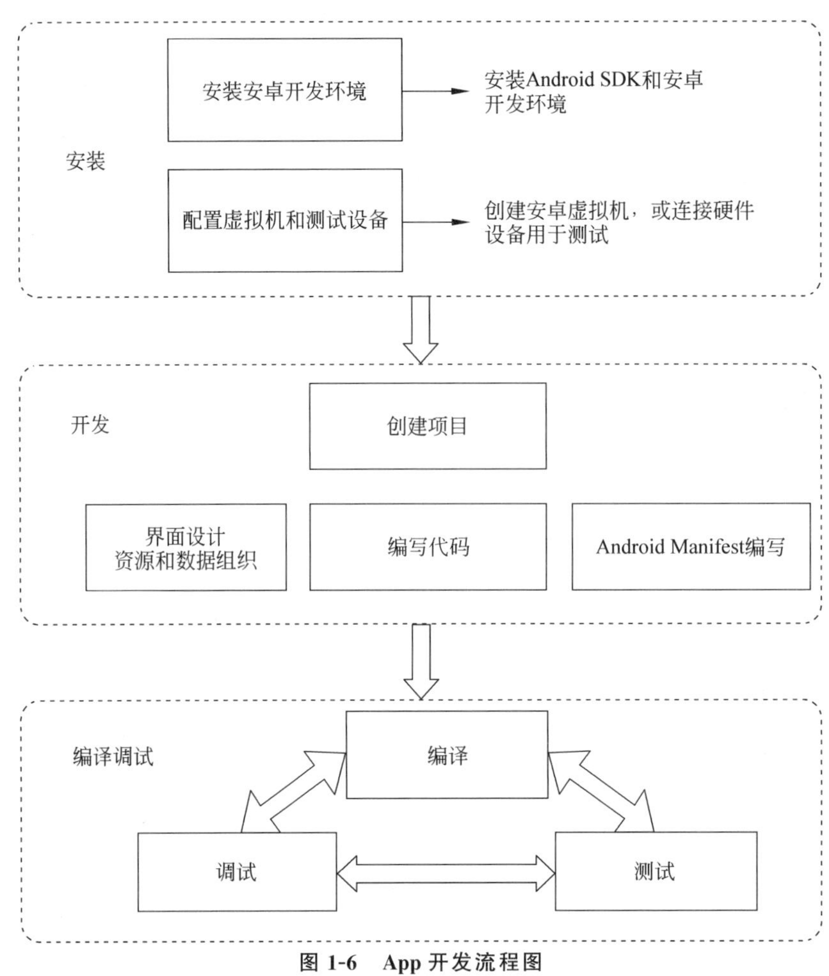

图 1-6　App 开发流程图

1. 安装

在这个阶段，需要下载 Android Studio 安装包，安装安卓开发环境后，配置虚拟机和测试设备，并通过 HelloWorld 应用测试整个平台的各项功能，熟悉所安装版本平台的工具和项目的组织结构，为正式开发应用做好准备。

2. 开发

这个阶段需要创建应用的项目，了解开发应用的所有相关文件，以及保存的相应目录结构，这一阶段的任务分为三个部分。界面设计主要是用户界面的组件定义和布局设计，可以使用 Android Studio 的图形工具实现，也可以直接使用 XML 来编写。无论哪种形式，最后界面的设计代码都以 XML 文件形式存储在资源文件目录 res 中；资源和数据组织主要是把图形、图标、网络链接等资源和数据通过资源文件存放在 res 合适的目录中。源程序代码主要实现用户界面的交互功能和后台的数据管理、网络通信等程序功能。通过代码，把界面设计的用户界面按照应用逻辑关联起来，实现整个应用的完整功能。AndroidManifest.xml 文件是对总体进行配置的文件，在安卓应用程序开发的过程中，每一个安卓组件都需要在这个文件中进行配置后，才能够添加到应用中执行。

3. 编译调试

这个阶段，其中一个重点是配置编译的模式，进行软件测试，即是对应用进行总体编译、调试和测试，可以按照软件的测试标准书写编写用例，对软件的功能和性能进行测试，优化应用。另一个重点是在不同配置的虚拟机和硬件设备上对应用进行功能和性能测试，对其兼容性和健壮性进行测试，调整应用的用户界面友好程度和增强应用的版本兼容性。这些调试和测试过程，Android Studio 都提供有相应的工具来帮助程序员进行。

1.2　安装设置

在进行安卓应用程序开发之前，需要搭建安卓应用程序开发环境。本书使用 Android Studio 2021.1.1 版本来执行创建应用程序的任务。Android Studio 是用于开发安卓应用的官方集成开发环境，以 IntelliJ IDEA 为基础构建而成。除了 IntelliJ 强大的代码编辑器和开发者工具，Android Studio 还提供更多可提高安卓应用构建效率的功能，例如：

- 基于 Gradle 的灵活构建系统。
- 快速且功能丰富的模拟器。
- 统一的环境，适用于所有安卓设备的应用。
- “Apply Changes”功能可将代码和资源更改推送到正在运行的应用，而无须重启应用。
- 代码模板和 GitHub 集成，可协助打造常见的应用功能及导入示例代码。
- 大量的测试工具和框架。
- Lint 工具能够找出性能、易用性和版本兼容性等方面的问题。
- C++ 和 NDK 支持。

目前可以在 Android Studio 存档页面（https://developer.android.com/studio/archive）上找到最新版本。Android Studio 是安卓开发的官方集成开发环境，提供开发安卓应用所需要的各种支持工具和软件包，安装完后具有下面的功能：

- IntelliJ IDE ＋ Android Studio 插件。
- 安卓 SDK 工具包。
- 安卓平台工具。
- 安卓开发平台。

由于 Android Studio 把安卓应用程序开发所需的运行环境、开发库、开发工具和界面都集成为一个包，所以安装比较简单。Android Studio 针对 Windows、macOS、Linux、Chrome OS 不同的操作系统，提供相应的安装包。在下载完成 Android Studio 安装包之后，首先需要确认操作系统已经安装了 JDK，并且版本在 1.8 以上。下面介绍 Android Studio 基于 Windows 的安装步骤。不必立即下载和安装离线工具，必须至少启动一次 Android Studio 才能下载 Gradle 构建工具，如果连接速度足够快会发现使用标准配置更容易。步骤如下。

(1) 如果下载了.exe 文件，双击启动。如果下载了.zip 文件，解压 ZIP，将 android-studio 文件夹复制到 Program Files 文件夹中，然后打开 android-studio\bin 文件夹并启动

studio64.exe（对于 64 位机器）或 studio.exe（对于 32 位机器）。

（2）按照 Android Studio 中的向导安装它推荐的任何 SDK 包。

（3）第一次开始新安装 Android Studio 时，根据需要选择 Android Studio 预定的设置，当 Import Android Studio Settings From 对话框出现时，可以选择 Do not import settings，然后单击 OK 按钮继续，如图 1-7 所示；在 Install Type 窗口中，可以选择 Custom（选自己定制的设置）并单击 Next 按钮，如图 1-8 所示；继续下面的配置，在 Select UI Theme 窗口中，选择喜欢的界面主题，如图 1-9 所示，然后单击 Next 按钮；在 Verify Settings 中，如图 1-10 所示，检查以确保使用的是默认 SDK 路径，单击 Finish 按钮以完成设置并开始下载组件，这个过程包括下载安卓的组件和工具包并进行安装，需要的时间稍微有点长直到完成配置过程；组件下载完成后，再次单击 Finish 按钮以结束安装；出现 Android Studio 启动界面，如图 1-11 所示，关闭 Android Studio 启动界面，就完成了安装。

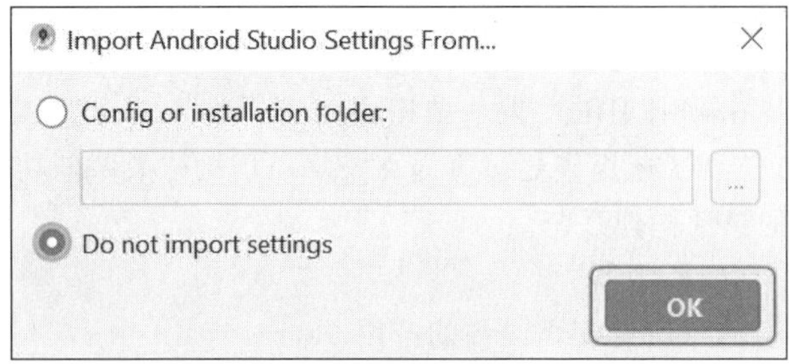

图 1-7　导入设置

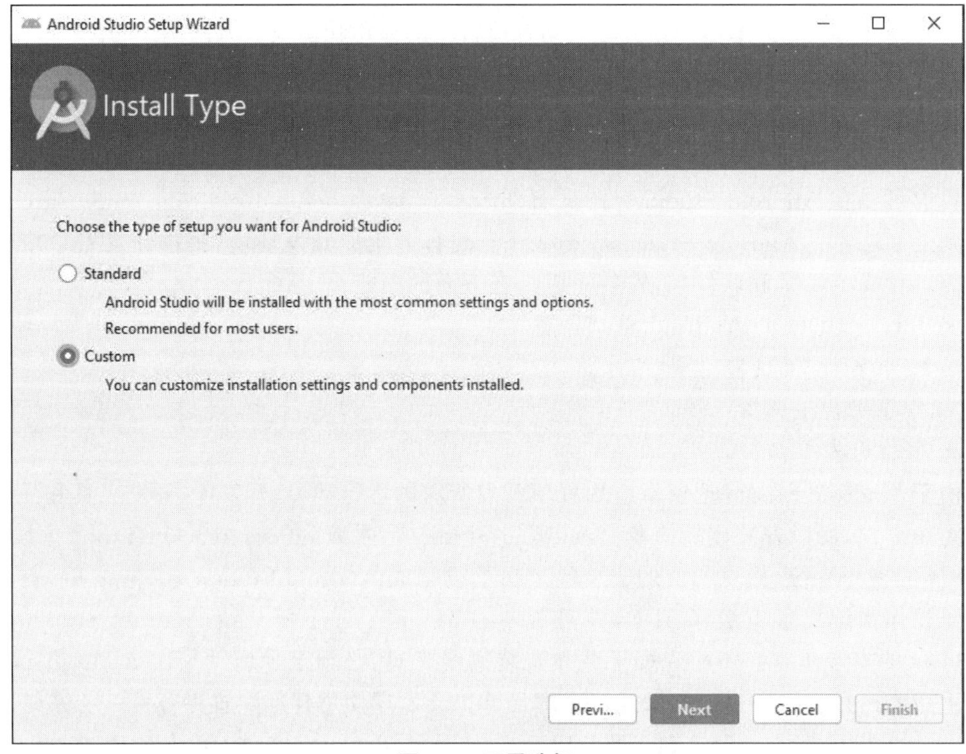

图 1-8　配置选择

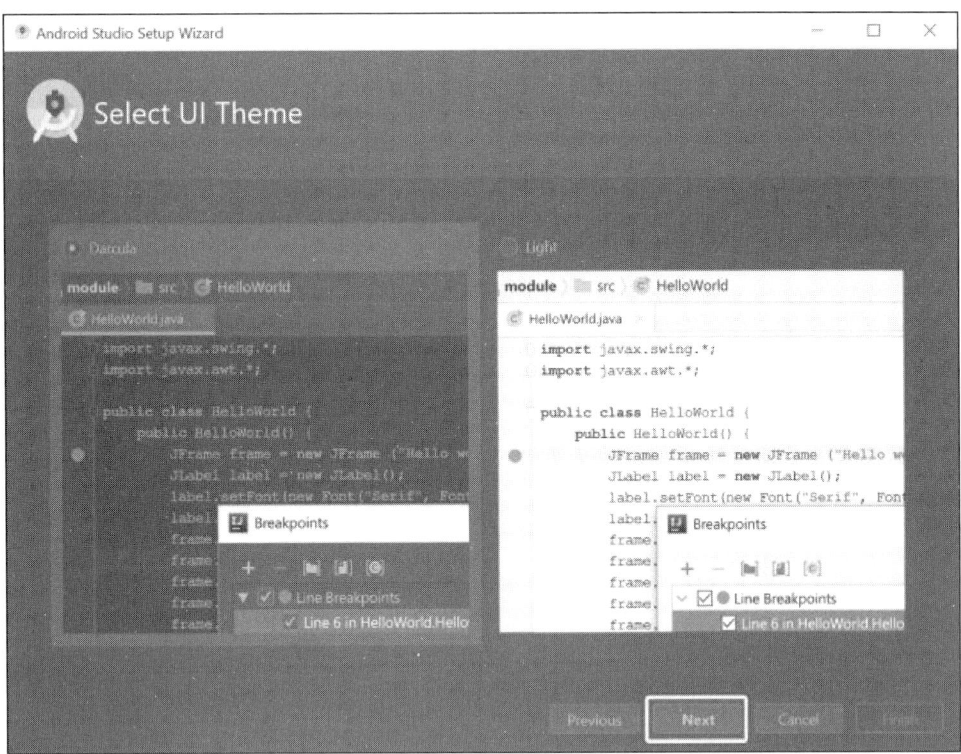

图 1-9 界面主题

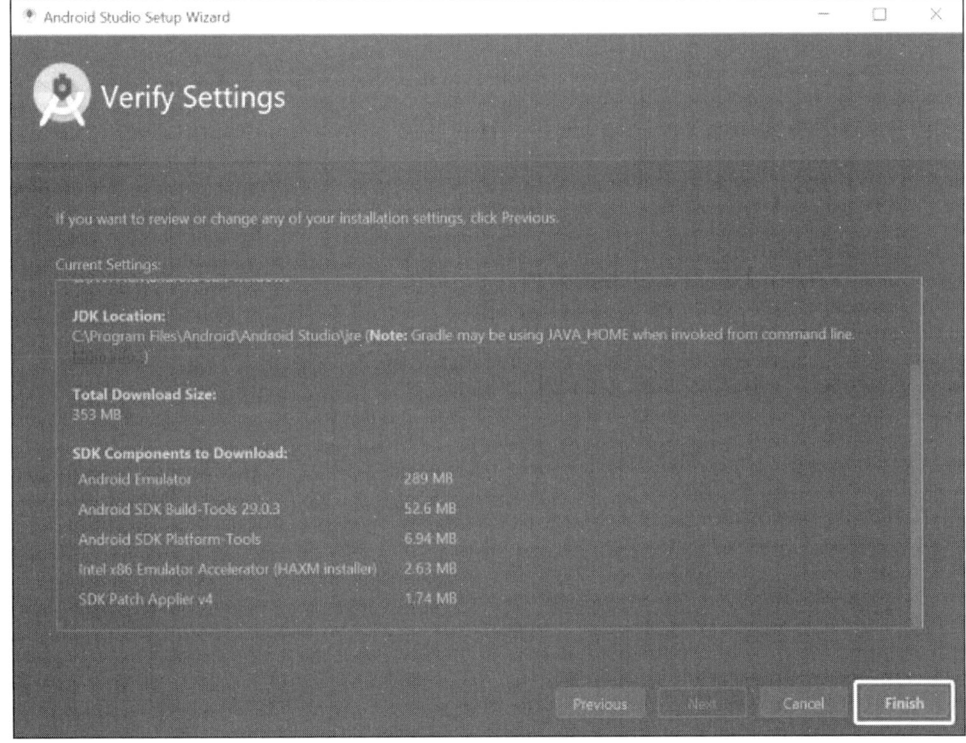

图 1-10 验证设置

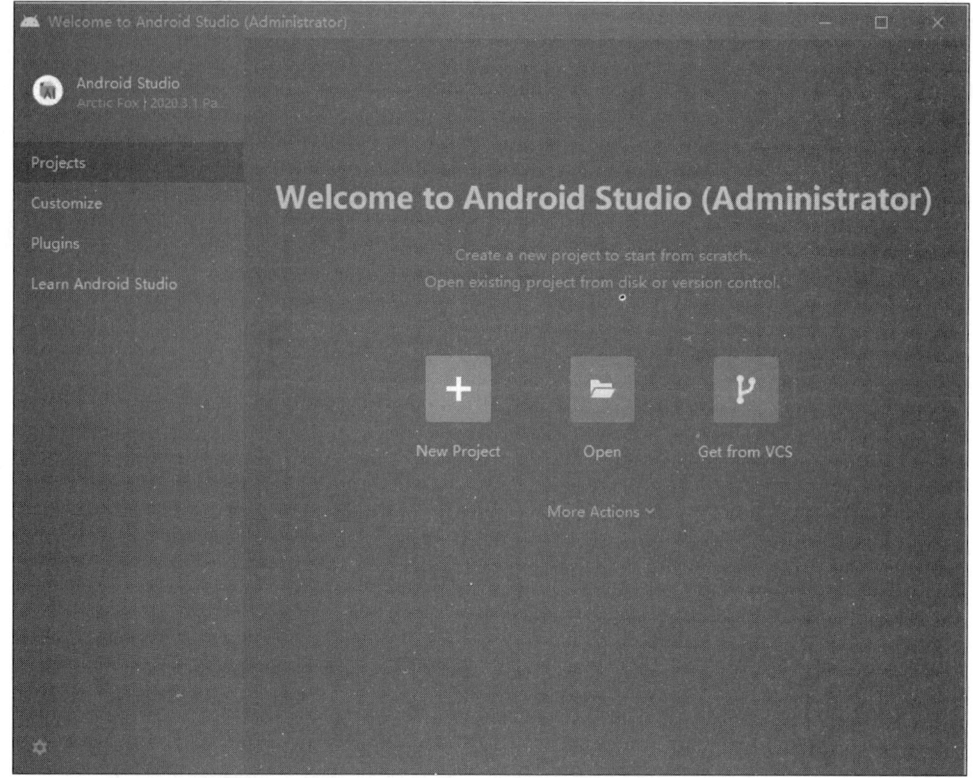

图 1-11　Android Studio 启动界面

（4）设置 Windows 系统环境变量。注意在某些 Windows 系统中，Android Studio 安装脚本找不到 JDK 的路径，如果遇到这种情况，需要在环境变量中设置 JDK 路径。

Android Studio 提供向导和模板来验证系统要求，例如，Java 开发工具包和可用内存；并配置默认设置，例如，优化的默认安卓虚拟设备仿真和更新的系统映像，也可以自定义 Android Studio 使用的其他配置设置，Android Studio 通过 Help 菜单提供对两个配置文件的访问。

（1）studio.vmoptions 为 Android Studio 的 Java 虚拟机自定义选项，例如，堆栈大小和缓存大小。在 Linux 机器上此文件可能命名为 studio64.vmoptions，具体取决于 Android Studio 版本。

（2）idea.properties：自定义 Android Studio 属性，例如，插件文件夹路径或支持的最大文件大小。

这两个配置文件都存储在 Android Studio 的配置文件夹中，文件夹的名称取决于 Android Studio 版本，以下是 Android Studio 4.1 及更高版本的 Windows 系统实例。

```
C:\Users\YourUserName\AppData\Roaming\Google\Android Studio 4.1
```

studio.vmoptions 文件允许为 Android Studio 的 JVM 自定义选项。为了提高 Android Studio 的性能，最常见的调整选项是最大堆大小，也可以使用 studio.vmoptions 文件覆盖其他默认设置，例如，初始堆大小、缓存大小和 Java 垃圾收集开关。要创建新 studio.

vmoptions 文件或打开现有文件，使用以下步骤。

(1) 单击 Help→Edit Custom VM Options，如果从未为 Android Studio 编辑过 VM 选项，IDE 会提示创建一个新 studio.vmoptions 文件，单击 Yes 按钮以创建文件。

(2) studio.vmoptions 文件在 Android Studio 的编辑器窗口中打开，编辑该文件以添加自定义 VM 选项。创建的 studio.vmoptions 文件默认添加到位于 bin\Android Studio 安装文件夹内的目录中。虽然可以访问该文件以查看默认 VM 选项，但编辑 studio.vmoptions 文件时应确保不会覆盖 Android Studio 的重要默认设置。默认情况下，Android Studio 的最大堆大小为 1280MB，如果正在处理大型项目或者系统具有大量内存，可以通过增加 Android Studio 进程(例如，核心 IDE、Gradle 守护程序和 Kotlin 守护程序)的最大堆大小来提高性能。Android Studio 会自动检查可能的堆大小优化，并在检测到性能可以提高时通知(如图 1-12 所示)。

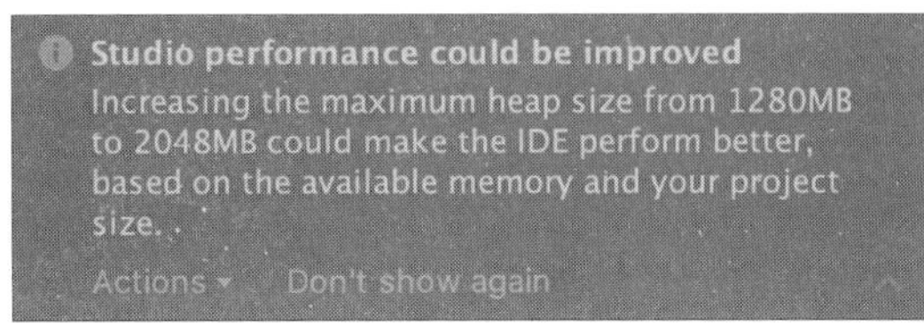

图 1-12　关于推荐内存设置的通知

如果使用具有至少 5 GB 内存的 64 位系统，还可以手动调整项目的堆大小，按照下列步骤操作。

(1) 单击菜单栏中的 File→Settings。

(2) 单击 Appearance & Behavior→System Settings→Memory Settings，如图 1-13 所示。

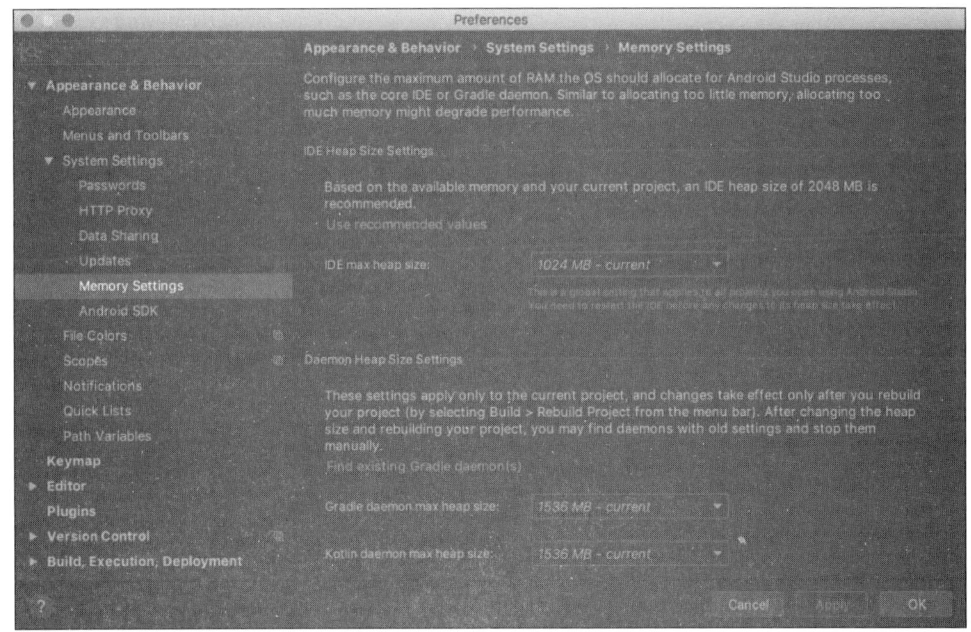

图 1-13　内存设置

（3）调整堆大小以匹配所需的数量。

（4）单击 Apply 按钮。

可以导出 Settings.jar 文件，包含项目的全部或一部分首选 IDE 设置，然后可以将 JAR 文件导入其他项目中。idea.properties 文件允许为 Android Studio 自定义 IDE 属性，例如，用户安装插件的路径和 IDE 支持的最大文件大小，idea.properties 文件将与 IDE 的默认属性合并，因此可以仅指定覆盖属性，要创建新 idea.properties 文件或打开现有文件，使用以下步骤。

（1）单击 Help→Edit Custom Properties，如果之前从未编辑过 IDE 属性，Android Studio 会提示创建一个新 idea.properties 文件，单击 Yes 按钮以创建文件。

（2）idea.properties 文件在 Android Studio 的编辑器窗口中打开，编辑该文件以添加自定义 IDE 属性。以下 idea.properties 文件包含常用的自定义 IDE 属性，如代码 1-1 所示。

```
#---------------------------------------------------------------------
#Uncomment this option if you want to customize path to user installed plugins
#folder. Make sure you're using forward slashes.
#---------------------------------------------------------------------
#idea.plugins.path=${idea.config.path}/plugins
#---------------------------------------------------------------------
#Maximum file size (kilobytes) IDE should provide code assistance for.
#The larger file is the slower its editor works and higher overall system memory
#requirements are if code assistance is enabled. Remove this property or set to
#very large number if you need code assistance for any files available
#regardless their size.
#---------------------------------------------------------------------
idea.max.intellisense.filesize=2500
#---------------------------------------------------------------------
#This option controls console cyclic buffer: keeps the console output size not
#higher than the specified buffer size (Kb). Older lines are deleted. In order
#to disable cycle buffer use idea.cycle.buffer.size=disabled
#---------------------------------------------------------------------
idea.cycle.buffer.size=1024
#---------------------------------------------------------------------
#Configure if a special launcher should be used when running processes from
#within IDE.Using Launcher enables "soft exit" and "thread dump" features
#---------------------------------------------------------------------
idea.no.launcher=false
#---------------------------------------------------------------------
#To avoid too long classpath
#---------------------------------------------------------------------
idea.dynamic.classpath=false
#---------------------------------------------------------------------
#There are two possible values of idea.popup.weight property: "heavy" and
#"medium".
#If you have WM configured as "Focus follows mouse with Auto Raise" then you have
#to set this property to "medium". It prevents problems with popup menus on
#some configurations.
```

代码 1-1　idea.properties 文件

```
#-------------------------------------------------------------------
idea.popup.weight=heavy
#-------------------------------------------------------------------
#Use default anti-aliasing in system, i.e. override value of
#"Settings|Editor|Appearance|Use anti-aliased font" option. May be useful when
#using Windows Remote Desktop Connection for instance.
#-------------------------------------------------------------------
idea.use.default.antialiasing.in.editor=false
#-------------------------------------------------------------------
#Disabling this property may lead to visual glitches like blinking and fail to
#repaint on certain display adapter cards.
#-------------------------------------------------------------------
sun.java2d.noddraw=true
#-------------------------------------------------------------------
#Removing this property may lead to editor performance degradation under
#Windows.
#-------------------------------------------------------------------
sun.java2d.d3d=false
#-------------------------------------------------------------------
#Workaround for slow scrolling in JDK6
#-------------------------------------------------------------------
swing.bufferPerWindow=false
#-------------------------------------------------------------------
#Removing this property may lead to editor performance degradation under X
#Window.
#-------------------------------------------------------------------
sun.java2d.pmoffscreen=false
#-------------------------------------------------------------------
#Workaround to avoid long hangs while accessing clipboard under Mac OS X.
#-------------------------------------------------------------------
#ide.mac.useNativeClipboard=True
#-------------------------------------------------------------------
#Maximum size (kilobytes) IDEA will load for showing past file contents -
#in Show Diff or when calculating Digest Diff
#-------------------------------------------------------------------
#idea.max.vcs.loaded.size.kb=20480
```

代码 1-1 （续）

最新的 OpenJDK 的副本与 Android Studio 及更高版本捆绑在一起，这是推荐用于安卓项目的 JDK 版本，要使用捆绑的 JDK，执行以下操作。

（1）在 Android Studio 中打开项目并单击 File→Settings→Build, Execution, Deployment→Build Tools→Gradle。

（2）在 Gradle JDK 下选择 Embedded JDK 选项。

（3）单击 OK 按钮。

默认情况下，用于编译项目的 Java 语言版本是基于项目的 compileSdkVersion（因为不同版本的安卓支持不同版本的 Java），如有必要可以通过将以下 compileOptions 块添加到 build.gradle 文件来覆盖默认 Java 版本，如代码 1-2 所示。

```
android {
    compileOptions {
        sourceCompatibilityJavaVersion.VERSION\_1\_6
        targetCompatibilityJavaVersion.VERSION\_1\_6
    }
}
```

代码 1-2　修改 Java 版本

代理充当 HTTP 客户端和 Web 服务器之间的中间连接点，为 Internet 连接增加安全性和隐私性，要支持在防火墙后运行 Android Studio，需要为 Android Studio 设置代理。使用 Android Studio 的 HTTP 代理设置页面是为 Android Studio 设置 HTTP 代理；从命令行或在未安装 Android Studio 的机器(例如持续集成服务器)上运行 Gradle 的 Android 插件时，需要在 Gradle 构建文件中设置代理。Android Studio 支持 HTTP 代理设置，因此可以在防火墙或安全网络后运行 Android Studio，在 Android Studio 中设置 HTTP 代理的步骤如下。

(1) 从菜单栏中单击 File→Settings。

(2) 在左窗格中单击 Appearance & Behavior→System Settings→HTTP Proxy，出现 HTTP 代理设置页面。

(3) 选择 Auto-detect proxy settings 自动配置代理，或选择 Manual proxy configuration 以输入每个设置。

(4) 单击 Apply 或 OK 按钮以使更改生效。

若从命令行或在未安装 Android Studio 的计算机上运行安卓插件，应在 Gradle 构建文件中设置 Android Plugin for Gradle 代理。对于特定于应用的 HTTP 代理设置，根据各应用模块的要求在 build.gradle 文件中设置代理(如代码 1-3 所示)。

```
plugins {
    id 'com.android.application'
}

android {
    ...
    defaultConfig {
        ...
        systemProp.http.proxyHost=proxy.company.com
        systemProp.http.proxyPort=443
        systemProp.http.proxyUser=userid
        systemProp.http.proxyPassword=password
        systemProp.http.auth.ntlm.domain=domain
    }
    ...
}
```

代码 1-3　代理设置

对于整个项目的 HTTP 代理设置，在 gradle\gradle.properties 文件中设置代理(如代码 1-4 所示)。

```
#Project-wide Gradle settings.
...
systemProp.http.proxyHost=proxy.company.com
systemProp.http.proxyPort=443
systemProp.http.proxyUser=username
systemProp.http.proxyPassword=password
systemProp.http.auth.ntlm.domain=domain
systemProp.https.proxyHost=proxy.company.com
systemProp.https.proxyPort=443
systemProp.https.proxyUser=username
systemProp.https.proxyPassword=password
systemProp.https.auth.ntlm.domain=domain
...
```

代码 1-4　整个项目的 HTTP 代理设置

1.3　管理项目

Android Studio 中的项目包含为应用定义工作区的所有内容，包括源代码和资源以及测试代码和构建配置。开始一个新项目时，Android Studio 会为所有文件创建所需的项目结构，并使其在 IDE 左侧的 Project 窗口中可见，依次单击 View→Tool Windows→Project，下面概述项目内的几个关键组件。

模块是源文件和编译设置的集合，可将项目划分为独立的功能单元，项目可以包含一个或多个模块，一个模块可以将另一个模块作为依赖项，可以独立构建、测试和调试每个模块。添加模块通常适用于以下情形：在项目中创建代码库或者为不同设备类型（例如手机和穿戴式设备）创建不同的代码和资源集，但将所有文件都限定在同一个项目中并共享一些代码时。依次单击 File→ New→New Module 即可向项目中添加新模块，Android Studio 提供了以下几种不同类型的模块。

1. 安卓应用模块

该模块为应用的源代码、资源文件和应用级设置提供容器，例如，模块级构建文件和安卓清单文件，当创建新项目时，默认的模块名称是“app”。在 Create New Module 窗口中，Android Studio 提供了以下类型的应用模块：手机和平板电脑模块、穿戴设备模块、安卓电视模块、安卓眼镜模块。每个模块都提供适合相应应用或设备类型的基本文件和一些代码模板。

2. 功能模块

该模块表示应用中可利用 Google Play 的功能分发，例如，借助功能模块可以为用户按需提供应用的某些功能或通过 Google Play 实现免安装体验。

3. 库模块

该模块为可重用代码提供容器，可以将其作为依赖项用在其他应用模块中或将其导入其他项目中。从结构上讲，库模块与应用模块相同，但在构建时前者会创建代码归档文件而不是 APK，因此无法安装在设备上。在 Create New Module 窗口中，Android Studio 提供了以下库模块。

（1）Android 库：这种类型的库可以包含 Android 项目中支持的所有文件类型，包括源代码、资源和清单文件，构建结果是一个 Android Archive（AAR）文件，可以将其添加为安卓应用模块的依赖项。

（2）Java 库：这种类型的库只能包含 Java 源文件，构建结果是一个 JavaArchive(JAR）文件，可以将其添加为安卓应用模块或其他 Java 项目的依赖项。

默认情况下，Android Studio 会在视图中显示项目文件，此视图并不能反映磁盘上的实际文件层次结构，而是按模块和文件类型进行整理，以简化项目的关键源文件之间的导航方式，并隐藏某些不常用的文件或目录，与磁盘上的结构相比，一些结构变化包括以下方面。

（1）在顶级 Gradle Script 组中显示相应项目的所有与构建相关的配置文件（如图 1-14 所示）。

（2）当针对不同的产品变种和构建类型使用不同的清单文件时，在模块级组中显示每个模块的所有清单文件。

（3）在一个组中显示所有备用资源文件，而非在每个资源限定符的单独文件夹，例如，启动器图标的所有密度版本都可以并排显示。

在每个安卓应用模块中，文件显示在以下组中。

（1）manifests：包含 AndroidManifest.xml 文件。

（2）java：包含 Java 源代码文件，以软件包名称分隔各文件，包括 JUnit 测试代码。

（3）res：包含所有非代码资源，例如，XML 布局、界面字符串和位图图像，这些资源划分到相应的子目录中。

如需查看项目的实际文件结构，包括在安卓视图中隐藏的所有文件，从项目窗口顶部的下拉列表中选择 Project。如果选择了 Project 视图（如图 1-15 所示），可以看到更多文件和目录，其中最重要的目录如下。

```
module-name\
build\
    包含构建输出。
libs\
    包含专用库。
src\
    包含相应模块在以下子目录中的所有代码和资源文件。
    androidTest\
        包含在安卓设备上运行的插桩测试的代码。如需了解详情，可参阅 Android 测试文档。
    main\
        包含"主"源代码集文件：所有构建变体共享的 Android 代码和资源（其他构建变体的文
        件位于同级目录中，例如，"debug"构建类型的文件位于 src\debug\中）。
        AndroidManifest.xml
          描述应用及其各个组件的性质。
      java\
          包含 Java 源代码。
      jni\
          包含使用 Java 原生接口（JNI）的原生代码。如需了解详情，可参阅 Android NDK
          文档。
      gen\
          包含 Android Studio 生成的 Java 文件，例如，R.java 文件和使用 AIDL 文件创建
          的接口。
```

res\

包含应用资源，例如，可绘制对象文件、布局文件和界面字符串。

assets\

包含应按原样编译为 .apk 文件的文件。可以使用 URI 按照与典型文件系统相同的方式导航此目录，并使用 AssetManager 以字节流的形式读取文件。例如，此目录非常适合存储纹理和游戏数据。

test\

包含在主机 JVM 上运行的本地测试代码。

build.gradle（模块）

定义了特定于模块的构建配置。

build.gradle（项目）

定义了适用于所有模块的构建配置。该文件是项目不可或缺的一部分，因此应该将其与所有其他源代码一起保留在修订版本控制系统中。

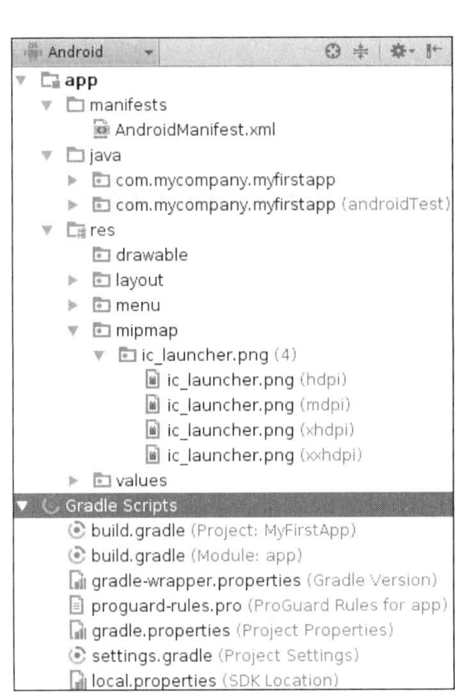

图 1-14　构建配置文件

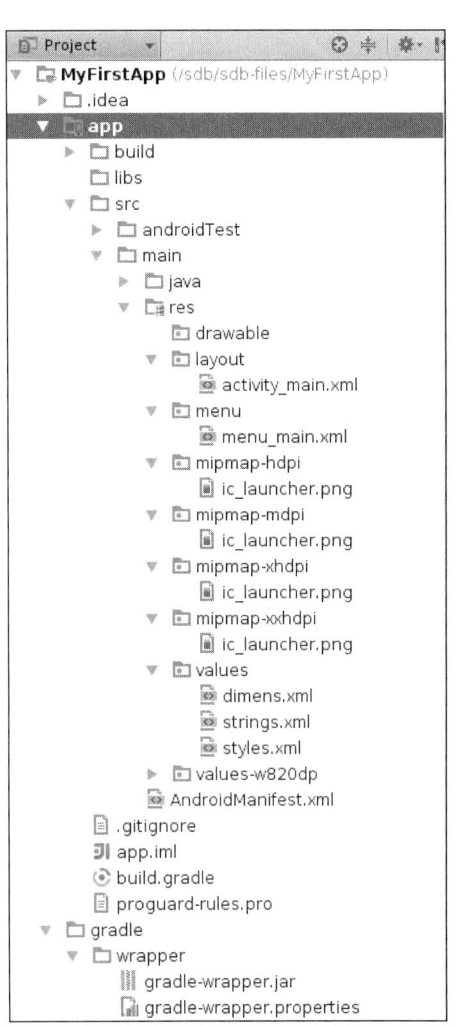

图 1-15　安卓项目文件

如需更改 Android Studio 项目的各种设置，依次单击 File→Project Structure 打开项目结构，该对话框中包含以下各部分。

（1）SDK Location：设置项目使用的 JDK、Android SDK 和 Android NDK 的位置。

（2）Project：设置 Gradle 和 Android Plugin for Gradle 的版本以及代码库位置名称。

（3）Modules：修改特定于模块的构建配置，包括目标和最低 SDK、应用签名以及库依赖项。

Modules 设置部分可更改项目的每个模块的配置选项，每个模块的设置页面都分成以下标签页。

（1）Properties：指定编译模块所用的 SDK 和构建工具的版本。

（2）Signing：指定用于为应用签名的证书。

（3）Flavors：能够创建多个构建变种，其中的每个变种指定一组配置设置，例如，模块的最低和目标 SDK 版本以及版本代码和版本名称；例如，可以定义两个变种，一个变种的最低 SDK 为 15，目标 SDK 为 21；另一个变种的最低 SDK 为 19，目标 SDK 为 23。

（4）Build Types：允许创建和修改构建配置，如配置 Gradle 构建中所述。默认情况下，每个模块都有 debug 和 release 构建类型，也可以根据需要定义更多类型。

（5）Dependencies：列出该模块的库、文件和模块依赖项，可以在此窗格中添加、修改和删除依赖项。

1.4 第一个安卓应用

前面基于 Windows 的 Android Studio 安装完成，并且介绍了 Android Studio 项目管理的一些设置方法，下面可以进行下一步创建安卓项目的工作了。在完成了安卓开发环境的安装和配置后，就可以使用 Android Studio 开始开发安卓应用程序了。下面介绍第一个安卓应用程序的开发和运行过程，其功能是在界面上显示“Hello World”字符。编写安卓应用程序需要完成以下四个步骤。

（1）创建一个新的项目。

（2）运行应用程序。

（3）定义简单的用户界面。

（4）启动应用程序。

1.4.1 创建项目

利用 Android Studio 可以轻松地为各种类型的设备（例如手机、平板电脑、电视和穿戴设备）创建安卓应用。如果未打开任何项目，Android Studio 会显示欢迎屏幕，可在其中单击 New Project 创建新项目，如图 1-16 所示。

如果已打开一个项目，则可以从主菜单中依次单击 File→New→New Project 以创建新项目。这时系统会显示 Create New Project 向导，通过该向导可选择要创建的项目类型，然后填充代码和资源以帮助着手开发项目，下面将介绍如何使用 Create New Project 向导创建新项目。向导的 Choose your project 屏幕顶部显示了各种设备类型对应的项目类别标签页，可以从中选择要创建的项目类型，如图 1-17 所示。

下一步就是配置一些设置并创建新项目，具体如下文和图 1-18 所示。

（1）指定项目名称。

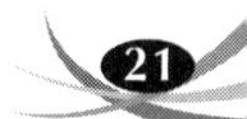

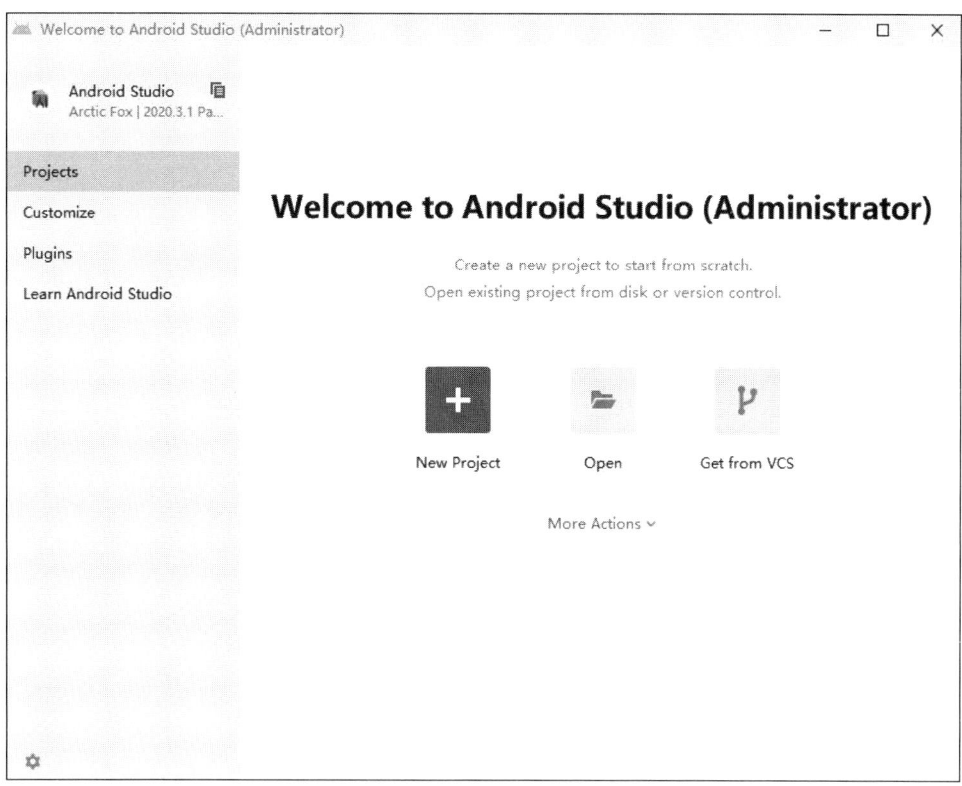

图 1-16　创建项目

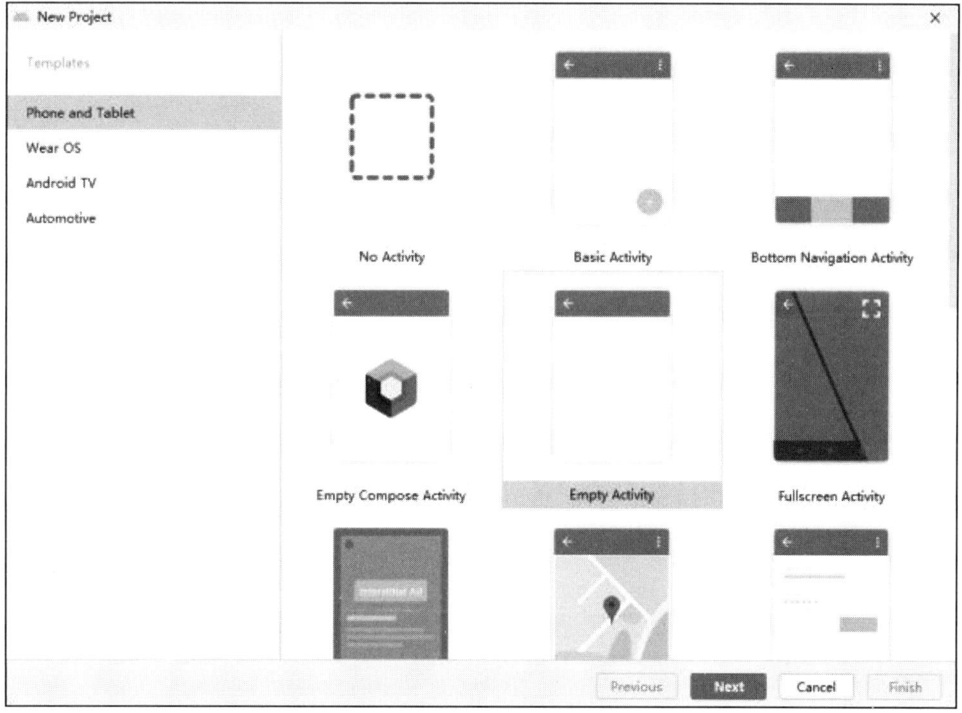

图 1-17　选择项目类型

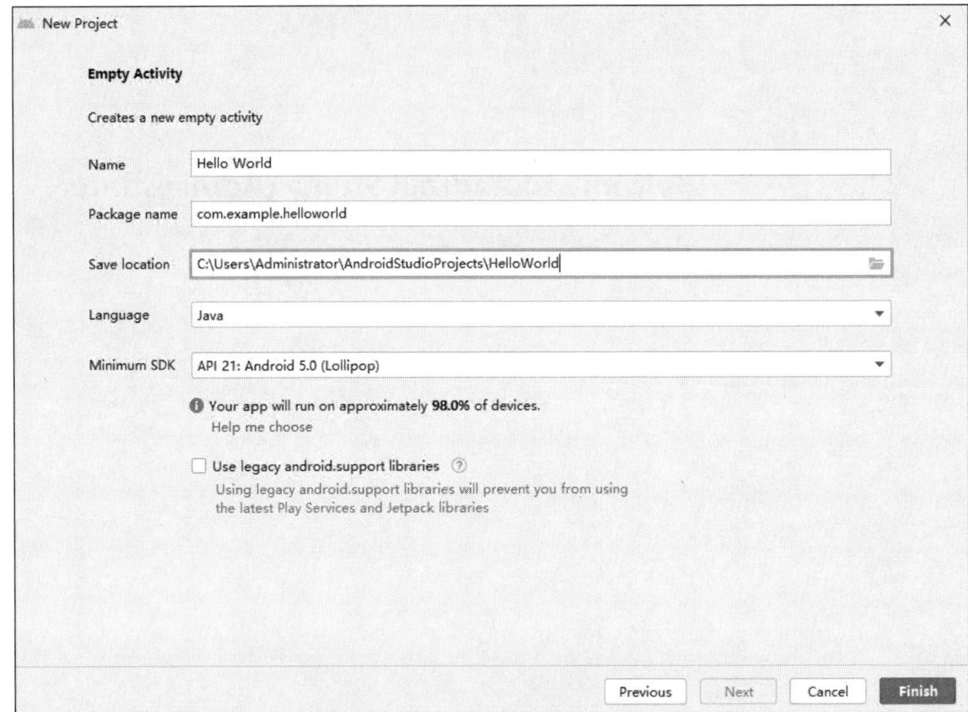

图 1-18　设置并创建新项目

(2) 指定软件包名称。默认情况下，此软件包名称也会成为应用 ID，此名称以后可以更改。

(3) 指定项目的本地保存位置。

(4) 选择希望 Android Studio 在为新项目创建示例代码时使用的语言，也可以使用其他语言创建项目。

(5) 选择希望应用支持的最低 API 级别，当选择较低的 API 级别时，应用可以使用的最新功能就少，但能够运行应用的安卓设备的比例会更大；当选择较高的 API 级别时，情况正好相反。

(6) 准备好创建项目后，单击 Finish 按钮。

Android Studio 会在创建新项目时加入一些基本的代码和资源，以帮助初学者上手。如果稍后决定增加对不同设备类型的支持，可以在项目中添加模块。如果想在模块之间共享代码和资源，可以通过创建安卓库来实现。单击开发界面左边界的 Project 标签，打开安卓项目的内容，在左边的窗口可以看到刚才所创建项目的目录结构。展开相应的目录，双击 java 目录下的 MainActivity，以及 res\layout 目录下的 activity_main.xml 文件，在右边的窗口中可以看到文件的内容，如图 1-19 所示。

1.4.2　编写应用

Android Studio 包含每个开发阶段要用到的工具，但最重要的功能是编写应用：编写代码、构建布局、创建图像，并在整个过程中保持高效。使用代码补全功能可以减少输入错误，并且无须查询类、方法和变量名称，因而能够加速应用开发。下面介绍的几项功能可帮助更高效地编码。

图 1-19　Android Studio 开发界面

1. 代码补全

使用代码补全功能可以减少输入错误，并且无须查询类、方法和变量名称，因而能够加速应用开发。代码编辑器提供了基本补全、智能补全和语句补全功能。

2. 创建自定义代码补全模板

利用实时模板，可以输入代码段，以便快速插入和补全小代码块。要插入实时模板，可输入模板缩写并按 Tab 键，Android Studio 会将与模板关联的代码段插入代码。例如，如果在输入 newInstance 缩写后按 Tab 键，会插入包含参数占位符的新的代码，或者输入“fbc”可插入 findViewById()方法以及类型转换和资源 ID 语法。如需查看支持的实时模板的列表并对这些模板进行自定义，可依次单击 File→Settings→Editor→Live Templates。

3. 通过 Lint 进行快速修复

Android Studio 提供了一个名为 Lint 的代码扫描工具，可帮助发现并更正代码结构质量的问题，而无须执行应用或编写测试。每次构建应用时，Android Studio 都会运行 Lint 来检查源文件是否有潜在的错误，以及在正确性、安全性、性能、易用性、无障碍性和国际化方面是否需要优化改进。

4. 查看文档和资源详细信息

将光标放在方法、成员和类名称上并按 F1 键可查看 API 相关文档。也可查看图像和主题背景等其他资源的信息，如果将光标放在安卓清单文件中的主题背景名称上并按 F1 键，可以查看主题背景继承层次结构以及各种属性的颜色或图像。

5. 快速创建新文件

如果要创建新文件，在 Project 窗口中单击所需的目录，然后按 Alt＋Insert 组合键。Android Studio 会显示一个小窗口，其中列出了建议的文件类型，这些文件类型适合选定的目录。

Android Studio 包含以下功能和工具。

(1) 创建支持所有屏幕密度的图像。Android Studio 包含一个名为 Vector Asset Studio 的工具，可帮助创建支持各种屏幕密度的图像。可以上传自己的 SVG 文件进行修改，也可以从安卓提供的众多 Material Design 图标中选择一个。依次单击 File→New→Vector Asset 开始创建。

(2) 预览图像和颜色。在代码中引用图像和图标时，左侧空白处会显示图像预览，以帮助验证图像或图标引用。要查看完整尺寸的图像，单击左侧空白处的缩略图。或者，将光标放在资源的内嵌引用上并按 F1 键，以查看图像的详细信息，包括所有替代尺寸。

(3) 创建新布局。Android Studio 提供了一个高级布局编辑器，可将控件拖放到布局中，并在修改 XML 时预览布局。如需创建，可单击要向其添加布局的模块，然后依次单击 File→New→XML→Layout XML File。

(4) 翻译界面字符串。Translations Editor 工具提供了一个容纳所有已翻译资源的单一视图，可以从中轻松更改或添加译文，甚至可以查找缺失的译文，而无须打开 strings.xml 文件的每个版本。甚至可以上传字符串文件以订购翻译服务。如需使用，可右击 strings.xml 文件的任意副本，然后单击 Open Translations Editor。

Android Studio 提供了众多遵循安卓设计与开发最佳做法的代码模板，可以指导正确打造功能强大且美观的应用，可以使用模板创建新应用模块、各种活动或者其他特定的安卓项目组件。某些模板为常用环境（例如抽屉式导航栏或登录屏幕）提供了起始代码。当首次创建项目、在现有项目内添加新应用模块或者在应用模块内添加新活动时，可以从这些应用模块和活动模板中进行选择。除了活动以外，使用模板还可以向现有应用添加其他安卓项目组件，这些模板包含代码组件（例如服务和片段）与非代码组件（例如文件夹和 XML 文件）。下面将探讨如何向项目中添加像活动一样的安卓项目组件，也将说明 Android Studio 中的常用活动模板，大多数模板都依赖于安卓支持库来包含基于 Material Design 的界面原则。

Android Studio 提供的模板越来越多，并且按模板添加的组件类型（例如活动或 XML 文件）对模板进行分组，如图 1-20 所示，可通过 File→New 菜单访问，也可以通过右击

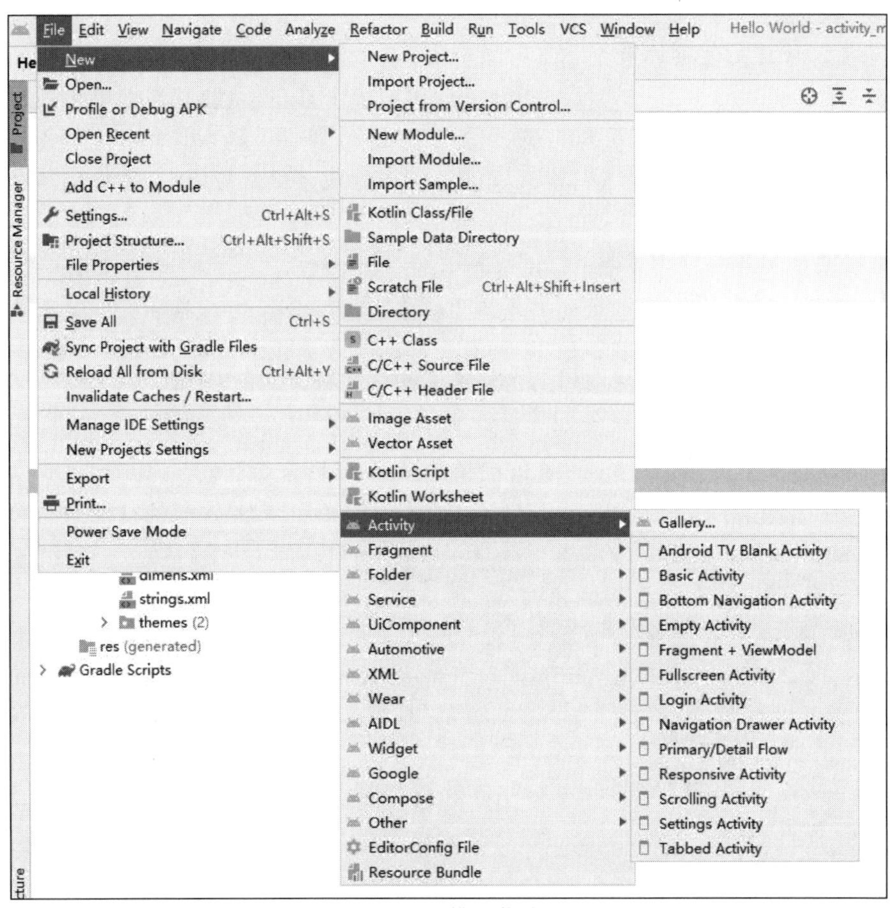

图 1-20　模板菜单

Project 窗口来访问。如需使用模板添加安卓项目组件，可使用 Project 窗口。右击想要在其中添加新组件的文件夹，然后选择 New，根据单击的文件夹中可以添加的组件，会看到一个模板类型列表。

在选择想要添加的模板时，对应的向导窗口中将出现并要求提供组件的配置信息，例如名称。在输入配置信息后，Android Studio 将为新组件创建并打开文件。它还会运行 Gradle 编译操作来同步项目。尽管还可以使用 Android Studio 的 File→New 菜单来创建新的安卓项目组件，但在 Project 窗口中导航到所需的文件夹可以确保在正确的位置创建组件。

模板的最常见用途之一是向现有应用模块添加新活动，例如，要为用户创建登录屏幕，可使用 Login Activity 模板添加一个活动。下面将介绍手机和平板电脑应用的常用活动模板。Android Studio 还为各种不同的应用模块类型提供了模板，包括穿戴设备、安卓电视和云服务，可以在创建应用模块时查看适用于这些不同模块类型的模板。以下手机和平板电脑模板提供了适用于特定使用环境的代码组件，例如，登录账号、显示一个带详情的项目列表或滚动显示一大段文本，每个模板都可以用作完整的应用模块或单独的活动。

(1) 基本活动。

此模板可以创建一个带应用栏和浮动操作按钮的简单应用，提供了常用的界面组件，可以从这个模板入手创建项目，此模板包括：

① AppBar。

② FloatingActionButton。

③ 两个布局文件：一个用于活动，另一个用于分离文本内容。

(2) 底部导航活动。

此模板提供一个用于活动的标准底部导航栏，借助此栏用户单击一下便可轻松浏览顶级视图并在这些视图之间切换，当应用有 3～5 个顶级目标时，可以使用此模板。此模板包括：

① AppBar。

② 一个布局文件，带适用于底部导航的示例布局。

(3) 空活动。

此模板可以创建一个空活动和一个带示例文本内容的布局文件，可以使用此模板从头开始构建应用模块或活动，此模板包括：一个带文本内容的布局文件。

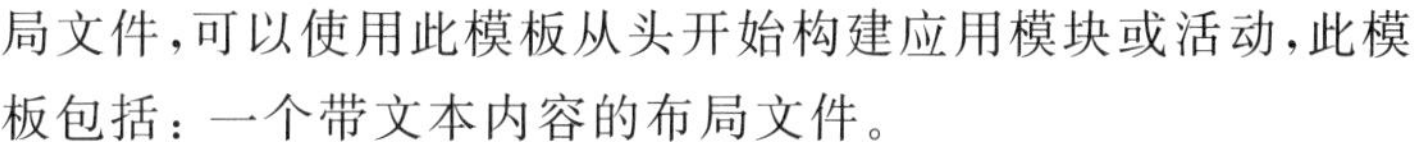

(4) 全屏活动。

此模板可以创建一个能够在主要全屏视图与带有标准界面 (UI)控件的视图之间切换的应用。全屏视图是默认视图，

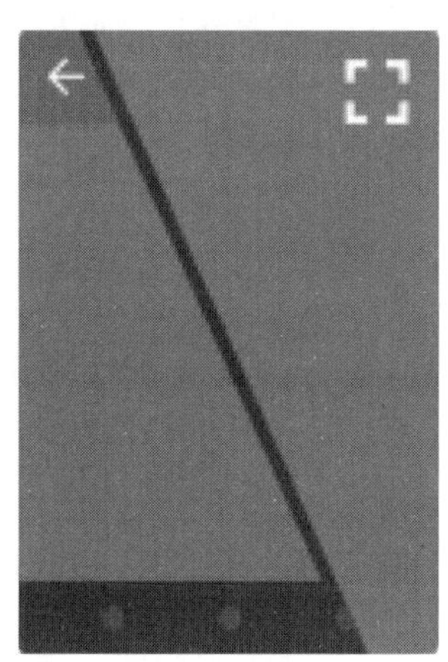

用户可以通过触摸设备屏幕激活标准视图。此模板包括：

① 触摸监听程序实现，用于隐藏标准视图元素。

② 按钮，位于标准视图中，但不执行任何操作。

③ AppBar，用于标准视图。

④ 一个布局文件，带全屏视图和一个适用于标准视图元素的框架布局。

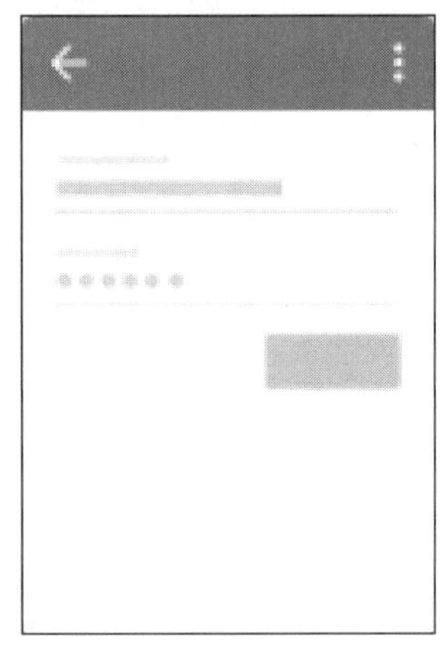

(5) 登录活动。

此模板将创建一个标准登录屏幕。界面包括电子邮件和密码字段以及一个“登录”按钮，被用作活动模板的频率要比用作应用模块模板的频率高。此模板包括：

① AsyncTask 实现，用于独立于主界面线程处理网络操作。

② 网络操作的进度指示器。

③ 带建议登录界面的单个布局文件。

④ 电子邮件和密码输入字段。

⑤ “登录”按钮。

(6) 主要/详情流，在 Android Studio 4.2 Canary 8 中进行了重命名和更新。

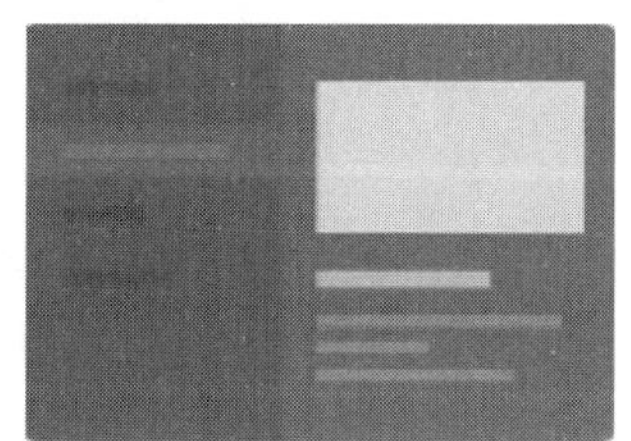

此模板可以创建拥有项目列表显示画面和单独项目详情显示画面的应用，单击列表屏幕上的项目可以打开一个带项目详情的屏幕，两种显示画面的布局取决于运行应用的设备。此模板还提供了一些 API 代码，用于处理某些鼠标和键盘输入，例如，对列表项的右击操作，以及常见的键盘快捷键。此模板包括：

① 代表项目列表的片段。

② 用于显示单独项目详情的片段。

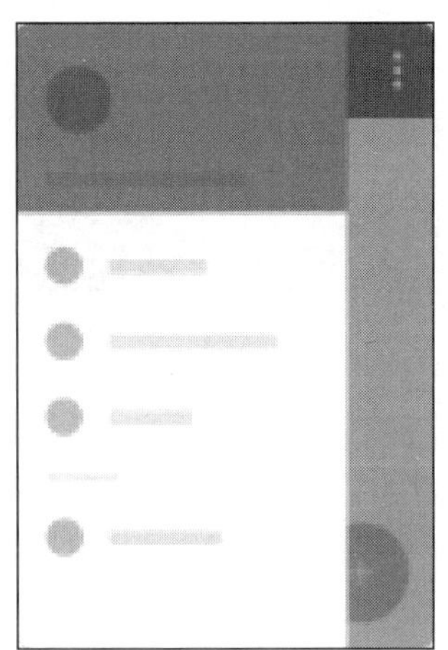

③ FloatingActionButton，显示在每个屏幕上。

④ 折叠式工具栏，用于项目详情屏幕。

⑤ 备用资源布局文件，用于不同的设备配置。

⑥ ContextClickListener，用于处理对列表项的右击操作。

⑦ OnUnhandledKeyEventListener，用于检测项目列表片段中的键盘快捷键。

(7) 抽屉式导航栏活动。

此模板可以创建一个带抽屉式导航栏菜单的基本活动，导航栏可以从应用的左侧或右侧展开，作为对常规应用栏的补充。此模板包括：

① 带 DrawerLayout、对应事件处理程序和示例菜单选项的抽屉式导航栏实现。

② AppBar。

③ FloatingActionButton。

④ 用于抽屉式导航栏和抽屉式导航栏标题的布局文件，进一步补充了基本活动模板中的相关文件。

(8) 滚动活动。

此模板可以创建一个带折叠式工具栏和长文本内容滚动视图的应用，在页面中向下滚动时，工具栏(可以作为标题)将自动缩短，并且浮动操作按钮将消失。此模板包括：

① 折叠式工具栏，用于替代常规的 AppBar。

② FloatingActionButton。

③ 两个布局文件：一个用于活动，另一个用于将文本内容分离到 NestedScrollView 中。

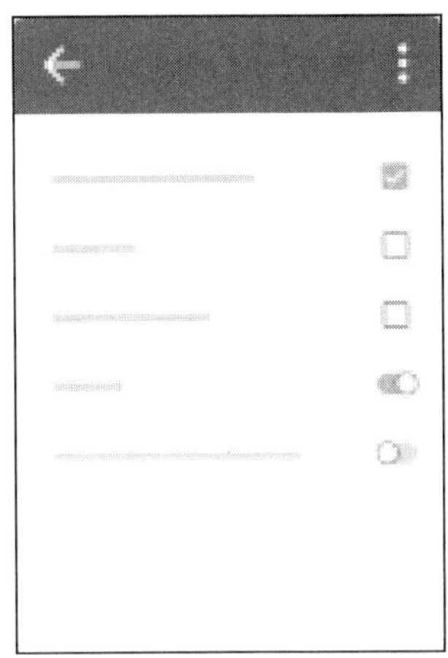

(9) 设置活动。

此模板可以为应用创建一个显示用户偏好设置或设置的活动，扩展了 PreferenceActivity 类，用作活动模板的频率要比用作应用模块模板的频率高。此模板包括：

① Activity，可以扩展 PreferenceActivity。

② XML 文件(位于项目的 res\xml\目录中)，用于定义显示的设置。

(10) 标签式活动。

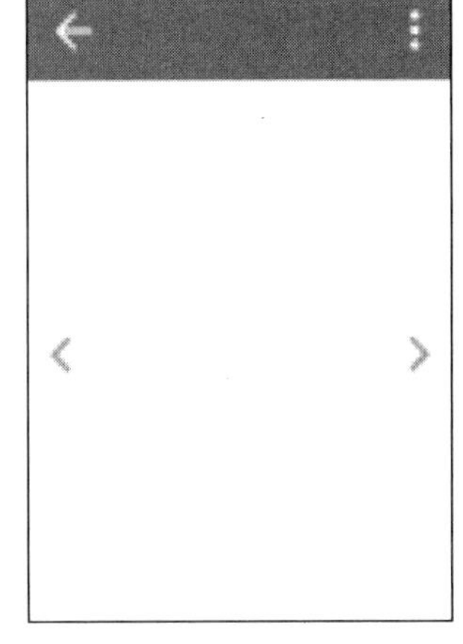

此模板可以创建一个带多个部分、滑动导航和应用栏的应用，这些部分以片段形式定义，可以在两个片段之间左右滑动进行导航。此模板包括：

① AppBar。

② 适配器，可以扩展 FragmentPagerAdapter 并为每个部分创建一个 Fragment。

③ ViewPager 实例，用于在两个部分之间进行滑动的布局管理器。

④ 两个布局文件：一个用于活动，另一个用于各个 Fragment。

1.4.3　编辑布局

在布局编辑器中，可以通过将界面元素拖动到可视化设计编辑器中(而不是手动编写布局 XML)，快速构建布局。设计编辑器支持在不同的安卓设备和版本上预览布局，并且可以动态调整布局大小，以确保它能够很好地适应不同的屏幕尺寸。使用 ConstraintLayout 构建布局时，布局编辑器的功能尤其强大。在此阶段示例 HelloWorld 应用程序的用户界面，基于 res\layout 目录中 activity_main.xml 文件非常简单的布局，先修改自动生成的用户界面，看看应用程序布局是如何呈现的，而无须在任何物理或虚拟设备上运行它。

1. 打开界面设计器

（1）在安卓项目视图中，在 app\res\layout 中双击该 activity_main.xml 文件以将其打开，由于 Android Studio 需要下载渲染布局文件所需的组件，因此打开可能需要几秒钟的时间。默认情况下，Android Studio 提供布局文件的图形视图，也可以切换到源代码视图，或同时查看文本和图形表示，使用界面设计器右上角的图标窗格，如图 1-21 所示。

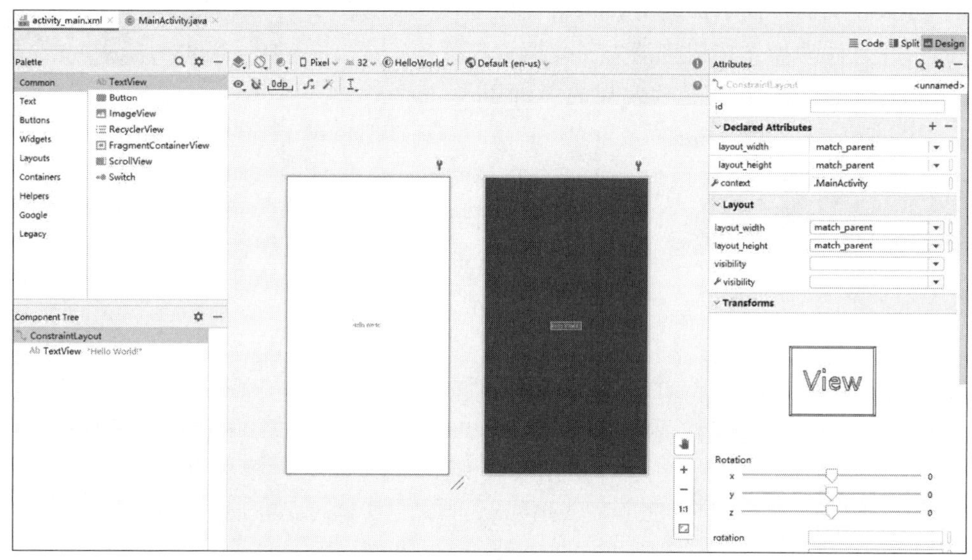

图 1-21　界面设计器

此窗格显示与布局定义和组件树同步的矩形画布，因此对画布的任何更改都会相应地反映在这里。通常，布局文件有一个布局管理器作为根元素，例如 LinearLayout、FrameLayout、ConstraintLayout 等。在例子中，在 activity_main.xml 中的根元素是 ConstraintLayout，负责定位应用程序界面的元素。本实例通过简单的修改和操作，可以从使用 ConstraintLayout 构建响应式界面中了解有关设计界面的更多信息。

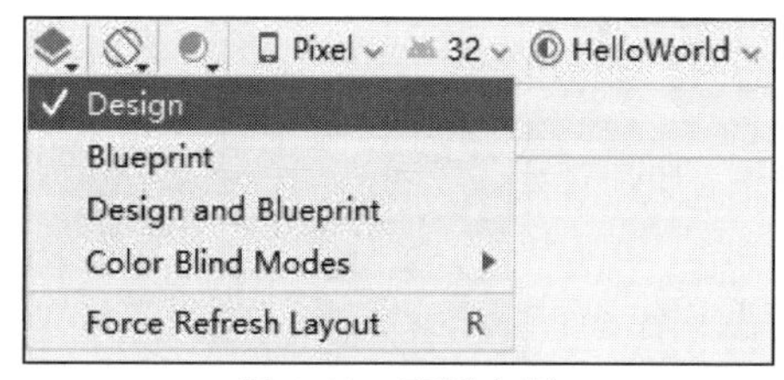

图 1-22　查看布局

（2）要消除干扰并仅查看布局是如何表示的，可单击左上角的 Select Design Surface 图标并选择 Design，如图 1-22 所示。

（3）现在删除现有的文本元素，为此右击文本标签并从上下文菜单中选择删除，如图 1-23 所示。

2. 添加图像到界面布局

（1）这一步是在布局中添加一个安卓图像。在安卓项目视图中，展开 app\res 文件夹并将要使用的图像拖到 drawable 文件夹中。可以下载一张“Hello Droid”图像，并将其保存为 50×50px 的尺寸。

（2）返回到 activity_main.xml 在 Designer 窗格中打开的文件，从 Palette 中选择 ImageView 元素，然后将其拖到画布上希望图像出现的位置。

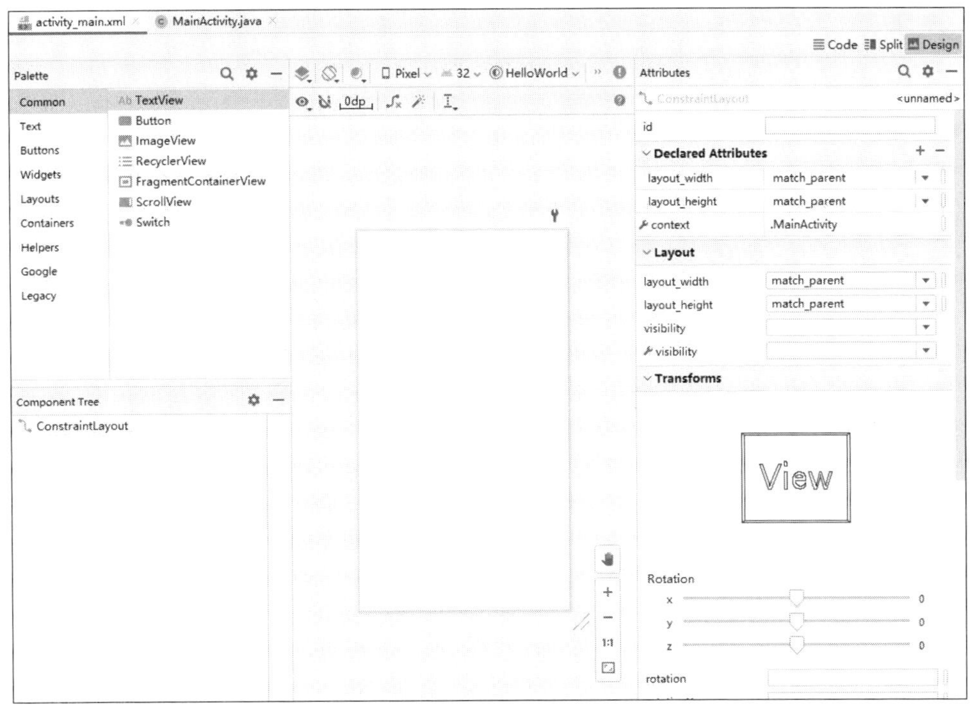

图 1-23　选择 Design

(3) 在打开的 Pick a Resource 对话框中,选择添加的资源文件,然后单击 OK 按钮,如图 1-24 所示。

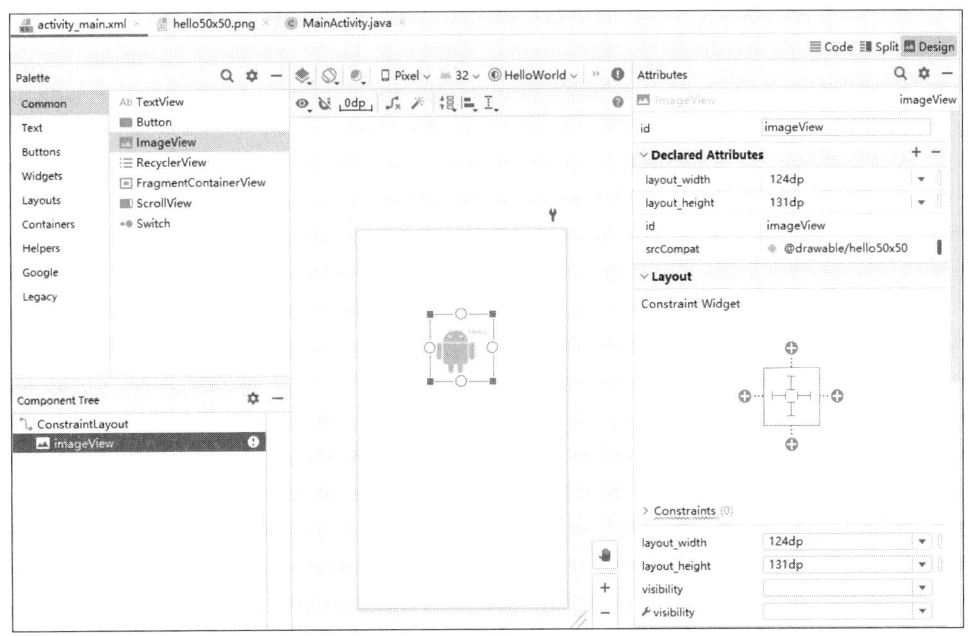

图 1-24　添加 imageView

(4) 接下来,需要修改 imageView 元素的默认 ID 以便以后能够引用。在 Component Tree 中选择它,然后在右侧的 Attributes 窗格中,在 id 字段中输入新标识符"helloImage",

按 Enter 键；在打开的对话框中，确认要更新对图像元素 ID 的所有引用，如图 1-25 所示。

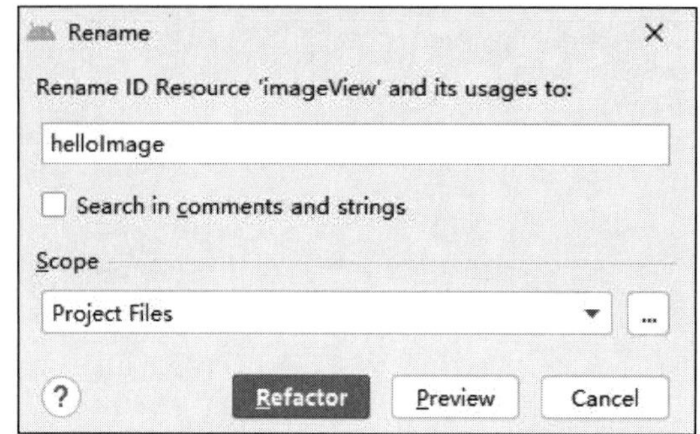

图 1-25 更新对图像元素 ID 的所有引用

3. 将文本添加到界面布局

现在在布局中添加一些文本。

(1) 在 Palette 窗格中选择 textView 元素并将其拖到图像下方的画布上。小部件显示一些默认文本：textView。要更改它并将其链接到字符串，需要创建一个新的文本资源。

(2) 在左侧的组件树中选择 textView 元素，在右侧的 Attributes 窗格中单击文本属性旁边的 Pick a Resource 图标，如图 1-26 所示。

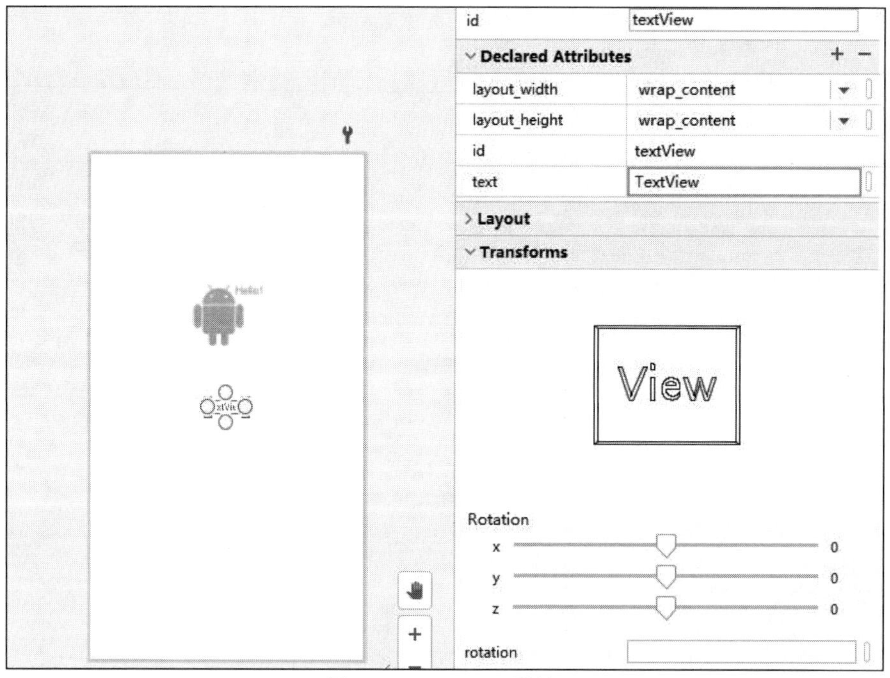

图 1-26 textView 属性

(3) 在打开的对话框中，单击左上角的 Add resource to the module 按钮，然后选择 String Value，如图 1-27 所示。

(4) 在 New String Value 对话框中，输入资源名称“welcome_text”和资源值“欢迎移动世界!”。

图 1-27　创建 String 资源

(5) 单击 OK 按钮保存值,然后在"Pick a Resource"对话框中单击 OK 按钮。

(6) 现在以相同的方式修改元素 textView。在左侧的 Component Tree 中选择 textView,然后在 Attributes 窗格中将 id 设置为新值 clickCounter。

4. 为文本添加样式

现在为文本添加一些样式,使其看起来更吸引人。

(1) 填充文本: 找到 padding 属性,并将所有值设置为 10dp,如图 1-28 所示。

padding	[10dp, 10dp, 10dp, 10dp, 10dp]
padding	10dp
paddingStart	10dp
paddingLeft	10dp
paddingTop	10dp
paddingEnd	10dp
paddingRight	10dp
paddingBottom	10dp

图 1-28　填充属性

(2) 更改字体颜色: 找到 textColor 属性,然后单击旁边的 Pick a Resource 图标。在打开的对话框中,单击左上角的 Add resource to the module 按钮,然后选择 Color Value。输入资源名称"text_color"和值"#9C27B0",如图 1-29 所示。

(3) 更改字体大小: 找到 textSize 属性并单击它旁边的 Pick a Resource 图标。在打开的对话框中,单击左上角的 Add resource to the module 按钮,然后选择 Dimension Value,输入资源名称"text_size"和值"24sp",如图 1-30 所示。

因此用户界面现在如图 1-31 所示。要检查应用程序界面在横向时的外观,单击

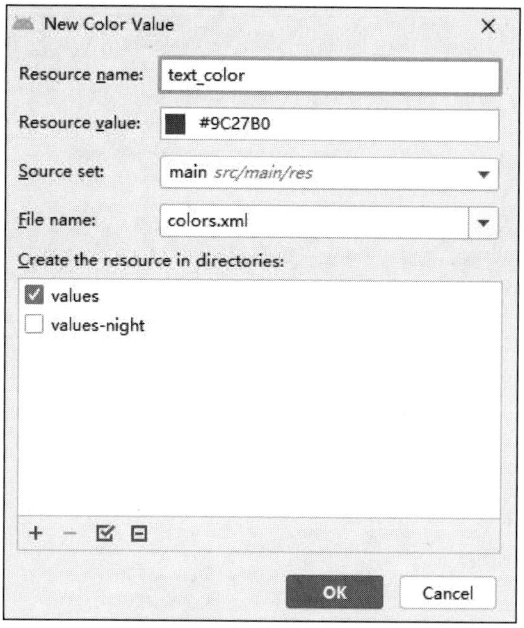

图 1-29　创建 Color 资源

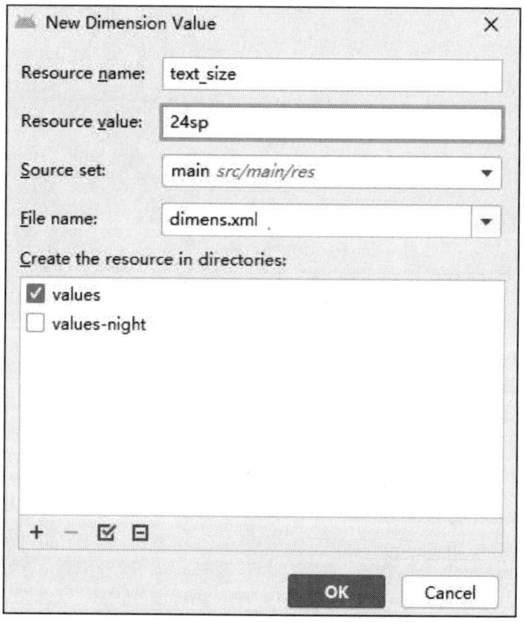

图 1-30　创建 Dimension 资源

Designer 工具栏中的 Orientation for Preview 按钮并选择 Landscape，如图 1-32 所示。

要预览布局在不同设备上的外观，可从设备列表中选择另一个设备，如图 1-33 所示。

5. 使应用程序具有交互性

尽管此时示例应用程序功能齐全，但还不支持任何形式的交互，修改它以支持单击事件。

（1）在安卓项目视图中找到 app\java\com.example.helloworld 下的 MainActivity 文件并双击打开它。

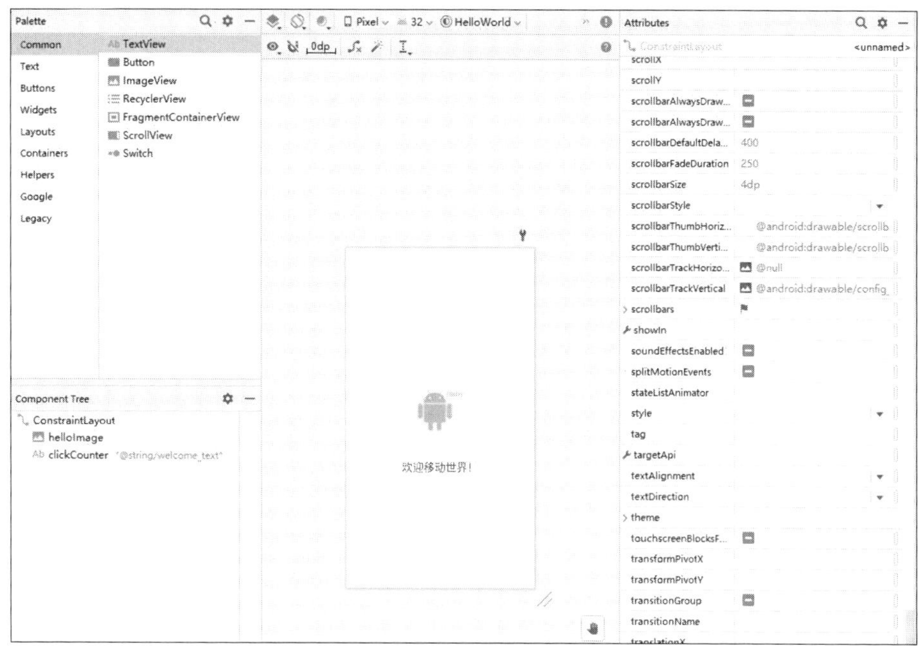

图 1-31　结果显示

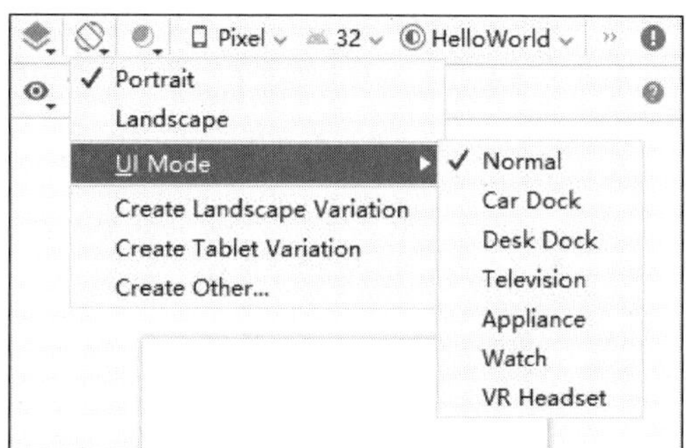

图 1-32　Designer 工具栏

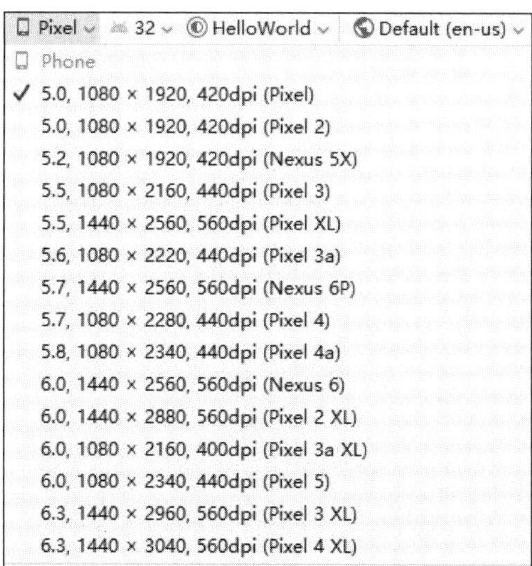

图 1-33　设备列表

（2）MainActivity 不是一个很有意义的类名，所以对其重命名。在 Android 项目视图中右击此文件并从上下文菜单中选择 Refactor→Rename 重命名或按 Shift＋F6 组合键。在打开的对话框中，更改类名为 HelloDroidActivity 并单击 Refactor 按钮，如图 1-34 所示。

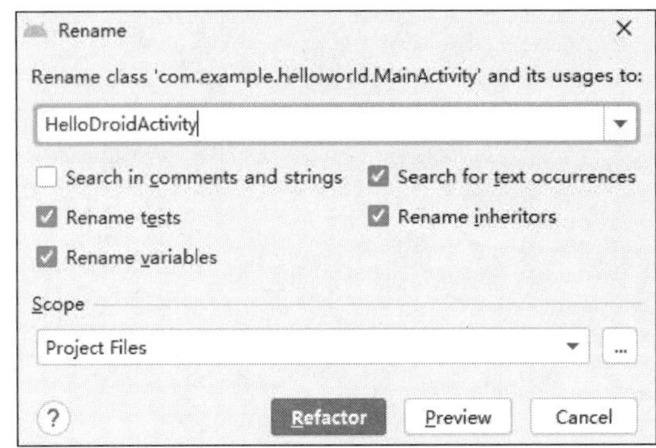

图 1-34　重命名类

对此类的所有引用都将自动更新，应用程序的源代码如图 1-35 所示。

图 1-35　自动更新

（3）将 HelloDroidActivity.java 中的代码替换为如代码 1-5 所示。

```
package com.example.helloworld;
import android.os.Bundle;
import android.view.View;
import android.widget.ImageView;
import android.widget.TextView;
import androidx.appcompat.app.AppCompatActivity;
public class HelloDroidActivity extends AppCompatActivity {
    private TextView message;
    private int counter = 0;
    @Override
    protected void onCreate(Bundle savedInstanceState) {
        super.onCreate(savedInstanceState);
        setContentView(R.layout.activity_main);
        message = findViewById(R.id.clickCounter);
        ImageView droid = findViewById(R.id.helloImage);
        //Define and attach click listener
```

代码 1-5　HelloDroidActivity

```
        droid.setOnClickListener(new View.OnClickListener() {
            @Override
            public void onClick(View v) {
                tapDroid();
            }
        });
    }
    private void tapDroid() {
        counter++;
        String countAsText;
        /*
         * In real applications you should not write switch like the one below.
         * Use resource of type "Quantity strings (plurals)" instead.
         * See https://developer.android.com/guide/topics/resources/string-
           resource#Plurals
         */
        switch (counter) {
            case 1:
                countAsText = "1 次";
                break;
            case 2:
                countAsText = "2 次";
                break;
            default:
                countAsText = String.format("%d 次", counter);
        }
        message.setText(String.format("点击 %s", countAsText));
    }
}
```

代码 1-5　(续)

注意,在源代码中使用的标识符对应于布局定义文件中设置的标识符,否则代码将无法工作。

1.4.4　编译运行

现在编译应用程序并在虚拟设备上运行。安卓模拟器可在计算机上模拟安卓设备,这样就可以在各种设备上以及各个安卓 API 级别测试应用,而无须拥有每个实体设备。模拟器几乎可以提供真正的安卓设备所具备的所有功能,以模拟来电和短信、指定设备的位置,模拟不同的网速,模拟旋转及其他硬件传感器,访问 Google Play 商店等。从某些方面来看,在模拟器上测试应用比在实体设备上测试要更快、更容易。例如,将数据传输到模拟器的速度比传输到通过 USB 连接的设备更快。模拟器随附了针对各种安卓手机、平板电脑、穿戴设备和安卓电视设备的预定义配置。可以通过图形界面来手动使用模拟器,也可以通过命令行和模拟器控制台以编程方式使用模拟器。安卓模拟器除了需要满足 Android Studio 的基本系统要求之外,还需要满足下述其他要求。

(1) SDK 工具 26.1.1 或更高版本。

(2) 64 位处理器。

(3) Windows:支持 UG(无限制访客)的 CPU。

(4) HAXM 6.2.1 或更高版本(建议使用 HAXM 7.2.0 或更高版本)。

如果要在 Windows 和 Linux 上使用硬件加速，还需要满足以下额外要求。

(1) 搭载 Intel 处理器的 Windows 或 Linux 系统：Intel 处理器需要支持 Intel VT-x、Intel EM64T (Intel 64)和 Execute Disable (XD) Bit 功能。

(2) 搭载 AMD 处理器的 Linux 系统：AMD 处理器需要支持 AMD 虚拟化 (AMD-V) 和 Supplemental Streaming SIMD Extensions 3 (SSSE3)。

(3) 搭载 AMD 处理器的 Windows 系统：需要 Android Studio 3.2 或更高版本以及 2018 年 4 月发布的支持 Windows Hypervisor Platform (WHPX)功能的 Windows 10 或更高版本。

如需与 Android 8.1(API 级别 27)及更高版本的系统映像配合使用，连接的摄像头必须能够捕捉 720p 的画面。

1. 配置安卓虚拟机

为了能够运行应用程序，需要配置一个虚拟设备，步骤如下。

(1) 在 Android Studio 主工具栏中单击设备列表并选择 AVD Manager，如图 1-36 所示。

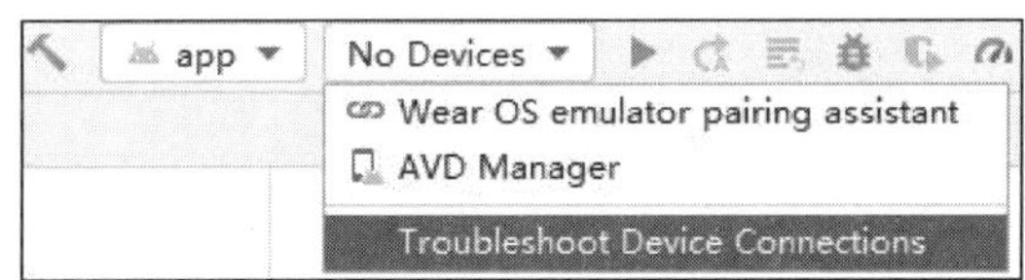

图 1-36 AVD Manager

(2) 在向导的第一步，单击 Create Virtual Device 按钮，如图 1-37 所示。

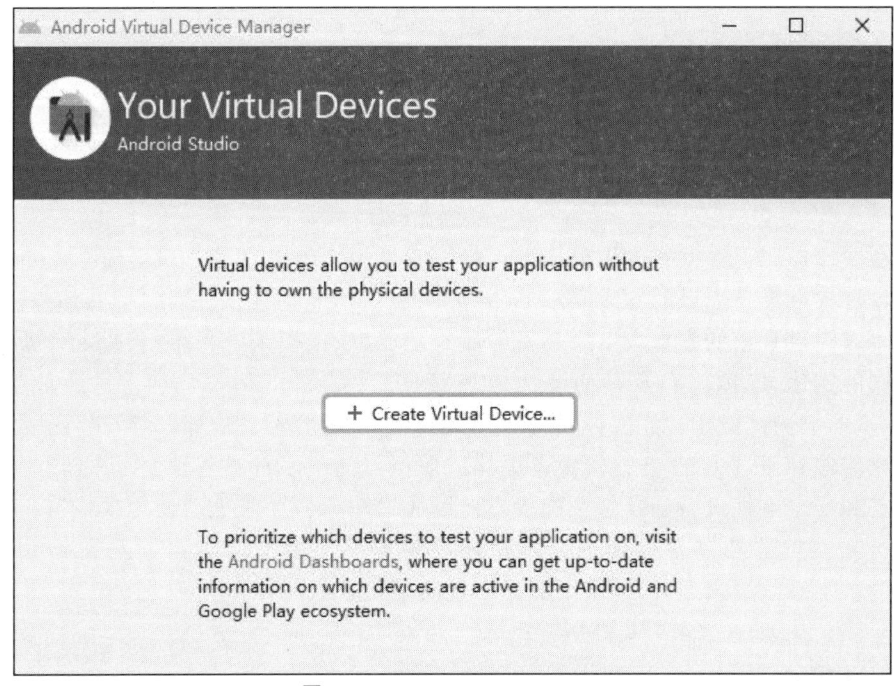

图 1-37 Create Virtual Device

(3) 在下一步中，需要选择虚拟设备将模拟的硬件，选择左侧的 Phone，然后选择 Pixel 2 作为目标设备，如图 1-38 所示。

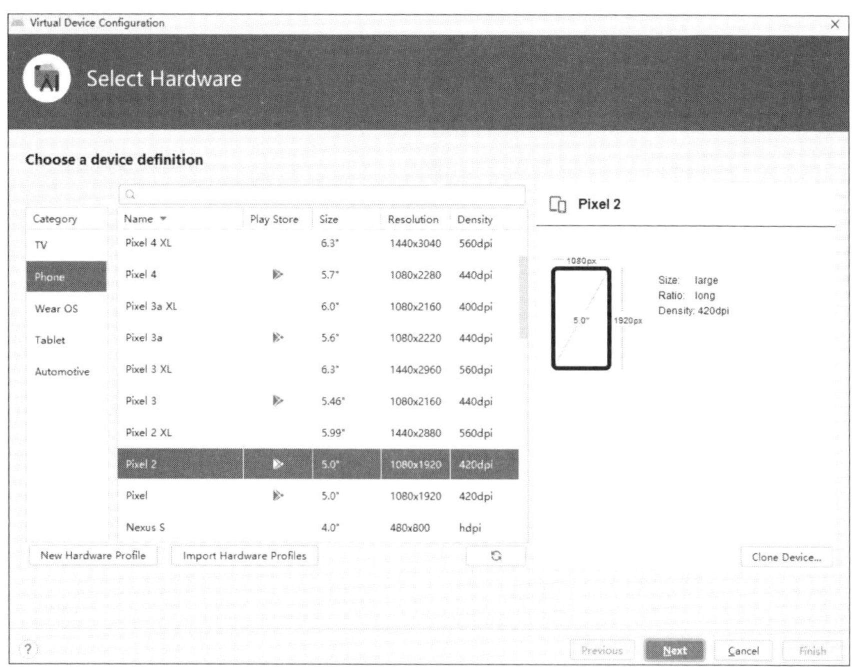

图 1-38　选择虚拟设备将模拟的硬件

(4) 选择要在虚拟设备上模仿的系统映像，即操作系统版本、Android API 级别、应用程序二进制接口(ABI)和目标 SDK 版本，如图 1-39 所示。

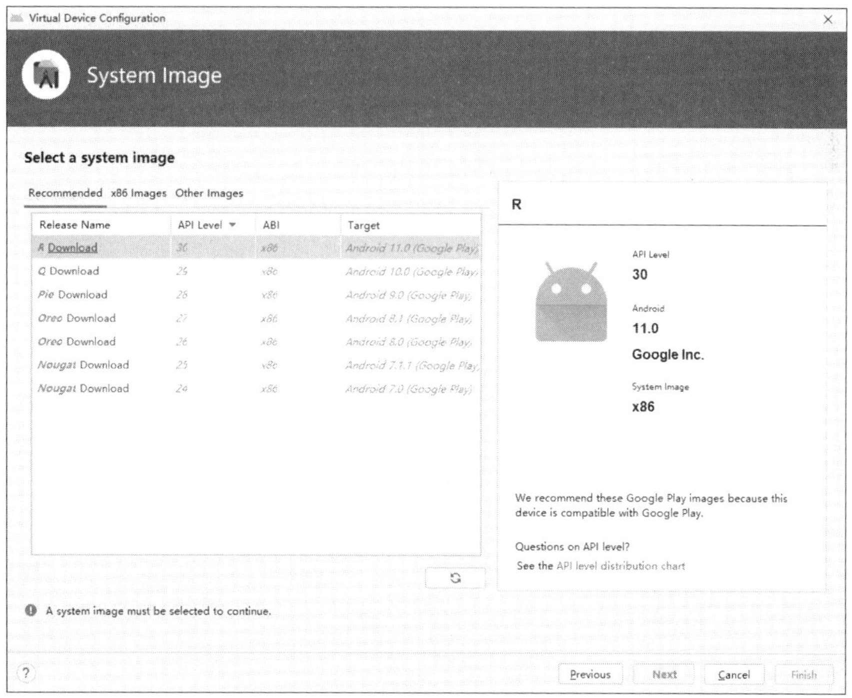

图 1-39　选择要在虚拟设备上模仿的系统映像

（5）单击要在虚拟设备上模拟的系统映像旁边的 Download 链接。本书中选择下载 R 系统映像。在打开的许可协议对话框中，阅读许可协议并接受它，然后单击 Next 按钮并等待下载完成。下载系统映像后，选择它并在向导的系统映像步骤中单击 Next 按钮。

（6）在最后一步，可以修改虚拟设备名称并选择屏幕的启动大小和方向。选择纵向布局，然后单击 Finish 按钮，如图 1-40 所示。

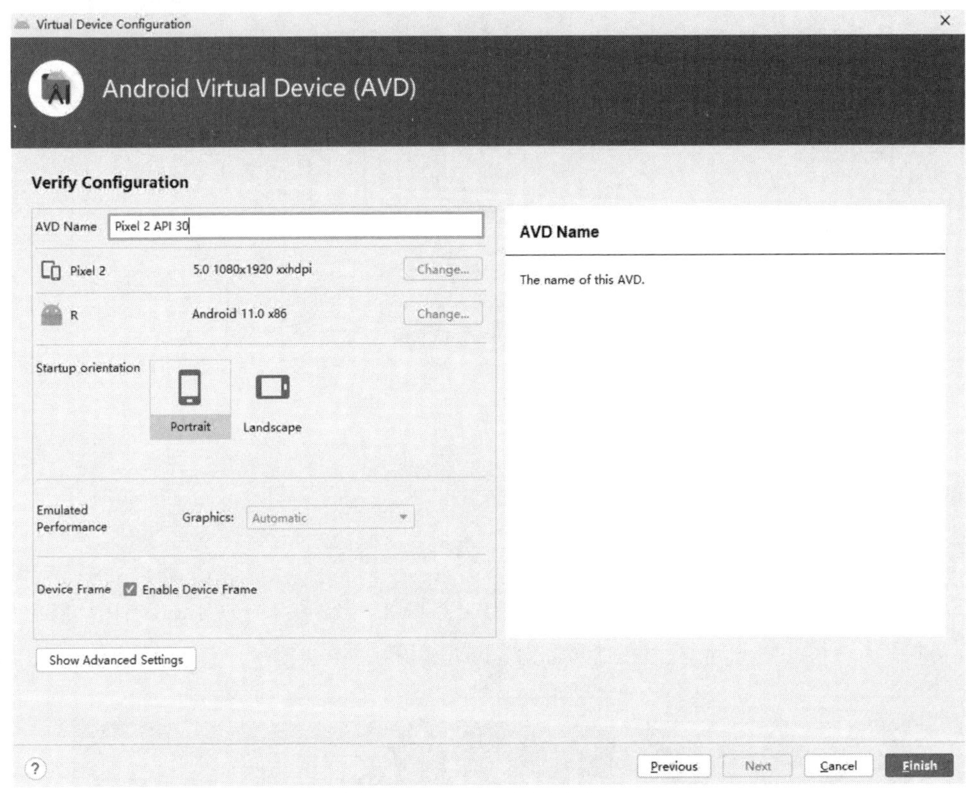

图 1-40　修改虚拟设备名称

（7）新配置的设备出现在 Android Virtual Device Manager 中。

2. 运行应用程序

（1）在 Android Studio 主工具栏上，确保选择了自动创建的运行配置和刚刚配置的虚拟设备，然后单击▶图标，如图 1-41 所示。

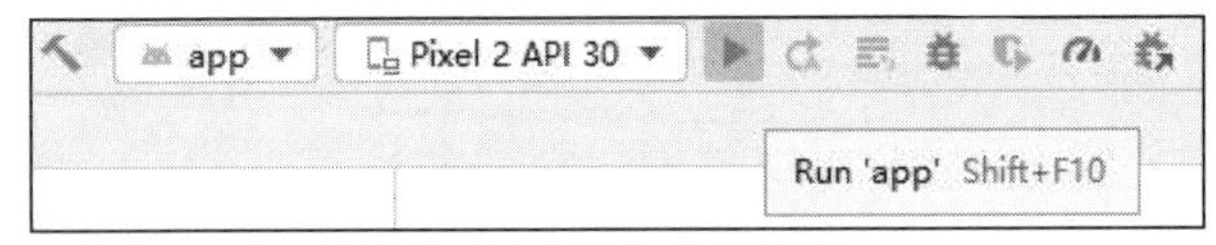

图 1-41　运行虚拟设备

安卓模拟器将在构建成功完成后启动，并启动应用程序，如图 1-42 所示。

（2）单击图像，查看应用程序如何处理单击事件，对它们进行计数并返回相应的消息，如图 1-43 所示。

图 1-42 运行界面

图 1-43 单击事件

1.5 构建配置

安卓构建系统会编译应用资源和源代码，然后将它们打包到 APK 或 Android App Bundle 中，供测试、部署、签名和分发。Android Studio 会使用高级构建工具包 Gradle 自动执行和管理构建流程，同时也允许定义灵活的自定义 build 配置。每个 build 配置均会定义自己的一组代码和资源，并重复利用所有应用版本共用的部分。Android Plugin for Gradle 与该构建工具包搭配使用，提供专用于构建和测试安卓应用的流程和可配置设置。Gradle 和安卓插件独立于 Android Studio 运行。这意味着可以在 Android Studio 内、计算机上的命令行或未安装 Android Studio 的计算机(如持续集成服务器)上构建安卓应用；如果不使用 Android Studio，可以学习如何从命令行构建和运行应用，无论是从命令行、在远程计算机上还是使用 Android Studio 构建项目，构建的输出都相同。安卓构建系统非常灵活，可在不修改应用核心源代码文件的情况下执行自定义构建配置，本节将介绍安卓构建系统的工作原理，以及如何帮助对多个构建配置进行自定义和自动化处理。

1.5.1 工具介绍

Gradle 是用于多语言软件开发的构建自动化工具，控制从编译和打包到测试、部署和发布的任务中的开发过程，支持的语言包括 Java、Kotlin、Groovy、Scala、C/C++ 和

JavaScript。Gradle 的另一个主要功能是收集有关全球软件库使用情况的统计数据。Gradle 建立在 Apache Ant 和 Apache Maven 的概念之上，并引入了一种基于 Groovy 和 Kotlin 的领域特定语言，与 Maven 使用的基于 XML 的项目配置形成对比。Gradle 使用有向无环图通过提供依赖管理来确定任务可以运行的顺序。Gradle 在 Java 虚拟机上运行。Gradle 是为多项目构建而设计的，可以变得很大。基于一系列可以串行或并行运行的构建任务进行操作，通过确定构建树中已经是最新的部分来支持增量构建；任何仅依赖于这些部分的任务都不需要重新执行。它还支持构建组件的缓存，可能使用 Gradle Build Cache 跨共享网络，生成名为 Gradle Build Scans 的基于 Web 的构建可视化。该软件可扩展为具有插件子系统的新功能和编程语言。Gradle 在 Apache License 2.0 下作为开源软件分发，于 2008 年首次发布。

Gradle 是基于 Groovy 的一种自动化构建工具，是运行在 Java 虚拟机上的一个程序，Groovy 是基于 Java 虚拟机的一种语言，Gradle 和 Groovy 的关系就像 Android 和 Java 的关系一样。Gradle 构建脚本是使用 Groovy 或 Kotlin 编写的。Apache Groovy 是一种用于 Java 平台的与 Java 语法兼容的面向对象的编程语言。它既是静态语言又是动态语言，具有类似于 Python、Ruby 和 Smalltalk 的特性。它既可以用作 Java 平台的编程语言和脚本语言，也可以编译为 Java 虚拟机(JVM)字节码，并与其他 Java 代码和库无缝互操作。Groovy 使用类似于 Java 的大括号语法，支持闭包、多行字符串和嵌入在字符串中的表达式。Groovy 的大部分功能在于其通过注释触发的 AST 转换。Groovy 1.0 于 2007 年 1 月 2 日发布，Groovy 2.0 于 2012 年 7 月发布。从版本 2 开始，Groovy 可以静态编译，提供接近 Java 的类型推断和性能。Groovy 2.4 是 Pivotal Software 赞助的最后一个主要版本，于 2015 年 3 月结束。Groovy 此后将其管理机构更改为 Apache 软件基金会的项目管理委员会。

安卓应用程序采用 Java 语言作为开发语言，通过 Android SDK 工具编译代码后，与应用文件所使用的资源文件和数据等部分一起，生成安卓包文件，即.apk 文件。当用户下载安装一个安卓应用安装包时，文件就是 APK 文件。安卓应用开发过程中，把应用程序逻辑和用户界面设计完全分隔开，可以分别进行独立的设计和开发。应用程序逻辑使用 Java 代码实现；而用户界面设计可以使用图形工具或 XML 文件，定义图形界面的组件和具体布局。理论上，在这种模式下应用程序的逻辑改变，不会影响用户界面的设计，不需要修改；用户界面设计的布局调整，也不需要修改相应的 Java 代码。虽然实际开发中不能完全实现二者隔离，但大大减少了代码的修改工作量。

2019 年 5 月 7 日，谷歌宣布 Kotlin 编程语言成为安卓应用程序开发人员的首选语言。自 2017 年 10 月发布 Android Studio 3.0 以来，Kotlin 已被纳入标准 Java 编译器的替代方案。Kotlin 是一种跨平台、静态类型的通用编程语言，具有类型推断功能。Kotlin 旨在与 Java 完全互操作，并且 Kotlin 标准库的 JVM 版本依赖于 Java 类库，但类型推断允许其语法更加简洁。Kotlin 主要针对 JVM，但也编译为 JavaScript，例如，使用 React 的前端 Web 应用程序或通过 LLVM 的本机代码，与安卓应用程序共享业务逻辑的原生 iOS 应用程序。但是为了便于安卓主要功能的讲解，本书中还是以 Java 语言作为代码示例。

1.5.2 构建流程

构建流程涉及许多将项目转换成 Android 应用软件包(APK)或 Android App Bundle

(AAB)的工具和流程。构建流程非常灵活，因此了解它的一些底层工作原理会很有帮助。

典型 Android 应用模块的构建流程按照以下常规步骤执行，如图 1-44 所示。

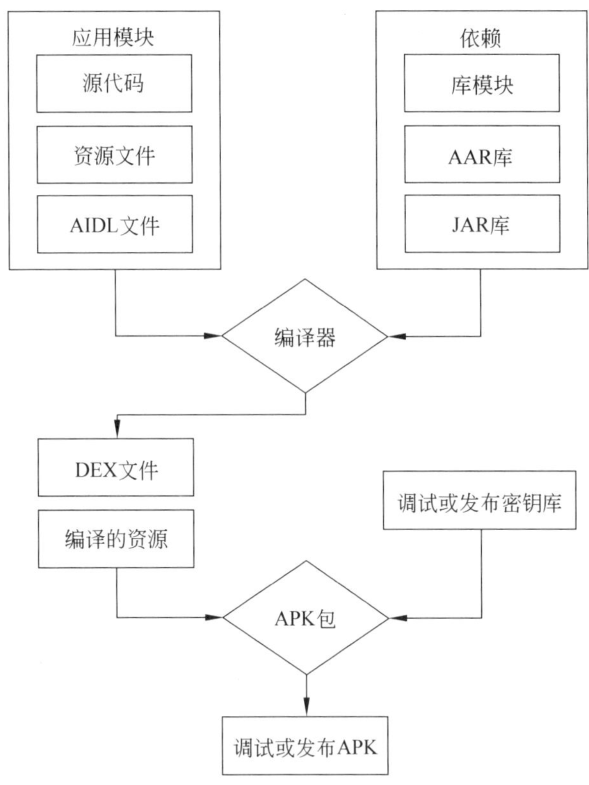

图 1-44 典型安卓应用模块的构建流程

(1) 编译器将源代码转换成 DEX 文件(Dalvik 可执行文件，其中包括在安卓设备上运行的字节码)，并将其他所有内容转换成编译后的资源。

(2) 打包器将 DEX 文件和编译后的资源组合成 APK 或 AAB(具体取决于所选的构建目标)。必须先为 APK 或 AAB 签名，然后才能将应用安装到安卓设备或分发到应用商店。

(3) 打包器使用调试或发布密钥库为 APK 或 AAB 签名，如果构建的是调试版应用(即专门用来测试和分析的应用)，则打包器会使用调试密钥库为应用签名。Android Studio 会自动使用调试密钥库配置新项目；如果构建的是打算对外发布的发布版应用，则打包器会使用发布密钥库(需要进行配置)为应用签名。

(4) 在生成最终 APK 之前，打包器会使用 zipalign 工具对应用进行优化，以减少其在设备上运行时所占用的内存。

构建流程结束时，将获得应用的调试版或发布版 APK/AAB，以用于部署、测试或向外部用户发布。

1.5.3 构建配置

Gradle 和 Android 插件可帮助完成以下面的构建配置。

1. 构建类型

构建类型定义 Gradle 在构建和打包应用时使用的某些属性，通常针对开发生命周期的不同阶段进行配置。例如，调试构建类型支持调试选项，并会使用调试密钥为应用签名；而发布构建类型则会缩减应用、对应用进行混淆处理，并使用发布密钥为应用签名以进行分发。如需构建应用，必须至少定义一个构建类型。Android Studio 默认会创建调试构建类型和发布构建类型。

2. 产品变种

产品变种代表可以向用户发布的不同应用版本，如免费版应用和付费版应用。可以自定义产品变种以使用不同的代码和资源，同时共享并重用所有应用版本共用的部分。产品变种是可选的，必须手动创建。

3. 构建变体

构建变体是构建类型与产品变种的交叉产物，也是 Gradle 用来构建应用的配置。利用构建变体，可以在开发期间构建产品变种的调试版本，或者构建产品变种的已签名发布版本以供分发。虽然无法直接配置构建变体，但可以配置组成它们的构建类型和产品变种。创建额外的构建类型或产品变种也会创建额外的构建变体。

4. 清单条目

可以在构建变体配置中为清单文件中的某些属性指定值。这些构建值会替换清单文件中的现有值。如果要为应用生成多个变体，让每一个变体都具有不同的应用名称、最低 SDK 版本或目标 SDK 版本，便可运用这一技巧。当存在多个清单时，Gradle 会合并清单设置。

5. 依赖项

构建系统会管理来自本地文件系统以及来自远程代码库的项目依赖项。这样一来，就不必手动搜索、下载依赖项的二进制文件包以及将它们复制到项目目录中。

6. 签名

构建系统既允许在 build 配置中指定签名设置，也可以在构建流程中自动为应用签名。构建系统通过已知凭据使用默认密钥和证书为调试版本签名，以避免在构建时提示输入密码。除非为此构建明确定义签名配置，否则，构建系统不会为发布版本签名。如果没有发布密钥，可以按照应用签名中所述生成一个。

7. 代码和资源缩减

构建系统允许为每个构建变体指定不同的 ProGuard 规则文件。在构建应用时，构建系统会应用一组适当的规则以使用其内置的缩减工具（如 R8）缩减代码和资源。

8. 多 APK 支持

通过构建系统可以自动构建不同的 APK，并让每个 APK 只包含特定屏幕密度或应用二进制接口（ABI）所需的代码和资源。如需了解详情，可参阅构建多个 APK。注意，我们建议的方法是发布单个 AAB，因为它除了可以按屏幕密度和 ABI 进行拆分以外，还可以按语言进行拆分，同时还可以降低因必须上传多个工件到 Google Play 所造成的复杂性。创建自定义构建配置需要对一个或多个配置文件（即 build.gradle 文件）做出更改。这些纯文本文件使用领域特定语言（Domain Specific Language，DSL）以 Groovy 描述和操纵构建逻辑，其中，Groovy 是一种适用于 Java 虚拟机（JVM）的动态语言。无须了解 Groovy 便可开始配置构建，因为 Android Plugin for Gradle 引入了需要的大多数 DSL 元素。开始新项目时，Android Studio 会自动创建其中的部分文件，如图 1-45 所示，并为其填充合理的默认值。

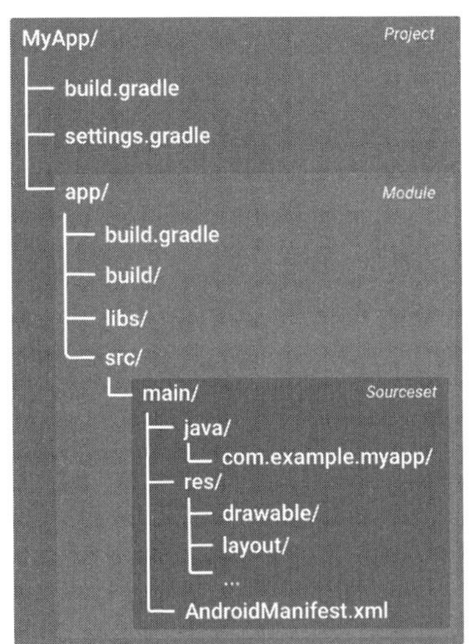

图 1-45　安卓应用模块的默认项目结构

有一些 Gradle 构建配置文件是安卓应用的标准项目结构的组成部分，必须了解其中每个文件的范围和用途及其应定义的基础 DSL 元素，才能着手配置构建。settings.gradle 文件位于项目的根目录下，用于指示 Gradle 在构建应用时应将哪些模块包含在内，对大多数项目而言该文件很简单，只包含如代码 1-6 所示内容。

```
dependencyResolutionManagement {
    repositoriesMode.set(RepositoriesMode.FAIL_ON_PROJECT_REPOS)
    repositories {
        google()
        mavenCentral()
        jcenter() //Warning: this repository is going to shut down soon
    }
}
rootProject.name = "Hello World"
include ':app'
```

代码 1-6　settings.gradle 文件

对于多模块项目，需要在项目的构建文件(例如 Maven 的 pom.xml 或 Gradle 的 build.gradle)中指定应包含在最终构建中的每个模块。顶层 build.gradle 文件位于项目的根目录下，用于定义适用于项目中所有模块的构建配置。默认情况下，顶层构建文件使用 buildscript 代码块定义项目中所有模块共用的 Gradle 代码库和依赖项，以下代码示例说明了创建新项目后可在顶层 build.gradle 文件中找到的默认设置和领域特定语言元素，如代码 1-7 所示。

```
//Top-level build file where you can add configuration options common to all
//sub-projects/modules.
buildscript {
```

代码 1-7　顶层 build.gradle 文件

```
        repositories {
            google()
            mavenCentral()
        }
        dependencies {
            classpath "com.android.tools.build:gradle:7.0.4"
            //NOTE: Do not place your application dependencies here; they belong
            //in the individual module build.gradle files
        }
    }

    task clean(type: Delete) {
        delete rootProject.buildDir
    }
```

代码 1-7 （续）

buildscript 块是为 Gradle 本身配置存储库和依赖项的地方，不应该在此处包含模块的依赖项。例如，此块包含 Gradle 的安卓插件作为依赖项，因为它提供了 Gradle 构建安卓应用程序模块所需的额外指令。repositories 块配置 Gradle 用于搜索或下载依赖项的存储库。Gradle 预先配置了对远程存储库（例如 Maven Central 和 Ivy）的支持，还可以使用本地存储库或定义自己的远程存储库。上面的代码将 Maven Central 定义为 Gradle 用于查找其依赖项的存储库。对于包含多个模块的安卓项目，可能有必要在项目级别定义某些属性并在所有模块之间共享这些属性。为此可以将额外的属性添加到顶层 build.gradle 文件内的 ext 代码块中，如代码 1-8 所示。

```
buildscript {...}

allprojects {...}

//This block encapsulates custom properties and makes them available to all
//modules in the project.
ext {
    //The following are only a few examples of the types of properties you can
    //define.
    sdkVersion = 28
    //You can also create properties to specify versions for dependencies.
    //Having consistent versions between modules can avoid conflicts with
    //behavior.
    supportLibVersion = "28.0.0"
    ...
}
...
```

代码 1-8　将额外的属性添加到顶层 build.gradle 文件

模块级 build.gradle 文件位于每个 project\module\目录下，用于为其所在的特定模块配置构建设置。可以通过配置这些构建设置提供自定义打包选项，以及替换 main\应用清单或顶层 build.gradle 文件中的设置。以下安卓应用模块 build.gradle 文件示例简要说明了应该了解的一些基础 DSL 元素和设置，如代码 1-9 所示。

```
plugins {
    id 'com.android.application'
}

android {
    compileSdk 32
    defaultConfig {
        applicationId "com.example.helloworld"
        minSdk 21
        targetSdk 32
        versionCode 1
        versionName "1.0"
        testInstrumentationRunner "androidx.test.runner.AndroidJUnitRunner"
    }
    buildTypes {
        release {
            minifyEnabled false
            proguardFilesgetDefaultProguardFile(
                    'proguard-android-optimize.txt'), 'proguard-rules.pro'
        }
    }
    compileOptions {
        sourceCompatibility JavaVersion.VERSION_1_8
        targetCompatibility JavaVersion.VERSION_1_8
    }
}

dependencies {
    implementation 'androidx.appcompat:appcompat:1.4.0'
    implementation 'com.google.android.material:material:1.4.0'
    implementation 'androidx.constraintlayout:constraintlayout:2.1.2'
    testImplementation 'junit:junit:4.+'
    androidTestImplementation 'androidx.test.ext:junit:1.1.3'
    androidTestImplementation 'androidx.test.espresso:espresso-core:3.4.0'
}
```

代码 1-9　build.gradle 文件示例

Gradle 还包含两个属性文件，它们位于项目的根目录下，可用于指定 Gradle 构建工具包本身的设置。

(1) gradle.properties：可以在其中配置项目全局 Gradle 设置，如 Gradle 守护程序的最大堆大小。

(2) local.properties：为构建系统配置本地环境属性。

小　结

本章首先简单介绍了安卓的基本概念和安卓系统的技术框架；详细介绍了安卓开发环境 Android Studio 在不同操作系统中安装和配置的具体步骤；使用一个简单安卓应用说明了在 Android Studio 中的开发和运行过程，以及在 AVD 上运行时配置的过程；最后介绍了安卓应用的构建配置。

第2章 界面设计基础

每个安卓客户端应用首先面对的就是界面的开发。安卓系统提供了丰富的界面控件。安卓提供的用户图形交互界面称为活动。本章主要介绍活动的基本知识和使用方法，如何在活动上实现不同的布局，如何理解字符串、图片等资源的使用。

2.1 开发基础知识

可以使用 Kotlin、Java 和 C++ 语言编写安卓应用。Android SDK 工具会将代码连同任何数据和资源文件编译成一个 APK（安卓应用软件包），即带有 .apk 后缀的归档文件。一个 APK 文件包含安卓应用的所有内容，其也是安卓设备用来安装应用的文件。每个安卓应用都处于各自的安全沙盒中，并受以下安卓安全功能的保护。

（1）安卓操作系统是一种多用户 Linux 系统，其中的每个应用都是一个不同的用户。

（2）默认情况下，系统会为每个应用分配一个唯一的 Linux 用户 ID（该 ID 仅由系统使用，应用并不知晓）。系统会为应用中的所有文件设置权限，使得只有分配给该应用的用户 ID 才能访问这些文件。

（3）每个进程都拥有自己的虚拟机（VM），因此应用代码独立于其他应用而运行。

（4）默认情况下，每个应用都在其自己的 Linux 进程内运行。安卓系统会在需要执行任何应用组件时启动该进程，然后当不再需要该进程或系统必须为其他应用恢复内存时，其便会关闭该进程。

安卓系统实现了最小权限原则。换言之，默认情况下，每个应用只能访问执行其工作所需的组件，而不能访问其他组件。这样便能创建非常安全的环境，在此环境中应用无法访问其未获得权限的系统部分。应用仍可通过如下一些途径与其他应用共享数据以及访问系统服务。

（1）可以安排两个应用共享同一 Linux 用户 ID，在此情况下，二者便能访问彼此的文件。为节省系统资源，也可安排拥有相同用户 ID 的应用在同一 Linux 进程中运行，并共享同一虚拟机。应用还必须使用相同的证书进行签名。

（2）应用可以请求访问设备数据（如用户的联系人、短信消息、可装载存储装置（SD 卡）、相机、蓝牙等）的权限。用户必须明确授予这些权限。

本节其余部分将介绍以下概念。

（1）用于定义应用的核心框架组件。

（2）用来声明组件和应用必需设备功能的清单文件。

（3）与应用代码分离并允许应用针对各种设备配置适当优化其行为的资源。

2.1.1 应用组件

应用组件是安卓应用的基本构建块。每个组件都是一个入口点，系统或用户可通过该入口点进入应用，有些组件会依赖于其他组件。共有以下4种不同的应用组件类型。

（1）活动（Activity）。

（2）服务（Service）。

（3）广播接收器（BroadcastRecerive）。

（4）内容提供程序（ContentProvider）。

每种类型都有不同的用途和生命周期，后面会定义如何创建和销毁组件。以下部分将介绍应用组件的4种类型。

1. 活动

活动是与用户交互的入口点，其表示拥有界面的单个屏幕。例如，电子邮件应用可能有一个显示新电子邮件列表的活动、一个用于撰写电子邮件的活动以及一个用于阅读电子邮件的活动。尽管这些活动通过协作在电子邮件应用中形成一种紧密结合的用户体验，但每个活动都独立于其他活动而存在。因此，其他应用可以启动其中任何一个活动（如果电子邮件应用允许）。例如，相机应用可以启动电子邮件应用内用于撰写新电子邮件的活动，以便用户共享图片。活动有助于完成系统和应用程序之间的以下重要交互。

（1）系统追踪用户当前关心的内容（例如，屏幕上显示的内容），以确保系统继续运行托管活动的进程。

（2）系统了解先前使用的进程包含用户可能返回的内容（例如，已停止的活动），从而更优先保留这些进程。

（3）系统帮助应用处理终止其进程的情况，以便用户可以返回已恢复其先前状态的活动。

（4）提供一种途径，让应用实现彼此之间的用户流，并让系统协调这些用户流，此处最经典的示例是共享。

2. 服务

服务是一个通用入口点，用于因各种原因使应用在后台保持运行状态。其是一种在后台运行的组件，用于执行长时间运行的操作或为远程进程执行作业。服务不提供界面，例如，当用户使用其他应用时，服务可能会在后台播放音乐或通过网络获取数据，但这不会阻断用户与活动的交互。诸如活动等其他组件可以启动服务，使该服务运行或绑定到该服务，以便与其进行交互。事实上，有两种截然不同的语义服务可以告知系统如何管理应用：已启动服务会告知系统使其运行至工作完毕，此类工作可以是在后台同步一些数据；或者在用户离开应用后继续播放音乐。在后台同步数据或播放音乐也代表了两种不同类型的已启动服务，而这些服务可以修改系统处理方式。

（1）音乐播放是用户可直接感知的服务，因此应用会向用户发送通知，表明其希望成为前台，从而告诉系统此消息；在此情况下，系统明白其应尽全力维持该服务进程运行，因为进程消失会令用户感到不快。

（2）通常用户不会意识到常规后台服务正处于运行状态，因此系统可以更自由地管理其进程。如果系统需要使用内存来处理用户更迫切关注的内容，则其可能允许终止服务，然后在稍后的某个时刻重启服务。

绑定服务之所以能运行，原因是某些其他应用或系统已表示希望使用该服务。本质上说，这是为另一个进程提供 API 的服务。因此，系统会知晓这些进程之间存在依赖关系，所以如果进程 A 绑定到进程 B 中的服务，系统便知道自己需使进程 B(及其服务)为进程 A 保持运行状态。此外，如果进程 A 是用户关心的内容，系统随即也知道将进程 B 视为用户关心的内容。由于存在灵活性，服务已成为非常有用的构建块，并且可实现各种高级系统概念。动态壁纸、通知侦听器、屏幕保护程序、输入方法、无障碍功能服务以及众多其他核心系统功能均可构建为在其运行时由应用实现、系统绑定的服务。如果应用面向 Android 5.0 (API 级别 21)或更高版本，可使用 JobScheduler 类来调度操作。JobScheduler 的优势在于，其能通过优化作业调度来降低功耗，以及使用 Doze API，从而达到省电目的。

3. 广播接收器

借助广播接收器组件，系统能够在常规用户流之外向应用传递事件，从而允许应用响应系统范围内的广播通知。由于广播接收器是另一个明确定义的应用入口，因此系统甚至可以向当前未运行的应用传递广播。例如，应用可通过调度提醒来发布通知，以告知用户即将发生的事件，而且通过将该提醒传递给应用的广播接收器，应用在提醒响起之前即无须继续运行。许多广播均由系统发起，例如，通知屏幕已关闭、电池电量不足或已拍摄照片的广播。应用也可发起广播，例如，通知其他应用某些数据已下载至设备，并且可供其使用。尽管广播接收器不会显示界面，但其可以创建状态栏通知，在发生广播事件时提醒用户。但广播接收器更常见的用途只是作为通向其他组件的通道，旨在执行极少量的工作，例如，其可能会根据带 JobScheduler 的事件调度 JobService 来执行某项工作，广播接收器作为 BroadcastReceiver 的子类实现，并且每条广播都作为意图(Intent)对象进行传递。

4. 内容提供程序

内容提供程序管理一组共享的应用数据，可以将这些数据存储在文件系统、SQLite 数据库、网络中或者应用可访问的任何其他持久化存储位置。其他应用可通过内容提供程序查询或修改数据(如果内容提供程序允许)。例如，安卓系统可提供管理用户联系人信息的内容提供程序，因此任何拥有适当权限的应用均可查询内容提供程序(例如 ContactsContract.Data)，以读取和写入特定人员的相关信息。很容易将内容提供程序看作数据库上的抽象，因为其内置的大量 API 和支持时常适用于这一情况，但从系统设计的角度看，二者的核心目的不同。对系统而言，内容提供程序是应用的入口点，用于发布由 URI 架构识别的已命名数据项，因此应用可以决定如何将其包含的数据映射到 URI 命名空间，进而将这些 URI 分发给其他实体，反之，这些实体也可使用分发的 URI 来访问数据。在管理应用的过程中，系统可以执行以下特殊操作。

(1) 分配 URI 无须应用保持运行状态，因此 URI 可在其所属的应用退出后继续保留。当系统必须从相应的 URI 检索应用数据时，系统只需确保所属应用仍处于运行状态。

(2) 这些 URI 还会提供重要的细粒度安全模型，例如，应用可将其所拥有图像的 URI 放到剪贴板上，但将其内容提供程序锁定，以便其他应用程序无法随意访问它。当第二个应用尝试访问剪贴板上的 URI 时，系统可允许该应用通过临时的 URI 授权来访问数据，这样便只能访问 URI 后面的数据，而非第二个应用中的其他任何内容。

内容提供程序也适用于读取和写入应用不共享的私有数据。内容提供程序作为

ContentProvider 的子类实现，并且其必须实现一组标准 API，以便其他应用能够执行事务。安卓系统设计的独特之处在于，任何应用都可启动其他应用的组件。例如，当想让用户使用设备相机拍摄照片时，另一个应用可能也可执行该操作，因而应用便可使用该应用，而非自行产生一个活动来拍摄照片。无须加入甚至链接到该相机应用的代码，只须启动拍摄照片的相机应用中的活动即可。完成拍摄时，系统甚至会将照片返回应用，以便使用。对用户而言，这就如同相机是应用的一部分。当系统启动某个组件时，其会启动该应用的进程(如果尚未运行)，并实例化该组件所需的类。例如，如果应用启动相机应用中拍摄照片的活动，则该活动会在属于相机应用的进程(而非应用进程)中运行。因此，与大多数其他系统上的应用不同，安卓应用并没有单个入口点(即没有 main()函数)。由于系统在单独的进程中运行每个应用，且其文件权限会限制对其他应用的访问，因此应用无法直接启动其他应用中的组件，但安卓系统可以。如要启动其他应用中的组件，可向系统传递一条消息，说明启动特定组件的意图，系统随后便会启动该组件。

2.1.2　启动组件

在四种组件类型中，活动、服务和广播接收器，均通过异步消息意图进行启动。意图会在运行时对各个组件进行互相绑定。无论该组件是属于自身应用还是其他应用，可以将意图视为从其他组件请求操作的信使。需使用 Intent 对象创建意图，该对象通过定义消息来启动特定组件(显式意图)或特定的组件类型(隐式意图)。对于活动和服务，意图会定义要执行的操作，例如，查看或发送某内容，并且可指定待操作数据的 URI，以及正在启动的组件可能需要了解的信息，例如，意图可能会传达对活动的请求，以便显示图像或打开网页。在某些情况下，可以通过启动活动来接收结果，这样活动还会返回意图中的结果，例如，可以发出一个意图，让用户选取某位联系人并将其返回，返回意图包含指向所选联系人的 URI。对于广播接收器，意图只会定义待广播的通知，例如，指示设备电池电量不足的广播只包含指示“电池电量不足”的已知操作字符串。与活动、服务和广播接收器不同，内容提供程序并非由意图启动，相反其会在成为 ContentResolver 的请求目标时启动。内容解析程序会通过内容提供程序处理所有直接事务，因此通过内容提供程序执行事务的组件便无须执行事务，而是改为在 ContentResolver 对象上调用方法。这会在内容提供程序与请求信息的组件之间留出一个抽象层以确保安全。每种组件都有不同的启动方法。

(1) 如要启动活动，可以向 startActivity()或 startActivityForResult()传递意图(当想让活动返回结果时)，或者为其安排新任务。

(2) 在 Android 5.0(API 级别 21)及更高版本中，可以使用 JobScheduler 类来调度操作。对于早期 Android 版本，可以通过向 startService()传递 Intent 来启动服务(或对执行中的服务下达新指令)，也可通过向 bindService()传递 Intent 来绑定到该服务。

(3) 可以通过向 sendBroadcast()、sendOrderedBroadcast()或 sendStickyBroadcast()等方法传递意图来发起广播。

(4) 可以通过在 ContentResolver 上调用 query()，对内容提供程序执行查询。

2.1.3　清单文件

在安卓系统启动应用组件之前，系统必须通过读取应用的清单文件 (AndroidManifest.

xml）确认组件存在。应用必须在此文件中声明其所有组件，该文件必须位于应用项目目录的根目录中。除了声明应用的组件外，清单文件还有许多其他作用，例如：

（1）确定应用需要的任何用户权限，如互联网访问权限或对用户联系人的读取权限。

（2）根据应用使用的 API，声明应用所需的最低 API 级别。

（3）声明应用使用或需要的硬件和软件功能，如相机、蓝牙服务或多点触摸屏幕。

（4）声明应用需要链接的 API 库（安卓框架 API 除外），如地图库。

1. 声明组件

清单文件的主要任务是告知系统应用组件的相关信息，例如，清单文件可按如下所示声明活动（如代码 2-1 所示）。

```
<?xml version="1.0" encoding="utf-8"?>
<manifest ... >
    <application android:icon="@drawable/app_icon.png" ... >
        <activity android:name="com.example.project.ExampleActivity"
            android:label="@string/example_label" ... >
        </activity>
        ...
    </application>
</manifest>
```

代码 2-1　声明活动

在<application>元素中，android:icon 属性指向标识应用的图标所对应的资源。在<activity>元素中，android:name 属性指定活动子类的完全限定类名，android:label 属性指定用作活动的用户可见标签的字符串。必须使用以下元素声明所有应用组件。

（1）活动的<activity>元素。

（2）服务的<service>元素。

（3）广播接收器的<receiver>元素。

（4）内容提供程序的<provider>元素。

如果未在清单文件中声明源代码中包含的活动、服务和内容提供程序，则这些组件对系统不可见，因此也永远不会运行，不过可以 BroadcastReceiver 对象的形式，在清单中声明或在代码中动态创建广播接收器；以及通过调用 registerReceiver()，在系统中注册广播接收器。

2. 声明功能

如上文启动组件中所述，可以使用意图来启动活动、服务和广播接收器。可以通过在意图中显式命名目标组件（使用组件类名）来使用意图，还可使用隐式意图，通过其来描述要执行的操作类型和待操作数据（可选）。借助隐式意图，系统能够在设备上找到可执行该操作的组件，并启动该组件。如果有多个组件可以执行意图所描述的操作，则由用户选择使用哪一个组件。注意：如果使用意图来启动服务，应使用显式意图来确保应用的安全性。使用隐式意图启动服务存在安全隐患，因为无法确定哪些服务将响应意图，且用户无法看到哪些服务已启动。从 Android 5.0（API 级别 21）开始，如果使用隐式意图调用 bindService()，系统会抛出异常。不要为服务声明意图过滤器。

通过将收到的意图与设备上其他应用的清单文件中提供的意图过滤器进行比较，系统便可识别能响应意图的组件。在应用的清单文件中声明活动时，可以选择性地加入声明活动功能的意图过滤器，以便响应来自其他应用的意图。可以将<intent-filter>元素作为组件声明元素的子项进行添加，从而为组件声明意图过滤器。例如，如果构建的电子邮件应用包含用于撰写新电子邮件的活动，则可通过声明意图过滤器来响应“send”意图(目的是发送新电子邮件)，如代码 2-2 所示。

```
<manifest ... >
    ...
    <application ... >
        <activity android:name="com.example.project.ComposeEmailActivity">
            <intent-filter>
                <action android:name="android.intent.action.SEND" />
                <data android:type="*/*" />
                <category android:name="android.intent.category.DEFAULT" />
            </intent-filter>
        </activity>
    </application>
</manifest>
```

代码 2-2　意图过滤器

如果另一个应用创建包含 ACTION_SEND 操作的意图并将其传递到 startActivity()，则系统可能会启动活动，以便用户能够草拟并发送电子邮件。

3. 声明要求

安卓设备多种多样，但并非所有设备都提供相同的特性和功能。为防止将应用安装在缺少应用所需特性的设备上，必须通过在清单文件中声明设备和软件要求，为该应用支持的设备类型明确定义一个配置文件。其中的大多数声明只是为了提供信息，系统并不会读取它们，但 Google Play 等外部服务会读取它们，以便在用户通过其设备搜索应用时为用户提供过滤功能。例如，如果应用需要相机功能，并使用 Android 2.1(API 级别 7)中引入的 API，必须在清单文件中声明以下要求，如代码 2-3 所示。

```
<manifest ... >
    <uses-feature android:name="android.hardware.camera.any"
        android:required="true" />
    <uses-sdkandroid:minSdkVersion="7" android:targetSdkVersion="19" />
    ...
</manifest>
```

代码 2-3　声明设备和软件要求

通过示例中所述的声明，没有相机且 Android 版本低于 2.1 的设备将无法从 Google Play 安装应用。不过可以声明应用使用相机，但并不要求必须使用，在此情况下应用必须将 required 属性设置为 false，并在运行时检查设备是否拥有相机，然后根据需要停用任何相机功能。

2.1.4 应用资源

安卓应用并非仅包含代码，还需要与源代码分离的资源，如图像、音频文件以及任何与应用的视觉呈现有关的内容。例如，可以通过 XML 文件定义活动界面的动画、菜单、样式、颜色和布局。借助应用资源，无须修改代码即可轻松更新应用的各种特性，通过提供备用资源集，可以针对各种设备配置（如不同的语言和屏幕尺寸）优化应用。对于在安卓项目中加入的每一项资源，SDK 构建工具均会定义唯一的整型 ID，可以利用此 ID 来引用资源，这些资源或来自应用代码，或来自 XML 中定义的其他资源。例如，如果应用包含名为 logo.png 的图像文件，保存在 res\drawable\ 目录中，则 SDK 工具会生成名为 R.drawable.logo 的资源 ID，此 ID 映射到应用特定的整型数，可以利用其来引用该图像，并将其插入界面。如果提供与源代码分离的资源，则其中最重要的一个优点在于，可以提供适用于不同设备配置的备用资源。例如，通过在 XML 中定义界面字符串，可以将字符串翻译为其他语言，并将这些字符串保存在单独的文件中。然后，安卓系统会根据向资源目录名称追加的语言限定符（例如，为法语字符串值追加 res\values-fr\）和用户的语言设置，对界面应用相应的语言字符串。安卓支持许多不同的备用资源限定符。限定符是资源目录名称中加入的短字符串，用于定义这些资源适用的设备配置，例如，应根据设备的屏幕方向和尺寸为活动创建不同的布局。当设备屏幕为纵向（长型）时，可能想要一种垂直排列按钮的布局；但当屏幕为横向（宽型）时，可以按水平方向排列按钮。如要根据方向更改布局，可以定义两种不同的布局，然后对每个布局的目录名称应用相应的限定符，然后系统会根据当前设备方向自动应用相应的布局。

2.1.5 模拟器

安卓模拟器可在计算机上模拟安卓设备，这样就可以在各种设备上以及各个安卓 API 级别测试应用，而无须拥有每个实体设备。模拟器几乎可以提供真正的安卓设备所具备的所有功能。可以模拟来电和短信、指定设备的位置、模拟不同的网速、模拟旋转及其他硬件传感器、访问应用商店等。从某些方面来看，在模拟器上测试应用比在实体设备上测试要更快、更容易。例如，将数据传输到模拟器的速度比传输到通过 USB 连接的设备更快。模拟器随附了针对各种安卓手机、平板电脑、Wear OS 和 Android TV 设备的预定义配置。安卓模拟器除了需要满足 Android Studio 的基本系统要求之外，还需要满足下述要求。

（1）SDK 工具 26.1.1 或更高版本。

（2）64 位处理器。

（3）Windows：支持 UG（无限制访客）的 CPU。

（4）HAXM 6.2.1 或更高版本（建议使用 HAXM 7.2.0 或更高版本）。

如果要在 Windows 和 Linux 上使用硬件加速，还需要满足以下额外要求。

（1）搭载 Intel 处理器的 Windows 或 Linux 系统：Intel 处理器需要支持 Intel VT-x、Intel EM64T（Intel 64）和 Execute Disable（XD）Bit 功能。

（2）搭载 AMD 处理器的 Linux 系统：AMD 处理器需要支持 AMD 虚拟化（AMD-V）和 Supplemental Streaming SIMD Extensions 3（SSSE3）。

（3）搭载 AMD 处理器的 Windows 系统：需要 Android Studio 3.2 或更高版本以及 2018 年 4 月发布的支持 Windows Hypervisor Platform（WHPX）功能的 Windows 10 或更高版本。

如需与 Android 8.1（API 级别 27）及更高版本的系统映像配合使用，连接的摄像头必须能够捕捉 720p 的画面。如需在模拟设备上安装 APK 文件，将 APK 文件拖动到模拟器屏幕上。系统会显示 APK 安装程序对话框。安装完毕后，可以在应用列表中查看该应用。如需向模拟设备添加文件，将该文件拖动到模拟器屏幕上。系统会将该文件放在\sdcard\Download\目录下。可以在 Android Studio 中通过 Device File Explorer 查看该文件，也可以在设备上使用 Downloads 或 Files 应用查找该文件，具体取决于设备的版本。

1. 屏幕导航

可以使用计算机鼠标指针模仿手指在触摸屏上的操作、选择菜单项和输入字段，以及单击按钮和控件，可以使用计算机键盘输入字符以及按下模拟器快捷键，如表 2-1 所示。

表 2-1　模拟器屏幕的导航手势

功　　能	说　　明
滑动屏幕	指向屏幕，按住主鼠标按键，在屏幕上滑动，然后释放
拖动条目	指向屏幕上的某个条目，按住主鼠标按键，移动对象，然后释放
点按(触摸)	指向屏幕，按住鼠标按键，然后释放。例如，可以单击文本字段以开始输入内容、选择应用，或者单击某个按钮
点按两次	指向屏幕，快速按两次主鼠标按键，然后释放
触摸并按住	指向屏幕上的某个条目，按住鼠标按键，保持一段时间，然后释放。例如，可以打开某个条目的选项
输入	可以使用计算机键盘或者模拟器屏幕上弹出的键盘在模拟器中输入内容。例如，选择某个文本字段后，可以在其中输入内容
双指张合	按 Ctrl 键可以调出张合手势多点触控界面。鼠标作为第一根手指，鼠标关于锚点对称的点为第二根手指。拖动光标以移动第一个点 单击鼠标左键相当于同时触摸两个点，释放按键则相当于张开两根手指
纵向滑动	在屏幕上打开纵向菜单，然后使用滚轮(鼠标滚轮)滚动浏览菜单项，直到看到所需的菜单项。单击该菜单项即可将其选中

2. 常见操作

如需在模拟器中执行常见操作，使用右侧的面板。可以在模拟器中使用键盘快捷键执行很多常见操作(如表 2-2 所示)。如需查看模拟器中快捷键的完整列表，按 F1 键，在 Extended controls 窗口中打开 Help 窗格。

表 2-2　模拟器中的常见操作

功　　能	图标	说　　明
Close	✕	关闭模拟器
Minimize	—	最小化模拟器窗口
Resize		像调整任何其他操作系统窗口一样调整模拟器的大小。模拟器将保持适合设备的宽高比
Power		单击即可开启或关闭屏幕。单击并按住即可开启或关闭设备
Volume up		单击即可显示一个滑块控件并将音量调高。再次单击即可进一步调高音量，也可以使用滑块控件调整音量
Volume down		单击即可显示一个滑块控件并将音量调低。再次单击即可进一步调低音量，也可以使用滑块控件调整音量

续表

功　能	图标	说　明
Rotate left		将设备逆时针旋转 90°
Rotate right		将设备顺时针旋转 90°
Take screenshot		单击即可对设备进行屏幕截图
Enter zoom mode		单击即可使光标变为缩放图标。如需退出缩放模式，再次单击该按钮即可。在缩放模式下放大和缩小： • 左击屏幕即可放大 25%，最多可放大至虚拟设备屏幕分辨率的两倍左右。 • 右击即可缩小。 • 左击并拖动即可选择要放大的方形区域。 • 右击并拖动选择框即可重置为默认缩放级别。 如需在缩放模式下平移，在按住 Ctrl 键（在 Mac 上，按住 Command 键）的同时按键盘上的箭头键 如需在缩放模式下点按设备屏幕，在按住 Ctrl 键的同时单击鼠标（在 Mac 上，按住 Command 键的同时单击鼠标）
Back		返回上一个屏幕，或者关闭对话框、选项菜单、Notifications 面板或屏幕上的键盘
Home		返回主屏幕
Overview (Recent Apps)		点按即可打开最近用过的应用的缩略图列表。如需打开某个应用，点按相应缩略图即可。如需从列表中移除某个缩略图，向左或向右滑动该缩略图。Wear OS 不支持此按钮
Fold		对于可折叠设备，折叠设备以显示其较小的屏幕配置
Unfold		对于可折叠设备，展开设备以显示其较大的屏幕配置
菜单		按 Ctrl+M 组合键即可模拟 Menu 按钮
More	•••	单击即可访问更多其他功能和设置

2.2 理解活动

活动是安卓的四大基本组件之一。通过活动，用户可以与移动终端进行交互，使用安卓应用程序可以做一些事情，如拨打电话、拍照、发送电子邮件或查看地图等。活动也可以看作一个特定的窗口，输入框、按钮等各种视图控件能够按需求进行不同的排列。这种窗口通常填满整个屏幕，但可能会小于屏幕或者浮在其他窗口之上，例如对话框。所有的活动都是从安卓提供的 Activity 类继承而来。一个应用程序通常由一个或多个活动组成。在应用程序中，通常指定一个主活动，它是应用程序启动时，首先呈现给用户的界面。应用通过主活动，根据不同功能启动其他的活动。这些活动之间根据应用程序的逻辑功能可以实现相互调用启动。如果一个活动启动了另一个活动，则自身的状态发生改变，处于停止状态，新的活动接替其成为用户可操作的界面。通常情况下，一个应用不会将所有的功能都在一个活动中实现。

在第 1 章编写安卓应用程序时，用到了活动。下面来讨论一下创建和使用活动的基本过程，了解活动在用户操作过程中呈现的状态和各种状态的转换过程，以及对应的系统回调方法。要创建在安卓应用程序中可运行的活动，必须要实现以下四个任务。

(1) 命名并定义活动的子类。

(2) 实现用户界面。

(3) 在AndroidManifest文件中声明这个活动。

(4) 测试运行。

2.2.1　定义活动

要创建一个用户界面活动，必须定义一个子类来继承Activity类，并根据界面的功能和状态变化，在其回调方法中编写相应的代码。在安卓定义活动组件时，针对用户界面的不同状态变化，为其定义了一系列不同的回调方法。例如，用户界面创建、改变、恢复或销毁的动作，都对应活动中不同的回调方法。所谓回调方法，就是在活动状态变化时，安卓系统会自动调用在活动中预先定义的对应方法，执行其中的代码，因为是系统反向调用子类中的定义方法，实现其功能，所以称为回调。因此在定义子类时，可以在回调方法中定义需要的功能，系统就可以在用户界面状态变化时，调用应用程序中活动的对应回调方法，来实现其功能。例如，某个活动需要在界面恢复时，重新读取数据库中的信息，就可以在此活动的onResume()回调方法中定义重新读取数据库的操作。这样当这个活动界面恢复时，系统就会自动调用它的onResume()，运行里面定义的代码，实现其功能。在活动的回调方法中，有两个最重要的回调方法onCreate()和onPause()。在系统创建活动时，首先调用onCreate()这个方法，并且执行其中的代码，因此必须实现这个方法。这部分代码主要是进行变量的初始化，完成活动的初始化，其中最主要的是必须调用setContentView()方法，为活动的用户界面定义布局，就是初始化显示界面。一旦onCreate()方法调用完成后，活动的状态不会停留在Created，系统会立刻接着调用活动的另外两个回调方法——onStart()方法和onResume()方法，活动的状态很快会进入Resumed状态，也就是运行状态。onPause()方法是当用户离开当前的活动时，由系统调用。下面为了讨论活动的创建、使用和运行状态，在Android Studio中建立一个新的应用项目，命名为“My First App”，主活动命名为MainActivity。在完成活动初步创建之后，就进行下一步，根据应用的功能设计用户图形界面，步骤如下。

(1) 在Welcome to Android Studio窗口中单击Create New Project，如果已打开一个项目，依次单击File→New→New Project。

(2) 在Select a Project Template窗口中选择EmptyActivity，然后单击Next按钮。

(3) 在Configure your project窗口中完成以下操作。

① 在Name字段中输入“My First App”。

② 在Package name字段中输入“com.example.myfirstapp”。

③ 如果想将项目放在其他文件夹中，更改其保存位置。

④ 从Language下拉菜单中选择Java。

⑤ 在Minimum SDK字段中选择希望应用支持的最低Android版本。

⑥ 如果应用需要旧版库支持，选中Use legacy android.support libraries复选框。

⑦ 其他选项保持原样。

(4) 单击 Finish 按钮。

首先，确保已打开 Project 窗口(依次单击 View→Tool Windows→Project)，并从该窗口顶部的下拉列表中选择 Android 视图，随后可以看到以下文件。

① app→java→com.example.myfirstapp→MainActivity：这是主活动，是应用的入口点，当构建和运行应用时，系统会启动此活动的实例并加载其布局。

② app→res→layout→activity_main.xml：此 XML 文件定义了活动界面的布局，其包含一个 textView 元素，其中具有"Hello，World!"文本。

③ app→manifests→AndroidManifest.xml：清单文件描述了应用的基本特性并定义了每个应用组件。

④ Gradle Scripts→build.gradle：有两个使用此名称的文件，一个针对项目"Project：My First App"，另一个针对应用模块"Module：My_First_App.app"。每个模块均有自己的 build.gradle 文件，但此项目当前仅有一个模块。使用每个模块的 build.gradle 文件控制 Gradle 插件构建应用的方式。

2.2.2 构建简单界面

本节将学习如何使用 Android Studio 布局编辑器创建包含一个文本框和一个按钮的布局(如图 2-1 所示)，如何在单击该按钮时让应用将文本框中的内容发送到其他活动。

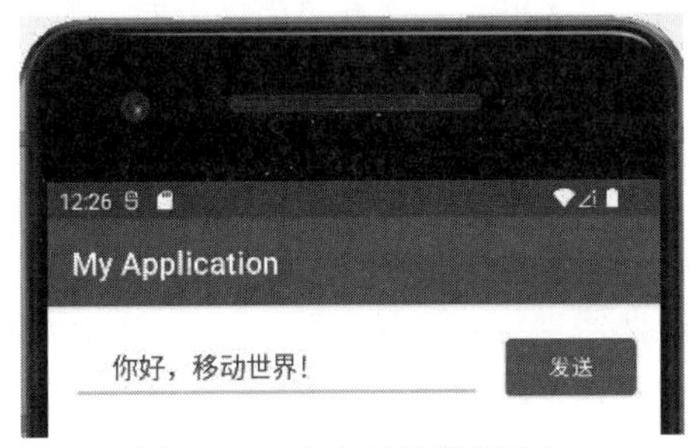

图 2-1 最终布局的屏幕截图

安卓为程序员提供了三种用户界面设计的方法：Java 代码"编程式"设计实现、XML 文件编写设计和图形化界面设计。如果使用 Java 代码直接在源代码中构建应用程序的用户界面，在编写代码过程中必须对界面的层次关系十分清晰，并逐个定义这些用户图形界面组件的属性和关系，这在界面比较复杂、组件比较多时，对程序员是一个考验。在界面美观、组件排列合理、组件位置微调、风格统一等细节方面可能会耗费程序员较多的时间，可能比预计的时间多得多。这种方式对于界面的开发是很不方便的，因为一些小的布局变化都有可能导致源码的修改，并且需要重新编译，因此这种方法在安卓的用户图形界面设计中并不推荐。

设计实现用户界面的第二种方式——XML 文件编写设计，是使用 Android Studio 的 XML 文件编辑器打开活动对应的 XML 布局文件，在文件中编写代码来描述界面的布局、控件和相关的属性。在第 1 章中使用的就是这种方法。由于 XML 文件是一个层次化结构的文件，因此布局和控件的关系十分清楚，语法比较简单。而且组件的标识、属性和位置的设置集中在一起，布局和控件不涉及应用程序的逻辑，只是单纯的排列和设计，也就能很方便、快速地完成用户界面的布局了，修改起来也很容易定位。缺点是在界面比较复杂、组件比较多时也很难兼顾美观，如果只能在活动运行时才能看到效果，调整起来同样也很耗费时间。

图形化界面设计是使用 Android Studio 提供的图形化界面设计工具，能够把工具提供的布局和控件直接拖曳到手机界面上合适的位置，直观地显示出来，并且通过属性设置界面，直接设置组件的属性。在设计过程中，随着布局和控件的添加、属性的修改，XML 布局文件的代码也自动生成。使用第二种方式直接编写代码的 XML 布局文件，也可以通过手机的模拟界面，直观地看到实际显示效果。

如果要使用 Android Studio 的图形化界面设计工具，首先打开需要设计的 XML 布局文件，然后单击右上角标注的 Design 标签（如图 2-2 所示），就可以看到手机模拟界面的窗口了。从 Palette 拖曳组件到手机屏幕，在 Palette 窗口中（如图 2-3 所示）列出了 Layouts、Widgets、Text、Buttons 和 Containers 等布局和控件。

Code　Split　Design

图 2-2　Design 标签

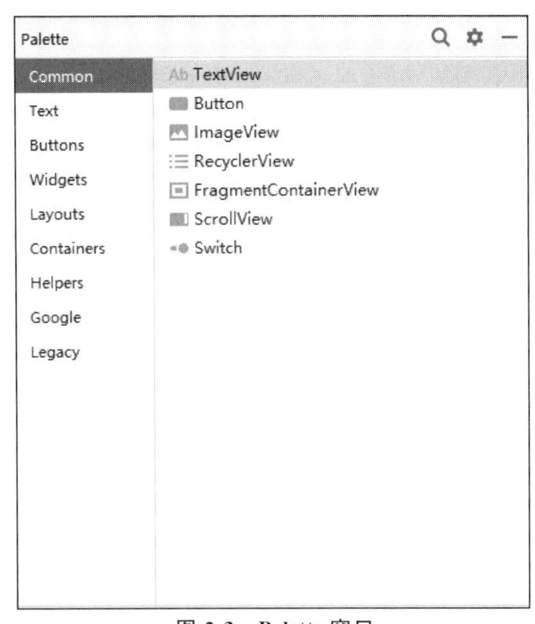

图 2-3　Palette 窗口

安卓应用的界面以布局和控件的层次结构形式构建而成。布局是 ViewGroup 对象，即控制其子视图在屏幕上放置方式的容器；控件是 View 对象，即按钮和文本框等界面组件（如图 2-4 所示）。

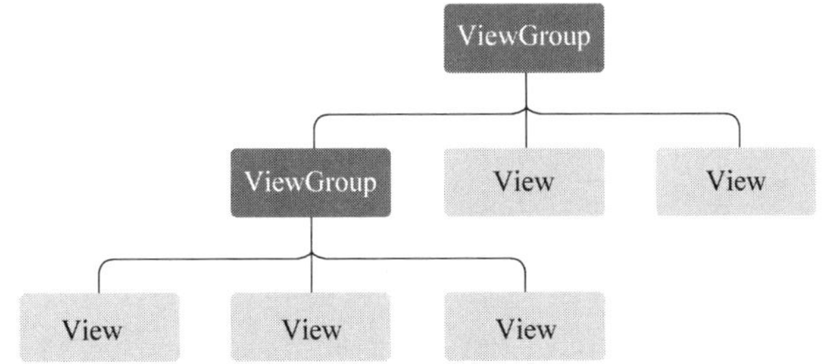

图 2-4　ViewGroup 对象如何在布局中形成分支并包含 View 对象的图示

安卓提供了 ViewGroup 和 View 类的 XML 词汇表，因此界面的大部分内容都在 XML 文件中定义。本节将介绍如何使用 Android Studio 的布局编辑器创建布局，而不是编写 XML 代码，布局编辑器可以在拖放视图的过程中生成 XML 代码，以帮助和构建布局。

1. 布局编辑器

首先，按照以下步骤设置工作区。

（1）在 Project 窗口中依次打开 app→res→layout→activity_main.xml。

（2）若要给布局编辑器留出空间，隐藏 Project 窗口，为此，依次单击 View→Tool Windows→Project，或直接单击 Android Studio 屏幕左侧的 Project。

（3）如果编辑器显示 XML 源代码，可单击窗口右上角的 Design 标签。

（4）单击 (Select Design Surface)按钮，然后选择 Blueprint。

（5）单击布局编辑器工具栏中的 (View Options)按钮，并确保选中 Show All Constraints。

（6）确保 Autoconnect 处于关闭状态，当 Autoconnect 处于关闭状态时，工具栏中的提示会显示 (Enable Autoconnection to Parent)。

（7）单击工具栏中的 0dp (Default Margins)按钮，然后选择 16，如果需要可以稍后调整每个视图的外边距。

（8）单击工具栏中的 (Device for Preview)按钮，然后选择 5.5，1440×2560，560 dpi (Pixel XL)。

布局编辑器如图 2-5 所示。

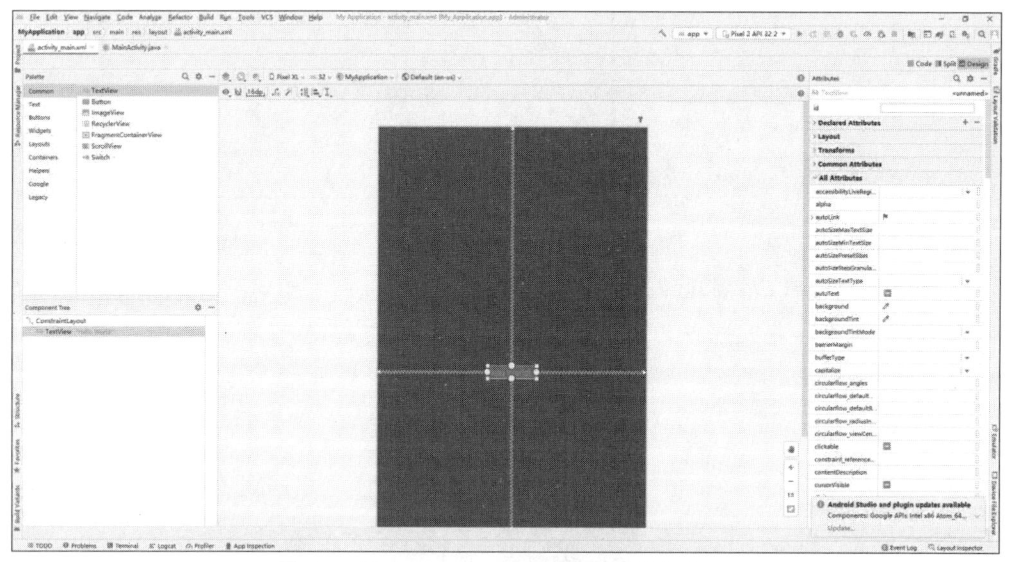

图 2-5　显示 activity_main.xml 的布局编辑器

左下方的 Component Tree 面板中显示布局的视图层次结构。在本例中根视图是 ConstraintLayout，其仅包含一个 TextView 对象。ConstraintLayout 是一种布局，其根据同级视图和父布局的约束条件定义每个视图的位置。这样一来，使用扁平视图层次结构既可以创建简单布局，又可以创建复杂布局。这种布局无须嵌套布局。嵌套布局是布局内的布局，会增加绘制界面所需的时间。

例如，可以声明以下布局，如图 2-6 所示。

（1）视图 A 距离父布局顶部 16 dp。

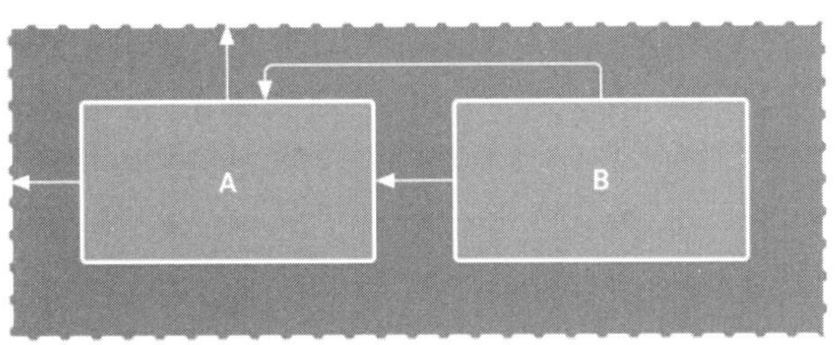

图 2-6　ConstraintLayout 内放有两个视图的图示

(2) 视图 A 距离父布局左侧 16 dp。

(3) 视图 B 距离视图 A 右侧 16 dp。

(4) 视图 B 与视图 A 顶部对齐。

在后面几部分中，将构建一个与图 2-6 中的布局类似的布局。

2. 添加文本框

按照下面的步骤添加文本框。

(1) 首先需要移除布局中已有的内容，在 Component Tree 面板中单击 TextView，然后按 Delete 键。

(2) 在 Palette 面板中单击 Text，以显示可用的文本控件。

(3) 将 Plain Text 拖动到设计编辑器中，并将其放在靠近布局顶部的位置，这是一个接受纯文本输入的 EditText 控件。

(4) 单击设计编辑器中的视图，现在可以在每个角上看到调整视图大小的正方形手柄，并在每个边上看到圆形约束锚点。为了更好地控制，可能需要放大编辑器，为此使用布局编辑器工具栏中的 Zoom 按钮(如图 2-7 所示)。

(5) 单击并按住顶边上的锚点，将其向上拖动直至其贴靠到布局顶部，然后将其释放。这是一个约束条件，其会将视图约束在已设置的默认外边距内。在本例中将其设置为距离布局顶部 16 dp。

(6) 使用相同的过程创建一个从视图左侧到布局左侧的约束条件，结果如图 2-8 所示。

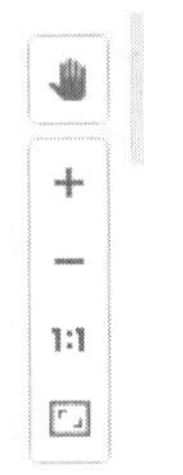

图 2-7　Zoom 按钮

图 2-8　按照到父布局顶部和左侧的距离约束文本框

3. 添加按钮

(1) 在 Palette 面板中单击 Buttons。

(2) 将 Button 控件拖到设计编辑器中，并将其放在靠近右侧的位置。

(3) 创建一个从按钮左侧到文本框右侧的约束条件。

(4) 如需按水平对齐约束视图，创建一个文本基线之间的约束条件，为此右击按钮，然后选择 Show Baseline ab。基线锚点显示在按钮内部，单击并按住此锚点，然后将其拖动到相邻文本框中显示的基线锚点上，结果如图 2-9 所示。

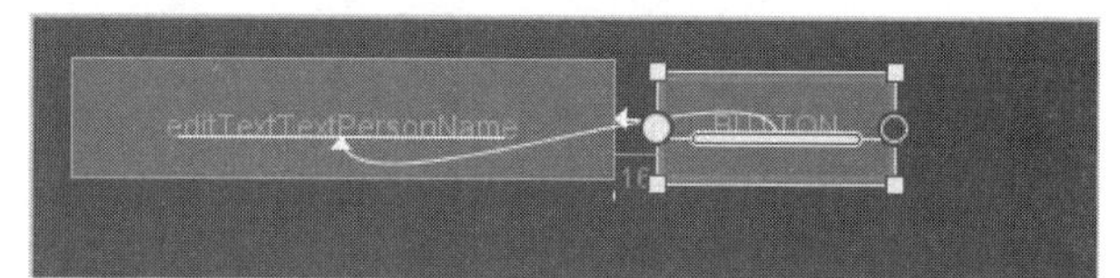

图 2-9　按照到文本框右侧的距离以及文本框基线来约束按钮

注意：还可以根据顶边或底边实现水平对齐。但按钮的图片周围有内边距，因此如果以这种方式对齐，那么它们看上去是没有对齐的。

4. 更改界面字符串

若要预览界面，请单击工具栏中的（Select Design Surface）按钮，然后选择 Design。应注意，文本输入和按钮标签应设置为默认值。若要更改界面字符串，可按以下步骤操作。

（1）打开 Project 窗口，然后打开 app→res→values→strings.xml。这是一个字符串资源文件，可在此文件中指定所有界面字符串，可以利用该文件在一个位置管理所有界面字符串，使字符串的查找、更新和本地化变得更加容易。

（2）单击窗口顶部的 Open Editor，此时将打开 Translations Editor，它提供了一个可以添加和修改默认字符串的简单界面，还有助于让所有已翻译的字符串井然有序（如图 2-10 所示）。

（3）单击 +（Add Key）按钮可以创建一个新字符串作为文本框的提示文本，此时会打开如图 2-11 所示的对话框。在 Add Key 对话框中，完成以下步骤。

① 在 Key 字段中输入“edit_message”。

② 在 Default Value 字段中输入“Enter a message”。

③ 单击 OK 按钮。

（4）再添加一个名为“button_send”且值为“Send”的键。

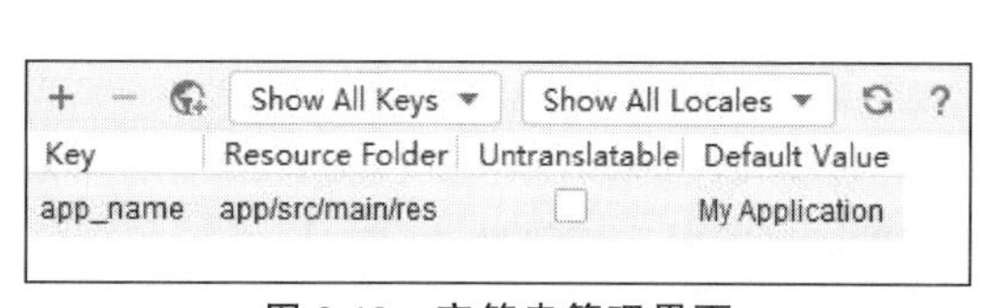

图 2-10　字符串管理界面

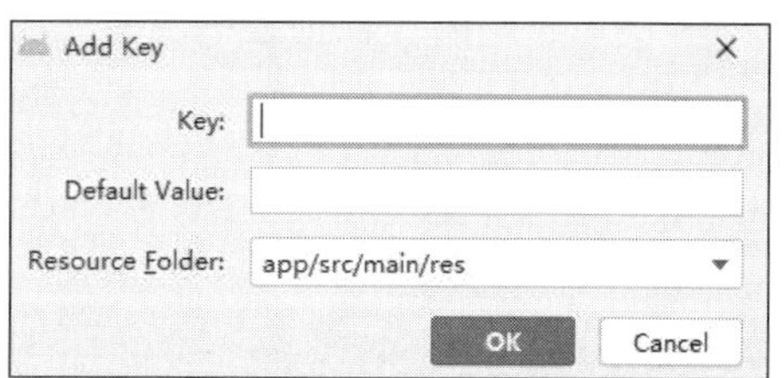

图 2-11　用于添加新字符串的对话框

现在可以为每个视图设置这些字符串。若要返回布局文件，可单击标签页中的 activity_main.xml，然后添加字符串，如下。

（1）单击布局中的文本框，如果右侧还未显示 Attributes 窗口，可单击右侧边栏中的 Attributes。

（2）找到 text 属性（当前设为“Name”）并删除相应的值。

（3）找到 hint 属性，然后单击文本框右侧的▯（Pick a Resource）按钮，在显示的对话框中，双击列表中的 edit_message。

(4) 单击布局中的按钮,找到其 text 属性(当前设为"Button"),然后单击▯(Pick a Resource)按钮,并选择 button_send。

5. 大小可灵活调整

若要创建一个适应不同屏幕尺寸的布局,需要让文本框拉伸以填充去除按钮和外边距后剩余的所有水平空间。继续操作之前,单击工具栏中的(Select Design Surface)按钮,然后选择 Blueprint,若要让文本框大小可灵活调整需按以下步骤操作。

(1) 选择两个视图。若要执行此操作,可单击一个视图,在按住 Shift 键的同时单击另一个视图,然后右击任一视图并依次选择 Chains→Create Horizontal Chain,布局随即显示出来,如图 2-12 所示。链是两个或多个视图之间的双向约束条件,可采用一致的方式安排链接的视图。

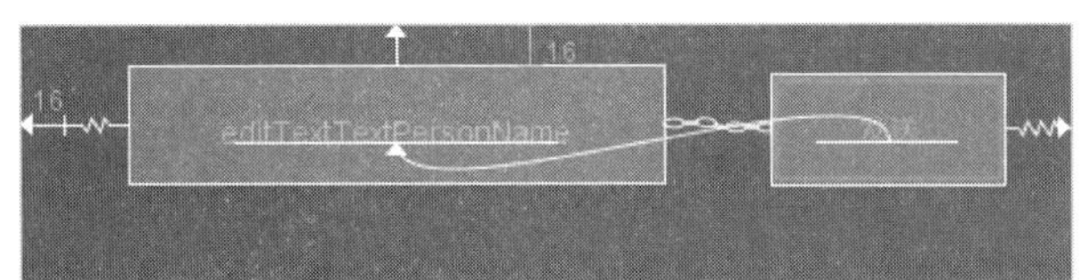

图 2-12　选择 Create Horizontal Chain 后所得到的结果

(2) 选择按钮并打开 Attributes 窗口,然后使用 Constraint Widget 将右外边距设为 16 dp。

(3) 单击文本框以查看其属性,然后单击宽度指示器两次,确保将其设置为锯齿状线(Match Constraints),如图 2-13 中的标注 1 所示。Match Constraints 表示宽度将延长以符合水平约束条件和外边距的定义,因此文本框将拉伸以填充去除按钮和所有外边距后剩余的水平空间。

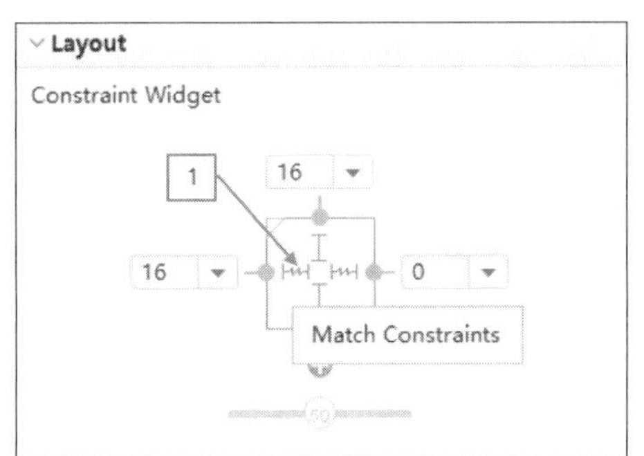

图 2-13　单击以将宽度更改为 Match Constraints

现在布局已经完成,如图 2-14 所示。如果布局看起来不像预期的那样,单击下方的查看最终布局 XML,查看 XML 应该是什么样子,将其与在 Code 标签页中看到的内容进行比较,如果属性以不同的顺序显示也没关系,布局 XML 文件如代码 2-4 所示。

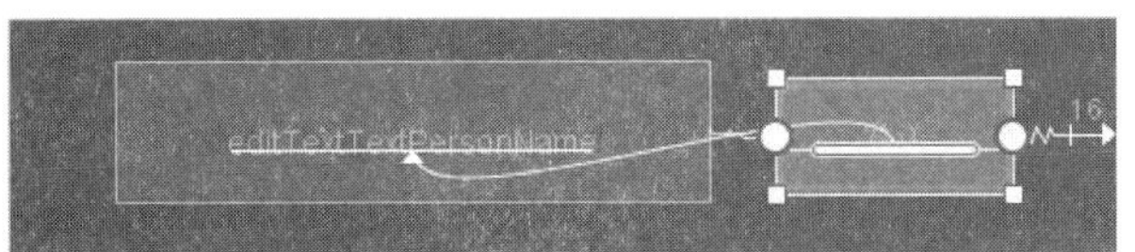

图 2-14　文本框拉伸以填充剩余空间

```
<?xml version="1.0" encoding="utf-8"?>
<androidx.constraintlayout.widget.ConstraintLayoutxmlns:android="http://
schemas.android.com/apk/res/android"
xmlns:app="http://schemas.android.com/apk/res-auto"
xmlns:tools="http://schemas.android.com/tools"
android:layout_width="match_parent"
android:layout_height="match_parent"
tools:context=".MainActivity">

<EditText
android:id="@+id/editTextTextPersonName"
android:layout_width="0dp"
android:layout_height="wrap_content"
android:layout_marginStart="16dp"
android:layout_marginLeft="16dp"
android:layout_marginTop="16dp"
android:ems="10"
android:hint="@string/edit_message"
android:inputType="textPersonName"
app:layout_constraintEnd_toStartOf="@+id/button"
app:layout_constraintHorizontal_bias="0.5"
app:layout_constraintStart_toStartOf="parent"
app:layout_constraintTop_toTopOf="parent" />

<Button
android:id="@+id/button"
android:layout_width="wrap_content"
android:layout_height="wrap_content"
android:layout_marginEnd="16dp"
android:layout_marginStart="16dp"
android:text="@string/button_send"
app:layout_constraintBaseline_toBaselineOf="@+id/editTextTextPersonName"
app:layout_constraintEnd_toEndOf="parent"
app:layout_constraintHorizontal_bias="0.5"
app:layout_constraintStart_toEndOf="@+id/editTextTextPersonName" />
</androidx.constraintlayout.widget.ConstraintLayout>
```

代码 2-4 布局 XML 文件

单击 Run 'app'按钮 ▶ 以安装并运行应用，该按钮仍然没有任何作用。如需构建在单击该按钮后会启动的另一个活动，继续 2.2.3 节。

2.2.3 调用活动

目前已经构建了一个应用，该应用将显示一个活动（单个屏幕），其中包含一个文本字段和一个“发送”按钮，下面将向 MainActivity 中添加一些代码，以便在用户单击“发送”按钮时启动一个显示消息的新活动。

1. 响应按钮

可按照以下步骤，向 MainActivity 类添加一个在用户单击“发送”按钮时调用的方法。

（1）在 app → java → com.example.myfirstapp → MainActivity 文件中，添加以下 sendMessage()方法桩（如代码 2-5 所示）。

```
public class MainActivity extends AppCompatActivity {
    @Override
    protected void onCreate(Bundle savedInstanceState) {
        super.onCreate(savedInstanceState);
        setContentView(R.layout.activity_main);
    }
    /** Called when the user taps the Send button * /
    public void sendMessage(View view) {
        //Do something in response to button
    }
}
```

代码 2-5 添加 sendMessage()方法桩

可能会看到一条错误，因为 Android Studio 无法解析用作方法参数的 View 类。若要清除错误，可单击 View 声明，将光标置于其上，然后按 Alt+Enter 组合键进行快速修复。如果出现一个菜单，可选择 Import class。

(2) 返回 activity_main.xml 文件，并从该按钮调用此方法。

① 选择布局编辑器中的相应按钮。

② 在 Attributes 窗口中找到 onClick 属性，并从其下拉列表中选择 sendMessage[MainActivity]。

现在，当用户单击该按钮时，系统将调用 sendMessage()方法。应注意此方法中提供的详细信息，系统需要这些信息来识别此方法是否与 android:onClick 属性兼容。具体来说，此方法具有以下特性。

① 公开。

② 返回值为空。

③ View 是唯一的参数。这是在第 1 步结束时单击的 View 对象。

(3) 接下来，填写此方法，以读取文本字段的内容，并将该文本传递给另一个活动。

2. 构建意图

意图是在相互独立的组件(如两个活动)之间提供运行时绑定功能的对象。意图表示应用执行某项操作的意图。可以使用意图执行多种任务，但在本节中，意图将用于启动另一个活动。在 MainActivity 中添加 EXTRA_MESSAGE 常量和 sendMessage()代码，如下。

```
public class MainActivity extends AppCompatActivity {
    public static final String EXTRA_MESSAGE =
        "com.example.ch02.myapplication.MESSAGE";
    @Override
    protected void onCreate(Bundle savedInstanceState) {
    super.onCreate(savedInstanceState);
    setContentView(R.layout.activity_main);
    }
    public void sendMessage(View view) {
        Intent intent = new Intent(this, DisplayMessageActivity.class);
        EditTexteditText = (EditText) findViewById(R.id.editTextTextPersonName);
```

代码 2-6 添加 EXTRA_MESSAGE 常量和 sendMessage()代码

```
            String message = editText.getText().toString();
            intent.putExtra(EXTRA_MESSAGE, message);
            startActivity(intent);
        }
    }
```

代码 2-6 （续）

预计 Android Studio 会再次遇到“Cannot resolve symbol”错误，如需清除这些错误可按 Alt+Enter 组合键，最后应导入以下内容。

```
import androidx.appcompat.app.AppCompatActivity;
import android.content.Intent;
import android.os.Bundle;
import android.view.View;
import android.widget.EditText;
```

代码 2-7 导入类

DisplayMessageActivity 仍有错误，但没有关系，将在下一部分中修复该错误。sendMessage() 将发生以下情况。

(1) Intent 构造函数会获取两个参数：Context 和 Class。首先使用 Context 参数，因为活动类是 Context 的子类。在本例中系统将意图传递到另一个应用组件，DisplayMessageActivity.class 参数是要启动的活动。

(2) putExtra() 方法将 EditText 的值添加到意图。Intent 能够以称为“extra”的键值对形式携带数据类型。键是一个公共常量 EXTRA_MESSAGE，因为下一个活动将使用该键检索文本值。为“Intent Extra”定义键时，最好使用应用的软件包名称作为前缀，这样可以确保这些键是独一无二的，这在应用需要与其他应用进行交互时会很重要。

(3) startActivity() 方法将启动一个由意图指定的 DisplayMessageActivity 实例，接下来需要创建该类。

3. 第二个活动

若要创建第二个活动，请按以下步骤操作。

(1) 在 Project 窗口中右击 app 文件夹，然后依次单击 New→Activity→Empty Activity。

(2) 在 ConfigureActivity 窗口中，输入“DisplayMessageActivity”作为 Activity Name，将所有其他属性保留为默认设置，然后单击 Finish 按钮。

Android Studio 会自动执行下列三项操作。

① 创建 DisplayMessageActivity 文件。

② 创建 DisplayMessageActivity 文件对应的布局文件 activity_display_message.xml。

③ 在 AndroidManifest.xml 中添加所需的<activity>元素。

如果运行应用并单击第一个活动上的按钮，将启动第二个活动，但其为空，这是因为第二个活动使用模板提供的空布局。

4. 添加文本视图

在新活动中包含一个空白布局文件，按以下步骤操作，在显示消息的位置添加一个文本视图。

(1) 打开 app→res→layout→activity_display_message.xml 文件。

(2) 单击工具栏中的 Enable Autoconnection to Parent 按钮，系统将启用 Autoconnect。

(3) 在 Palette 面板中单击 Text，将 TextView 拖动到布局中，然后将其放置在靠近布局顶部中心的位置，使其贴靠到出现的垂直线上。Autoconnect 将添加左侧和右侧约束条件，以便将该视图放置在水平中心位置。

(4) 再创建一个从文本视图顶部到布局顶部的约束条件，使该视图如图 2-15 所示。

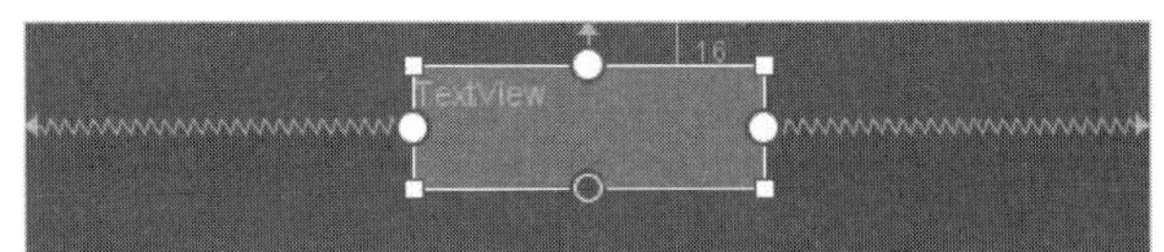

图 2-15 位于布局顶部中心的文本视图

或者可以对文本样式进行一些调整，方法是在 Attributes 窗口的 Common Attributes 面板中展开 textAppearance，然后更改 textSize 和 textColor 等属性。

5. 显示消息

在此步骤中将修改第二个活动以显示第一个活动传递的消息。

(1) 在 DisplayMessageActivity 中，将以下代码添加到 onCreate()方法中，如代码 2-8 所示。

```
@Override
protected void onCreate(Bundle savedInstanceState) {
    super.onCreate(savedInstanceState);
    setContentView(R.layout.activity_display_message);
    //Get the Intent that started this activity and extract the string
    Intent intent = getIntent();
    String message = intent.getStringExtra(MainActivity.EXTRA_MESSAGE);
    //Capture the layout's TextView and set the string as its text
    TextViewtextView = findViewById(R.id.textView);
    textView.setText(message);
}
```

代码 2-8 onCreate()方法

(2) 按 Alt+Enter 组合键导入其他所需的类，如代码 2-9 所示。

```
import androidx.appcompat.app.AppCompatActivity;
import android.content.Intent;
import android.os.Bundle;
import android.widget.TextView;
```

代码 2-9 导入其他所需的类

6. 添加向上导航

在应用中，不是主入口点的每个屏幕(是指所有不是主屏幕的屏幕)都必须提供导航功能，以便将用户引导至应用层次结构中的逻辑父级屏幕，为此在应用栏中添加“向上”按钮。若要添加“向上”按钮，需要在 AndroidManifest.xml 文件中声明哪个活动是逻辑父级。打开 app→manifests→AndroidManifest.xml 文件，找到 DisplayMessageActivity 的＜activity＞标记，然后将其替换为以下代码。

```
<activity android:name=".DisplayMessageActivity"
android:parentActivityName=".MainActivity">
<!-- The meta-data tag is required if you support API level 15 and lower -->
<meta-data
android:name="android.support.PARENT_ACTIVITY"
android:value=".MainActivity" />
</activity>
```

代码 2-10　添加“向上”按钮

安卓系统现在会自动向应用栏添加“向上”按钮。

7. 运行应用

单击工具栏中的 Apply Changes 按钮以运行应用，当应用打开后在文本字段中输入一条消息，单击“发送”按钮即会看到该消息显示在第二个活动中(分别如图 2-16 和图 2-17 所示)。

图 2-16　输入屏幕

图 2-17　输出结果

到此就结束了，已经构建了简单的界面，并且可以调用另一个界面的安卓应用。

2.2.4 生命周期

安卓平台主要是为移动终端开发的操作系统，移动终端的特性就是应该能随时在未完成当前任务的时候，切换到其他任务中，再次回来以后还可以继续完成刚才没有完成的任务。为什么设置活动的生命周期呢？先看一个典型的例子：在编写短信时，有一个紧急电话打过来，用户必须要接这个电话；接完电话后，肯定希望继续编辑刚才的短信完成这个任务。为了完成类似的任务，安卓系统需要同时执行多个程序。但对于移动终端这种有限资源的平台来说，同时执行多个程序可以提高用户友好性，但是也有其严重的缺点，即每多执行一个应用程序，就会多耗费一些系统内存。手机里的内存是相当有限的，当同时执行的程序过多，或是关闭的程序没有正确释放掉内存，执行系统时就会觉得越来越慢甚至不稳定。为了解决个问题，安卓引入了生命周期的机制来管理应用程序，如图 2-18 所示。

安卓应用程序的生命周期由系统框架进行管理，不是由应用程序直接控制的，安卓系统的 Dalvik 虚拟机会依照内存状况和活动的使用状态，来自动管理内存的使用。图 2-18 说明了活动生命周期中的各个状态，以及在状态转换过程中系统会调用的方法。为了在活动生命周期的各个阶段之间导航转换，活动类提供六个核心回调方法：onCreate()、onStart()、onResume()、onPause()、onStop()和 onDestroy()。当活动进入新状态时，系统会调用其中

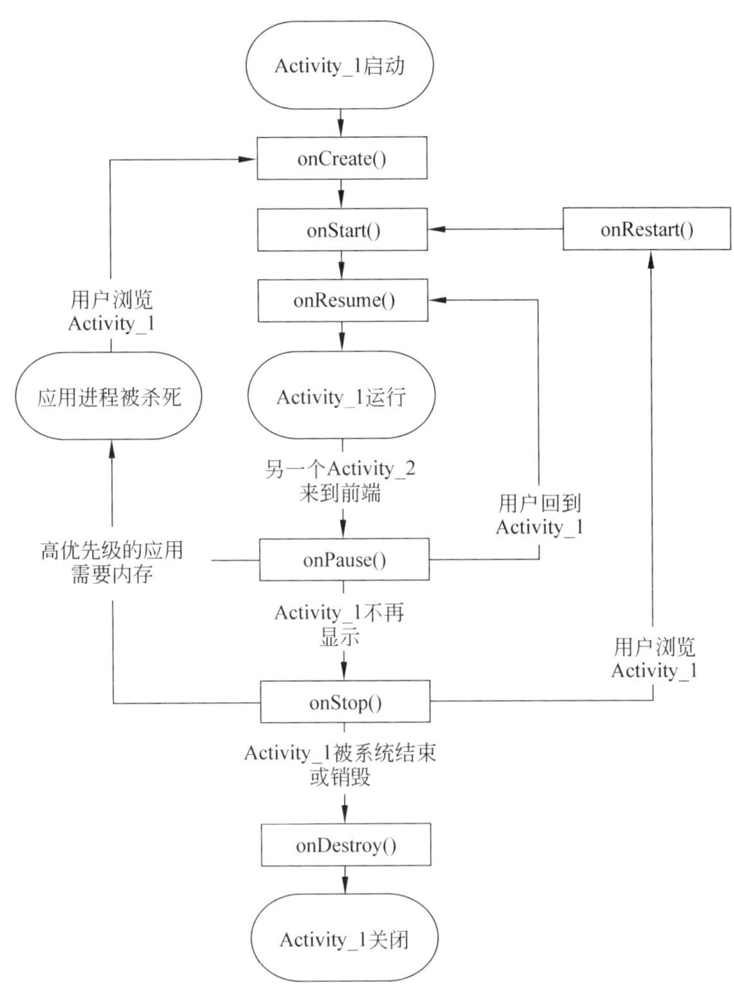

图 2-18　活动的生命周期

的回调方法。活动状态的转换是由于用户的操作或其他原因引起的，当活动状态发生转换时，相关方法中的代码就会执行。例如，在活动创建启动时，会依次调用 onCreate()方法、onStart()方法、onResume()方法中的代码；当活动从运行状态转换成暂停状态时，会调用其 onPause()方法中的代码。

当用户开始离开活动时，系统会调用方法来销毁该活动。在某些情况下，此销毁只是部分销毁；活动仍然驻留在内存中(例如当用户切换至另一应用时)，并且仍然可以返回到前台。如果用户返回到该活动，活动会从用户离开时的位置继续运行。除了少数例外，应用在后台运行时会受到限制，无法启动活动。系统终止给定进程及其中活动的可能性取决于当时活动的状态。根据活动的复杂程度，可能不需要实现所有生命周期方法。但是，请务必了解每个方法，并实现能够确保应用按预期方式运行的方法，这非常重要。本书将活动的生命周期定义为以下 4 种状态。

1. 激活状态

活动在屏幕的前端状态称为激活或者运行状态，这个过程可以包括三个回调方法。

(1) onCreate()。必须实现此回调，其会在系统首次创建活动时触发。活动会在创建后进入已创建状态。在 onCreate() 方法中，需执行基本应用启动逻辑，该逻辑在活动的整个生命周期中只应发生一次。例如，onCreate()方法的实现可能会将数据绑定到列表，将活动与 ViewModel 相关联，并实例化某些类作用域变量。此方法会接收 savedInstanceState 参数，后者是包含活动先前保存状态的 Bundle 对象。如果活动此前未曾存在，Bundle 对象的值为 null。如果有一个生命周期感知型组件与 Activity 生命周期相关联，该组件将收到 ON_CREATE 事件。系统将调用带有 @OnLifecycleEvent 注释的方法，以使生命周期感知型组件可以执行已创建状态所需的任何设置代码。onCreate() 方法的以下示例显示执行活动某些基本设置的一些代码，例如，声明界面（在 XML 布局文件中定义）、定义成员变量，以及配置某些界面。在代码 2-11 中，系统通过将文件的资源 ID（R. layout. main_activity）传递给 setContentView() 来指定 XML 布局文件。

```
TextViewtextView;
//some transient state for the activity instance
String gameState;
@Override
public void onCreate(Bundle savedInstanceState) {
    //call the super class onCreate to complete the creation of activity like
    //the view hierarchy
    super.onCreate(savedInstanceState);
    //recovering the instance state
    if (savedInstanceState != null) {
        gameState = savedInstanceState.getString(GAME_STATE_KEY);
    }
    //set the user interface layout for this activity
    //the layout file is defined in the project res/layout/main_activity.xml file
    setContentView(R.layout.main_activity);
    //initialize member TextView so we can manipulate it later
    textView = (TextView) findViewById(R.id.text_view);
}

//This callback is called only when there is a saved instance that is previously
//saved by using onSaveInstanceState(). We restore some state in onCreate(), while
//we can optionally restore
//other state here, possibly usable after onStart() has completed.
//The savedInstanceState Bundle is same as the one used in onCreate().
@Override
public void onRestoreInstanceState(Bundle savedInstanceState) {
    textView.setText(savedInstanceState.getString(TEXT_VIEW_KEY));
}

//invoked when the activity may be temporarily destroyed, save the instance state
//here
@Override
public void onSaveInstanceState(Bundle outState) {
    outState.putString(GAME_STATE_KEY, gameState);
    outState.putString(TEXT_VIEW_KEY, textView.getText());
```

代码 2-11　指定 XML 布局文件

```
    //call superclass to save any view hierarchy
    super.onSaveInstanceState(outState);
}
```

代码 2-11 （续）

除了定义 XML 文件，然后将其传递给 setContentView()，还可以在活动代码中新建 View 对象，并将新建的 View 插入 ViewGroup 中，以构建视图层次结构。然后，将根 ViewGroup 传递给 setContentView() 以使用该布局。活动并不会一直处于“已创建”状态。onCreate() 方法完成执行后，活动进入“已开始”状态，系统会相继调用 onStart() 方法和 onResume() 方法。下面将介绍 onStart() 回调。

（2）onStart()。当活动进入“已开始”状态时，系统会调用此回调。onStart() 方法调用使活动对用户可见，因为应用会为活动进入前台并支持互动做准备，例如应用通过此方法来初始化维护界面的代码。当活动进入“已开始”状态时，与活动生命周期相关联的所有生命周期感知型组件都将收到 ON_START 事件。onStart() 方法会非常快速地完成，并且与“已创建”状态一样，活动不会一直处于“已开始”状态。一旦此回调结束，活动便会进入“已恢复”状态，系统将调用 onResume() 方法。

（3）onResume()。活动会在进入“已恢复”状态时来到前台，然后系统调用 onResume() 方法回调。这是应用与用户互动的状态。应用会一直保持这种状态，直到某些事件发生，让焦点远离应用。此类事件包括接到来电、用户导航到另一个活动，或设备屏幕关闭。当活动进入“已恢复”状态时，与活动生命周期相关联的所有生命周期感知型组件都将收到 ON_RESUME 事件。这时生命周期组件可以启用在组件可见且位于前台时需要运行的任何功能，例如，启动相机预览。当发生中断事件时，活动进入“已暂停”状态，系统调用 onPause() 方法回调。如果活动从“已暂停”状态返回“已恢复”状态，系统将再次调用 onResume() 方法。因此，应实现 onResume() 方法，以初始化在 onPause() 方法期间释放的组件，并执行每次活动进入“已恢复”状态时必须完成的任何其他初始化操作。以下是生命周期感知型组件的示例，该组件在收到 ON_RESUME 事件时访问相机。

```
public class CameraComponent implements LifecycleObserver {
    ...
    @OnLifecycleEvent(Lifecycle.Event.ON_RESUME)
    public void initializeCamera() {
        if (camera == null) {
            getCamera();
        }
    }
    ...
}
```

代码 2-12　生命周期感知型组件的示例

LifecycleObserver 收到 ON_RESUME 事件后，上述代码便会初始化相机。然而，在多窗口模式下，即使处于“已暂停”状态，活动也可能完全可见。例如，当用户处于多窗口模式，并单击另一个不包含活动的窗口时，活动将进入“已暂停”状态。如果希望相机仅在应用处于“已恢复”(可见且在前台运行)状态时可用，在收到上述 ON_RESUME 事件后初始化相机。如果希望在活动处于“已暂停”状态但可见时(例如在多窗口模式下)保持相机可用，应在收到 ON_START 事件后初始化相机。但注意，若要让相机在活动处于“已暂停”状态时可用，可能会导致系统在多窗口模式下拒绝其他处于“已恢复”状态的应用访问相机。有时可能有必要让相机在活动处于“已暂停”状态时保持可用，但这样做实际上可能会降低整体用户体验，应仔细考虑生命周期的哪个阶段更适合在多窗口环境下控制共享系统资源。无论选择在哪个构建事件中执行初始化操作，都务必使用相应的生命周期事件来释放资源。如果在收到 ON_START 事件后初始化某些内容，在收到 ON_STOP 事件后释放或终止相应内容。如果在收到 ON_RESUME 事件后初始化某些内容，在收到 ON_PAUSE 事件后将其释放。注意，上述代码段将相机初始化代码放置在生命周期感知型组件中，也可以直接将此代码放入活动生命周期回调(例如 onStart() 和 onStop())，但不建议这样做。通过将此逻辑添加到独立的生命周期感知型组件中，可以对多个活动重复使用该组件，而无须复制代码。

2. 暂停状态

如果一个活动暂时不被用户调入后端，例如，当用户单击“返回”或“最近使用的应用”按钮时，就会出现此状态。从技术上来说，这意味着这个活动仍然部分可见，但大多数情况下，这表明用户正在离开该活动，该活动很快将进入“已停止”或“已恢复”状态。一个暂停状态的活动依然可以重启运行，系统内存保持所有的状态、成员信息，和窗口管理器保持连接，但是在系统内存极低的时候将被杀掉。

系统将 onPause()方法视为用户将要离开活动的第一个标志，尽管这并不总是意味着活动会被销毁。此方法表示活动不再位于前台，尽管在用户处于多窗口模式时活动仍然可见。使用 onPause() 方法暂停或调整当活动处于“已暂停”状态时不应继续(或应有节制地继续)的操作，以及希望很快恢复的操作。活动进入此状态的原因有很多，例如：

- 如前文的 onResume()部分所述，某个事件会中断应用执行，这是最常见的情况。
- 在 Android 7.0(API 级别 24)或更高版本中，有多个应用在多窗口模式下运行。无论何时，都只有一个应用(窗口)可以拥有焦点，因此系统会暂停所有其他应用。
- 有新的半透明活动(例如对话框)处于开启状态，只要活动仍然部分可见但并未处于焦点之中，便会一直暂停。

当活动进入已暂停状态时，与活动生命周期相关联的所有生命周期感知型组件都将收到 ON_PAUSE 事件。这时，生命周期组件可以停止在组件未位于前台时无须运行的任何功能，例如，停止相机预览。还可以使用 onPause() 方法释放系统资源、传感器(例如 GPS)手柄，或当活动暂停且用户不需要它们时仍然可能影响电池续航时间的任何资源。然而正如上文的 onResume()部分所述，如果处于多窗口模式，已暂停的活动仍完全可见。因此，应该考虑使用 onStop()方法而非 onPause()方法来完全释放或调整与界面相关的资源和操作，以便更好地支持多窗口模式。响应 ON_PAUSE 事件的 LifecycleObserver 示例(代码 2-13)与上述 ON_RESUME 事件示例相对应，会释放在收到 ON_RESUME 事件后初始化的相机。

```
public class JavaCameraComponent implements LifecycleObserver {
    ...
```

代码 2-13　响应 ON_PAUSE 事件的 LifecycleObserver 示例

```
    @OnLifecycleEvent(Lifecycle.Event.ON_PAUSE)
    public void releaseCamera() {
        if (camera != null) {
            camera.release();
            camera = null;
        }
    }
    ...
}
```

代码 2-13　（续）

请注意，上述代码段在 LifecycleObserver 收到 ON_PAUSE 事件后放置相机释放代码。onPause()方法执行非常简单，而且不一定要有足够的时间来执行保存操作。因此，不应使用 onPause()方法来保存应用或用户数据、进行网络调用或执行数据库事务。因为在该方法完成之前，此类工作可能无法完成。相反，应在 onStop()方法期间执行高负载的关闭操作。onPause()方法的完成并不意味着活动离开“已暂停”状态。相反，活动会保持此状态，直到其恢复或变成对用户完全不可见。如果活动恢复，系统将再次调用 onResume()方法回调。如果活动从“已暂停”状态返回“已恢复”状态，系统会让活动实例继续驻留在内存中，并会在系统调用 onResume()方法时重新调用该实例。在这种情况下，无须重新初始化在任何回调方法导致活动进入“已恢复”状态期间创建的组件。如果活动变为完全不可见，系统会调用 onStop()方法。

3. 停止状态

如果一个活动被另外的活动完全覆盖掉，叫作停止状态，其依然保持所有状态和成员信息，但是不再可见，所以窗口被隐藏，当系统内存需要被用在其他地方的时候，停止的活动将被杀掉。

如果活动不再对用户可见，说明其已进入“已停止”状态，因此系统将调用 onStop()方法回调。例如，当新启动的活动覆盖整个屏幕时，可能会发生这种情况。如果活动已结束运行并即将终止，系统还可以调用 onStop()方法。当活动进入“已停止”状态时，与活动生命周期相关联的所有生命周期感知型组件都将收到 ON_STOP 事件。这时，生命周期组件可以停止在组件未显示在屏幕上时无须运行的任何功能。在 onStop()方法中，应用应释放或调整在应用对用户不可见时的无用资源。例如，应用可以暂停动画效果，或从精确位置更新切换到粗略位置更新。使用 onStop()方法而非 onPause()方法可确保与界面相关的工作继续进行，即使用户在多窗口模式下查看活动也能如此。

还应使用 onStop()方法执行 CPU 相对密集的关闭操作。例如，如果无法找到更合适的时机来将信息保存到数据库，可以在 onStop()方法期间执行此操作。以下示例展示了 onStop()方法的实现，它将草稿笔记内容保存到持久性存储空间中。

```
@Override
protected void onStop() {
    //call the superclass method first
    super.onStop();
```

代码 2-14　onStop()方法的实现

```
        //save the note's current draft, because the activity is stopping
        //and we want to be sure the current note progress isn't lost.
        ContentValues values = new ContentValues();
        values.put(NotePad.Notes.COLUMN_NAME_NOTE, getCurrentNoteText());
        values.put(NotePad.Notes.COLUMN_NAME_TITLE, getCurrentNoteTitle());
        //do this update in background on an AsyncQueryHandler or equivalent
        asyncQueryHandler.startUpdate (
            mToken,  //int token to correlate calls
            null,    //cookie, not used here
            uri,     //The URI for the note to update.
            values,  //The map of column names and new values to apply to them.
            null,    //No SELECT criteria are used.
            null     //No WHERE columns are used.
        );
    }
```

代码 2-14 （续）

上述代码示例直接使用 SQLite，但实际应用中改用 Room，这是一个通过 SQLite 提供抽象层的持久性库。当活动进入“已停止”状态时，活动对象会继续驻留在内存中：该对象将维护所有状态和成员信息，但不会附加到窗口管理器。活动恢复后，活动会重新调用这些信息。无须重新初始化在任何回调方法导致活动进入“已恢复”状态期间创建的组件。系统还会追踪布局中每个 View 对象的当前状态，如果用户在 EditText 控件中输入文本，系统将保留文本内容，因此无须保存和恢复文本。注意：活动停止后，如果系统需要恢复内存，可能会销毁包含该活动的进程。即使系统在活动停止后销毁相应进程，系统仍会保留 Bundle（键值对的 blob）中 View 对象（例如 EditText 控件中的文本）的状态，并在用户返回活动时恢复这些对象。

进入“已停止”状态后，活动要么返回与用户互动，要么结束运行并消失。如果活动返回，系统将调用 onRestart()。如果活动结束运行，系统将调用 onDestroy()。下一部分将介绍 onDestroy()回调。

4. 销毁状态

如果一个活动是暂停或者停止状态，系统可以将该活动从内存中删除，安卓系统采用两种方式进行删除，要么要求该 Activity 结束，要么直接杀掉其进程。

当该活动再次显示给用户时，必须重新开始和重置前面的状态。销毁活动之前，系统会先调用 onDestroy()，系统调用此回调的原因如下。

（1）由于用户彻底关闭活动或系统为活动调用 finish()，活动即将结束。

（2）由于配置变更（例如设备旋转或多窗口模式），系统暂时销毁活动。

当活动进入已销毁状态时，与活动生命周期相关联的所有生命周期感知型组件都将收到 ON_DESTROY 事件。这时，生命周期组件可以在活动被销毁之前清理所需的任何数据。应该使用 ViewModel 对象来包含活动的相关视图数据，而不是在 Activity 中加入逻辑来确定活动被销毁的原因。如果因配置变更而重新创建活动，ViewModel 不必执行任何操作，因为系统将保留 ViewModel 并将其提供给下一个活动实例。如果不重新创建活动，ViewModel 将调用 onCleared()方法，以便在活动被销毁前清除所需的任何数据，可以使用 isFinishing()方法区分这两种情况。如果活动即将结束，onDestroy()是活动收到的最后一个生命周期回调。如果由于配置变更而调用 onDestroy()，系统会立即新建活动实例，然后

在新配置中为新实例调用 onCreate()。onDestroy()回调应释放先前的回调(例如 onStop())尚未释放的所有资源。

5. 状态转换

活动的生命周期中有三个关键的循环,如图 2-19 所示。

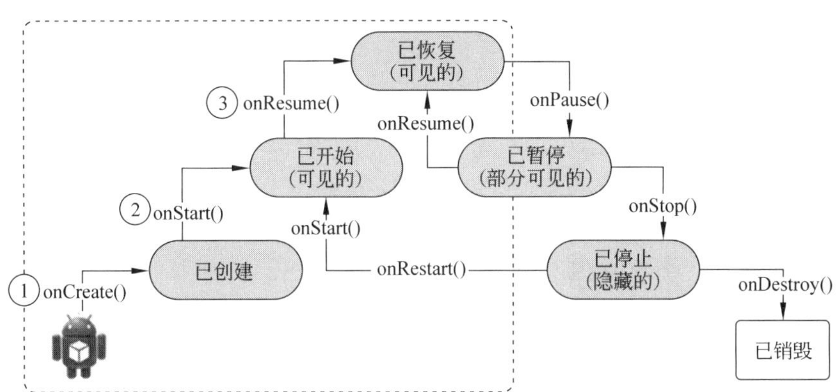

图 2-19　活动的状态转换

(1) 整个生命周期。从 onCreate()开始到 onDestroy()结束。活动在 onCreate()中设置所有的"全局"状态,在 onDestroy()中释放所有的资源。例如,某个活动有一个在后台运行的线程,用于从网络下载数据,则该活动可以在 onCreate()中创建线程,在 onDestroy()中停止线程。

(2) 可见的生命周期。从 onStart()开始到 onStop()结束。在这段时间,可以看到活动在屏幕上,尽管有可能不在前台,不能和用户交互。在这两个接口之间,需要保持显示给用户的界面数据和资源等,例如,可以在 onStart()中注册一个 IntentReceiver 来监听数据变化导致界面的变动,当不再需要显示时,可以在 onStop()中注销。onStart()和 onStop()都可以被多次调用,因为活动随时可以在可见和隐藏之间转换。

(3) 前台的生命周期。从 onResume()开始到 onPause()结束。在这段时间里,该活动处于所有活动的最前面,和用户进行交互。活动可以经常性地在 resumed 和 paused 状态之间切换,例如,当设备准备休眠时、当一个活动处理结果被分发时、当一个新的 Intent 被分发时。所以在这些接口方法中的代码应该属于非常轻量级的。

活动的整个生命周期的状态转换和动作都定义在回调方法中,所有方法都可以被重写,见代码 2-15。

```
public classActivity extends ApplicationContext {
    protected void onCreate(Bundle icicle);
    protected void onStart();
    protected void onRestart();
    protected void onResume();
    protected void onPause();
    protected void onStop();
    protected void onDestroy();
}
```

代码 2-15　活动的回调方法

下面继续前面的例子，在 MainActivity 中重写活动所有的回调方法，在 ScrollView 中的 TextView 内显示自己在各种状态转换时，调用了哪些不同的回调方法。然后可以根据所调用的回调方法，参考图 2-19 确认活动在哪些状态之间进行了转换，何时是何种状态。代码 2-16 是 MainActivity 最终完整的代码，代码 2-17 是清单文件。

```
package com.example.ch02.lifecycle;
import android.os.Bundle;
import android.util.Log;
import androidx.appcompat.app.AppCompatActivity;
public class MainActivity extends AppCompatActivity {
    private static final String ACTIVITY_TAG =
            MainActivity.class.getSimpleName();

    private void showLog(String text) {
        Log.d(ACTIVITY_TAG, text);
    }
    @Override
    public void onCreate(Bundle savedInstanceState) {
        super.onCreate(savedInstanceState);
        showLog("活动 Created");
    }
    @Override
    protected void onRestart() {
        super.onRestart();//call to restart after onStop
        showLog("活动 restarted");
    }
    @Override
    protected void onStart() {
        super.onStart();//soon be visible
        showLog("活动 started");
    }
    @Override
    protected void onResume() {
        super.onResume();//visible
        showLog("活动 resumed");
    }
    @Override
    protected void onPause() {
        super.onPause();//invisible
        showLog("活动 paused");
    }
    @Override
    protected void onStop() {
        super.onStop();
        showLog("活动 stopped");
    }
    @Override
    protected void onDestroy() {
        super.onDestroy();
        showLog("活动 is being destroyed");
    }
}
```

代码 2-16　MainActivity.java

```
<?xml version="1.0" encoding="utf-8"?>
<manifest xmlns:android="http://schemas.android.com/apk/res/android"
    package="com.example.ch02.lifecycle">
<application
android:allowBackup="true"
android:icon="@mipmap/ic_launcher"
android:label="@string/app_name"
android:roundIcon="@mipmap/ic_launcher_round"
android:supportsRtl="true"
android:theme="@style/Theme.LifeCyscle">
<activity
android:name=".MainActivity"
android:exported="true">
<intent-filter>
<action android:name="android.intent.action.MAIN" />
<category android:name="android.intent.category.LAUNCHER" />
</intent-filter>
</activity>
</application>
</manifest>
```

代码 2-17 清单文件

(1) 当运行上述程序时，会注意到模拟器中会打开一个空白的白色屏幕，实际上已经通过重写 onCreate()方法来移除它。现在打开 Android Monitor 中的 Logcat，向上下滚动可以看到很多输出日志，在图 2-20 中标记 1 的位置输入"MainActivity"搜索特定的输出，会注意到三个方法被调用：Activity Created、Activity started 和 Activity resumed。

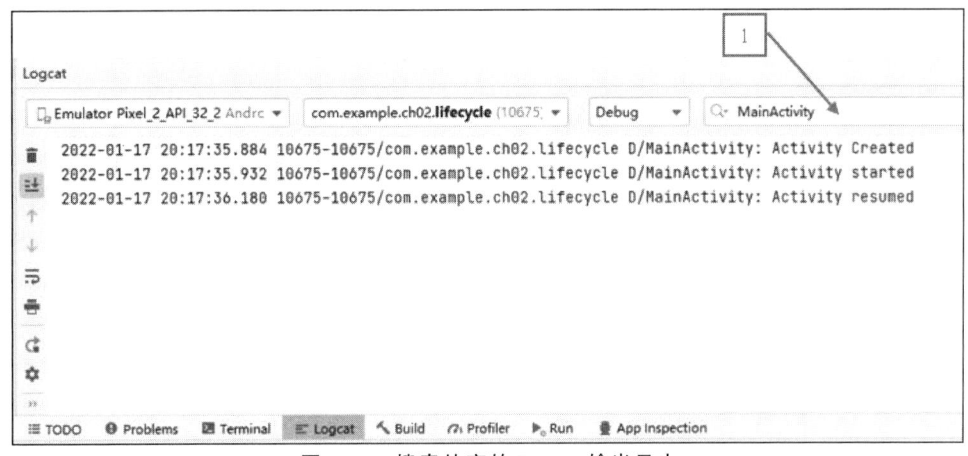

图 2-20 搜索特定的 Logcat 输出日志

(2) 现在单击模拟器上的"返回"按钮并退出应用程序，单击图 2-21 中标记 1 的按钮，再次查看 Logcat，将看到另外两个方法被调用的输出(如图 2-22 所示)：Activity paused、Activity stopped。

(3) 执行上述操作后，模拟器回到 Home 界面(如图 2-23 所示)，使用主鼠标键单击模拟器的中间，然后向上滑动展开安装的应用(如图 2-24 所示)，松开鼠标后单击 LifeCycle 应用，再次查看 Logcat，将看到新增三个方法被调用的输出(如图 2-25 所示)：Activity

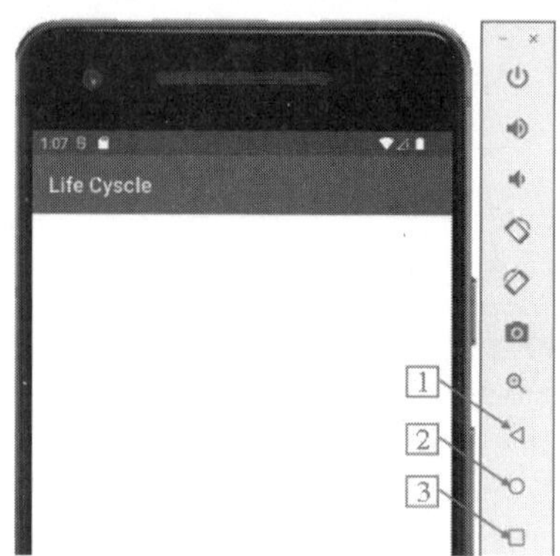

图 2-21　三种模拟器操作

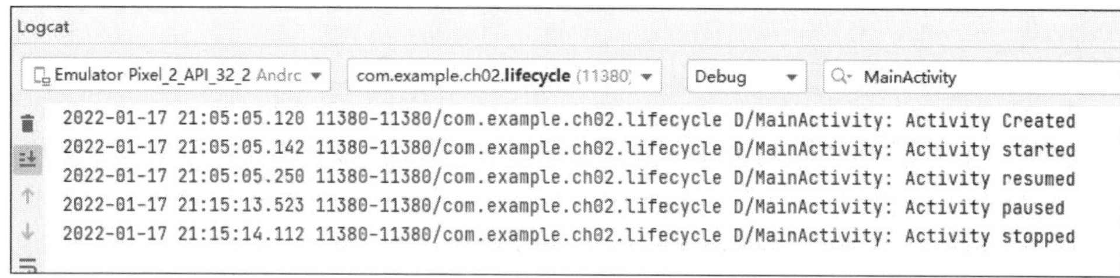

图 2-22　单击“退出”按钮后的日志输出

restarted、Activity started、Activity resumed。

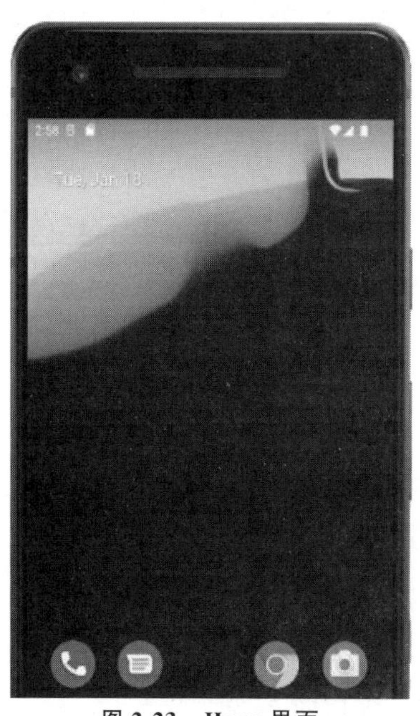

图 2-23　Home 界面

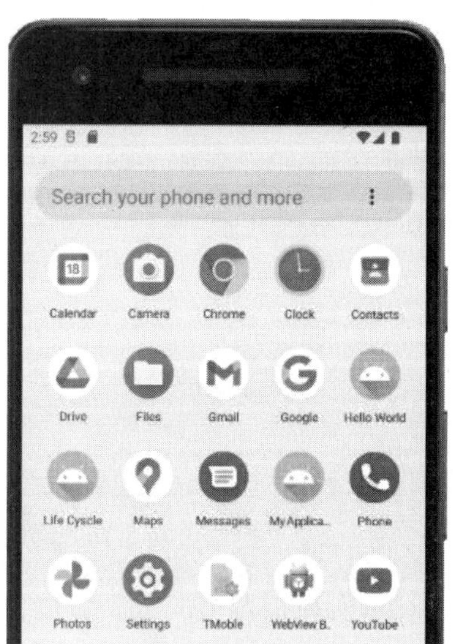

图 2-24　单击应用

（4）现在单击图 2-21 中标记 2 的按钮，再次查看 Logcat，将看到新增两个方法被调用的输出：Activity paused、Activity stopped。

（5）如果要将这个应用从后台调入前端，单击图 2-21 中标记 3 的按钮，后台的应用左右

```
Logcat
Emulator Pixel_2_API_32_2 Andrc    com.example.ch02.lifecycle (6337)    Debug    MainActivity
2022-01-18 10:21:32.223 6337-6337/com.example.ch02.lifecycle D/MainActivity: Activity Created
2022-01-18 10:21:32.270 6337-6337/com.example.ch02.lifecycle D/MainActivity: Activity started
2022-01-18 10:21:32.382 6337-6337/com.example.ch02.lifecycle D/MainActivity: Activity resumed
2022-01-18 10:53:11.606 6337-6337/com.example.ch02.lifecycle D/MainActivity: Activity paused
2022-01-18 10:53:12.283 6337-6337/com.example.ch02.lifecycle D/MainActivity: Activity stopped
2022-01-18 11:01:59.305 6337-6337/com.example.ch02.lifecycle D/MainActivity: Activity restarted
2022-01-18 11:01:59.308 6337-6337/com.example.ch02.lifecycle D/MainActivity: Activity started
2022-01-18 11:01:59.315 6337-6337/com.example.ch02.lifecycle D/MainActivity: Activity resumed
```

图 2-25　日志

浮动可浏览选择(如图 2-26 所示),单击 LifeCycle 应用;如果要彻底销毁 LifeCycle 应用,使用主鼠标键选择 LifeCycle 应用并按住向上滑动(如图 2-26 所示),再次查看 Logcat,这两个操作的调用输出为(如图 2-27 所示):Activity restarted、Activity started、Activity resumed、Activity paused、Activity stopped、Activity is being destroyed。

图 2-26　按住向上滑动

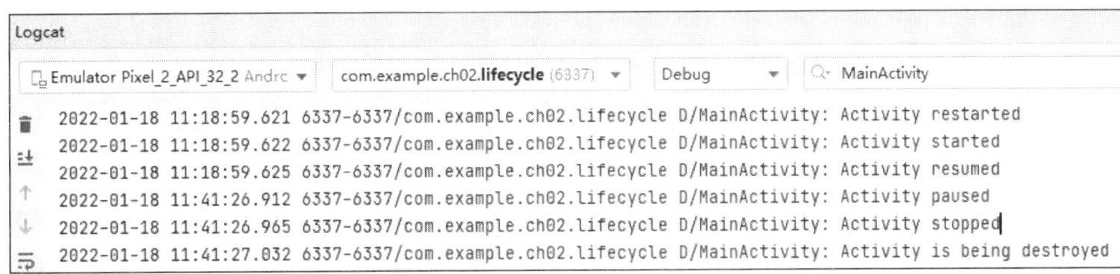

```
Logcat
Emulator Pixel_2_API_32_2 Andrc    com.example.ch02.lifecycle (6337)    Debug    MainActivity
2022-01-18 11:18:59.621 6337-6337/com.example.ch02.lifecycle D/MainActivity: Activity restarted
2022-01-18 11:18:59.622 6337-6337/com.example.ch02.lifecycle D/MainActivity: Activity started
2022-01-18 11:18:59.625 6337-6337/com.example.ch02.lifecycle D/MainActivity: Activity resumed
2022-01-18 11:41:26.912 6337-6337/com.example.ch02.lifecycle D/MainActivity: Activity paused
2022-01-18 11:41:26.965 6337-6337/com.example.ch02.lifecycle D/MainActivity: Activity stopped
2022-01-18 11:41:27.032 6337-6337/com.example.ch02.lifecycle D/MainActivity: Activity is being destroyed
```

图 2-27　日志输出

2.2.5　任务和回退栈

一个应用程序通常包含多个活动,每个活动都可以设计完成特定的用户操作,并且能够启动其他活动，例如，一个电子邮件的应用程序可能有一个活动，用于展现出新的电子邮件列表，当用户选择了一个电子邮件，就打开一个新的活动以查看该电子邮件的详细内容。

一个活动也可以启动设备上的另一应用程序中的活动，例如，如果应用程序想要发送一个电子邮件，可以把邮件地址和内容等信息打包在一个叫作意图的组件中，设置启动电子邮件应用程序的"创建邮件"活动，并获取意图中传递的信息。当邮件被发送后，活动则重新展现，而用户的感觉是发送邮件的功能好像是应用程序的一部分。虽然上述完成的动作是来自不同的应用程序，但是安卓系统将这些活动放入相同的任务中，这样就维护了一个完整的用户体验。

所谓任务就是某些参与用户交互的活动集合，其目的是为了完成某项确定的工作。安卓系统通过任务栈结构来管理任务中的这些活动，活动按照被打开的顺序排列在任务栈中。设备的 Home 屏幕是大多数任务的起点，当用户触摸应用程序的图标（或者 Home 屏幕上的快捷方式）时，该应用程序的任务就会来到前台。如果该应用的任务不存在（即应用在最近时间段内没有使用过），那么一个新的任务被创建，应用的主活动会作为任务栈中的根活动打开。如果用户从当前的 Activity_1 打开了一个新的 Activity_2，则新的 Activity_2 被压入栈的顶部并且成为用户的前端界面，而原来的 Activity_1 仍然在任务栈中，但是已经变成停止状态，此时系统会保留其用户界面的状态，继续打开新的 Activity_3 成为用户的前端界面，Activity_1 和 Activity_2 仍然在任务栈中，此时系统会保留它们用户界面的状态。当用户单击"返回"按钮时，当前的 Activity_3 就会从任务栈的顶部弹出，即当前的 Activity_3 就会被销毁，而原来的 Activity_2 就会被重新恢复显示被系统保存的状态。在任务栈中的活动不会被重排，只有压入和弹出两种操作，这种任务栈的读写方式为"后进先出"，称其为回退栈。图 2-28 展示了多个活动在一个任务中切换的过程。

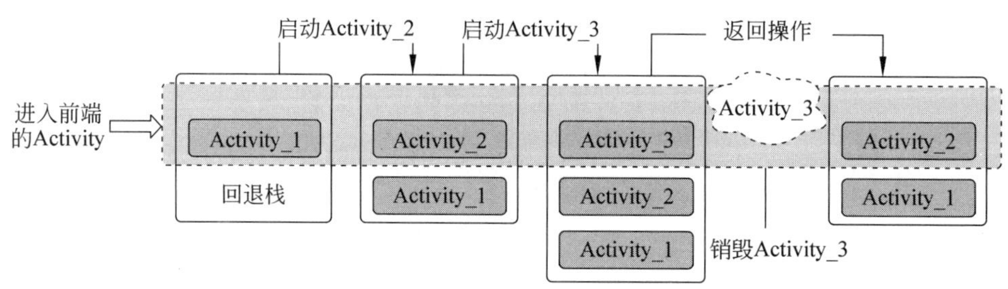

图 2-28　活动的回退栈

如果用户不停地按返回键的时候，那么回退栈中每个活动都会依次弹出，并显示之前的活动，直至用户回到 Home 屏幕（或者当任务启动时的任何一个活动）。当所有的活动都从回退栈中弹出后，这个任务就不再存在。

一个任务就是一个完整的单元，当用户启动一个新的任务时或者使用 Home 键回到 Home 屏幕的时候，这个任务就会转变为后台。当任务处于后台时，里面所有的活动都处于停止状态，但是这个任务的回退栈仍然被完整保留。当其他任务变成前台时，当前的任务就变成后台，见图 2-29。这样一来，任务可以回到用户前端，以便用户继续之前的操作。举例来说，假设当前任务 A 的堆栈中有 Activity_Y 和 Activity_X，用户按主屏幕按钮，然后从应用启动器中启动新应用，主屏幕出现后任务 A 转到后台。当新应用启动时，系统会启动该

应用的任务B,该任务具有自己的Activity_Z堆栈。与该应用互动后,用户再次返回到主屏幕并选择最初启动任务A的应用,现在任务A进入前台,其堆栈中的两个活动都完好如初,堆栈顶部的Activity_Y恢复运行。此时,用户仍可通过以下方式切换到任务B:转到主屏幕并选择启动该任务的应用图标(或者从最近使用的应用屏幕中选择该应用的任务),这就是在安卓平台上进行多任务处理的一个例子。

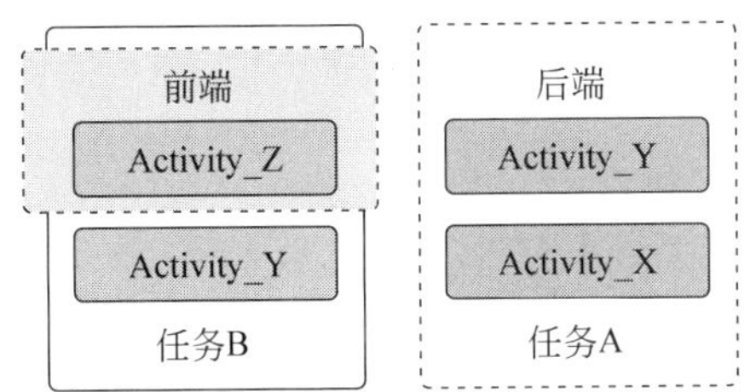

图2-29　两个任务:任务B在前台接收用户互动,任务A在后台等待恢复

虽然安卓系统可以在后台同时保留多个任务,但是假如用户同时运行着多个后台任务,系统可能会销毁后台活动用于释放内存,这样的情况就会导致活动状态的丢失。

2.3　理解片段

安卓运行在各种各样的设备中,有各种尺寸的手机、各种标准的平板电脑、各种类型的控制屏幕甚至电视,而且在使用移动设备时,用户还会经常转换屏幕的纵横角度。虽然可以通过提供不同尺寸的位图、声明多种屏幕尺寸来解决分辨率不同的问题,但如果要应用的界面友好美观,还需要做大量工作来为同一界面设计多个布局实现多屏幕适应。

在开发过程中,一般都是先基于手机开发一套应用,然后复制一份修改布局以适应超级大屏。难道无法做到一种界面的布局可以同时适应手机和平板电脑吗?在手机的界面布局设计过程中,主要是定义其中View和ViewGroup对象的层级结构。如果把这些结构模块化,就可以直接在屏幕转换角度或平板电脑等大屏幕的布局上使用了,片段(Fragment)出现的初衷就是为了解决这样的问题。片段是活动中用户界面的一部分,是一种灵活的、可重用界面组件,可以把一个片段看成活动的一个布局模块,可以容纳具有某种层次结构的View和ViewGroup对象。

安卓系统从Android 3.0(API级别11)开始推出片段,主要目的是支持多屏幕更加动态和灵活的界面设计。用户设计界面时,把一个活动切分成多个片段,那么在把应用从手机屏幕迁移到大屏幕时,布局设计就不再需要改变和管理片段内部的视图层次结构,而可以重点考虑活动的显示外观了。

例如,一个应用在手机中使用活动A显示文章列表,活动B显示列表中对应的文章内容。当用户单击活动A中文章列表的一项时,活动A启动活动B,在活动B中显示选中的文章内容,见图2-30(b)。如果每一个活动都使用一个片段来容纳界面上的视图对象,在设计这个应用在平板电脑上的布局时,就可以不必考虑具体每一个图形控件的排列位置和关系,只需要考虑屏幕的容纳空间,适合排列哪些片段;考虑用户操作时的友好性,这里在一个活动中同时并排显示两个片段,见图2-30(a)。如果用户单击左边片段的文章列表中的一项，选中的文章内容直接显示在右边的片段 B 中，不需要再启动另一个活动，也使应用的显示界面更友好美观。活动中的每一个片段都是 Fragment 的子类。在定义片段时，除了可以直接使用 Fragment 类，还有一些子类可以使用，例如 DialogFragment，直接定义浮动显示的对话框；ListFragment，已经定义好了一个列表的显示；PreferenceFragment，可以把偏好对象的系列显示成一个列表。

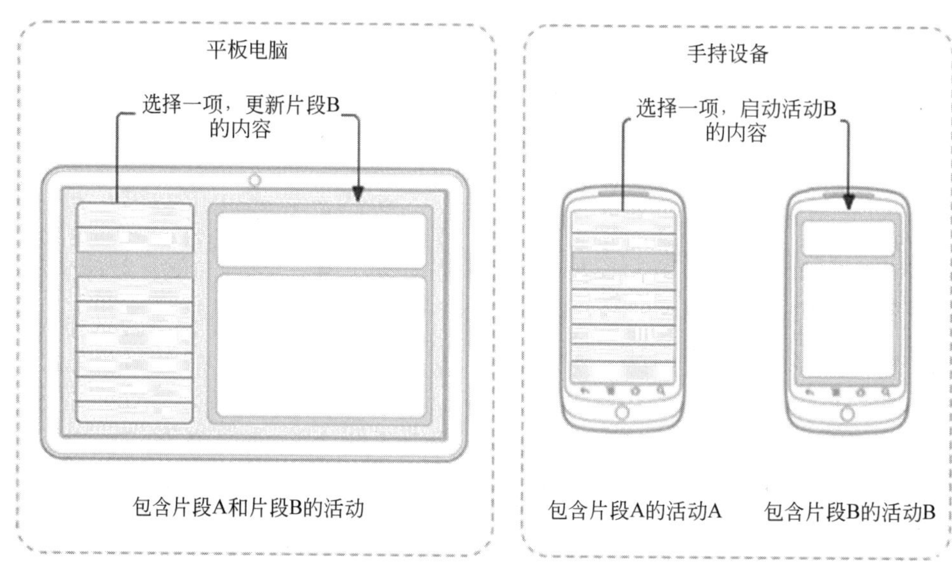

图 2-30　片段的使用实例

在进行界面布局设计时，考虑把每一个片段都设计成活动的可重用组件，这样一个设计好的片段不仅可以在多种屏幕设计时使用，也可以由同一设备的多个活动使用。在构建活动时，既可以静态使用多个片段，也可以在活动运行时，根据用户的交互情况对片段进行添加、移除、替换以及执行其他动作。

2.3.1　生命周期

片段必须放置在活动中使用，不能独立存在。片段具有自己的生命周期，但它的生命周期也直接受所在的活动生命周期的影响，例如，当一个活动被销毁时，所包含的所有片段也都被销毁了。一个活动中可以包含多个片段，每个片段都定义自己的布局，并在生命周期中的回调方法中定义自己的动作。片段之间是相互独立的，活动通过回退栈来管理每个片段发生的事件，每一个对片段操作的事件，都会添加到回退栈中，通过回退栈允许用户通过回退键取消已经执行的动作。

活动的生命周期，直接影响片段的生命周期。在活动状态转换时，生命周期中每一个回调方法的调用，都导致其中的片段对应的回调方法的调用。与活动类似，片段以三个状态存在：Resumed、Paused 和 Stopped。在状态之间转换时，系统会调用相应的回调方法（如图 2-31 所示）。片段状态之间转换时会有多个事件发生，每一个事件都会有片段回调方法调用，这些事件对应的回调方法如表 2-3 所示。

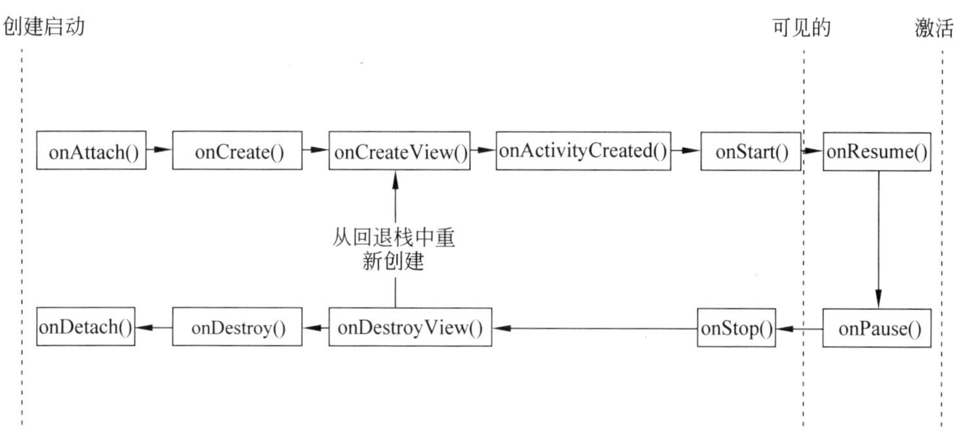

图 2-31 片段的生命周期

表 2-3 片段回调方法

回调方法	说明
onAttach()	在片段对象添加到活动中时调用
onCreate()	在创建片段对象时调用
onCreateView()	在片段绘制用户界面时调用
onActivityCreated()	在活动和片段的界面创建时调用
onStart()	在任何界面变化时,片段开始变为可视状态时调用
onResume()	在片段开始变为运行状态时调用
onPause()	在片段运行状态结束,线程挂起,所在活动不再是前台界面时调用
onSaveInstanceState()	在片段运行状态结束,保存界面状态时调用
onStop()	在可见状态结束时调用
onDestroyView()	在片段视图被删除时调用
onDestroy()	在片段生命周期结束时调用
onDetach()	当片段被所在活动删除时调用

2.3.2 创建片段

片段需要对 AndroidXFragment 库的依赖,需要将 Google Maven 存储库添加到项目 settings.gradle 文件中才能包含此依赖项(如代码 2-18 所示)。

```
dependencyResolutionManagement {
    repositoriesMode.set(RepositoriesMode.FAIL_ON_PROJECT_REPOS)
    repositories {
        google()
        ...
    }
}
```

代码 2-18 将 Google Maven 存储库添加到项目

要将 AndroidX 片段库包含到项目中，在应用 build.gradle 文件中添加以下依赖项（如代码 2-19 所示）。

```
dependencies {
    def fragment_version = "1.4.0"

    //Java language implementation
    implementation "androidx.fragment:fragment:$fragment_version"
    //Kotlin
    implementation "androidx.fragment:fragment-ktx:$fragment_version"
}
```

代码 2-19 在应用 build.gradle 文件中添加依赖

如果要创建片段，需要继承 AndroidX Fragment 类，并覆盖其方法以插入应用程序逻辑，类似于创建 Activity 类的方式。要创建定义其自己布局的最小片段，将片段的布局资源提供给基本构造函数，如代码 2-20 所示。

```
class ExampleFragment extends Fragment{
    public ExampleFragment() {
        super(R.layout.example_fragment);
    }
}
```

代码 2-20 创建片段类

片段库还提供了更专业的基类。

(1) DialogFragment：显示一个浮动对话框，使用此类创建对话框是在 Activity 类中使用对话框帮助器方法的一个很好的替代方法，因为片段会自动处理对话框。

(2) PreferenceFragmentCompat：将对象的层次结构显示设置为列表，可以使用 PreferenceFragmentCompat 为应用创建设置屏幕。

如果要将片段添加到活动中，通常片段必须嵌入 AndroidX FragmentActivity 中，才能为该活动的布局贡献一部分界面。FragmentActivity 是 AppCompatActivity 的基类，因此如果已经是 AppCompatActivity 的子类，可以在应用程序中提供向后兼容性，则无须更改活动的基类。

可以通过在活动的布局文件中定义片段，或在活动的布局文件中定义片段容器，然后以编程方式从活动中添加片段，将片段添加到活动的视图层次结构中。无论哪种情况，都需要添加一个 FragmentContainerView 定义片段应放置在活动视图层次结构中的位置。强烈建议始终使用 FragmentContainerView 作为片段的容器，因为 FragmentContainerView 位于 androidx.fragment.app 包下面，是专门为片段设计的自定义布局，扩展了 FrameLayout，可以可靠地处理片段事务，并且还有其他功能来协调片段行为。如果通过 XML 添加片段，要以声明方式将片段添加到活动布局的 XML，使用 FragmentContainerView 元素，代码 2-21 是一个包含单个 FragmentContainerView 的活动布局示例。

```
<!-- res/layout/example_activity.xml -->
<androidx.fragment.app.FragmentContainerView
```

代码 2-21 包含单个 FragmentContainerView 的活动布局

```
xmlns:android="http://schemas.android.com/apk/res/android"
android:id="@+id/fragment_container_view"
android:layout_width="match_parent"
android:layout_height="match_parent"
android:name="com.example.ExampleFragment" />
```

代码 2-21 （续）

属性 android:name 指定要实例化的片段类名，当活动的布局加载时，指定的片段被实例化，onInflate() 在新实例化的片段上被调用，一个 FragmentTransaction 被创建，其将片段添加到 FragmentManager。注意可以使用 class 属性作为另一种方式来指定片段要实例化的对象。如果以编程方式添加片段，要以编程方式将片段添加到活动的布局中，布局应包含 FragmentContainerView 用作片段容器，如代码 2-22 所示。

```
<!-- res/layout/example_activity.xml -->
<androidx.fragment.app.FragmentContainerView
xmlns:android="http://schemas.android.com/apk/res/android"
android:id="@+id/fragment_container_view"
android:layout_width="match_parent"
android:layout_height="match_parent" />
```

代码 2-22 以编程方式添加片段

与 XML 方法不同，此处 android:name 不使用属性 FragmentContainerView，因此不会自动实例化特定的片段，FragmentTransaction 用于实例化片段并将其添加到活动的布局中。当活动正在运行时，可以进行片段事务处理，例如，添加、删除或替换片段。在 FragmentActivity 中，可以获得 FragmentManager 的实例，该实例可用于创建 FragmentTransaction，然后可以在活动的 onCreate()方法中使用 FragmentTransaction.add()实例化片段，传入 ViewGroup 布局中容器的 ID 和要添加的片段类，然后提交事务，如代码 2-23 所示。

```
public class ExampleActivity extends AppCompatActivity {
    public ExampleActivity() {
        super(R.layout.example_activity);
    }
    @Override
    protected void onCreate(Bundle savedInstanceState) {
        super.onCreate(savedInstanceState);
        if (savedInstanceState == null) {
            getSupportFragmentManager().beginTransaction()
            .setReorderingAllowed(true)
            .add(R.id.fragment_container_view, ExampleFragment.class, null)
            .commit();
        }
    }
}
```

代码 2-23 使用 FragmentTransaction.add()实例化片段

在前面的示例中，请注意片段事务仅在 savedInstanceStateis 时创建 null，这是为了确保在首次创建活动时只添加一次片段；当发生配置更改并重新创建活动时，savedInstanceState 不再是 null，并且不需要第二次添加片段，因为片段会自动从 savedInstanceState 恢复。如果片段需要一些初始数据，则可以在对 FragmentTransaction.add()的调用中通过 Bundle 提供参数传递给片段，如代码 2-24 所示。

```
public class ExampleActivity extends AppCompatActivity {
    public ExampleActivity() {
        super(R.layout.example_activity);
    }
    @Override
    protected void onCreate(Bundle savedInstanceState) {
        super.onCreate(savedInstanceState);
        if (savedInstanceState == null) {
            Bundle bundle = new Bundle();
            bundle.putInt("some_int", 0);
            getSupportFragmentManager().beginTransaction()
            .setReorderingAllowed(true)
            .add(R.id.fragment_container_view, ExampleFragment.class, bundle)
            .commit();
        }
    }
}
```

代码 2-24　通过 Bundle 提供参数传递给片段

然后 Bundle 可以通过调用 requireArguments()从片段中检索参数，并且可以使用适当的 Bundlegetter 方法来检索每个参数，如代码 2-25 所示。

```
class ExampleFragment extends Fragment{
    public ExampleFragment() {
        super(R.layout.example_fragment);
    }
    @Override
    public void onViewCreated(@NonNull View view, Bundle savedInstanceState) {
        int someInt = requireArguments().getInt("some_int");
        ...
    }
}
```

代码 2-25　使用适当的 Bundlegetter 方法

2.3.3　管理片段

FragmentManager 类负责对应用的片段执行一些操作，如添加、移除或替换，以及将其添加到返回堆栈。如果使用的是 Jetpack Navigation 库，则可能永远不会直接与 FragmentManager 交互，因为该库会代替使用 FragmentManager。也就是说，任何使用片段的应用都在某种程度上使用 FragmentManager，因此了解其是什么以及如何工作非常重要。本节介绍如何访问 FragmentManager、FragmentManager 与活动和片段相关的角色、如何使用 FragmentManager 管理返回堆栈，以及如何为片段提供数据和依赖项。如果在活动中访问 FragmentManager，每个 FragmentActivity 及其子类（如 AppCompatActivity）都可以通过

getSupportFragmentManager()方法访问 FragmentManager。如果在片段中访问，片段也能够托管一个或多个子片段。在片段内，可以通过 getChildFragmentManager()方法获取对管理片段子级的 FragmentManager 的引用。如果需要访问其宿主 FragmentManager，可以使用 getParentFragmentManager()方法。下面来看几个示例，看看片段、其宿主以及与每个片段关联的 FragmentManager 实例之间的关系。

图 2-32 显示了两个示例，每个示例中都有一个活动宿主。这两个示例中的宿主活动都以 BottomNavigationView 的形式向用户显示顶级导航，该视图负责以应用中的不同屏幕换出宿主片段，其中每个屏幕都实现为单独的片段。例 1 中的宿主片段托管两个子片段，这些片段构成拆分视图屏幕，例 2 中的宿主片段托管一个子片段，该片段构成滑动视图的显示片段。

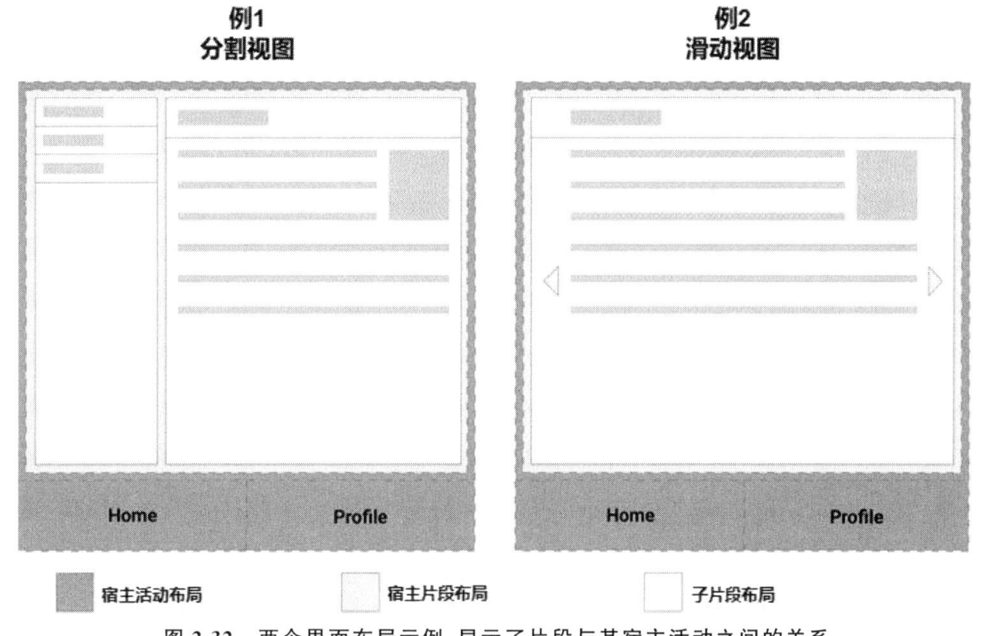

图 2-32　两个界面布局示例，显示了片段与其宿主活动之间的关系

基于此设置，可以将每个宿主视为具有与其关联的 FragmentManager，用于管理其子片段。图 2-33 说明了这一点，并显示了 supportFragmentManager、parentFragmentManager 和 childFragmentManager 之间的属性映射。需要引用的相应 FragmentManager 属性取决于调用点在片段层次结构中的位置，以及尝试访问的片段管理器。对 FragmentManager 进行引用后，就可以使用其来操纵向用户显示的片段了。

一般来说，应用由一个或少数几个活动组成，其中每个活动表示一组相关的屏幕。活动可能会提供一个点来放置顶级导航，并提供一个位置来限定 ViewModels 以及片段之间的其他视图状态的范围，应用中的每个目标点应由一个片段表示。如果想要一次显示多个片段，如在分割视图中或仪表盘内应使用子片段，由目标点片段及其子片段管理器进行管理。子片段的其他用例可能包括：

- 屏幕滑动，其中，父片段中的 ViewPager2 管理一系列子片段视图。
- 一组相关屏幕中的子导航。

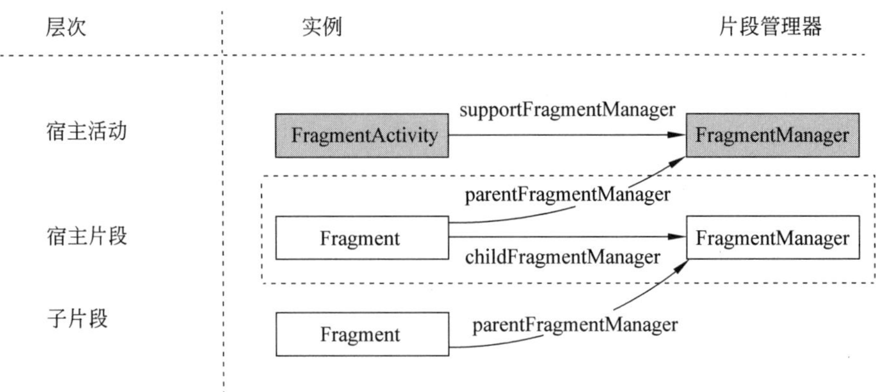

图 2-33 每个宿主都有与其关联的 FragmentManager，用于管理其子片段

- Jetpack Navigation 将子片段用作各个目标点，一个活动托管一个父 NavHostFragment，并在用户浏览应用时以不同的子目标的片段填充其空间。

FragmentManager 管理片段返回堆栈。在运行时，FragmentManager 可以执行添加或移除片段等返回堆栈操作来响应用户互动。每一组更改作为一个单元一起提交，称为 FragmentTransaction。当用户单击设备上的“返回”按钮时，或者当调用 FragmentManager.popBackStack()时，最上面的片段事务会从堆栈中弹出，换句话说，事务的产生是反向的。如果堆栈上没有更多的片段事务，并且没有使用子片段，则返回事件会向上传递到活动。当对事务调用 addToBackStack()时，应注意事务可以包括任意数量的操作，如添加多个片段、替换多个容器中的片段等。回退栈被弹出时，所有这些操作会作为一项原子化操作反转。如果在调用 popBackStack()之前提交了其他事务，并且没有对事务使用 addToBackStack()，则这些操作不会反转，因此在一个 FragmentTransaction 中，应避免让影响返回堆栈的事务与不影响返回堆栈的事务交织在一起。如需在布局容器中显示片段，使用 FragmentManager 创建 FragmentTransaction。在事务中，随后可以对容器执行 add()或 replace()操作，例如，一个简单的 FragmentTransaction 代码如下。

```
FragmentManagerfragmentManager = getSupportFragmentManager();
fragmentManager.beginTransaction()
.replace(R.id.fragment_container, ExampleFragment.class, null)
.setReorderingAllowed(true)
.addToBackStack("name")      //name can be null
.commit();
```

代码 2-26 简单的 FragmentTransaction

在本例中，ExampleFragment 会替换当前在由 R.id.fragment_container ID 标识的布局容器中的片段。将片段的类提供给 replace()方法可让 FragmentManager 使用其 FragmentFactory 处理实例化。setReorderingAllowed(true)可优化事务中涉及的片段状态变化，以使动画和过渡正常运行。调用 addToBackStack()会将事务提交到返回堆栈，用户稍后可以通过单击“返回”按钮反转事务并恢复上一个片段。如果在一个事务中添加或移除了多个片段，弹出返回堆栈时，所有这些操作都会撤销。在 addToBackStack()调用中提供的可选名称能够使用 popBackStack()弹回到该特定事务。如果在执行移除片段的事务时未调用 addToBackStack(),则提交事务时会销毁已移除的片段,用户无法返回到该片段。如果在移除某个片段时调用了 addToBackStack(),则该片段只会被停止,稍后当用户返回时会重启。请注意,在这种情况下其视图会被销毁。可以使用 findFragmentById()获取对布局容器中当前片段的引用。从 XML 扩充时,可使用 findFragmentById()按给定的 ID 查找片段;在 FragmentTransaction 中添加时,可使用其容器 ID 进行查找,示例如下。

```
FragmentManagerfragmentManager = getSupportFragmentManager();
fragmentManager.beginTransaction()
.replace(R.id.fragment_container, ExampleFragment.class, null)
.setReorderingAllowed(true)
.addToBackStack(null)
.commit();
...
ExampleFragment fragment =
        (ExampleFragment) fragmentManager.findFragmentById(R.id.fragment_
container);
```

代码 2-27　使用容器 ID 进行查找

或者也可以为片段分配一个唯一的标记,并使用 findFragmentByTag()获取引用,可以在布局中定义的片段上使用 android:tag XML 属性来分配标记,也可以在 FragmentTransaction 中的 add()或 replace()操作期间分配标记。

```
FragmentManagerfragmentManager = getSupportFragmentManager();
fragmentManager.beginTransaction()
.replace(R.id.fragment_container, ExampleFragment.class, null, "tag")
.setReorderingAllowed(true)
.addToBackStack(null)
.commit();
...
ExampleFragment fragment = (ExampleFragment) fragmentManager.findFragmentByTag
("tag");
```

代码 2-28　在 add()或 replace()操作期间分配标记

在任何给定的时间,只允许一个 FragmentManager 控制片段返回堆栈。如果应用在屏幕上同时显示多个同级片段,或者应用使用子片段,则必须指定一个 FragmentManager 来处理应用的主要导航。如需在片段事务内定义主要导航片段,对事务调用 setPrimaryNavigationFragment()方法,并传入一个片段的实例,该片段的 childFragmentManager 应具有主要控制权。将导航结构视为一系列层,其中,活动作为最外层,封装下面的每一层子片段。每一层都必须有一个主要导航片段。当发生返回事件时,最内层控制导航行为。一旦最内层再也没有可从其弹回的片段事务,控制权就会回到外面的下一层,此过程会一直重复,直至到达活动为止。请注意,当同时显示两个或更多片段时,其中只有一个可以是主要导航片段。如果将某个片段设为主要导航片段,会移除对先前片段的指定。在上例中,如果将详情片段设为主要导航片段,就会移除对主片段的指定。

在某些情况下,应用可能需要支持多个返回堆栈。一个常见示例是应用使用底部导航栏。FragmentManager 可通过 saveBackStack()和 restoreBackStack()方法支持多个返回堆栈,这两种方法使得通过保存一个返回堆栈并恢复另一个返回堆栈来在返回堆栈之间进行交换。注意:或者也可以使用 NavigationUI 组件,该组件会自动处理对底部导航栏的多个返回堆栈的支持。saveBackStack()的工作方式类似于使用可选 name 参数调用 popBackStack():弹出指定事务以及堆栈上在此之后的所有事务。不同之处在于,saveBackStack()会保存弹出事务中所有片段的状态。假设之前使用 addToBackStack()提交 FragmentTransaction,从而将片段添加到返回堆栈,代码如下。

```
supportFragmentManager.beginTransaction()
.replace(R.id.fragment_container, ExampleFragment.class, null)
  //setReorderingAllowed(true) and the optional string argument for
  //addToBackStack() are both required if you want to use saveBackStack().
.setReorderingAllowed(true)
.addToBackStack("replacement")
.commit();
```

代码 2-29　使用 addToBackStack()提交

在这种情况下,可以通过调用 saveState()来保存此片段事务和 ExampleFragment 的状态,代码如下。

```
supportFragmentManager.saveBackStack("replacement");
```

代码 2-30　调用 saveState()来保存

注意只能将 saveBackStack()用于调用 setReorderingAllowed(true)的事务,以确保可以将事务还原为单一原子操作。可以使用相同的名称参数调用 restoreBackStack(),以恢复所有弹出的事务以及所有保存的片段状态,代码如下。

```
supportFragmentManager.restoreBackStack("replacement");
```

代码 2-31　恢复所有弹出的事务

注意,除非使用 addToBackStack()传递片段事务的可选名称,否则不能使用 saveBackStack()和 restoreBackStack()。添加片段时,可以手动实例化片段并将其添加到 FragmentTransaction,代码如下。

```
//Instantiate a new instance before adding
ExampleFragmentmyFragment = new ExampleFragment();
fragmentManager.beginTransaction()
.add(R.id.fragment_view_container, myFragment)
.setReorderingAllowed(true)
.commit();
```

代码 2-32　手动实例化片段

当提交片段事务时,创建的片段实例就是使用的实例。不过在配置更改期间,活动及其所有片段都会被销毁,然后使用最适用的安卓资源重新创建。FragmentManager 会处理所有这些操作,重新创建片段的实例,将其附加到宿主,并重新创建返回堆栈状态。默认情况下,

FragmentManager 使用框架提供的 FragmentFactory 实例化片段的新实例。此默认工厂使用反射来查找和调用片段的无参数构造函数。这意味着，无法使用此默认工厂为片段提供依赖项。这也意味着，默认情况下在重新创建过程中，不会使用首次创建片段时所用的任何自定义构造函数。如需为片段提供依赖项或使用任何自定义构造函数，必须创建自定义 FragmentFactory 子类，然后替换 FragmentFactory.instantiate。随后可以将 FragmentManager 的默认工厂替换为自定义工厂，其随后用于实例化片段。假设有一个 DessertsFragment 负责显示受欢迎的甜点，DessertsFragment 依赖于 DessertsRepository 类，该类可为其提供向用户显示正确界面所需的信息，可以将 DessertsFragment 定义为在其构造函数中需要 DessertsRepository 实例，代码如下。

```
public class DessertsFragment extends Fragment {
    private DessertsRepositorydessertsRepository;
    public DessertsFragment(DessertsRepositorydessertsRepository) {
        super();
        this.dessertsRepository = dessertsRepository;
    }
    //Getter omitted.
    ...
}
```

代码 2-33　在构造函数中需要 DessertsRepository 实例

FragmentFactory 的简单实现可能与以下代码类似。

```
public class MyFragmentFactory extends FragmentFactory {
    private DessertsRepository repository;
    public MyFragmentFactory(DessertsRepository repository) {
        super();
        this.repository = repository;
    }
    @NonNull
    @Override
    public Fragment instantiate(@NonNull ClassLoaderclassLoader,
                                @NonNull String className) {
        Class<? extends Fragment>fragmentClass = loadFragmentClass
                (classLoader, className);
        if (fragmentClass == DessertsFragment.class) {
            return new DessertsFragment(repository);
        } else {
            return super.instantiate(classLoader, className);
        }
    }
}
```

代码 2-34　FragmentFactory 的简单实现

此示例创建了 FragmentFactory 的子类，替换了 instantiate( ) 方法，以便为 DessertsFragment 提供自定义片段创建逻辑。其他片段类通过 super.instantiate( ) 由 FragmentFactory 的默认行为处理。随后可以通过在 FragmentManager 上设置一个属性，将 MyFragmentFactory 指定为要在构造应用的片段时使用的工厂。必须在活动的 super.

onCreate()之前设置此属性，以确保在重新创建片段时使用 MyFragmentFactory，代码如下。

```
public class MealActivity extends AppCompatActivity {
    @Override
    protected void onCreate(@Nullable Bundle savedInstanceState) {
        DessertsRepository repository = DessertsRepository.getInstance();
        getSupportFragmentManager().setFragmentFactory(
                                         new MyFragmentFactory(repository));
        super.onCreate(savedInstanceState);
    }
}
```

代码 2-35　通过 super.instantiate()由 FragmentFactory 的默认行为处理

注意，在活动中设置 FragmentFactory 会替换整个活动的片段层次结构中的片段创建。换句话说，添加的任何子片段的 childFragmentManager 都会使用此处设置的自定义片段工厂，除非在较低的级别被替换。在一个活动架构中，应使用 FragmentScenario 类在隔离的条件下测试片段。由于无法依赖于活动的自定义 onCreate()逻辑，因此可以改为将 FragmentFactory 作为参数传入片段测试，如以下示例所示。

```
//Inside your test
valdessertRepository = mock(DessertsRepository::class.java)
launchFragment<DessertsFragment>(factory =
                           MyFragmentFactory(dessertRepository)).onFragment {
    //Test Fragment logic
}
```

代码 2-36　将 FragmentFactory 作为参数传入

2.3.4　事务处理

在运行时，FragmentManager 可以添加、删除、替换和使用片段执行其他操作以响应用户交互，提交的每组片段更改称为一个事务，可以使用 FragmentTransaction，该类提供的 API 指定在事务中执行的操作，可以将多个操作分组到一个事务中，例如，一个事务可以添加或替换多个片段。当在同一屏幕上显示多个同级片段时，此分组可能很有用，例如拆分视图，可以将每个事务保存到由 FragmentManager 管理的后退堆栈，允许用户向后导航片段更改，类似于向后导航活动，可以通过调用获取 FragmentTransaction 的实例，如代码 2-37 所示。

```
FragmentManagerfragmentManager = ...
FragmentTransactionfragmentTransaction = fragmentManager.beginTransaction();
```

代码 2-37　获取 FragmentTransaction 的实例

最终 FragmentTransaction 调用都必须提交事务，该 commit()调用 FragmentManager 表示所有操作都已添加到事务中，如代码 2-38 所示。

```
FragmentManagerfragmentManager = ...
FragmentTransactionfragmentTransaction = fragmentManager.beginTransaction();
//Add operations here
fragmentTransaction.commit();
```

代码 2-38　提交事务

如果允许对片段状态更改重新排序，每个 FragmentTransaction 都应该使用 setReorderingAllowed(true)，如代码 2-39 所示。

```
FragmentManagerfragmentManager = ...
fragmentManager.beginTransaction()
    ...
.setReorderingAllowed(true)
.commit();
```

代码 2-39　对片段状态更改重新排序

为了行为兼容性，默认情况下不启用重新排序标志，但是需要允许 FragmentManager 正确执行 FragmentTransaction，特别是当其在后台堆栈上运行并运行动画和过渡时。启用该标志可确保如果多个事务一起执行，任何中间片段（即添加然后立即替换的片段）不会经历生命周期更改或执行其动画或转换，应注意此标志会影响事务的初始执行和使用 popBackStack()撤销事务。要将片段添加到 FragmentManager，调用事务处理的 add()方法，此方法接收片段容器的 ID，以及希望添加的片段类名，添加的片段被移动到重启状态，强烈建议容器是 FragmentContainerView 视图层次结构的一部分。调用 remove()从宿主中删除片段，传入一个片段实例，该片段实例是通过 findFragmentById()或 findFragmentByTag()方法从片段管理器中检索到的。如果片段的视图先前已添加到容器中，则此时视图将从容器中删除，移除的片段被移动为销毁状态。用 replace()方法将容器中的现有片段替换为提供的新片段类实例，调用 replace()相当于在容器中调用 remove()方法，然后将新片段添加到同一个容器中，代码 2-40 显示了如何将一个片段替换为另一个片段。

```
//Create new fragment and transaction
FragmentManagerfragmentManager = ...
FragmentTransaction transaction = fragmentManager.beginTransaction();
transaction.setReorderingAllowed(true);
//Replace whatever is in the fragment_container view with this fragment
transaction.replace(R.id.fragment_container, ExampleFragment.class, null);
//Commit the transaction
transaction.commit();
```

代码 2-40　一个片段替换为另一个片段

在这个例子中，一个新的实例 ExampleFragment 替换了当前位于由 R.id.fragment_container 标识的布局容器中的片段。注意，强烈建议始终使用采用 Class 而不是片段实例的片段操作，以确保创建片段的相同机制也用于从保存状态恢复片段。默认情况下，在 FragmentTransaction 中所做的更改不会添加到后台堆栈，要保存这些更改可以调用

addToBackStack()。调用 commit()不会立即执行事务，只要事务能够这样做时才被安排在主界面线程上运行，但是如有必要可以调用 commitNow()以立即在界面线程上运行片段事务。在 FragmentTransaction 中执行操作的顺序很重要，尤其是在使用 setCustomAnimations()时，此方法将给定的动画应用于其后的所有片段操作，如代码 2-41 所示。

```
getSupportFragmentManager().beginTransaction()
.setCustomAnimations(enter1, exit1, popEnter1, popExit1)
.add(R.id.container, ExampleFragment.class, null) //gets the first animations
.setCustomAnimations(enter2, exit2, popEnter2, popExit2)
.add(R.id.container, ExampleFragment.class, null) //gets the second animations
.commit()
```

代码 2-41　使用 setCustomAnimations()方法

FragmentTransactions 可以影响在事务范围内添加的各个片段的生命周期状态。创建时，FragmentTransaction 的 setMaxLifecycle()为给定片段设置最大状态。例如，ViewPager2 用于 setMaxLifecycle()将屏幕外片段限制为启动状态。使用 FragmentTransaction 的 show()和 hide()方法分别显示和隐藏已添加到容器的片段视图，这些方法设置片段视图的可见性，而不影响片段的生命周期。虽然不需要使用片段事务来切换片段中视图的可见性，但这些方法对于希望更改可见性状态与后台堆栈上的事务相关联的情况很有用。FragmentTransaction 的 detach()方法将片段与界面分离，破坏其视图层次结构。片段保持与放入后堆栈时相同的停止状态，这意味着片段已从界面中删除，但仍由片段管理器管理。attach()方法重新附加之前分离的片段，这会导致其视图层次结构被重新创建、附加到界面并显示。

2.4　理解布局

2.3 节对活动有了初步的理解，也在具体的例子中运用到了活动的布局与控件。从继承的概念上来说，活动中具体用户图形界面的组件由安卓定义的 View 类和 ViewGroup 类的子类对象组成，称为 View 和 ViewGroup 对象。View 对象是安卓平台上用户界面中的基础单元，也可称为控件。安卓系统提供了许多类型的 View，例如，TextView 和 Button 等类，这些都是 View 类的子类。ViewGroup 对象可以理解为一种容器，类似于 Java 中的 Panel，用于容纳其他的控件对象，并规定这些控件对象按照特定的规则进行排列，即按照某种层次结构排列。安卓系统也提供了许多类型的 ViewGroup，如 ScrollView、RelativeLayout 和 TabHost 等，这些都是 ViewGroup 的子类。那么什么是布局呢？View 和 ViewGroup 对象在活动中的排列层次结构，称为用户界面的布局。最常用的是线性布局 LinearLayout，表格布局 TableLayout、相对布局 RelativeLayout、网页布局 WebView 和列表 ListView 等。在安卓平台上，一个活动的用户界面能够使用层次关系的 View 和 ViewGroup 对象组合来设计布局。

2.4.1　布局概述

在第 1 章中提到过，安卓系统实现活动的用户界面布局有两种定义方式：一种是使用

XML 文件定义布局，把布局文件置于\res\layout 目录下；另一种是在 Java 应用程序中通过编程的方法来创建 View 和 ViewGroup 对象，在运行时实例化布局元素，或改变其属性。

安卓的 XML 布局资源文件主要用于活动用户界面或其他的用户界面组件的布局。使用 XML 布局文件的优势除了在前面章节中提到的之外，最重要的是可以将应用程序的界面设计与控制逻辑分离开来，这更有利于用户屏幕不确定的移动应用。如果需要调整界面设计，只需要修改 XML 文件，而无须修改源代码并重新编译。例如，对于不同移动设备或用户、不同的屏幕方向、不同的屏幕尺寸、不同的语言等，可以设计不同的 XML 布局文件，但是可能并不需要修改任何应用程序代码。此外，对于一个初学者来说，使用 XML 布局更容易定义用户界面的结构，更容易进行调试。本节系统地介绍如何在 XML 布局文件中使用 XML，来设计和描述用户图形界面。XML 布局资源文件的具体语法结构见代码 2-42。

```
<?xml version="1.0" encoding="utf-8"?>
<ViewGroupxmlns:android="http://schemas.android.com/apk/res/android"
android:id="@[+][package:]id/resource_name"
android:layout_height=["dimension" | "fill_parent" | "wrap_content"]
android:layout_width=["dimension" | "fill_parent" | "wrap_content"]
    [ViewGroup-specific attributes] >
<View
android:id="@[+][package:]id/resource_name"
android:layout_height=["dimension" | "fill_parent" | "wrap_content"]
android:layout_width=["dimension" | "fill_parent" | "wrap_content"]
        [View-specific attributes] >
<requestFocus/>
</View>
<ViewGroup>
<View />
</ViewGroup>
<include layout="@layout/layout_resource"/>
</ViewGroup>
```

代码 2-42　布局资源文件的语法

当编译应用时，系统会将每个 XML 布局资源文件编译成 View 资源，应在 Activity.onCreate()回调实现内加载应用代码中的布局资源，通过调用 setContentView()，并以 R.layout.layout_file_name 形式向应用代码传递对布局资源的引用，即可执行此操作。例如，如果 XML 布局保存为 main_layout.xml，应通过如代码 2-43 所示为活动加载布局资源。

```
public void onCreate(Bundle savedInstanceState) {
    super.onCreate(savedInstanceState);
    setContentView(R.layout.main_layout);
}
```

代码 2-43　活动加载布局资源

启动活动时，安卓框架会调用活动中的 onCreate()回调方法。每个 View 对象和 ViewGroup 对象均支持自己的各种 XML 属性。某些属性是 View 对象的特有属性（例如 TextView 支持 textSize 属性），但可扩展此类的任一 View 对象也会继承这些属性；某些属性是所有 View 对象的共有属性，因为这些继承自 View 根类，例如 id 属性。此外，其他属性被视为布局参数，即描述 View 对象特定布局方向的属性，如该对象的父 ViewGroup 对象所定义的属性。任何 View 对象均可拥有与之关联的整型 ID，用于在结构树中对 View 对象进行唯一标识。编译应用后，系统会以整型形式引用此 ID，但在布局 XML 文件中，系统通常会以字符串的形式在 id 属性中指定该 ID。这是所有 View 对象共有的 XML 属性（由 View 类定义），并且会经常使用该属性。XML 标记内部的 ID 语法如代码 2-44 所示。

```
android:id="@+id/my_button"
```

代码 2-44　XML 标记内部的 ID 语法

字符串开头处的 @ 符号指示 XML 解析器应解析并展开 ID 字符串的其余部分，并将其标识为 ID 资源。加号（+）表示这是一个新的资源名称，必须创建该名称并将其添加到资源内（在 R.java 文件中）。安卓框架还提供许多其他 ID 资源。引用安卓资源 ID 时不需要加号，但必须添加“android”软件包命名空间，如代码 2-45 所示。

```
android:id="@android:id/empty"
```

代码 2-45　添加“android”软件包命名空间

添加“android”软件包命名空间后，现在将从 android.R 资源类而非本地资源类引用 ID。为了创建视图并从应用中引用它们，常见的模式如下。

（1）在布局文件中定义视图/控件，并为其分配唯一 ID，如代码 2-46 所示。

```
<Button android:id="@+id/my_button"
android:layout_width="wrap_content"
android:layout_height="wrap_content"
android:text="@string/my_button_text"/>
```

代码 2-46　在布局文件中定义

（2）然后创建视图对象的实例，并从布局中捕获它，通常使用 onCreate()方法，如代码 2-47 所示。

```
Button myButton = (Button) findViewById(R.id.my_button);
```

代码 2-47　创建视图对象的实例

创建 RelativeLayout 时，应务必为视图对象定义 ID。在相对布局中，同级视图可定义其相对于其他通过唯一 ID 引用的同级视图的布局。ID 无须在整个结构树中具有唯一性，但其在要搜索的结构树部分中应具有唯一性（要搜索的部分往往是整个结构树，因此最好尽可能具有全局唯一性）。

名为 layout_something 的 XML 布局属性可以为视图定义适合其所在 ViewGroup 的布局参数。每个 ViewGroup 类都会实现一个扩展 ViewGroup.LayoutParams 的嵌套类。此子类包含的属性类型会根据需要为视图组的每个子视图定义尺寸和位置。如图 2-34 所示，父视图组会为每个子视图（包括子视图组）定义布局参数。

注意，每个 LayoutParams 子类都有自己的值设置语法。每个子元素都必须定义适

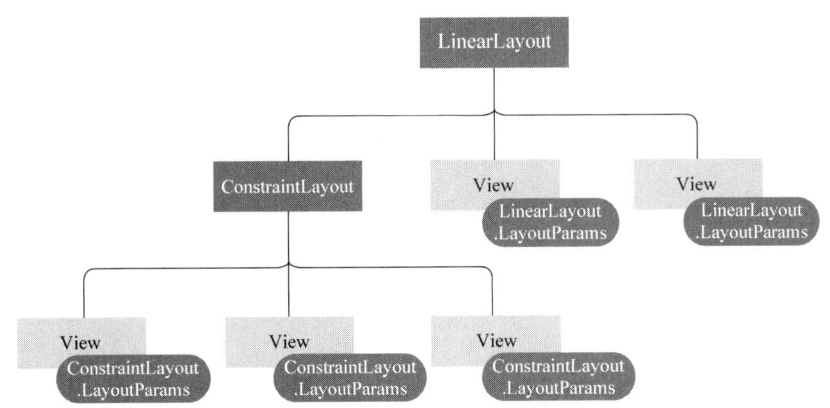

图 2-34　以可视化方式表示的视图层次结构,其中包含与每个视图关联的布局参数

合其父元素的 LayoutParams,但父元素也可为其子元素定义不同的 LayoutParams。所有视图组均包含宽度和高度(layout_width 和 layout_height),并且每个视图都必须定义它们。许多 LayoutParams 还包括可选的外边距和边框。可以指定具有确切尺寸的宽度和高度,但多半不想经常这样做,更常见的情况是会使用以下某种常量来设置宽度或高度。

- wrap_content:指示视图将其大小调整为内容所需的尺寸。
- match_parent:指示视图尽可能采用其父视图组所允许的最大尺寸。

一般而言,建议不要使用绝对单位(如像素)来指定布局宽度和高度。更好的方法是使用相对测量单位,如与密度无关的像素单位 dp、wrap_content 或 match_parent,因为这样有助于确保应用在各类尺寸的设备屏幕上正确显示。视图的几何形状就是矩形的几何形状。视图拥有一个位置(以一对"水平向左"和"垂直向上"的坐标表示)和两个尺寸(以宽度和高度表示)。位置和尺寸的单位是像素。可以通过调用 getLeft()方法和 getTop()方法来检索视图的位置。前者会返回表示视图的矩形的水平向左(或称 X 轴)坐标;后者会返回表示视图的矩形的垂直向上(或称 Y 轴)坐标。这些方法都会返回视图相对于其父项的位置,如果 getLeft() 返回 20,则表示视图位于其直接父项左边缘向右 20 个像素处。此外,系统还提供了几种便捷方法来避免不必要的计算,即 getRight()和 getBottom(),这些方法会返回表示视图的矩形的右边缘和下边缘的坐标。例如,调用 getRight()类似于进行以下计算:getLeft()+getWidth()。

视图尺寸通过宽度和高度表示,实际上视图拥有两对宽度和高度值。第一对称为测量宽度和测量高度。这些尺寸定义视图希望在其父项内具有的大小,可通过调用 getMeasuredWidth()和 getMeasuredHeight()来获得这些测量尺寸。第二对简称为宽度和高度,有时称为绘制宽度和绘制高度。这些尺寸定义绘制时和布局后,视图在屏幕上的实际尺寸。这些值可以(但不必)与测量宽度和测量高度不同,可通过调用 getWidth()和 getHeight()来获得宽度和高度。

为了测量尺寸,视图需将其内边距考虑在内。内边距以视图左侧、顶部、右侧和底部各部分的像素数表示。内边距可用于以特定数量的像素弥补视图内容,例如,若左侧内边距为 2,则会将视图内容从左边缘向右推 2px。可以使用 setPadding(int, int, int, int) 方法设置内边距,并通过调用 getPaddingLeft()、getPaddingTop()、getPaddingRight() 和

getPaddingBottom() 查询内边距。尽管视图可以定义内边距，但它并不支持外边距，不过视图组可以提供此类支持。

ViewGroup 类的每个子类都会提供一种独特的方式，以显示在其中嵌套的视图。以下是安卓平台中一些较为常见的内置布局类型。如果布局的内容是动态内容或未预先确定的内容，可以使用继承 AdapterView 的布局，在运行时用视图填充布局。AdapterView 类的子类会使用 Adapter 将数据与其布局绑定。Adapter 充当数据源与 AdapterView 布局之间的中间方，Adapter 会（从数组或数据库查询等来源）检索数据，并将每个条目转换为可添加到 AdapterView 布局中的视图。适配器支持的常见布局包括线性布局、相对布局和网页视图（如表 2-4 所示）。

表 2-4　常见布局类型

布局类型	样　　式	说　　明
线性布局		一种使用单个水平行或垂直行来组织子项的布局。此布局会在窗口长度超出屏幕长度时创建滚动条
相对布局		能指定子对象彼此之间的相对位置（子对象 A 在子对象 B 左侧）或子对象与父对象的相对位置（与父对象顶部对齐）
网页视图		显示网页
列表视图		显示滚动的单列列表
网格视图		显示滚动的行列网格

可以通过将 AdapterView 实例与 Adapter 绑定来填充 AdapterView（如 ListView 或 GridView），此操作会从外部来源检索数据，并创建表示每个数据条目的 View。安卓提供几个 Adapter 子类，用于检索不同种类的数据和构建 AdapterView 的视图，两种最常见的适配器如下。

1. ArrayAdapter

在数据源为数组时使用此适配器。默认情况下，ArrayAdapter 会通过对每个数组项调用 toString()并将内容放入 TextView，为每个项创建视图。例如，如果想在 ListView 中显示某个字符串数组，可使用构造函数初始化一个新的 ArrayAdapter，为每个字符串和字符串数组指定布局，如代码 2-48 所示。

```
ArrayAdapter<String> adapter = new ArrayAdapter<String>(this,
        android.R.layout.simple_list_item_1, myStringArray);
```

代码 2-48　初始化一个新的 ArrayAdapter

此构造函数的参数是：

- Context。
- 包含数组中每个字符串的 TextView 的布局。
- 字符串数组。

然后只需对 ListView 调用 setAdapter()，如代码 2-49 所示。

```
ListViewlistView = (ListView) findViewById(R.id.listview);
listView.setAdapter(adapter);
```

代码 2-49　对 ListView 调用 setAdapter()

如需自定义每个项的外观，可以重写数组中各个对象的 toString()方法，或者如需为 TextView 之外的每个项创建视图（例如想为每个数组项创建 ImageView），扩展 ArrayAdapter 类并替换 getView()，以返回想要为每个项获取的视图类型。

2. SimpleCursorAdapter

在数据来自 Cursor 时使用此适配器。使用 SimpleCursorAdapter 时，必须指定要为 Cursor 中的每个行使用的布局，以及应在哪些布局视图中插入 Cursor 中的哪些列。例如，如果想创建人员姓名和电话号码列表，则可以执行返回 Cursor（包含对应每个人的行，以及对应姓名和号码的列）的查询。然后，可以创建一个字符串数组，指定想要在每个结果的布局中包含 Cursor 中的哪些列，并创建一个整型数组，指定应放入每个列的对应视图，如代码 2-50 所示。

```
String[] fromColumns = {ContactsContract.Data.DISPLAY_NAME,
ContactsContract.CommonDataKinds.Phone.NUMBER};
int[] toViews = {R.id.display_name, R.id.phone_number};
```

代码 2-50　创建一个字符串数组

当实例化 SimpleCursorAdapter 时，传递要用于每个结果的布局、包含结果的 Cursor 以及以下两个数组，如代码 2-51 所示。

```
SimpleCursorAdapter adapter = new SimpleCursorAdapter(this,
R.layout.person_name_and_number, cursor, fromColumns, toViews, 0);
ListViewlistView = getListView();
listView.setAdapter(adapter);
```

代码 2-51　实例化 SimpleCursorAdapter

然后 SimpleCursorAdapter 会使用提供的布局，将每个 fromColumns 项插入对应的 toViews 视图，从而为 Cursor 中的每个行创建视图。如果在应用的生命周期中更改适配器读取的底层数据，则应调用 notifyDataSetChanged()，这将通知附加的视图数据已被更改，它应该自行进行刷新。可以实现 AdapterView. OnItemClickListener 接口，从而响应 AdapterView 中每一项上的单击事件，如代码 2-52 所示。

```
//Create a message handling object as an anonymous class.
private OnItemClickListenermessageClickedHandler = new OnItemClickListener() {
    public void onItemClick(AdapterView parent, View v, int position, long id) {
        //Do something in response to the click
    }
};
listView.setOnItemClickListener(messageClickedHandler);
```

代码 2-52 实现 AdapterView.OnItemClickListener 接口

安卓用户界面的布局是可以重用的，重用布局的功能非常强大，因为其允许创建可重复使用的复杂的布局。在应用程序中，用户界面布局中相同或类似的任何元素都可以被提取出来，定义成一个独立的布局文件单独管理，然后在需要的时候嵌入另一个布局中。例如，一个开关按钮面板或自定义的进度条说明文字等，单独定义后可以嵌入任何其他布局中，因此可以根据需求灵活地设计自定义的视图，定义自己特殊的布局。如果要有效地重复使用完整的布局，可以将当前布局使用的＜include＞和＜merge＞的标签嵌入另一个布局。下面使用一个例子来具体说明如何使用＜include＞重用布局。

首先创建一个布局文件 title_bar.xml，其中定义了标题栏和图片，将其作为重用的布局，如代码 2-53 所示。

```
<FrameLayoutxmlns:android="http://schemas.android.com/apk/res/android"
  android:layout_width="match_parent"
  android:layout_height="wrap_content"
  android:background="@color/titlebar_bg">

    <ImageViewandroid:layout_width="wrap_content"
             android:layout_height="wrap_content"
             android:src="@drawable/gafricalogo" />
</FrameLayout>
```

代码 2-53 title_bar.xml

创建另一个布局文件 reuse_title_bar.xml，使用＜include＞标签把 title_bar.xml 定义的布局嵌入这个布局中，如代码 2-54 所示。

```
<LinearLayoutxmlns:android="http://schemas.android.com/apk/res/android"
android:orientation="vertical"
android:layout_width="match_parent"
android:layout_height="match_parent"
android:background="@color/app_bg"
android:gravity="center_horizontal">
<include layout="@layout/titlebar"/>
<TextViewandroid:layout_width="match_parent"
android:layout_height="wrap_content"
android:text="@string/hello"
```

代码 2-54 reuse_title_bar.xml

```
    android:padding="10dp" />
        ...
    </LinearLayout>
```

代码 2-54 (续)

<merge>标签在优化 UI 结构时起到很重要的作用，目的是通过删减多余或者额外的层级，从而优化整个安卓布局的结构。<merge>的另外一个用法，就是使用<merge>替代布局标签作为重用布局文件的根结点时，当另一个布局文件使用<include>或者 ViewStub 标签从外部导入其 XML 结构时，可以很好地将其所包含的子集融合到父级结构中，而不会出现冗余的布局结点。例如，如果在代码 2-53 中定义的布局是线性布局，则布局的规则与重用其的代码 2-54 相同，使用<include>嵌入布局中的组件，与父结点的其他组件都按照同样的排列规则显示，但是从整个安卓布局的结构来看，就多了一个线性布局冗余结点，可以在代码 2-53 中使用<merge>替代根结点，嵌入其他布局文件后就可以直接采用父结点的布局，与父结点的其他组件在同一级结构中，如代码 2-55 所示。

```
<merge xmlns:android="http://schemas.android.com/apk/res/android"
   android:layout_width="match_parent"
   android:layout_height="wrap_content"
   android:background="@color/titlebar_bg">
    <ImageViewandroid:layout_width="wrap_content"
             android:layout_height="wrap_content"
             android:src="@drawable/gafricalogo" />
</merge>
```

代码 2-55 merge_ title_bar.xml

下面以目前经常使用的基本布局：约束布局、线性布局、相对布局和表格布局为例，对布局设计和使用进行详细描述。

2.4.2 约束布局

约束布局可使用扁平视图层次结构（无嵌套视图组）创建复杂的大型布局，与相对布局相似，其中所有的视图均根据同级视图与父布局之间的关系进行布局，但其灵活性要高于相对布局，并且更易于与 Android Studio 的布局编辑器配合使用。约束布局的所有功能均可直接通过布局编辑器的可视化工具来使用，因为布局 API 和布局编辑器是专为彼此构建的，因此完全可以使用约束布局通过拖放的形式（而非修改 XML）来构建布局。本节提供了使用约束布局在 Android Studio 3.0 或更高版本中构建布局的指南。

要在约束布局中定义某个视图的位置，必须为该视图添加至少一个水平约束条件和一个垂直约束条件（如图 2-35 所示）。每个约束条件均表示与其他视图、父布局或隐形引导线之间的连接或对齐方式。每个约束条件均定义了视图在竖轴或者横轴上的位置；因此每个视图在每个轴上都必须至少有一个约束条件，但通常情况下会需要更多约束条件。

当将视图拖放到布局编辑器中时，即使没有任何约束条件也会停留在用户放置的位置，不过这只是为了便于修改，当用户在设备上运行布局时，如果视图没有任何约束条件，则会在位置［0,0］（左上角）处进行绘制。在图 2-36 中，布局在编辑器中看起来很完美，但视图 C

上却没有垂直约束条件。在设备上绘制此布局时,虽然视图 C 与视图 A 的左右边缘水平对齐,但由于没有垂直约束条件,其会显示在屏幕顶部。

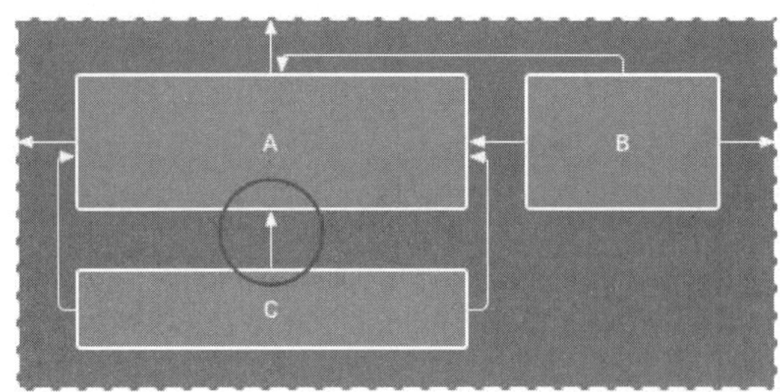

图 2-35 视图 C 垂直约束在视图 A 下方

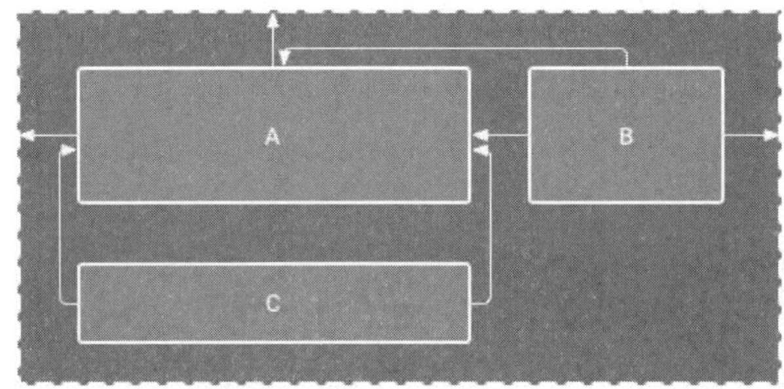

图 2-36 编辑器将视图 C 显示在视图 A 下方,但并没有垂直约束条件

尽管缺少约束条件不会导致出现编译错误,但布局编辑器会将缺少约束条件作为错误显示在工具栏中。要查看错误和其他警告,可单击 Show Warnings and Errors ❶。为避免出现缺少约束条件这一问题,布局编辑器会使用 Autoconnect 和 Infer Constraints 功能自动添加约束条件。如需在项目中使用约束布局,可按以下步骤操作。

(1) 确保 maven.google.com 代码库已在模块级 build.gradle 文件中声明,如代码 2-56 所示。

```
repositories {
    google()
}
```

代码 2-56 在 build.gradle 文件中声明

(2) 将该库作为依赖项添加到同一个 build.gradle 文件中,如以下示例所示。注意,最新版本可能与示例中显示的不同,如代码 2-57 所示。

```
dependencies {
    implementation "androidx.constraintlayout:constraintlayout:2.1.2"
    //To use constraintlayout in compose
    implementation "androidx.constraintlayout:constraintlayout-compose:
            1.0.0-rc02"
}
```

代码 2-57 依赖项添加到同一个 build.gradle 文件

(3) 在工具栏或同步通知中单击 Sync Project with Gradle Files。

现在可以使用约束布局构建界面。如需将现有布局转换为约束布局，按以下步骤操作。

(1) 在 Android Studio 中打开布局，然后单击编辑器窗口底部的 Design 标签。

(2) 在 Component Tree 窗口中右击该布局，然后单击 Convert LinearLayout to ConstraintLayout(如图 2-37 所示)。

如需开始新的约束布局文件，请按以下步骤操作。

(1) 在 Project 窗口中，单击模块文件夹，然后依次单击 File→New→XML→Layout XML。

(2) 输入该布局文件的名称，并对 Root Tag 输入：

```
androidx.constraintlayout.widget.ConstraintLayout
```

(3) 单击 Finish 按钮。

如需添加约束条件，执行以下操作。

(1) 将视图从 Palette 窗口拖到编辑器中，当在约束布局中添加视图时，该视图会显示一个边界框，每个角都有用于调整大小的方形手柄，每条边上都有圆形的约束手柄。

(2) 单击视图将其选中。

(3) 执行以下任一操作。

① 单击约束手柄并将其拖动到可用定位点。此点可以是另一视图的边缘、布局的边缘或者引导线。请注意，当拖动约束手柄时，布局编辑器会显示可行的连接定位点和蓝色叠加层。

② 单击 Attributes 窗口的 Layout 部分中的 Create a connection to the right 按钮⊕，具体如图 2-38 所示。

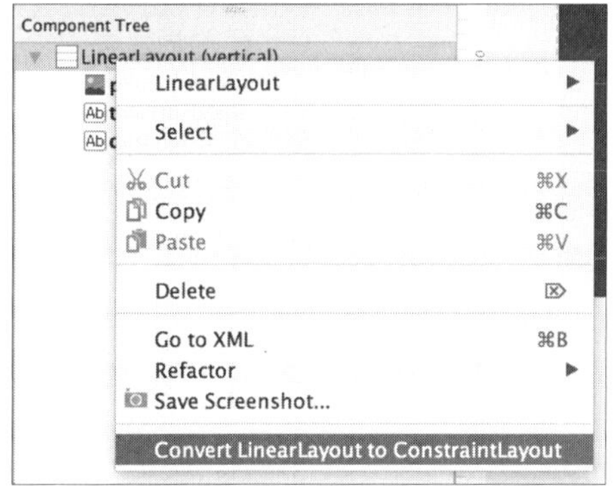

图 2-37　用于将布局转换为约束布局的菜单

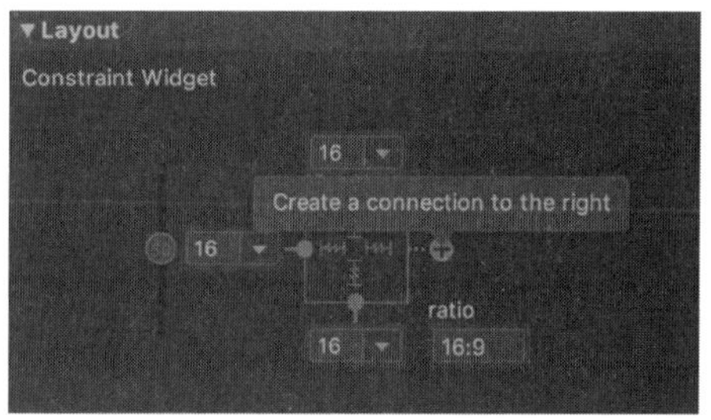

图 2-38　可以通过 Attributes 窗口中的 Layout 部分创建连接

创建约束条件后，编辑器会为其指定默认外边距来分隔两个视图。创建约束条件时注意以下规则。

(1) 每个视图都必须至少有两个约束条件：一个水平约束条件，一个垂直约束条件。

(2) 只能在共用同一平面的约束手柄与定位点之间创建约束条件。因此，视图的垂直平面(左侧和右侧)只能约束在另一个垂直平面上；而基准线则只能约束到其他基准线上。

（3）每个约束句柄只能用于一个约束条件，但可以在同一定位点上创建多个约束条件（从不同的视图）。

可以通过执行以下任一操作来删除约束条件。

（1）单击某个约束条件将其选中，然后按 Delete 键。

（2）按住 Ctrl 键，然后单击某个约束定位点。注意，该约束条件变为红色即表示可以单击将其删除，如图 2-39 所示。

在 Attributes 窗口的 Layout 部分中，单击某个约束定位点，如图 2-40 所示。如果在视图中添加了相反的约束条件，则约束线会像弹簧一样弯弯曲曲，以此来表示相反的力。当视图尺寸设置为 fixed 或 wrap content 时，效果最明显，在这种情况下视图在两个约束条件之间居中。如果希望视图扩展其尺寸以满足约束条件，则可以将尺寸切换为 match constraints；如果希望保持当前尺寸，但想要移动视图使其不要居中，则可以调整约束偏差。可以使用约束条件来实现不同类型的布局行为，如以下部分所述。

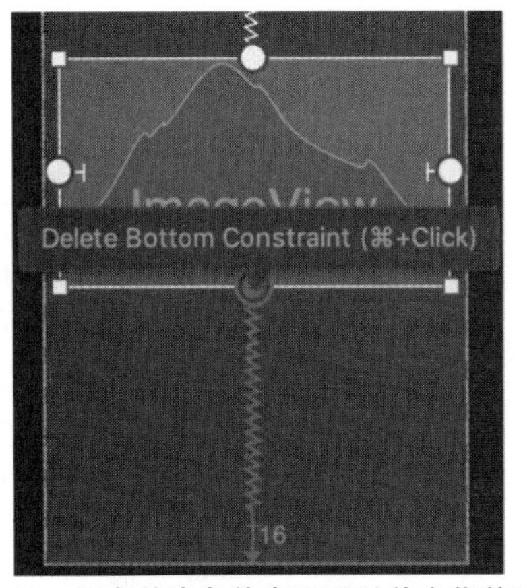

图 2-39 红色约束条件表示可以单击将其删除

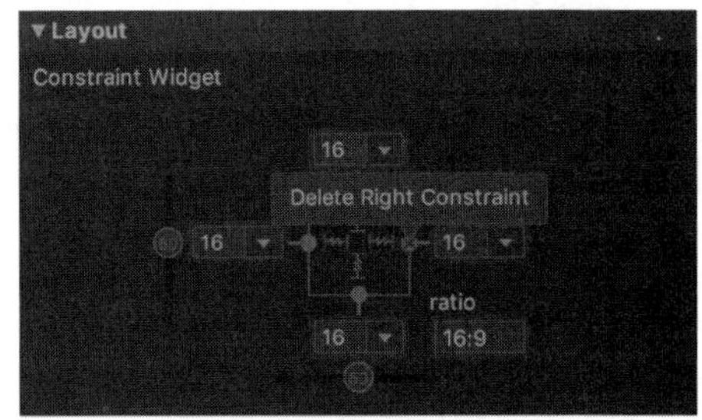

图 2-40 单击约束定位点

可以使用约束条件来实现不同类型的布局行为，如表 2-5 所示。

表 2-5 约束条件

约束类型	图　示	说　明
父级位置		将视图的一侧约束到布局的相应边缘。在图示中，视图的左侧连接到父布局的左边缘，可以使用外边距来定义距离边缘的距离
顺序位置		定义两个视图的显示顺序（垂直或水平方向）。在图示中，B 被约束为始终位于 A 的右侧，而 C 被约束在 A 的下方。不过，这些约束条件并不意味着对齐，因此 B 仍然可以上下移动

续表

约束类型	图示	说明
对齐方式	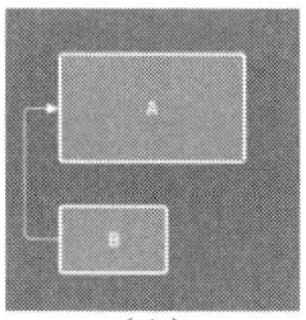 (1) 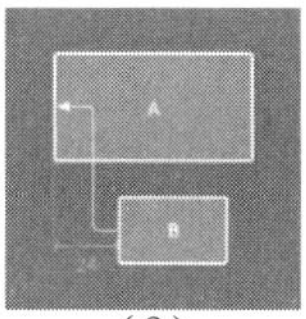 (2)	将一个视图的边缘与另一个视图的同一边对齐。在图示(1)中,B的左侧与A的左侧对齐。如果要与视图中心对齐,应对两侧创建约束条件。可以通过从约束布局向内拖动视图来偏移对齐量。例如,图示(2)显示B的偏移对齐为24dp。偏移量由受约束视图的外边距定义。还可以选择要对齐的所有视图,然后单击工具栏中的Align图标以选择对齐类型
基线对齐	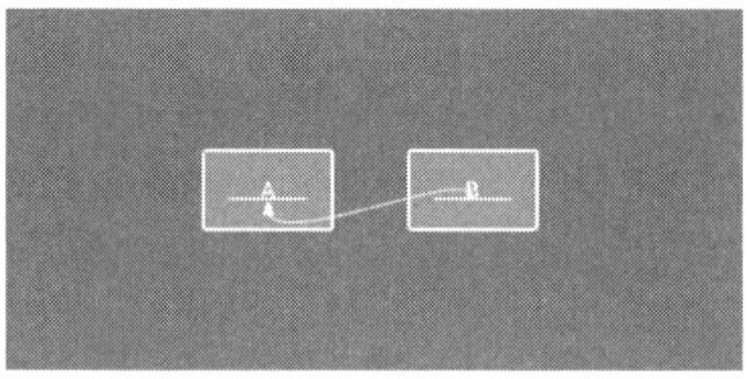	将一个视图的文本基线与另一个视图的文本基线对齐。在图示中,B的第一行与A中的文本对齐。要创建基线约束条件,应右击要约束的文本视图,然后单击Show Baseline,接着单击文本基线并将其拖到另一基线上
引导线约束	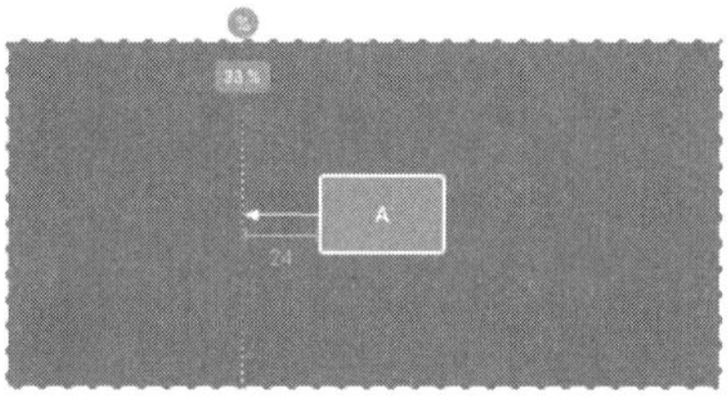	可以添加垂直或水平的引导线来约束视图,并且应用用户看不到该引导线。可以根据相对于布局边缘的dp单位或百分比在布局中定位引导线。要创建引导线,请单击工具栏中的Guidelines按钮,然后单击Add Vertical Guideline或Add Horizontal Guideline,拖动虚线将其重新定位,然后单击引导线边缘的圆圈以切换测量模式
屏障约束	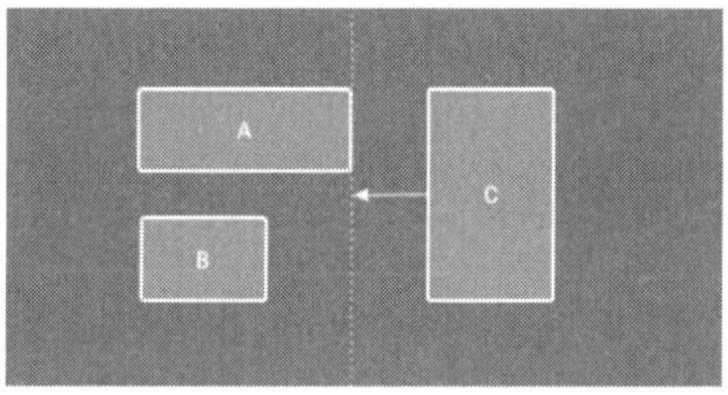 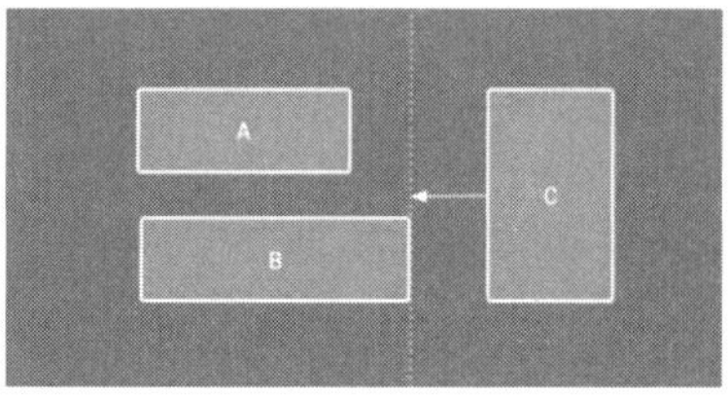	与引导线类似,屏障是一条隐藏的线,可以用它来约束视图。屏障不会定义自己的位置;相反,屏障的位置会随着其中所含视图的位置而移动。如果希望将视图限制到一组视图而不是某个特定视图,这就非常有用。 例如,图示中显示视图C被约束在屏障的右侧。该屏障设置为视图A和视图B的end侧(或从左至右布局中的右侧),因此屏障根据视图A或视图B的右侧是否为最右侧来移动。如需创建屏障,请按以下步骤操作。 (1) 单击工具栏中的Guidelines图标,然后单击Add Vertical Barrier或Add Horizontal Barrier。 (2) 在Component Tree窗口中,选择要放入屏障内的视图,然后将其拖动到屏障组件中。 (3) 在Component Tree中选择障碍,打开Attributes窗口,然后设置barrierDirection。 现在,可以从另一个视图创建屏障约束,还可以将屏障内的视图约束到屏障,这样就可以确保屏障中的所有视图始终相互对齐,即使并不知道哪个视图最长或最高,还可以在屏障内添加引导线,以确保屏障的位置最小

对某个视图的两侧添加约束条件（并且同一维度的视图尺寸为 fixed 或者 wrap Content）时，则该视图在两个约束条件之间居中且默认偏差为 50%，可以通过拖动 Attributes 窗口的偏差滑块或拖动视图来调整偏差，如图 2-41 中标记 5 所示；如果希望视图扩展其尺寸以满足约束条件，可以将尺寸切换为 match constraints。

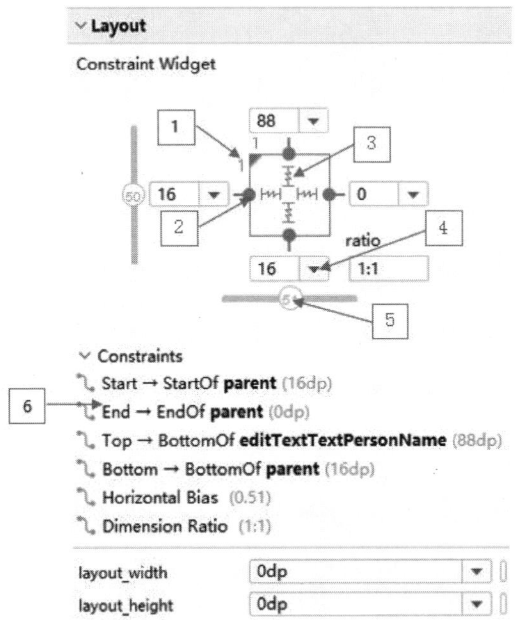

图 2-41 在选择视图时，Attributes 窗口会包含如下控件：①尺寸比；②删除约束条；③高度/宽度模式；④外边距和⑤约束偏差，还可以通过单击⑥约束列表中的各个约束条件来突出显示布局编辑器中的各个约束条件

可以使用角手柄来调整视图的尺寸，但这会对尺寸进行硬编码，从而使视图不会针对不同的内容或屏幕尺寸进行调整。要选择不同的尺寸模式，可单击视图，然后打开编辑器右侧的 Attributes 窗口。Attributes 窗口顶部附近的视图检查器中包括若干布局属性的控件，如图 2-41 所示（仅适用于约束布局中的视图）。可以通过单击图 2-41 中标注 3 所指示的符号来更改高度和宽度的计算方式。这些符号代表如下所示的尺寸模式（单击符号即可切换这些设置）。

Fixed ⊢⊣：可以在下面的文本框中指定具体维度，也可以在编辑器中调整视图尺寸。

Wrap Content >>>：视图仅在需要时扩展以适应其内容。

Match Constraints ⊢WW⊣：视图会尽可能扩展，以满足每侧的约束条件（在考虑视图的外边距之后），不过可以使用以下属性和值修改该行为，这些属性仅在将视图宽度设置为 Match Constraints 时才会生效。

- layout_constraintWidth_default：spread 表示尽可能扩展视图以满足每侧的约束条件，这是默认行为。wrap 仅在需要时扩展视图以适应其内容，但如有约束条件限制，视图仍然可以小于其内容，因此与使用 Wrap Content 之间的区别在于，将宽度设为 Wrap Content 会强行使宽度始终与内容宽度完全匹配；而使用 layout_constraintWidth_default 设置为 wrap 的 Match Constraints 时，视图可以小于内容宽度。

- layout_constraintWidth_min：该视图的最小宽度采用 dp 维度。
- layout_constraintWidth_max：该视图的最大宽度采用 dp 维度。

不过，如果给定维度只有一个约束条件，则视图会扩展以适应其内容。在高度或宽度上使用此模式也可设置尺寸比。如果至少有一个视图尺寸设置为 Match Constraints(0dp)，可以将视图尺寸设置为 16∶9。如需启用该比例，请单击 Toggle Aspect Ratio Constraint（图 2-41 中的标注 1），然后在出现的输入框中输入 width：height 比例。如果宽度和高度都设置为 Match Constraints，可以单击 Toggle Aspect Ratio Constraint，选择哪个维度基于与另一个维度的比例，视图检查器通过用实线连接相应的边缘来指明哪个被设为比例。例如，如果将两侧都设置为 Match Constraints，双击 Toggle Aspect Ratio Constraint，将宽度设置为与高度的比例，现在整个尺寸由视图的高度决定（可以任意方式定义），如图 2-42 所示。要确保所有视图间隔均匀，请单击工具栏中的 Margin 按钮，如图 2-43 所示，为添加到布局的每个视图选择默认外边距，对默认外边距所做的任何更改仅应用于在更改后添加的视图，可以通过单击代表每个约束条件所在行的数字来控制 Attributes 窗口中每个视图的外边距，例如，在图 2-41 中，标注 4 表明下外边距设置为 16dp。

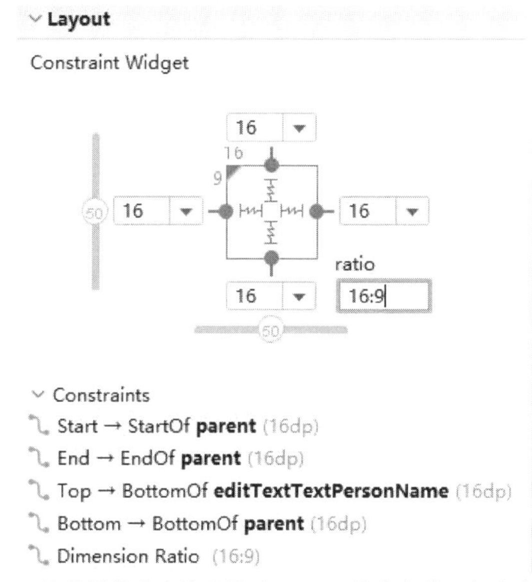

图 2-42　该视图的宽高比设置为 16∶9，其宽度基于与高度的比例

图 2-43　单击工具栏中的 Margin 按钮

工具提供的所有外边距均为 8dp 的倍数，以确保视图与 Material Design 提供的 8dp 方形网格保持一致。链是一组视图，这些视图通过双向位置约束条件相互链接到一起，链中的视图可以垂直或水平分布，如图 2-44 所示。

链可以采用以下几种样式之一（如图 2-45 所示）。

- Spread：视图是均匀分布的（在考虑外边距之后），这是默认值。

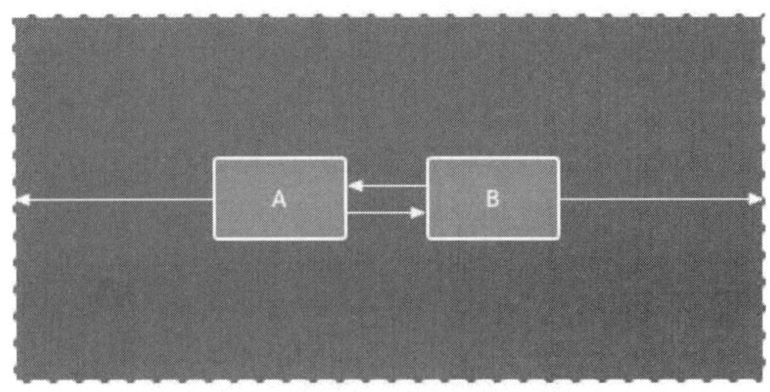

图 2-44　具有两个视图的水平链

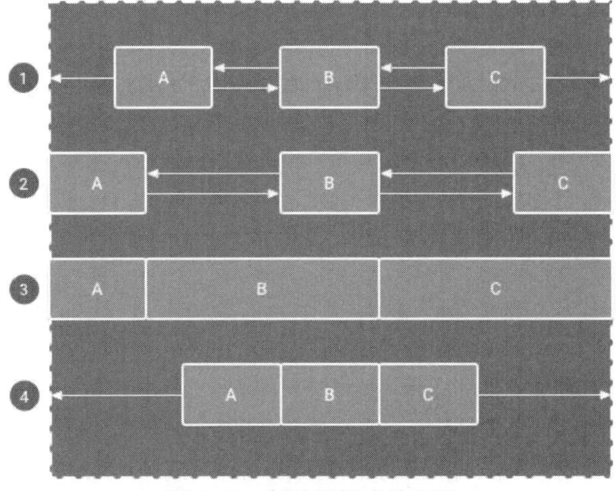

图 2-45　每种链样式的示例

- Spread inside：第一个和最后一个视图固定在链两端的约束边界上，其余视图均匀分布。
- Weighted：当链设置为 Spread 或 Spread inside 时，可以通过将一个或多个视图设置为 Match Constraints(0dp)来填充剩余空间。默认情况下，设置为 Match Constraints 的每个视图之间的空间均匀分布，但可以使用 layout_constraintHorizontal_weight 和 layout_constraintVertical_weight 属性为每个视图分配重要性权重。如果熟悉线性布局中的 layout_weight，就会知道该样式与它的原理是相同的，因此权重值最高的视图获得的空间最大；相同权重的视图获得同样大小的空间。
- Packed：视图打包在一起（在考虑外边距之后），然后可以通过更改链的头视图偏差调整整条链的偏差（左/右或上/下）。

链的头视图（水平链中最左侧的视图以及垂直链中最顶部的视图）以 XML 格式定义链的样式，不过可以通过选择链中的任意视图，然后单击出现在该视图下方的"链"按钮，在 Spread、Spread inside 和 Packed 之间进行切换。如需创建链，选择要包含在链中的所有视图，右击其中一个视图，选择 Chains，然后选择 Center Horizontal Chain 或 Center Vertical Chain，分别如图 2-46 和图 2-47 所示。

以下是使用链时需要考虑的其他事项。

- 视图可以是水平链和垂直链的一部分，因此可以轻松构建灵活的网格布局。

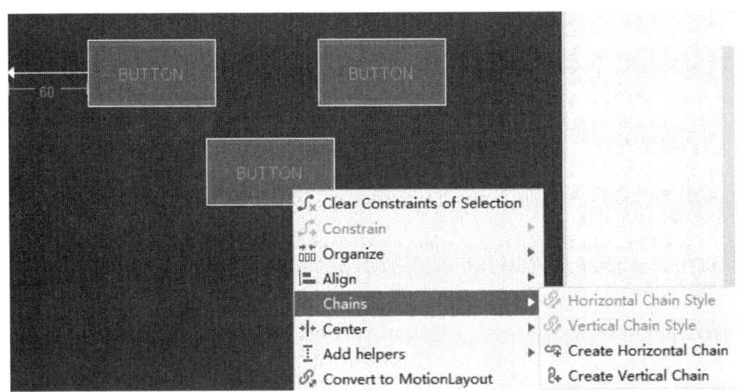

图 2-46 选择 Chains

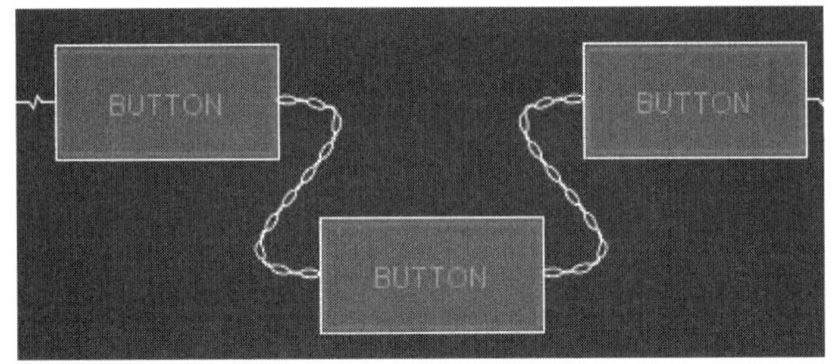

图 2-47 创建链

- 只有当链的每一端都被约束到同一轴上的另一个对象时，链才能正常工作。
- 虽然链的方向为垂直或水平，但使用其中一个方向不会沿该方向与视图对齐，因此务必包含其他约束条件，以便使链中的每个视图都能正确定位，例如，对齐约束。

可以将每个视图移动到希望的位置，然后单击 Infer Constraints 自动创建约束条件，而不是在将视图放入布局中时，为其添加约束条件。Infer Constraints 会扫描布局，以便为所有视图确定最有效的约束集，其会尽可能将视图约束在当前位置，同时提高灵活性。可能需要进行一些调整，以确保布局能够按照预期针对不同的屏幕尺寸和方向进行响应。Autoconnect to parent 是可以启用的独立功能。启用后，当将子视图添加到父视图时，此功能会自动为每个视图创建两个或多个约束条件，但仅在可以将视图约束到父布局的情况。Autoconnect 不会为布局中的其他视图创建约束条件，Autoconnect 在默认情况下处于停用状态，单击布局编辑器工具栏中的 Enable Autoconnection to Parent 按钮，即可启用该功能。

2.4.3 线性布局

线性布局是基础的、使用得比较多的布局类型之一。线性布局的作用就像其名字一样，根据设置的垂直或水平的属性值，将所有的子控件按垂直或水平进行组织排列。当布局方向设置为垂直时，布局里面的所有子控件被组织在同一列中；当布局方向设置为水平时，所有子控件被组织在同一行中，设置线性布局方向的属性为“**android**:orientation”，其值可以为“horizontal”或“vertical”，分别代表水平或垂直方向，如代码 2-58 所示。

```
<LinearLayoutxmlns:android="http://schemas.android.com/apk/res/android"
    android:orientation="horizontal"
    android:layout_width="fill_parent"
    android:layout_height="wrap_content">
<!-- add children here-->
</LinearLayout>
```

代码 2-58　LinearLayout 语法格式

在这段代码中，还设置了 android:layout_width 和 android:layout_height 属性，分别代表布局的宽度和高度，这两个属性的值可以为 fill_parent，其代表将视图扩展以填充所在容器（也就是父容器）的全部空间。还可以使用 android:gravity 属性设置布局内组件的对齐方式，其值可以为 top、buttom、left、right、center_vertical 等。设置边距布局的参数有 layout_marginBottom、layout_marginLeft、layout_marginRight 和 layout_marginTop，分别代表离某元素底边缘、左边缘、右边缘和顶边缘的距离。安卓的 Margin 和 Padding 跟 HTML 的是一样的，如图 2-48 所示。

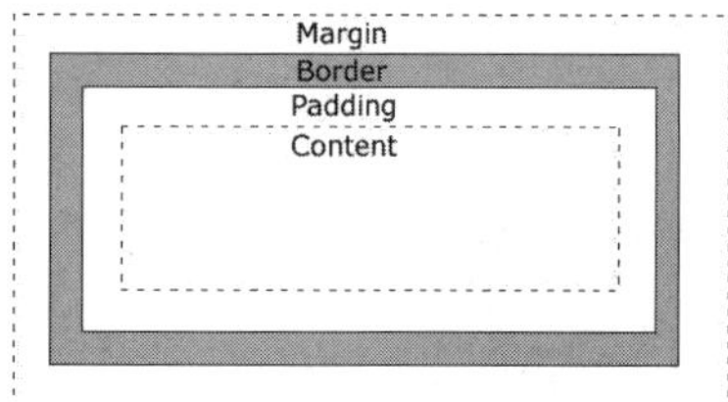

图 2-48　布局划分的参数定义

通俗地理解，Padding 为内边框，Margin 为外边框，代码 2-59 示例了如何设置一个线性布局的边框。

```
android:layout_marginBottom="25dip"
android:layout_marginLeft="10dip"
android:layout_marginTop="10dip"
android:layout_marginRight="10dip"
android:paddingLeft="1dip"
android:paddingTop="1dip"
android:paddingRight="1dip"
android:paddingBottom="1dip"
```

代码 2-59　设置 LinearLayout 边框

如果左右上下都是相同的设置，则可以按照如下代码直接设置，如代码 2-60 所示。

```
android:layout_marginBottom="25dip"
android:layout_margin="10dip"
android:padding="5dip"
```

代码 2-60　左右上下都是相同的设置

LinearLayout 所定义的界面上所有的子元素都被堆放在其元素之后，因此一个垂直列表的每一行只会有一个元素，而一个水平列表将会只有一个行高。LinearLayout 的可选属性 layout_weight，能够指定每个子控件在父级线性布局中的相对重要程度。LinearLayout 还支持为单独的子元素指定权重，这样就避免了在一个大屏幕中，一串小对象挤成一堆的情况，而是允许其放大填充空白。子元素指定一个权重值，剩余的空间就会按这些子元素指定的权重比例分配给这些子元素。默认的权重值为 0，例如，如果有三个文本框，其中两个指

定了权重值为 1，那么这两个文本框将等比例地放大，并填满剩余的空间，而第三个文本框不会放大，见图 2-49。要实现这个界面，需要下面几个步骤。

（1）在安卓项目的 src 目录下，创建显示界面的 LinearLayoutActivity 类，如代码 2-61 所示。

（2）创建布局文件 linear_layout.xml，存放在\res\layout 目录下，如代码 2-62 所示。

（3）修改 AndroidManifest.xml 文件，在其中添加 LinearLayoutActivity 的声明，如代码 2-63 所示。

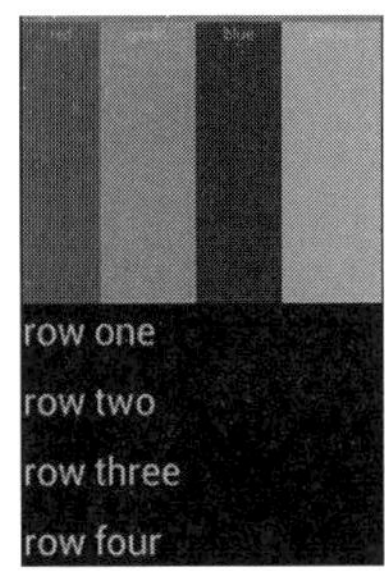

图 2-49　线性布局实例效果

```
public class LinearLayoutActivity extends 活动{
    @Override
    protected void onCreate(Bundle savedInstanceState) {
        //TODO Auto-generated method stub
        super.onCreate(savedInstanceState);
        setContentView(R.layout.linear_layout);
    }
}
```

代码 2-61　LinearLayoutActivity.java

代码 2-61 中的 setContentView(R.layout.linear_layout)表示把布局文件 linear_layout.xml 中定义的控件和排列显示在 LinearLayoutActivity 定义的活动中。

```
<?xml version="1.0" encoding="utf-8"?>
<LinearLayoutxmlns:android="http://schemas.android.com/apk/res/android"
android:layout_width="fill_parent"
android:layout_height="fill_parent"
android:orientation="vertical" >
<LinearLayout
android:layout_width="fill_parent"
android:layout_height="fill_parent"
android:layout_weight="1"
android:orientation="horizontal" >
<TextView
android:layout_width="wrap_content"
android:layout_height="fill_parent"
android:layout_weight="1"
android:background="#aa0000"
android:gravity="center_horizontal"
android:text="red" />
<TextView
android:layout_width="wrap_content"
android:layout_height="fill_parent"
android:layout_weight="1"
android:background="#00aa00"
android:gravity="center_horizontal"
android:text="green" />
```

代码 2-62　linear_layout.xml

```
<TextView
android:layout_width="wrap_content"
android:layout_height="fill_parent"
android:layout_weight="1"
android:background="#0000aa"
android:gravity="center_horizontal"
android:text="blue" />
<TextView
android:layout_width="wrap_content"
android:layout_height="fill_parent"
android:layout_weight="1"
android:background="#aaaa00"
android:gravity="center_horizontal"
android:text="yellow" />
</LinearLayout>
<LinearLayout
android:layout_width="fill_parent"
android:layout_height="fill_parent"
android:layout_weight="1"
android:orientation="vertical" >
<TextView
android:layout_width="fill_parent"
android:layout_height="wrap_content"
android:layout_weight="1"
android:text="row one"
android:textSize="15pt" />
<TextView
android:layout_width="fill_parent"
android:layout_height="wrap_content"
android:layout_weight="1"
android:text="row two"
android:textSize="15pt" />
<TextView
android:layout_width="fill_parent"
android:layout_height="wrap_content"
android:layout_weight="1"
android:text="row three"
android:textSize="15pt" />
<TextView
android:layout_width="fill_parent"
android:layout_height="wrap_content"
android:layout_weight="1"
android:text="row four"
android:textSize="15pt" />
</LinearLayout>
</LinearLayout>
```

代码 2-62 (续)

代码 2-62 中定义了三个线性布局。外层的线性布局,通过 android:orientation="vertical"定义布局内的空间按垂直方向排列。这个外层布局中有两个控件,分别是设置成水平方向和设置成垂直方向的两个线性布局,第一个线性布局中是 4 个设置成不同颜色的

TextView 控件，按水平方向排列；第二个线性布局中是 4 个设置成不同文本的 TextView，按垂直方向排列。完成布局文件的定义后，就可以在 AndroidManifest.xml 文件中添加显示这个界面的 LinearLayoutActivity，如代码 2-63 所示。

```
<?xml version="1.0" encoding="utf-8"?>
<manifest xmlns:android="http://schemas.android.com/apk/res/android"
    package="mc.sample"
android:versionCode="1"
android:versionName="1.0" >
<uses-sdkandroid:minSdkVersion="14" />
<application
android:icon="@drawable/ic_launcher"
android:label="@string/app_name" >
<activity
android:name=".LinearLayoutActivity"
android:label="@string/app_name" >
<intent-filter>
<action android:name="android.intent.action.MAIN" />
<category android:name="android.intent.category.LAUNCHER" />
</intent-filter>
</activity>
</application>
</manifest>
```

代码 2-63　LinearLayoutActivity 的声明

完成活动的声明之后，在应用程序中就可以运行定义好的 LinearLayoutActivity。

2.4.4　相对布局

相对布局允许布局中的控件根据其他控件或布局本身的相对位置来指定如何排列，因此可以使用以右对齐，或上下，或置于屏幕中央等形式来排列两个元素。布局中的控件是按顺序排列的，如果第一个元素在屏幕的中央，那么相对于这个元素的其他元素将以屏幕中央的相对位置来排列。如果使用 XML 布局文件来定义这种布局，之前被关联的元素必须定义。相对布局的相关属性见表 2-6。

表 2-6　相对布局属性

属　　性	含　　义
android:layout_above	将该控件的底部置于给定 ID 控件之上
android:layout_below	将该控件的底部置于给定 ID 控件之下
android:layout_toLeftOf	将该控件的右边缘与给定 ID 控件左边缘对齐
android:layout_toRightOf	将该控件的左边缘与给定 ID 控件右边缘对齐
android:layout_alignBaseline	将该控件的 baseline 与给定 ID 控件的 baseline 对齐
android:layout_alignTop。	将该控件的顶部边缘与给定 ID 顶部边缘对齐
android:layout_alignBottom	将该控件的底部边缘与给定 ID 底部边缘对齐

续表

属　　性	含　　义
android:layout_alignLeft	将该控件的左边缘与给定 ID 左边缘对齐
android:layout_alignRight	将该控件的右边缘与给定 ID 右边缘对齐
android:layout_alignParentTop	如果为 true,将该控件的顶部与其父控件的顶部对齐
android:layout_alignParentBottom	如果为 true,将该控件的底部与其父控件的底部对齐
android:layout_alignParentLeft	如果为 true,将该控件的左部与其父控件的左部对齐
android:layout_alignParentRight	如果为 true,将该控件的右部与其父控件的右部对齐
android:layout_centerHorizontal	如果为 true,将该控件置于水平居中
android:layout_centerVertical	如果为 true,将该控件置于垂直居中
android:layout_centerInParent	如果为 true,将该控件置于父控件的中央
android:layout_marginTop	上偏移的值
android:layout_marginBottom	下偏移的值
android:layout_marginLeft	左偏移的值
android:layout_marginRight	右偏移的值

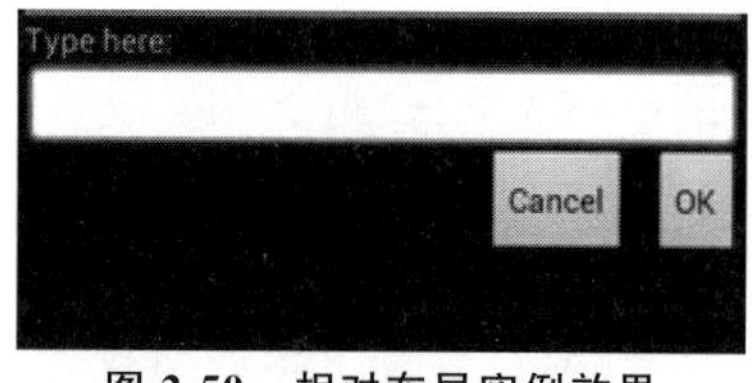

图 2-50　相对布局实例效果

图 2-50 是采用 RelativeLayout 布局显示的效果。要实现这个界面，需要下面几个步骤。

(1) 创建显示界面的 RelativeLayoutActivity 类，如代码 2-64 所示。

(2) 创建布局文件 relative_layout.xml，存放在\res\layout 目录下，如代码 2-65 所示。

(3) 修改 AndroidManifest.xml 文件，在其中添加 RelativeLayoutActivity 的声明。

```
public class RelativeLayoutActivity extends 活动{
    @Override
    protected void onCreate(Bundle savedInstanceState) {
        //TODO Auto-generated method stub
        super.onCreate(savedInstanceState);
        setContentView(R.layout.relative_layout);
    }
}
```

代码 2-64　RelativeLayoutActivity.java

```
<?xml version="1.0" encoding="utf-8"?>
<RelativeLayoutxmlns:android="http://schemas.android.com/apk/res/android"
android:layout_width="fill_parent"
android:layout_height="fill_parent" >
```

代码 2-65　relative_layout.xml

```
<TextView
android:id="@+id/label"
android:layout_width="fill_parent"
android:layout_height="wrap_content"
android:text="Type here:" />
<EditText
android:id="@+id/entry"
android:layout_width="fill_parent"
android:layout_height="wrap_content"
android:layout_below="@id/label"
android:background="@android:drawable/editbox_background" />
<Button
android:id="@+id/ok"
android:layout_width="wrap_content"
android:layout_height="wrap_content"
android:layout_alignParentRight="true"
android:layout_below="@id/entry"
android:layout_marginLeft="10dip"
android:text="OK" />
<Button
android:layout_width="wrap_content"
android:layout_height="wrap_content"
android:layout_alignTop="@id/ok"
android:layout_toLeftOf="@id/ok"
android:text="Cancel" />
</RelativeLayout>
```

代码 2-65　（续）

2.4.5　表格布局

表格布局把用户界面按表格形式划为行和列，然后把控件分配到指定的行或列中。一个表格布局由许多的 TableRow 组成，每个 TableRow 定义一行，表格布局容器不会显示行、列或单元格的边框线，如图 2-51 所示。每行可有 0 个或多个的单元格，每个单元格能容纳一个视图对象。列是可拉伸的或可伸缩的，如果是可收缩的，那么列的宽度可以被收缩以适应其父对象的表格；如果是可拉伸的，可以扩大宽度以适应任何额外的可用空间。表格允许单元格为空，但单元格不能跨列，下面是几个主要属性的介绍。

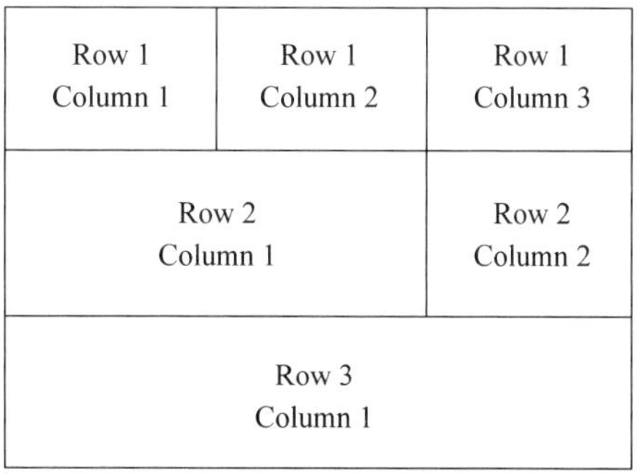

<table>
<tr><td>Row 1
Column 1</td><td>Row 1
Column 2</td><td>Row 1
Column 3</td></tr>
<tr><td colspan="2">Row 2
Column 1</td><td>Row 2
Column 2</td></tr>
<tr><td colspan="3">Row 3
Column 1</td></tr>
</table>

图 2-51　表格布局

1. android:collapseColumns

折叠列属性用于折叠或隐藏表格布局的列，这些列是表信息的一部分，但不可见。如果值为 0，则第一列显示为折叠状态，即是表格的一部分但是不可见的。

2. android:shrinkColumns

收缩列属性用于缩小或减小列的宽度，可以为此属性指定单列或以逗号分隔的列号列表，指定列中的内容自动换行以减小其宽度。如果值为 0，则第一列的宽度会通过自动换行其内容而缩小或减小；如果值为 0，1，则第一列和第二列都通过自动换行其内容来缩小或减小；如果值为"*"，则所有列的内容都被自动换行以缩小它们的宽度。

3. android:stretchColumns

拉伸列属性在表格布局中用于更改列的默认宽度，该宽度设置为等于最宽列的宽度，但也可以使用此属性拉伸列以占用可用空间。分配给此属性的值可以是单个列号或以逗号分隔的列号列表，例如，1，2，3，…，n；如果值为 1，则第二列被拉伸以占用行中的任何可用空间，因为列号从 0 开始；如果值为 0，1，则表的第一列和第二列都被拉伸以占用行中的可用空间；如果值为"*"，则所有列都被拉伸以占用可用空间。

要实现如图 2-52 所示界面，需要下面几个步骤。

（1）创建显示界面的 TableLayoutActivity 类（可下载实例代码）。

（2）创建布局文件 table_layout.xml，存放在\res\layout 目录下，如代码 2-66 所示。

（3）修改 AndroidManifest.xml 文件，在其中添加 TableLayoutActivity 的声明。

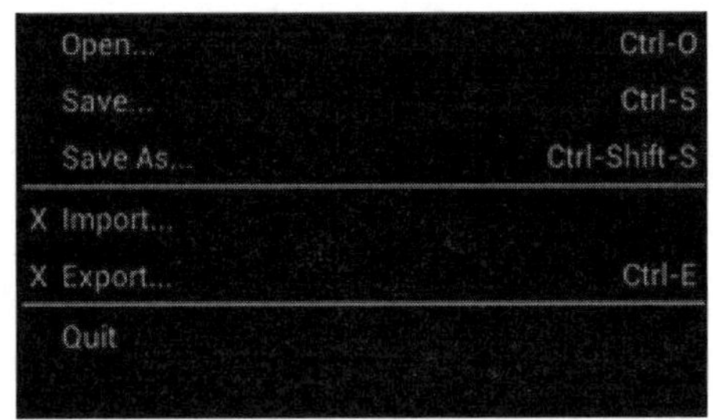

图 2-52　表格布局实例效果

```
<?xml version="1.0" encoding="utf-8"?>
<TableLayoutxmlns:android="http://schemas.android.com/apk/res/android"
android:layout_width="fill_parent"
android:layout_height="fill_parent"
android:stretchColumns="1" >
<TableRow>
<TextView
android:layout_column="1"
android:padding="3dip"
android:text="Open..." />
<TextView
android:gravity="right"
android:padding="3dip"
android:text="Ctrl-O" />
</TableRow>
```

代码 2-66　table_layout.xml

```
<TableRow>
<TextView
android:layout_column="1"
android:padding="3dip"
android:text="Save..." />
<TextView
android:gravity="right"
android:padding="3dip"
android:text="Ctrl-S" />
</TableRow>
<TableRow>
<TextView
android:layout_column="1"
android:padding="3dip"
android:text="Save As..." />
<TextView
android:gravity="right"
android:padding="3dip"
android:text="Ctrl-Shift-S" />
</TableRow>
<View
android:layout_height="2dip"
android:background="#FF909090" />
<TableRow>
<TextView
android:padding="3dip"
android:text="X" />
<TextView
android:padding="3dip"
android:text="Import..." />
</TableRow>
<TableRow>
<TextView
android:padding="3dip"
android:text="X" />
<TextView
android:padding="3dip"
android:text="Export..." />
<TextView
android:gravity="right"
android:padding="3dip"
android:text="Ctrl-E" />
</TableRow>
<View
android:layout_height="2dip"
android:background="#FF909090" />
<TableRow>
<TextView
android:layout_column="1"
android:padding="3dip"
android:text="Quit" />
</TableRow>
</TableLayout>
```

代码 2-66 （续）

2.5 理解样式

样式是用于指定视图或窗口的外观和格式的一系列属性集合，可以指定控件或布局的高度、内边框、字体颜色、字体大小、背景颜色等属性。安卓中的样式与网页设计中的层叠样式表有着相似的原理，就是允许设计从内容中分离出来，例如使用一个样式，可以将代码 2-67 简化为代码 2-68。

```
<TextView
    android:layout_width="fill_parent"
    android:layout_height="wrap_content"
    android:textColor="#00FF00"
    android:typeface="monospace"
    android:text="@string/hello" />
```

代码 2-67　设置样式

```
<TextView
    style="@style/CodeFont"
    android:text="@string/hello" />
```

代码 2-68　简化样式

将所有与样式相关的属性从 XML 布局中移出，放到一个名为 CodeFont 的样式定义中，通过样式属性应用。主题是一个应用于整个活动或应用中，而不是某一个单独的视图。当一个样式被作为主题来应用时，则这个样式对活动或应用中的每个视图都有效，例如，把 CodeFont 样式作为主题应用于一个活动，那么这个活动中所有文本都将是绿色等宽字体。

2.5.1　定义样式

如果要创建一套样式，需要在项目的 res\values\目录下创建一个 XML 文件，来定义样式。定义样式的 XML 文件名称任意指定，但必须使用.xml 作为后缀，保存在 res\values\文件夹中，而且文件中的根结点必须是<resources>。<resources>结点下由 style 子元素定义样式的具体配置，其 name 属性为所创建样式的唯一标识。style 元素下可以有多个<item>子元素，用定义视图各属性的配置。<item>元素包含一个 name 属性和一个对应值，说明这一项设定哪个视图的属性的样式。<item>元素本身的值可以是一个关键字符串、十六进制颜色或另一个资源类型的引用或其他值，是属性的样式值。代码 2-69 是 CodeFont 的样式定义，可以看出样式定义 XML 文件的结构和语法。

```
<?xml version="1.0" encoding="utf-8"?>
<resources>
    <style name="CodeFont" parent="@android:style/TextAppearance.Medium">
    <item name="android:layout_width">fill_parent</item>
    <item name="android:layout_height">wrap_content</item>
```

代码 2-69　style_sample.xml

```
    <item name="android:textColor">#00FF00</item>
    <item name="android:typeface">monospace</item>
    </style>
</resources>
```

代码 2-69　(续)

每个<resources>元素的子结点在编译时都被转换为一个应用程序资源对象，可通过<style>元素的 name 属性的值来引用，例如前面代码中的样式，通过 style="@style/CodeFont"语句来引用。在<style>元素中的 parent 属性是可选的，能够从指定的样式中继承所有属性。通过这种途径从一个现有的样式中继承属性后，可以根据需求改变或添加的属性，从而创建新的样式。例如，如代码 2-70 所示的样式定义是从安卓平台默认文本外观样式继承，修改了一下文本的颜色。

```
<style name="GreenText" parent="@android:style/TextAppearance">
    <item name="android:textColor">#00FF00</item>
</style>
```

代码 2-70　默认文本外观样式继承

如果要继承的是自定义的样式，就不必使用 parent 属性，而使用"."把原有的样式和新样式名连接起来。例如，代码 2-71 创建了一个新样式，其继承前面定义的 CodeFont，但把颜色改为红色。

```
<style name="CodeFont.Red">
    <item name="android:textColor">#FF0000</item>
</style>
```

代码 2-71　颜色改为红色

这里没有使用 parent 属性，name 属性以 CodeFont 起始，使用"."连接了后面的新样式名称，这个新样式可以通过@style/CodeFont.Red 来引用。样式的继承可以有多重，例如，代码 2-72 从 CodeFont 和 CodeFont.Red 样式中同时继承，然后添加 **android**：textSize 属性。

```
<style name="CodeFont.Red.Big">
    <item name="android:textSize">30sp</item>
</style>
```

代码 2-72　添加 android：textSize 属性

这种技巧仅适用于将自定义的资源链接起来，不能用这种方式继承安卓内置的样式，要引用一个安卓的内置样式，必须使用"parent"属性。

2.5.2　使用样式

定义一个样式之后，如果对一个视图应用了这个样式，而这个视图并不支持此样式中设定的某些属性，那么此视图将应用那些其支持的属性，并简单地忽略那些不支持的属性。在活动或应用程序中有以下两种方式来使用样式。

（1）对一个独立的视图，在布局文件 XML 中将样式属性添加到此视图元素中。

（2）对一个活动或应用，在 AndroidManifest.xml 文件中将 android:theme 属性添加到<activity>或<application>元素中。

如果将一个样式应用到布局中一个单独的视图上时，此样式定义的属性会仅应用于那个视图；如果一个样式应用到一个视图组上，其子视图元素并不会继承应用此样式属性，只有直接设置其子元素此样式才会起作用，但是通过第二种方式，将样式作为主题来应用的方式，将会把这个样式应用到此活动或<application>的所有视图元素上。下面是在 XML 布局中为视图设置样式的简单语法。

```
<TextView
    style="@style/CodeFont"
    android:text="@string/hello" />
```

代码 2-73　样式的简单语法

如果需要对应用程序中所有活动设置一个主题，则打开 AndroidManifest.xml 文件并编辑<application>标签，使之包含 android:theme 属性和样式名称，具体设置代码如下。

```
<application android:theme="@style/CustomTheme">
```

代码 2-74　包含 android:theme 属性和样式名称

如果希望主题仅应用到应用程序中的某个活动中，那么就将 **android**:theme 属性添加到<activity>标签里。

2.6　理解资源

安卓应用程序不仅包括逻辑代码，还包括资源文件，例如，字符、图片、布局和语言支持等。安卓系统对于资源的管理使用了一种将资源外部化的模式，使得应用程序可以在代码编译时，只是使用资源的引用，在代码编译后修改资源包含的内容也不会影响程序的逻辑，从而保持程序逻辑和资源的各自独立。对于外部资源，可以通过提供替代资源的方式，支持不同的语言或屏幕大小。随着越来越多不同配置的安卓设备出现，这种模式，对于安卓程序运行于复杂多变的环境尤其重要。

安卓的资源以文件形式，在项目的 res\目录下进行统一管理。为了提供具有不同配置的兼容性，必须在项目的 res\目录中组织资源，在其不同子目录中存放不同的资源类型和配置。对于任何类型的资源，都可以指定默认情况下使用的资源和多个替代资源。使用默认资源的条件是指可以支持任何配置的安卓设备或当前的配置没有替代资源匹配，图 2-53 中的界面只设计有一种布局应用到两种设备，界面显示不能适应变化；而替代的资源是为特定设备配置设计的，图 2-54 中的界面为横向的屏幕设置了替代布局，对于大屏幕的设备可以合理地规划界面显示。通过资源文件目录名，安卓系统会自动应用相应的资源文件，匹配设备当前的配置。

对于 res\目录下的资源，应用程序可以通过引用资源 ID 来调用，具体的资源 ID 能够从

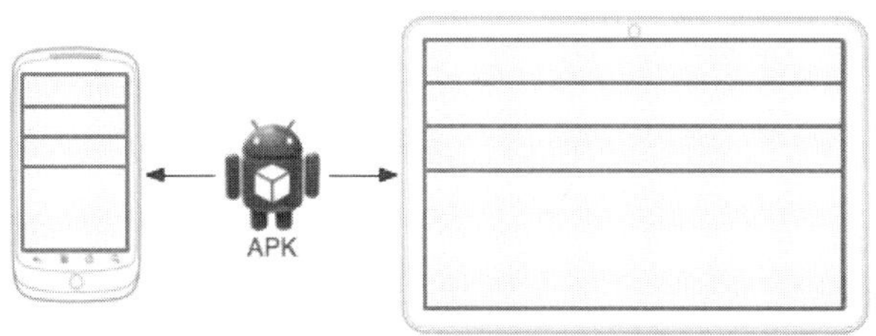

图 2-53　布局设计之一

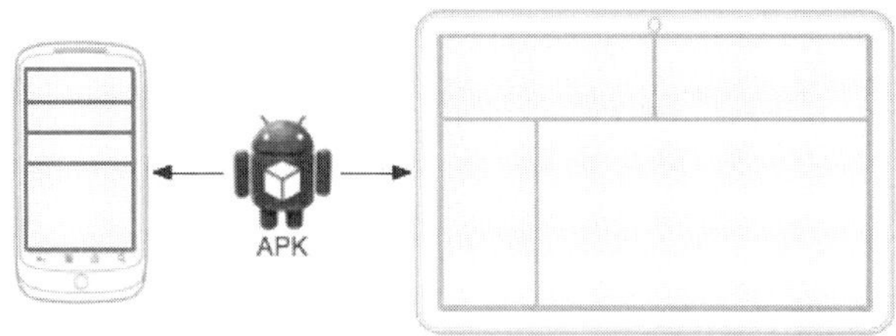

图 2-54　布局设计之二

R.java 中查到。对于每一种资源类型都有一个 R 的子类对应着，例如，R.drawable 中包含着所有 drawable 资源，并且对每个特定类型的所有资源都有一个静态的整型数值一一对应，如 R.drawable.icon。这个整型数值就是这个特定资源的 ID，通过其能获取对应的资源。一个资源的 ID 一般的组成如下。

（1）资源类型。每种资源都会被分组到一种特定的资源类型，例如 string、drawable 和 layout 等，还有更多的资源类型，如 raw、color 等。

（2）资源名。同时也是文件名，不包括拓展名；或者是 XML 中 **android**：name 属性的值，条件是这个资源是一个简单的值，如一个字符串。

2.6.1　提供资源

res\的子目录中包含所有资源，资源目录名是很重要的，表 2-7 列出了资源目录和具体资源类型的对照。

表 2-7　资源目录名

目录	资源类型
animator\	存放定义属性动画的 XML 文件
anim\	存放定义补间动画的 XML 文件
color\	存放定义颜色值的 XML 文件
drawable\	存放位图文件(.png、.jpg、.gif、.png)，或者是被编译成可描画资源类型的 XML 文件
layout\	存放定义用户界面布局的 XML 文件
menu\	存放定义应用程序菜单的 XML 文件，如选项菜单、上下文菜单或子菜单
raw\	存放任意原生格式的文件
values\	存放包含简单值的 XML 文件，如字符串、整数以及颜色等

续表

目录	资源类型
xml\	放在这个目录下的任意 XML 文件，都可在运行时通过调用 Resources.getXML()方法来读取

值得注意的是，不能把资源文件直接保存在 res\目录中，这样会导致编译错误。保存在表 2-7 中所定义子目录中的资源是默认资源，就是说这些资源定义了安卓应用程序用户界面的默认设计和内容。但是对于同一个应用程序来说，可以根据安卓设备的不同特性和设置预先定义不同类型的资源，以方便应用程序的用户界面切合运行时的硬件设备。例如，可以针对竖屏和横屏设定不同的布局资源文件，以满足屏幕切换的需要；或者也可以针对不同的语言，提供不同的字符串资源，使得在用户界面上显示与设备语言相匹配的文字。要给不同的设备配置提供这些不同的资源，除了默认的资源以外，还要提供可选的替代资源。

2.6.2 访问资源

安卓应用程序引用某个资源时，有以下两种方法。

(1) 在 Java 应用程序代码中直接调用，通过调用 Resources 类中的方法来获取某一特定的资源，通过 getResources()方法得到 Resources 类的一个实例，在应用程序代码中引用资源的语法如下。

```
[<package_name>.]R.<resource_type>.<resource_name>
```

代码 2-75 引用资源的语法

其中，<package_name>指资源所在的包名，如果资源文件在项目本身的包内时，该字段不需要填写。<resource_type>指 R 类下对应一种特定资源类型的子类，如 R.String。<resource_name>可以是不包含文件扩展名的资源文件名或者 XML 元素中 android:name 属性的值。例如，Java 应用程序中的语句"R.drawable.my_background_image"调用了资源类型为 drawable，资源名为 my_background_image 的安卓资源，实际上就是引用了安卓定义好的图片资源。

```
//使用 drawable 类型的图片资源给当前屏幕加载背景
getWindow().setBackgroundDrawableResource(R.drawable.my_background_image) ;
//使用 Layout 类型的布局资源作为当前屏幕的布局
setContentView(R.layout.main_screen);
```

代码 2-76 引用了安卓定义好的图片资源

(2) 在 XML 中调用，通过特殊的 XML 语法引用 R.class 文件中的相关资源 ID，在 XML 资源文件中引用资源的语法如下。

```
@[<package_name>:]<resource_type>/<resource_name>
```

代码 2-77 在 XML 资源文件中引用资源的语法

语句中各标记的含义同上。例如，XML 布局文件中的语句"@color/opaque_red"和"@string/

hello"调用了资源类型分别为 Color 和 String，资源名分别为 opaque_red 和 hello 的安卓资源。

```
//使用 Color 资源类型的 opaque_red 的颜色资源作为文本颜色
android:textColor="@color/opaque_red"
//使用 String 资源类型的 hello 的字符串作为文本显示的内容
android:text="@string/hello" />
```

代码 2-78　调用资源类型分别为 Color 和 String

上面的语句中的资源定义都在本项目中，这种情况不需要说明包，如果要引用安卓系统定义的资源则需要包含包名，例如：

```
<?xml version="1.0" encoding="utf-8"?>
<EditTextxmlns:android="http://schemas.android.com/apk/res/android"
android:layout_width="fill_parent"
android:layout_height="fill_parent"
android:textColor="@android:color/secondary_text_dark"
android:text="@string/hello"/>
```

代码 2-79　引用安卓系统定义的资源

应该在任何时候都使用字符串资源，以便应用程序能够针对其他语言进行本地化。可以在任何需要使用自己提供的资源的地方，通过这两种语法来调用。在安卓系统中，不仅资源本身可以被引用，在定义样式时也可以引用样式属性。引用样式属性的语法与普通的资源格式几乎是等同的，但是使用问号"?"取代符号"@"，资源类型部分是可选的，语法格式如下。

```
?[<package_name>:][<resource_type>/]<resource_name>
```

代码 2-80　引用样式属性

下面的例子是引用安卓设定的一个样式属性 textColorSecondary 来设置布局中 TextView 的文本颜色，使得其匹配系统主题的主文本的颜色，这里不需要说明样式属性的资源类型。

```
<EditText id="text"
android:layout_width="fill_parent"
android:layout_height="wrap_content"
android:textColor="?android:textColorSecondary"
android:text="@string/hello_world" />
```

代码 2-81　设定一个样式属性 textColorSecondary

安卓中包含很多标准的资源，如样式、主题、布局等，要调用这些资源需要通过安卓包名来限定这些资源。

小　　结

本章主要介绍了活动和片段的概念和生命周期，以及如何使用活动和片段类创建用户界面。活动是安卓的四大基本组件之一，通过活动用户可以与移动终端进行交互。活动的生命周期中有 Active/Running、Paused、Stopped 和 Killed 四种状态。本章还着重介绍了布局的概念和分类。活动中的具体图形控件由安卓定义的 View 类和 ViewGroup 类的子类对象组成，这些对象在活动中的排列结构，称为用户界面的布局。本章介绍了四种基本的布局对象：约束布局、线性布局、相对布局和表格布局。安卓的用户界面布局是在 XML 文件中的静态记载，也可以在安卓的 Java 程序中动态加载，针对每一种基础布局，使用具体的代码实现说明了如何在用户界面中使用这些布局，还介绍了如何使用安卓项目中的样式和资源的概念。

第 3 章 外观与感觉

3.1 事件处理

由于安卓应用使用 Java 程序编写，在应用程序运行中，用户对移动终端键盘、屏幕和位置的操作都转化成事件对象，安卓系统通过对这些事件的捕获，执行相应的处理代码，实现与用户的交互，完成预定的功能。这个过程就是安卓的事件处理。安卓的事件处理机制有两种：基于监听接口和基于回调机制。这两种机制的原理和实现方法都有所不同。安卓的基于监听接口的事件处理机制，完全采用了 Java 的事件处理机制。

3.1.1 基于监听接口

安卓的事件处理机制是一种委派式事件处理方式，如图 3-1 所示。普通组件作为事件源将整个事件处理委托给特定的对象，即事件监听器：当该事件源发生指定的事件时，就通知所委托的事件监听器，由事件监听器来处理这个事件。每个组件均可以针对特定的事件指定一个事件监听器，每个事件监听器也可监听一个或多个事件源，因为同一个事件源上可能发生多种事件，委派式事件处理方式可以把事件源上所有可能发生的事件分别授权给不同的事件监听器来处理，同时也可以让一类事件都使用同一个事件监听器来处理。在事件处理的过程中主要涉及三个主要部分：事件源、事件和事件监听器。

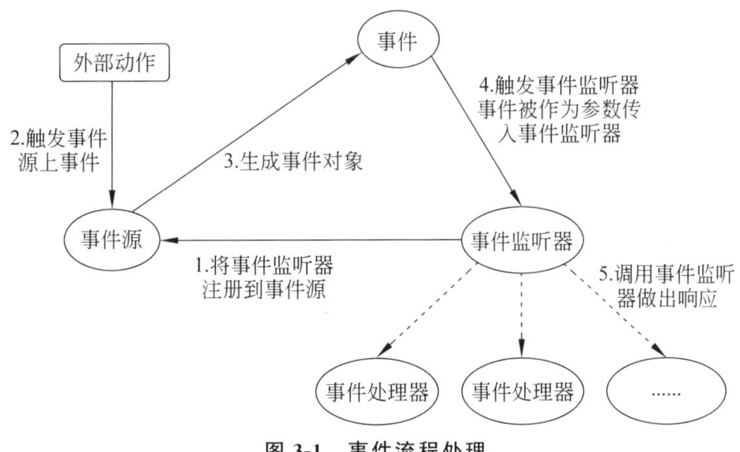

图 3-1 事件流程处理

(1) 事件源(Source)：事件源，是指触摸屏、键盘或位置传感器操作针对的控件或容器。事件发生时，也就是出现某个控件被触摸操作或移动终端位置移动，这个控件也就是事件源类负责发送事件发生的通知，并通过事件源查找自己的事件监听者队列，并将事件信息通知队列中的监听者来完成，同时事件源还在得到有关监听者信息时负责维护自己的监听者队列。

(2) 事件(Event)：事件是指对组件或容器的触摸屏、键盘或位置的一个操作用类描述，例如，键盘事件类描述键盘事件的所有信息：键按下、释放、双击、组合键以及键码等相关键的信息。

(3) 事件监听器(Listener)：安卓的事件处理由事件监听器类和事件监听器接口来实现。事件发生后，事件源将相关的信息通知对应的监听器，事件源和监听器之间通过监听器接口完成这类信息交换。事件监听器类就是事件监听器接口的具体实现，事件发生后该主体负责进行相关的事件处理，同时还负责通知相关的事件源，自己关注它的特定事件，以便事件源在事件发生时能够通知该主体。

外部的操作，例如，按下按键、触摸屏幕、单击按钮或转动移动终端等动作，会触发事件源上的事件，对于单击按钮的操作来说事件源就是按钮，会根据这个操作生成一个按钮按下的事件对象，这对于系统来说就产生了一个事件。事件的产生会触发事件监听器，事件本身作为参数传入到事件处理器中。事件监听器是通过代码在程序初始化时注册到事件源的，也就是说，在按钮上设置一个可以监听按钮操作的监听器，并且通过这个监听器调用事件处理器，事件处理器针对这个事件所编写的代码，例如弹出一条信息，下面的示例讲解简单的事件处理模型。

```
<?xml version="1.0" encoding="utf-8"?>
<LinearLayoutxmlns:android="http://schemas.android.com/apk/res/android"
android:layout_width="match_parent"
android:layout_height="match_parent"
android:gravity="center_horizontal"
android:orientation="vertical">

<EditText
android:id="@+id/txt"
android:layout_width="match_parent"
android:layout_height="wrap_content"
android:cursorVisible="false"
android:textSize="12pt" />

<Button
android:id="@+id/bn"
android:layout_width="wrap_content"
android:layout_height="wrap_content"
android:text="单击" />
</LinearLayout>
```

代码 3-1　按钮将作为事件源

上面的程序定义的按钮将作为事件源（如代码 3-1 所示），接下来程序将会为该按钮绑定一个事件监听器，监听器类必须由开发者来实现。

```
import androidx.appcompat.app.AppCompatActivity;
import android.os.Bundle;
```

代码 3-2　为该按钮绑定一个事件监听器

```
import android.view.View;
import android.widget.Button;
import android.widget.EditText;

public class MainActivity extends AppCompatActivity {
    @Override
    protected void onCreate(Bundle savedInstanceState) {
        super.onCreate(savedInstanceState);
        setContentView(R.layout.activity_main);
        Button bn = (Button) findViewById(R.id.bn);
        bn.setOnClickListener(new MyClickListener());
    }
    class MyClickListener implements View.OnClickListener {
        @Override
        public void onClick(View v) {
            EditText txt = (EditText) findViewById(R.id.txt);
            txt.setText("按钮被单击");
        }
    }
}
```

代码 3-2　（续）

上面程序中的代码定义了一个 View.OnClickListener 实现类，这个实现类将会作为事件监听器使用。程序为按钮注册事件监听器，当按钮被单击时该处理器被触发。从上面的程序可以看出，基于监听器的事件处理模型的编程步骤如下。

（1）获取普通界面组件（事件源），也就是被监听的对象。

（2）实现事件监听器类，该监听器类是一个特殊的类，必须实现 XxxListener 接口。

（3）调用事件源的 setXxxListener()方法将事件监听器对象注册给普通组件（事件源）。

当事件源上发生指定事件时，安卓会触发事件监听器，由事件监听器调用相应的方法（事件处理器）来处理事件。将代码 3-2 与图 3-1 结合起来看，事件源就是程序中的按钮，其实开发者不需要太多的额外处理，应用程序中任何组件都可作为事件源；事件监听器是程序中的 MyClickListener 类，监听器类必须由程序员负责实现，实现监听器类的关键就是实现处理器方法；注册监听器就是调用事件源的 setXxxListener(XxxListener)。所谓事件监听器，其实就是实现了特定接口类的实例，在程序中实现事件监听器，通常有以下几种形式。

（1）内部类形式：将事件监听器类定义成当前类的内部类。

（2）外部类形式：将事件监听器类定义成一个外部类。

（3）活动本身作为事件监听器类：让活动本身实现监听器接口，并实现事件处理方法。

（4）匿名内部类形式：使用匿名内部类创建事件监听器对象，是目前使用最广泛的事件监听器形式。

（5）直接绑定到布局标签：直接在界面布局文件中为指定标签绑定事件处理方法。

对于很多安卓界面组件标签而言都支持 onClick 属性，该属性的属性值就是一个方法名，定义了单击控件要执行的操作，示例如下。

```
<?xml version="1.0" encoding="utf-8"?>
<LinearLayoutxmlns:android="http://schemas.android.com/apk/res/android"
xmlns:tools="http://schemas.android.com/tools"
android:layout_width="match_parent"
android:layout_height="match_parent"
android:gravity="center_horizontal"
android:orientation="vertical">

<EditText
android:id="@+id/txt"
android:layout_width="match_parent"
android:layout_height="wrap_content"
android:cursorVisible="false"
android:textSize="12pt"/>

<Button
android:id="@+id/bn"
android:layout_width="wrap_content"
android:layout_height="wrap_content"
android:text="单击"
android:onClick="clickHandler"/>
</LinearLayout>
```

代码 3-3　onClick 属性

代码 3-3 在界面布局文件中为按钮绑定一个事件处理方法 clickHanlder()，这就意味着开发者需要在该界面布局对应的活动中定义一个 clickHandler()方法，该方法将会负责处理该按钮上的单击事件，对应的 Java 代码如下。

```
import androidx.appcompat.app.AppCompatActivity;

import android.os.Bundle;
import android.view.View;
import android.widget.EditText;
public class MainActivity extends AppCompatActivity {
    @Override
    protected void onCreate(Bundle savedInstanceState) {
        super.onCreate(savedInstanceState);
        setContentView(R.layout.activity_main);
    }
    public void clickHandler(View source) {
        EditText show = (EditText) findViewById(R.id.txt);
        show.setText("按钮被单击");
    }
}
```

代码 3-4　clickHandler()方法

在安卓的开发中，对于单击事件的 OnClickListener 有下面三种实现方式，可以根据实际场景的需要选择合适的用法，下面以按钮来举例说明。

方法一：使用匿名类定义，代码如下。

```
Button bt_Demo = (Button)findViewById(R.id.bt_Demo);
bt_Demo.setOnClickListener(new OnClickListener() {
    @Override
    public void onClick(View v) {
        //具体单击操作的逻辑
    }
});
```

代码 3-5　使用匿名类定义

方法二：使用外部类定义，代码如下。

```
Button bt_Demo = (Button)findViewById(R.id.bt_Demo);
bt_Demo.setOnClickListener(new ButtonListener());
private class ButtonListener implements OnClickListener{
    @Override
    public void onClick(View arg0) {
        //TODO Auto-generated method stub
        switch(arg0.getId()){
            case R.id.btn_Demo:
                //具体单击操作的逻辑
                break;
            default:
                break;
        }
    }
}
```

代码 3-6　使用外部类定义

方法三：在活动中实现 OnClickListener 接口，代码如下。

```
public class MyActivity extends Activity implements OnClickListener {
    @Override
    public void onCreate(Bundle savedInstanceState) {
        super.onCreate(savedInstanceState);
        setContentView(R.layout.main);
        //按钮
        Button btn_Demo = (Button)findViewById(R.id.bt_Demo);
        bt_Demo.setOnClickListener(this);
    }
    @Override
    public void onClick(View v) {
        switch(v.getId()){
            case R.id.btn_Demo:
                //具体单击操作的逻辑
                break;
            default:
                break;
        }
    }
}
```

代码 3-7　在活动中实现 OnClickListener 接口

3.1.2 基于回调机制

安卓的另一种事件处理机制是回调机制。通常情况下，程序员写程序时需要使用系统工具类提供的方法来完成某种功能，但是某种情况下系统会反过来调用一些类的方法。例如，对于用作组件或插件的类则需要编写一些供系统调用的方法，这些专门用于被系统调用的方法被称为回调方法，也就是回过来系统调用的方法。

安卓平台中，每个视图都有自己的处理事件的回调方法，开发人员可以通过重写视图中的这些回调方法来实现需要的响应事件。当某个事件没有被任何一个视图处理时，便会调用活动中相应的回调方法。例如，有一个按钮按下的事件发生了，但编码过程中这个按钮并没有对这个事件做任何处理，所在的活动中的任何组件也并没有对这个事件做任何处理，这时系统会调用活动相应的回调方法 onKeyDown()。回调机制实质上就是将事件的处理绑定在组件上，由界面组件自己处理事件，回调机制需要自定义视图来实现，自定义视图重写事件处理方法就可以了，例如，活动和片段的生命周期中的各种状态发生变化时，调用的 onResume()等方法也是回调方法。

3.2 按钮控件

安卓提供的按钮控件有很多种，包括基本的 Button、ImageButton、ToggleButton、CheckBox 和 RadioButton 都是按钮的类型。Button 类控件继承自 TextView，因此也具有 TextView 的宽和高设置、文字显示等一些基本属性。Button 类控件在应用程序中的定义，与其他图形控件一样，一般都在布局文件中进行定义、设置和布局设计。setText()和 getText()是 Button 类控件最常用的方法，用于设置和获取 Button 显示的文本。Button 类控件一般会与单击事件联系在一起。对于基本的 Button，可以采用两种方式处理单击事件。一种使用 Button 的 setOnClickListener()方法为其设置 OnClickListener，把具体的事件处理代码写在 onClick(View v)方法中；另一种在 XML 布局文件中，使用 android:OnClick 属性为 Button 指定单击事件发生时执行的方法。如果在 XML 布局文件中，使用 android:OnClick 属性指定了单击事件的回调方法，这个方法在 Java 应用程序中必须是 public 的，而且只有一个 View 类型的参数。在按钮类控件的使用过程中，属性设置和事件处理稍有不同，下面具体说明各按钮类控件如何对事件进行处理。在具体调试运行过程中，创建资源文件和活动的具体步骤与前面例子相同，请参考其编写完整的代码，运行查看效果。

3.2.1 按钮

按钮控件可以有文本或者图标，也可以文本和图标同时存在(如图 3-2 所示)，当用户触摸时就会触发事件。

Alarm　⏰　⏰ Alarm

图 3-2 各种按钮

根据按钮控件的组成方式，创建按钮控件有如下三种方式。

(1) 如果由文本组成，使用 Button 类创建，如下。

```
<Button
android:id="@+id/ccbtn1"
android:layout_width="wrap_content"
android:layout_height="wrap_content"
android:text="Basic Button" />
```

代码 3-8　由文本组成，使用 Button 类创建

（2）如果由图标组成，使用 ImageButton 类创建，显示一个带有可以单击图像的按钮。默认情况下，ImageButton 看起来像一个常规的 Button，具有在不同按钮状态期间更改颜色的标准按钮背景。按钮表面上的图像由 XML 元素＜ImageButton＞中的 android:src 属性或 ImageView.setImageResource(int)方法定义。要删除标准按钮背景图像，可定义自己的背景图像或将背景颜色设置为透明，要指示不同的按钮状态，如聚焦、选中等，可以为每个状态定义不同的图像。例如，默认为红色图像，聚焦时为橙色，按下时为蓝色。一个简单的方法是使用 XML 绘制选择器，代码如下。

```
<?xml version="1.0" encoding="utf-8"?>
<selector xmlns:android="http://schemas.android.com/apk/res/android">
<item android:drawable="@drawable/button_pressed" android:state_pressed=
"true" /><!-- pressed -->
<item android:drawable="@drawable/button_normal" /><!-- default -->
</selector>
```

代码 3-9　由图标组成，使用 ImageButton 类创建

StateListDrawable 是一个 Drawable 对象，使用不同的图像来表示同一对象，具体取决于对象所处的状态。例如，按钮可以以多种状态之一存在（按下、聚焦、悬停或不存在），可以为每个状态提供不同的背景图像。在 XML 文件中描述状态列表。每个图形都由＜selector＞元素中的一个＜item＞元素表示，每个＜item＞都使用一个“state_属性”来指示使用图形的情况。在每次状态变化期间，都会从上到下遍历状态列表，使用与当前状态匹配的第一项，这意味着选择不是基于最佳匹配，而仅仅是满足状态最低标准的第一项。代码 3-9 中的状态列表定义了按钮当处于不同状态时显示的图像，当按钮按下时即当 state_pressed＝"true"时，显示一个名为 button_pressed 的图像；当按钮处于初始状态时显示一个名为 button_normal 的图像。会根据按钮的状态和 XML 中定义的相应图像自动更改图像。元素的＜item＞顺序很重要，因为是按顺序计算的，这就是为什么 button_normal 按钮图像最后出现的原因，因为只会在 android:state_pressed 并且 android:state_focused 都被评估为 false 之后应用。

```
<ImageButton
android:id="@+id/ccbtn2"
android:layout_width="80dp"
android:layout_height="45dp"
android:layout_centerInParent="true"
android:background="@drawable/imagebuttonselector" />
```

代码 3-10　在 android:background 属性中引用

将 XML 文件保存在项目 res\drawable\文件夹中，然后将其作为 ImageButton 源的可绘制对象引用，放在 android:background 属性中(如代码 3-10 所示)。

(3) 如果文本和图标都有，使用 Button 类的 android:drawableLeft 属性，代码如下。

```
<Button
    android:layout_width="wrap_content"
    android:layout_height="wrap_content"
    android:text="@string/button_text"
    android:drawableLeft="@drawable/button_icon"
     ... />
```

代码 3-11 使用 Button 类的 android:drawableLeft 属性

除了按钮上的文本和图标，按钮的外观(如背景图像和字体)可能会因为设备或者安卓版本的不同而有所不同，随着安卓版本的升级，其界面的样式也发生变化，而厂家也会定制输入控件的默认样式。如果要控制控件使用适用于整个应用程序的样式，例如，要确保所有运行安卓 4.0 甚至更高版本的设备在应用程序中使用 Holo 主题，需要在 AndroidManifest.xml 文件中声明 android:theme="@android:style/Theme.Holo"。在 XML 布局文件中，可以使用 Button 的一些属性来定义按钮的外观。定制不同的背景，可以指定<android:background>属性为绘图或颜色，也可以是自定义的背景。其他的属性，例如字体、大小、边框等，可以参照 TextView 和 View 的 XML 属性。下面是一个简单的例子，使用了一种无边框按钮。无边框按钮与基本按钮相似，但是无边框按钮没有边框或背景，但在不同状态如单击时会改变外观。如需创建无边框按钮，对按钮应用 borderlessButtonStyle 样式，如代码 3-12 所示。

```
<Button
    android:id="@+id/button_send"
    android:layout_width="wrap_content"
    android:layout_height="wrap_content"
    android:text="@string/button_send"
    android:onClick="sendMessage"
        style="?android:attr/borderlessButtonStyle" />
```

代码 3-12 按钮外观设置

3.2.2 单选按钮

单选按钮就是 RadioButton(如图 3-3 所示)，在安卓开发中应用非常广泛。RadioButton 的外形是单个圆形的单选框，具有选择或不选择两种状态。在 RadioButton 没有被选中时，用户能够单击选中它。与复选框不同的是，用户一旦选中它就不能够取消。

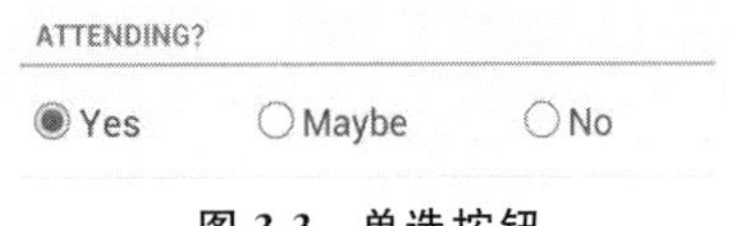

图 3-3 单选按钮

一般来说，实现单选按钮需要由 RadioButton 和 RadioGroup 配合使用。RadioGroup 是单选组合框，可以容纳多个 RadioButton 的容器。在没有 RadioGroup 的情况下，RadioButton 可以全部都选中；当多个 RadioButton 被 RadioGroup 包含的情况下，RadioButton 只可以选择一个。RadioButton的事件处理,可以使用setOnCheckedChangeListener()方法注册单选按钮的监听器,也可以采用在XML布局文件中指定处理方法的方式。下面这个例子,在XML布局文件中定义了一个具有四个RadioButton的RadioGroup,一个文本显示框TextView控件和一个按钮Button控件,见代码3-13。当一个RadioButton被选中时,在TextView控件中显示选择项的文本,如果单击按钮,将清除选中的项目。

```
<?xml version="1.0" encoding="utf-8"?>
<LinearLayoutxmlns:android="http://schemas.android.com/apk/res/android"
android:layout_width="match_parent"
android:layout_height="match_parent"
android:orientation="vertical" >

<RadioGroup
android:id="@+id/menu"
android:layout_width="match_parent"
android:layout_height="wrap_content"
android:checkedButton="@+id/lunch"
android:orientation="vertical" >

<RadioButton
android:id="@+id/breakfast"
android:text="@string/radio_group_1_breakfast" />

<RadioButton
android:id="@id/lunch"
android:text="@string/radio_group_1_lunch" />

<RadioButton
android:id="@+id/dinner"
android:text="@string/radio_group_1_dinner" />

<RadioButton
android:id="@+id/all"
android:text="@string/radio_group_1_all" />

<TextView
android:id="@+id/choice"
android:text="@string/radio_group_1_selection" />
</RadioGroup>

<Button
android:id="@+id/clear"
android:layout_width="wrap_content"
android:layout_height="wrap_content"
android:text="@string/radio_group_1_clear" />

</LinearLayout>
```

代码3-13 radiobutton_layout.xml

在这个例子中没有指定事件处理的方法,因此在Java应用程序中,采用控件相对应的两个事件监听器RadioGroup.OnCheckedChangeListener和View.OnClickListener来处理对 RadioGroup 和 RadioButton 的事件，具体的事件处理代码写在 onCheckedChanged()和 onClick()接口方法中，分别实现根据选项更新 TextView 的显示和清除 RadioButton 选中的功能，见代码 3-14。

```
import android.os.Bundle;
import android.view.View;
import android.widget.Button;
import android.widget.LinearLayout;
import android.widget.RadioButton;
import android.widget.RadioGroup;
import android.widget.TextView;

import androidx.appcompat.app.AppCompatActivity;

import com.example.ch03.materialdesign.R;

public class RadioGroupDemoActivity extends AppCompatActivity implements
RadioGroup.OnCheckedChangeListener, View.OnClickListener {
    private TextViewmChoice;
    private RadioGroupmRadioGroup;
    @Override
    protected void onCreate(Bundle savedInstanceState) {
        super.onCreate(savedInstanceState);
        setContentView(R.layout.radio_group);
        mRadioGroup = (RadioGroup) findViewById(R.id.menu);
        //test adding a radio button programmatically
        RadioButtonnewRadioButton = new RadioButton(this);
        newRadioButton.setText(R.string.radio_group_snack);
        newRadioButton.setId(R.id.snack);
        LinearLayout.LayoutParamslayoutParams = new RadioGroup.LayoutParams(
        RadioGroup.LayoutParams.WRAP_CONTENT,
        RadioGroup.LayoutParams.WRAP_CONTENT);
        mRadioGroup.addView(newRadioButton, 0, layoutParams);
        //test listening to checked change events
        String selection = getString(R.string.radio_group_selection);
        mRadioGroup.setOnCheckedChangeListener(this);
        RadioButtondefauld = (RadioButton) findViewById(mRadioGroup
        .getCheckedRadioButtonId());
        mChoice = (TextView) findViewById(R.id.choice);
        mChoice.setText(selection + defauld.getText());
        //test clearing the selection
        Button clearButton = (Button) findViewById(R.id.clear);
        clearButton.setOnClickListener(this);
    }
    public void onCheckedChanged(RadioGroup group, int checkedId) {
        String selection = getString(R.string.radio_group_selection);
        RadioButton checked = (RadioButton) findViewById(checkedId);
        String none = getString(R.string.radio_group_none);
        mChoice.setText(selection
                + (checkedId == View.NO_ID ? none : checked.getText()));
    }
```

代码 3-14　RadioGroupDemoActivity.java

```
        public void onClick(View v) {
            mRadioGroup.clearCheck();
        }
    }
```

代码 3-14　（续）

完成应用程序编码后，同样不要忘记了要到 AndroidManifest.xml 中注册才能运行，效果如图 3-4 所示。从上面的例子可以看出，安卓控件的事件处理方法与一般的 Java 图形界面处理类似，只是控件和监听器有所不同，所采用的事件处理机制和原理以及实现步骤都基本相同。

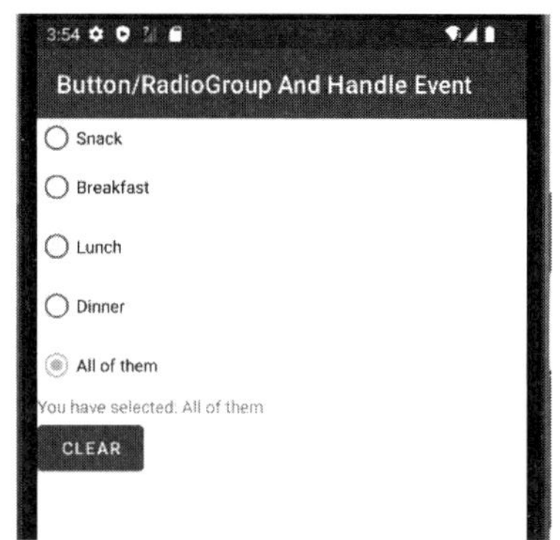

图 3-4　RadioGroupDemoActivity

3.2.3　复选框

复选框就是 CheckBox，具备选中和未选中两种状态。复选框的外形是矩形框，可以通过单击选中或取消选中。在进行事件处理时，应用程序可以根据是否被选中来进行相应的操作，并且对复选框加载事件监听器，来对控件状态的改变做出响应。下面这个例子，通过 XML 布局文件在用户界面使用 CheckBox 控件来创建一个复选框，实现当复选框被单击时，弹出一个文本消息显示复选框的当前状态。

（1）创建 XML 布局文件 checkbox_layout.xml，定义三个 CheckBox 控件，并在其中使用 android:onClick 属性指定事件处理的方法名为 doClick，见代码 3-15。

```
<?xml version="1.0" encoding="utf-8"?>
<LinearLayoutxmlns:android="http://schemas.android.com/apk/res/android"
android:layout_width="fill_parent"
android:layout_height="fill_parent"
android:orientation="vertical" >

<CheckBox
android:id="@+id/chickenCB"
android:layout_width="wrap_content"
android:layout_height="wrap_content"
android:checked="true"
android:text="Chicken" />

<CheckBox
android:id="@+id/fishCB"
android:layout_width="wrap_content"
android:layout_height="wrap_content"
android:text="Fish" />

<CheckBox
android:id="@+id/steakCB"
```

代码 3-15　checkbox_01.xml

```
    android:layout_width="wrap_content"
    android:layout_height="wrap_content"
    android:checked="true"
    android:onClick="doClick"
    android:text="Steak" />

</LinearLayout>
```

代码 3-15 （续）

（2）创建新类 CheckBoxDemoActivity，实现 XML 文件中指定的，单击 CheckBox 控件后的事件处理方法 doClick（View v），见代码 3-16。

```
import android.os.Bundle;
import android.view.View;
import android.widget.CheckBox;
import android.widget.CompoundButton;
import android.widget.Toast;
import androidx.appcompat.app.AppCompatActivity;
import com.example.ch03.materialdesign.R;
public class CheckBoxDemoActivity extends AppCompatActivity {
    @Override
    public void onCreate(Bundle savedInstanceState) {
        super.onCreate(savedInstanceState);
        setContentView(R.layout.checkbox_01);
        //No handling in here for the Chicken checkbox
        CheckBoxfishCB = (CheckBox) findViewById(R.id.fishCB);
        if (fishCB.isChecked())
            fishCB.toggle(); //flips the checkbox to unchecked if it was
            //checked
            fishCB.setOnCheckedChangeListener(
                    new CompoundButton.OnCheckedChangeListener() {
            public void onCheckedChanged(CompoundButton arg0, booleanisChecked) {
                Toast.makeText(
                        CheckBoxDemoActivity.this,
                        "The fish checkbox is now "
                        + (isChecked ?"checked" : "not checked"),
                        Toast.LENGTH_SHORT).show();
            }
        });
    }
    public void doClick(View view) {
        Toast.makeText(
                this,
                "The steak checkbox is now "
                        + (((CheckBox) view).isChecked() ?"checked"
                        : "not checked"), Toast.LENGTH_SHORT).show();
    }
}
```

代码 3-16　CheckBoxDemoActivity.java

完成应用程序编码后，不要忘记需要到 AndroidManifest.xml 中注册才能运行，效果如

图 3-5 所示。从上面的例子可以看出，事件处理方法可以采用与 Button 相同的模式，只是在处理过程中，可以针对 CheckBox 不同的状态进行不同的编码，实现不同的功能。也会触发 OnCheckedChange 事件，可以对应地使用 OnCheckedChangeListener 监听器来监听这个事件，重写其中的 onCheckedChanged()方法，使用 setOnCheckedChangeListener()方法设置监听器。

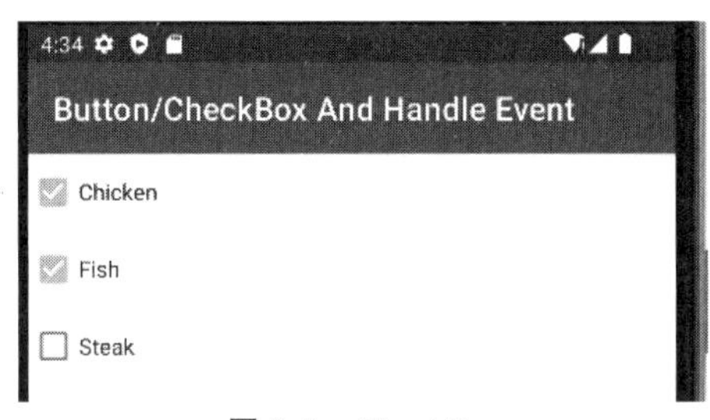

图 3-5　CheckBox

3.2.4　切换按钮

如果设置选项只有两种状态，可以使用开关按钮 ToggleButton（见图 3-6(a)）。安卓 4.0（API 级别 14）提供了另外一种叫作 Switch 的开关按钮，这个按钮提供一个滑动控件，可以通过添加 Switch 对象来实现（见图 3-6(b)）。

(a)　(b)

图 3-6　ToggleButton 和 Switch

ToggleButton 和 Switch 控件都是 CompoundButton 组合按钮的子类并且有着相同的功能，所以可以用同样的方法来实现它们的功能。当用户选择 ToggleButtons 和 Switch 时，对象就会接收到相应的单击事件。要定义这个单击事件的响应操作，添加 android:onClick 属性到 XML 布局文件的开关按钮控件中去。例如，代码 3-17 定义了一个 ToggleButton 开关按钮并且设置了 android:onClick 事件单击响应属性。

```
<ToggleButton
    android:id="@+id/togglebutton"
    android:layout_width="wrap_content"
    android:layout_height="wrap_content"
    android:textOn="Vibrate on"
    android:textOff="Vibrate off"
android:onClick="onToggleClicked"/>
```

代码 3-17　在布局文件中定义 ToggleButton

在这个布局对应的活动里，在 android:onClick 指定的 onToggleClicked()方法中，定义事件处理代码（见代码 3-18）。

```
public void onToggleClicked(View view) {
    //Is the toggle on?
    boolean on = ((ToggleButton) view).isChecked();
    if (on) {
        //Enable vibrate
    } else {
        //Disable vibrate
    }
}
```

代码 3-18　onToggleClicked 事件处理

与其他图形控件一样，除了在布局文件中定义之外，也可以通过代码的方式，为控件注册一个事件监听器。代码 3-19 中说明了为 ToggleButton 注册监听器的具体实现代码：首先创建一个 CompoundButton.OnCheckedChangeListener 对象，覆盖 OnCheckedChangeListener 接口的抽象方法 onCheckedChanged()，在其中具体实现单击 ToggleButton 对象后的事件处理，然后通过调用此 ToggleButton 对象的 setOnCheckedChangeListener()方法，将监听器绑定到按钮上，见代码 3-19。

```
ToggleButton toggle = (ToggleButton) findViewById(R.id.togglebutton);
toggle.setOnCheckedChangeListener(new CompoundButton.OnCheckedChangeListener() {
    public void onCheckedChanged(CompoundButtonbuttonView, booleanisChecked) {
        if (isChecked) {
            //The toggle is enabled
        } else {
            //The toggle is disabled
        }
    }
});
```

代码 3-19　为 ToggleButton 注册事件监听器

完整的应用程序可以参考 CheckBox 和 RadioButton 编写，Switch 按钮代码如下。

```
<LinearLayout
android:layout_width="match_parent"
android:layout_height="wrap_content"
android:orientation="vertical" >

<Switch
android:layout_width="wrap_content"
android:layout_height="wrap_content"
android:layout_marginBottom="32dip"
android:text="Standard switch" />

<Switch
android:layout_width="wrap_content"
android:layout_height="wrap_content"
```

代码 3-20　Switch 按钮

```
    android:layout_marginBottom="32dip"
    android:checked="true"
    android:text="Default is on" />

    <Switch
    android:layout_width="wrap_content"
    android:layout_height="wrap_content"
    android:layout_marginBottom="32dip"
    android:text="Customized text"
    android:textOff="Stop"
    android:textOn="Start" />
    </LinearLayout>
```

代码 3-20 （续）

3.3 提示控件

提示控件是指 Toast，是在窗口表面弹出的一个简短的小消息，只填充消息所需要的空间，并且用户当前的活动依然保持可见性和交互性。这种通知可自动地淡入淡出，且不接受用户的交互事件。例如，如果用户正在编写一封邮件，需要接通一个电话，这时界面会弹出一个提示，将邮件保存为草稿，如图 3-7 所示。

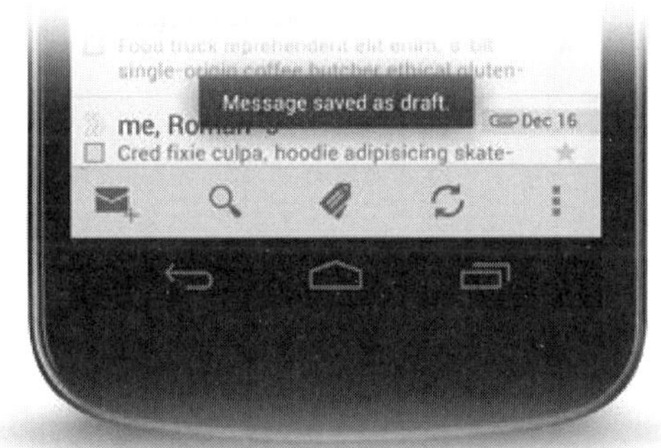

图 3-7 Toast 显示

Toast 是一个在屏幕上显示片刻的提示消息，但是 Toast 不能获得焦点，不能够与用户进行交互。可以自定义包括图像的 Toast 布局文件。Toast 通知能够被活动或 Service 创建并显示。如果创建了一个源自 Service 的 Toast 通知，它会显示在当前活动的最上层。如果用户需要对通知做出响应，可以考虑使用安卓的另一种视图对象状态栏通知（Status Bar Notification），这会在后面的章节中介绍。

如果要使用 Toast，可以直接用 Toast 类的方法 Toast.makeText()实例化一个 Toast 对象。这个方法有三个参数，分别为 Context、要显示的文本消息和 Toast 通知持续显示的时间。Toast.makeText()方法会返回一个按参数设置且被初始化的 Toast 对象，Toast 对象的内容用 show()方法显示。代码 3-21 示例了在活动的 onCreate()方法中如何创建和显示 Toast 信息，在其他视图中实现的代码类似。

```
Context context = getApplicationContext();
CharSequence text = "Hello toast!";
int duration = Toast.LENGTH_SHORT;
Toast toast = Toast.makeText(context, text, duration);
toast.show();
```

代码 3-21　显示 Toast 通知

代码 3-21 中最后两行代码也可以用链式组合方法写且避免创建 Toast 对象，代码如下。

```
Toast.makeText(context, text, duration).show();
```

代码 3-22　链式组合方法

标准的 Toast 通知水平居中显示在屏幕底部附近。如果要把 Toast 通知放到不同的位置显示，可以使用布局文件来设置 Toast 对象的具体布局，然后在活动加载布局文件后，通过 ID 获取 Toast 对象，使用 show()方法显示其文本消息。下面使用一个简单的例子，来说明如何定义和使用 Toast 自定义的布局文件。要创建一个自定义的布局文件，可以在 XML 布局文件或程序代码中定义一个 View 布局，然后把 View 对象传递给 setView()方法。代码 3-23 中 layout.custom_toast.xml 布局文件是专门为 Toast 对象的布局所做的定义，其中，android:id="@+id/toast_layout_root"定义了这个 Toast 布局的 id。这个是一个包含一个图形和一个文本框的布局，其背景、对齐方式和文本颜色也进行了设置。

```
<?xml version="1.0" encoding="utf-8"?>
<LinearLayoutxmlns:android="http://schemas.android.com/apk/res/android"
android:id="@+id/toast_layout_id"
android:layout_width="fill_parent"
android:layout_height="fill_parent"
android:background="#000"
android:orientation="horizontal"
android:padding="5dp" >

<ImageView
android:id="@+id/image"
android:src="@drawable/ic_launcher_foreground"
android:layout_width="wrap_content"
android:layout_height="fill_parent"
android:contentDescription="@string/image_content"
android:layout_marginRight="5dp" />

<TextView
android:id="@+id/text"
android:layout_width="wrap_content"
android:layout_height="fill_parent"
android:textColor="#FFF"/>

</LinearLayout>
```

代码 3-23　Toast 自定义布局

Toast的布局文件创建完成后，需要把这个布局应用到用户界面的Toast对象。在应用程序活动的onCreate()中，首先导入活动的布局资源文件，然后需要使用LayoutInflater的对象，通过其inflate()方法，利用布局文件名和布局的ID来获取布局文件中定义的布局，下一步使用Toast对象的setView()方法使用这个布局，如代码3-24所示。

```
import android.os.Bundle;
import android.view.Gravity;
import android.view.LayoutInflater;
import android.view.View;
import android.view.View.OnClickListener;
import android.view.ViewGroup;
import android.widget.Button;
import android.widget.TextView;
import android.widget.Toast;
import androidx.appcompat.app.AppCompatActivity;
import com.example.ch03.materialdesign.R;
public class ToastCustomActivity extends AppCompatActivity {
    private Button button;
    public void onCreate(Bundle savedInstanceState) {
        super.onCreate(savedInstanceState);
        setContentView(R.layout.toast);
        button = (Button) findViewById(R.id.mainbutton);
        button.setOnClickListener(new OnClickListener() {
            @Override
            public void onClick(View view) {
                //get your toast.xml layout
                LayoutInflater inflater = getLayoutInflater();
                View layout = inflater.inflate(R.layout.toast_custom,
                        (ViewGroup) findViewById(R.id.toast_layout_id));
                //set a message
                TextView text = (TextView) layout.findViewById(R.id.text);
                text.setText("This is a Custom Toast Message");
                //Toast configuration
                Toast toast = new Toast(getApplicationContext());
                toast.setGravity(Gravity.CENTER_VERTICAL, 0, 0);
                toast.setDuration(Toast.LENGTH_LONG);
                toast.setView(layout);
                toast.show();
            }
        });
    }
}
```

代码3-24 使用自定义Toast布局

除非使用setView()方法设置自定义布局，否则不要使用公共的Toast类构造器。如果不使用自定义的布局，必须使用makeText(Context, int, int)方法来创建Toast对象。代码3-24中的setGravity(int, int, int)方法，可以重新设置Toast对象的显示位置。这个方法有三个参数，分别为Gravity常量、X轴偏移量、Y轴偏移量。运行效果如图3-8所示。

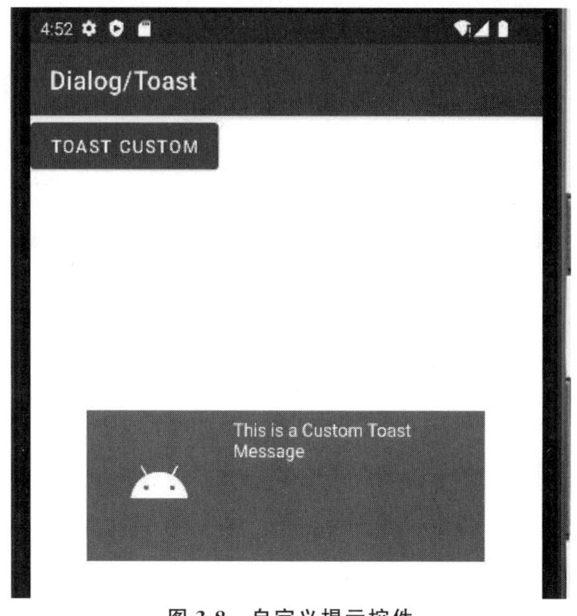

图 3-8 自定义提示控件

3.4 文本控件

安卓用于文本显示和编辑的控件主要包括 TextView 和 EditText 两种，实际上，安卓的很多控件都继承自 TextView 类，包括 Button、CheckTextView、EditText 等，但用于文本显示时常用的还是 TextView 和 EditText，因此这里主要介绍这两个控件如何定义和使用。

3.4.1 TextView

TextView 是安卓中常用的组件之一，用于显示文字，类似 Java 图形界面里的 Label 标签。TextView 中提供了大量的属性用于设置 TextView 的字体大小、字体颜色、字体样式等。由于很多控件都是 TextView 的子类，它们也继承 TextView 的属性，这给应用程序的界面提供了多种显示组合和样式。TextView 的属性可以直接在 XML 布局文件中设置，也可以在 Java 应用程序中设置和修改。例如，用户界面的布局文件 textview_layout.xml 中定义了一个 TextView，在 TextView 几个基本属性基础上增加如下几个属性设置。

(1) android:textColor="#ff0000"设置文字颜色为红色。

(2) android:textSize="24sp"设置文字字号为 24sp。

(3) android:textStyle="bold"设置文字字形加粗。

如果要在 Java 代码中对 TextView 控件属性进行修改，在其布局文件中必须要给这个 TextView 的 ID 属性赋值。TextView 的 ID 属性是这个 TextView 部件的唯一标识，用于 Java 程序对其进行引用。设定 TextView 的 ID 属性的具体语法如下。

```
android:id="@+id/textview_name"
```

代码 3-25 TextView 的 ID 属性具体语法

假设在 textview_layout.xml 文件中设定为 android:id ="@+id/textvw",没有增加属性的设置,在 Java 应用程序 TextViewModifyByCodeActivity 中可以通过 findViewById()获取 TextView 控件,然后通过对象修改其属性也可以达到同样的效果,如代码 3-26 所示。

```
import android.graphics.Color;
import android.graphics.Typeface;
import android.os.Bundle;
import android.util.TypedValue;
import android.widget.TextView;

import androidx.appcompat.app.AppCompatActivity;

import com.example.ch03.materialdesign.R;

public class TextViewModifyByCodeActivity extends AppCompatActivity {
    /**
     * Called when the activity is first created.
     * /
    @Override
    public void onCreate(Bundle savedInstanceState) {
        super.onCreate(savedInstanceState);
        setContentView(R.layout.textview);            //设置内容显示的 XML 布局文件
        //取得我们的 TextView 组件
        TextViewtextView = (TextView) findViewById(R.id.textView);
        textView.setTextColor(Color.RED);              //设置成红色
        textView.setTextSize(TypedValue.COMPLEX_UNIT_SP, 24f);  //设置成 24sp
        textView.setTypeface(Typeface.defaultFromStyle(Typeface.BOLD));
                                                        //加粗
    }
}
```

代码 3-26　TextViewModifyByCodeActivity.java

通过上面的尝试,说明通过 Java 代码程序和 XML 布局文件都可以实现 TextView 属性的设置。不过在安卓应用系统开发过程中,还是推荐使用 XML 进行布局和界面外观的设计,使用 Java 程序代码实现程序逻辑。

3.4.2　EditText

EditText 是安卓的文本编辑框,是用户和安卓应用进行数据交互的窗口,可以接受用户的文本数据输入,并将其传送到应用程序中。EditText 是 TextView 的子类,所以 EditText 继承了 TextView 的所有方法和所有属性。EditText 类似于 Java 图形界面的文本编辑框,但与后者相比,增加从 TextView 继承的属性之后,设置 EditText 的显示和输入时,就可以根据不同的需求设计出更加有个性和特点的交互界面。例如,可以通过 EditText 的属性设置文本编辑框的最大长度、空白提示文字等,或者限制输入的字符类型只能为电话号码。表 3-1 中列出了 EditText 常用的一些属性和说明,这些属性也同样适用于 TextView。

表 3-1 EditText 属性

属　性	说　明
android:editable	是否可编辑
android:gravity	设置控件显示的位置，默认为 top
android:height	设置高度
android:hint	设置 EditText 为空时，文本提示信息内容
android:imeOptions	设置附加功能，设置右下角 IME 动作与编辑框相关动作
android:inputType	设置文本的类型，用于帮助输入法显示合适的键盘类型
android:lines	设置 EditText 显示的行数
android:maxLength	设置最大长度
android:maxLines	设置文本的最大显示行数，与 width 或者 layout_width 结合使用，超出部分自动换行，超出行数将不显示
android:numeric	设置为数字输入方式
android:password	以小点"."显示文本
android:phoneNumber	设置为电话号码的输入方式
android:scrollHorizontally	设置文本超出 TextView 的宽度时，是否出现横拉条
android:textColor	设置文本颜色
android:textColorHighlight	设置被选中后文本颜色，默认为蓝色
android:textColorHint	设置提示文本颜色，默认为灰色
android:textSize	设置文字大小，推荐度量单位"sp"
android:textStyle	设置字形(bold，italic，bolditalic 其一)
android:typeface	设置文本字体(normal，sans，serif，monospace 其一)
android:width	设置宽度

布局设计时，可以根据需要，在 XML 文件中使用上面某些 EditText 的属性，来进行特殊的设置。例如，要求 EditText 中输入特定个数的字符，如身份证号、手机号码等，可以使用 android:maxLength="18"设定。下面给出一个例子，说明如何使用 EditText 的常用属性，见代码 3-27。

```
<?xml version="1.0" encoding="utf-8"?>
<LinearLayoutxmlns:android="http://schemas.android.com/apk/res/android"
android:layout_width="fill_parent"
android:layout_height="fill_parent"
android:orientation="vertical" >

<EditText
android:id="@+id/edit_text1"
android:layout_width="fill_parent"
```

代码 3-27 edittext_layout.xml

```
android:layout_height="wrap_content"
android:hint="请输入用户名..."
android:maxLength="40" />

<EditText
android:id="@+id/edit_text2"
android:layout_width="fill_parent"
android:layout_height="wrap_content"
android:hint="请输入用户名..."
android:maxLength="40"
android:textColorHint="#238745" />

<EditText
android:id="@+id/edit_text3"
android:layout_width="fill_parent"
android:layout_height="wrap_content"
android:hint="请输入密码..."
android:inputType="textPassword" />

<EditText
android:id="@+id/edit_text4"
android:layout_width="fill_parent"
android:layout_height="wrap_content"
android:hint="请输入电话号码..."
android:inputType="phone" />

<EditText
android:id="@+id/edit_text5"
android:layout_width="fill_parent"
android:layout_height="wrap_content"
android:hint="请输入数字..."
android:inputType="numberSigned" />

<EditText
android:id="@+id/edit_text7"
android:layout_width="fill_parent"
android:layout_height="wrap_content"
android:hint="请输入日期..."
android:inputType="date" />

</LinearLayout>
```

代码 3-27 （续）

编写 Java 程序代码，引用 edittext_layout.xml 定义的布局，运行应用就会看到如图 3-9 所示的效果。

在应用程序给出的界面上操作，可以体验 EditText 不同属性设置对输入的影响，了解如何使用这些属性来满足应用程序界面输入的需求。通过 EditText 的其他属性，还可以进一步修改提示文本和文本的字体、颜色和字形，可以设置 EditText 是否可编辑等。

在对应用界面操作过程中，注意在设置为 android:inputType="phone"的 edit_text4 中输入文本时，EditText 只接受电话号码输入的文本框，而且软键盘也变成拨号专用软键盘了。EditText 的 android:inputType 属性能够设置为“number”“numberSigned”“numberDecimal”等不同的值来控制输入的数字类型，分别对应 integer（正整数）、signed（带符号整数）和 decimal（浮点数）。也可以通过 android:inputType 来设置文本的类型，让输入法选择合适的软键盘。

在 android:inputType 属性设定输入的文本类型后，软键盘的转换是自动的。除了这个属性之外，软件盘的界面替换只有一个属性 android:imeOptions，例如，当值为 actionNext 时，Enter 键外观变成一个向下箭头，而值为 actionDone 时，Enter 键外观则变成了“完成”两个字。软键盘的 Enter 键默认是“完成”文本，通过设置 android:imeOptions 来改变默认的“完成”文本。下面列举几个常用的常量值。

- actionUnspecified：未指定，对应常量 EditorInfo.IME_ACTION_UNSPECIFIED。
- actionNone：没有动作，对应常量 EditorInfo.IME_ACTION_NONE。
- actionGo：去往，对应常量 EditorInfo.IME_ACTION_GO。
- actionSearch：搜索，对应常量 EditorInfo.IME_ACTION_SEARCH。
- actionSend：发送，对应常量 EditorInfo.IME_ACTION_SEND。
- actionNext：下一个，对应常量 EditorInfo.IME_ACTION_NEXT。
- actionDone：完成，对应常量 EditorInfo.IME_ACTION_DONE。

除了输入和对软键盘的控制之外，EditText 对输入后的文本操作也很灵活，安卓为 EditText 定义了很多处理方法，能够实现取值、全选、部分选择、获取选中文本。获取选中文本的操作在 Java 程序代码中实现，由事件处理器根据不同的操作，对文本进行不同的处理。下面通过一个例子来说明如何对 EditText 输入的文本进行取值、全选、部分选择和获取选中文本，见图 3-10。界面的 XML 布局文件可以参考前面的内容，在纵向线性布局中设置界面显示的控件，其中，EditText 的属性 android:imeOptions 设置为"actionSearch"。

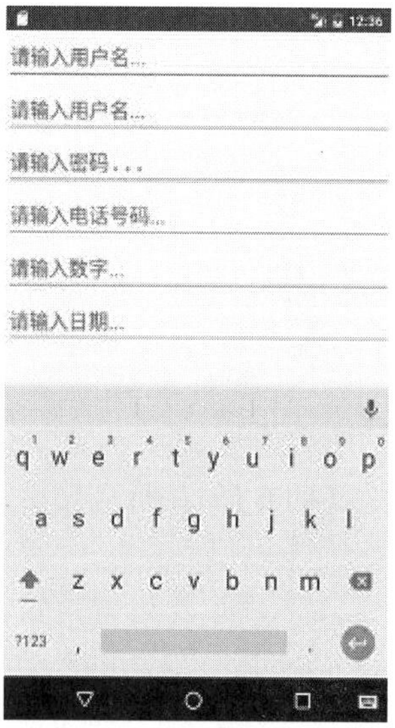

图 3-9　Edit 不同输入类型

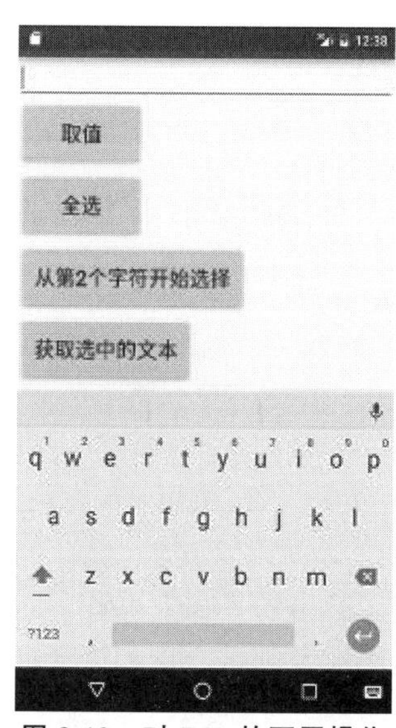

图 3-10　对 Edit 的不同操作

```
import android.os.Bundle;
import android.text.Editable;
import android.text.Selection;
import android.view.KeyEvent;
import android.view.View;
import android.view.View.OnClickListener;
import android.view.inputmethod.EditorInfo;
import android.widget.Button;
import android.widget.EditText;
import android.widget.TextView;
import android.widget.TextView.OnEditorActionListener;
import android.widget.Toast;

import androidx.appcompat.app.AppCompatActivity;
import com.example.ch03.materialdesign.R;

public class EditTextSearchActivity extends AppCompatActivity {
    private EditTexteditText;
    @Override
    public void onCreate(Bundle savedInstanceState) {
        super.onCreate(savedInstanceState);
        setContentView(R.layout.edittext_search);
        editText = (EditText) findViewById(R.id.edit_text);
        editText.setOnEditorActionListener(new OnEditorActionListener() {
            public booleanonEditorAction(TextView v, int actionId,
                    KeyEvent event) {
                switch (actionId) {
                case EditorInfo.IME_ACTION_SEARCH:
                    Toast.makeText(EditTextSearchActivity.this,
                            String.valueOf("开始搜索:") + v.getText(),
                            Toast.LENGTH_SHORT).show();
                    break;
                }
                return true;
            }
        });
        //获取 EditText 文本
        Button getValue = (Button) findViewById(R.id.btn_get_value);
        getValue.setOnClickListener(new OnClickListener() {
            @Override
            public void onClick(View v) {
                Toast.makeText(EditTextSearchActivity.this,
                        editText.getText().toString(), Toast.LENGTH_SHORT)
                        .show();
            }
        });
        //让 EditText 全选
        Button all = (Button) findViewById(R.id.btn_all);
        all.setOnClickListener(new OnClickListener() {
            @Override
            public void onClick(View v) {
```

代码 3-28　EditTextSearchActivity.java

```
                editText.selectAll();
            }
        });
        //从第 2 个字符开始选择 EditText 文本
        Button select = (Button) findViewById(R.id.btn_select);
        select.setOnClickListener(new OnClickListener() {
            @Override
            public void onClick(View v) {
                Editable editable = editText.getText();
                Selection.setSelection(editable, 1, editable.length());
            }
        });
        //获取选中的文本
        Button getSelect = (Button) findViewById(R.id.btn_get_select);
        getSelect.setOnClickListener(new OnClickListener() {
            @Override
            public void onClick(View v) {
                int start = editText.getSelectionStart();
                int end = editText.getSelectionEnd();
                CharSequenceselectText = editText.getText().subSequence
                        (start,end);
                Toast.makeText(EditTextSearchActivity.this, selectText,
                        Toast.LENGTH_SHORT).show();
            }
        });
    }
}
```

代码 3-28 （续）

3.5 图像控件

ImageView 控件是安卓用于显示图片的控件，可以用于显示来自资源文件、Drawable 对象、Bitmap 对象或 ContentProvider 的 URI 等不同来源的图片，并能够通过各种属性来控制图片的各种显示选项，例如，缩放和着色等。ImageView 的属性可以直接在 XML 布局文件中设置，也可以在 Java 应用程序中设置和修改。ImageView 是 View 的子类，具有 View 的属性，它在 XML 布局文件中的设置与 TextView 类似，见代码 3-29。

```
<?xml version="1.0" encoding="utf-8"?>
<LinearLayoutxmlns:android=http://schemas.android.com/apk/res/android
…/>

<ImageView
    android:id="@+id/image"
    android:layout_width="wrap_content"
    android:layout_height="wrap_content"
    android:scaleType="center"
    android:src="@drawable/my_image" />
```

代码 3-29 在 XML 文件中定义 ImageView

```
...
</LinearLayout>
```

代码 3-29 (续)

在使用ImageView的过程中,一般会遇到两个问题。一是在使用ImageView显示图片时,使用android:src属性设置图片的来源,默认状态下运行时图形显示效果会有明显的边界,无法使图片充满整个ImageView。解决方法是,把android:src属性设置图片源这条语句,改为android:background="@drawable/my_image"。另一个问题是如何通过ImageView的属性,来控制原始图片的尺寸、比例或者显示位置,以匹配ImageView本身设置的大小,运行时显示出设计预想的效果。解决方式是,使用ImageView最重要的一个属性android:scaleType,根据需要设置对应的值。表3-2中列出了ScaleType的属性值和对应的含义。

表 3-2 ScaleType属性值及其含义

属 性 值	含 义
CENTER	图片居中显示,不执行缩放,图片大时会被裁减
CENTER_CROP	按照比例对图片进行缩放,充满ImageView控件,居中显示,截除图片多余部分
CENTER_INSIDE	图片比ImageView大,则根据比例对图片进行缩小并将其居中显示;图片比ImageView小,则不对图片进行处理,直接居中显示
FIT_CENTER	按照比例对图片进行缩放,并将图片居中显示
FIT_END	按照比例对图片进行缩放,将图片放置到右下角
FIT_START	按照比例对图片进行缩放,将图片放置到左下角
FIT_XY	拉伸或收缩图片,不保持原比例
MATRIX	从左上角开始绘制图片,超过ImageView的部分截除

如图3-11所示的8幅小图显示了比ImageView小的图片,在不同ScaleType属性的

图 3-11 不同ScaleType属性的ImageView显示效果

ImageView 中显示的效果。这个例子中活动中设计了一个 ImageView 和一个 Button，单击按钮可以转换 ImageView 的 ScaleType 属性，并把这个属性值标注在按钮上。

这个例子的 XML 布局文件可以参考前面的例子编写。其中，原始图片是 160×240px，ImageView 的尺寸设置成 android:layout_width 值为"match_parent"，android:layout_height 值为"400dp"。ImageView 的单击事件通过 android:onClick 属性设置回调方法 changeScale()，使用 ImageView 的 setScaleType()方法实现其 ScaleType 的值，从而改变用户界面中图形的显示效果，见代码 3-30。

```
import android.content.Intent;
import android.graphics.drawable.Drawable;
import android.os.Bundle;
import android.view.View;
import android.widget.Button;
import android.widget.CompoundButton;
import android.widget.ImageView;
import android.widget.ToggleButton;
import androidx.appcompat.app.AppCompatActivity;
import com.example.ch03.materialdesign.R;
import java.util.ArrayList;
import java.util.List;
public class ImageScaleActivity extends AppCompatActivity {
    private String EXTRA_CURRENT_INDEX = "CURRENT_INDEX";
    private int currentImageIndex = 0;
    private int[] images = {
        R.drawable.cube_icon, R.drawable.cube_photo,
        R.drawable.wide_icon, R.drawable.wide_photo,
        R.drawable.tall_icon, R.drawable.tall_photo,
    };
    Button cycleImageButton;
    ToggleButtontoggleAdjustViewBounds;
    private List<ImageView>imageViews;
    private int[] imageViewIds = {
        R.id.center, R.id.centerCrop, R.id.centerInside,
        R.id.fitCenter, R.id.fitStart, R.id.fitEnd, R.id.fitXY,
        R.id.matrix
    };
    @Override
    protected void onCreate(Bundle savedInstanceState) {
        super.onCreate(savedInstanceState);
        setContentView(R.layout.image_scale);
        Intent intent = this.getIntent();
        if (intent != null &&intent.getExtras() != null) {
            //set the current index if the app was reloaded after
            //setting adjustViewBounds to false.
            Bundle extras = intent.getExtras();
            currentImageIndex = extras.getInt(EXTRA_CURRENT_INDEX, 0);
        }
        cycleImageButton = (Button) findViewById(R.id.cycleImageButton);
```

代码 3-30 ImageView 和 ScaleType

```
        toggleAdjustViewBounds =
                (ToggleButton) findViewById(R.id.toggleAdjustViewBounds);
        attachClickListeners();
        imageViews = new ArrayList<>();
        for (int id :imageViewIds) {
            ImageViewimageView = (ImageView) findViewById(id);
            imageViews.add(imageView);
        }
        setImage();
    }
    private void attachClickListeners() {
        cycleImageButton.setOnClickListener(new View.OnClickListener() {
            @Override
            public void onClick(View view) {
                cycleImage();
            }
        });
    toggleAdjustViewBounds.setOnCheckedChangeListener(
                            new CompoundButton.OnCheckedChangeListener() {
            @Override
            public void onCheckedChanged(CompoundButtoncompoundButton,boolean b) {
                if (b) {
                    for (ImageViewimageView :imageViews) {
                        imageView.setAdjustViewBounds(b);
                    }
                } else {
                    //setting adjustViewBounds back to false is ineffective.
                    //simple restart the activity.
                    Intent intent = new Intent(ImageScaleActivity.this,
                                            ImageScaleActivity.class);
                    intent.putExtra(EXTRA_CURRENT_INDEX, currentImageIndex);
                    startActivity(intent);
                }
            }
        });
    }
    private void cycleImage() {
        currentImageIndex = ++currentImageIndex % images.length;
        setImage();
    }
    private void setImage() {
        String message = "Cycle Image (" + (currentImageIndex + 1) +
                        "/" + images.length + ")";
        cycleImageButton.setText(message);
        for (ImageViewview :imageViews) {
            Drawable drawable =
                    getResources().getDrawable(images[currentImageIndex]);
            view.setImageDrawable(drawable);
        }
    }
}
```

代码 3-30　（续）

如果注意到 CENTER_INSIDE、FIT_CENTER 和 FIT_END 的 FIT_START 实际范围 ImageView 远大于缩放图像。要将边界设置为 ImageView 内部图像的高度，设置 android:adjustViewBounds="true"在 XML 中使用。

3.6 进　度　条

进度条是在界面进程中显示工作进程进度的一个重要工具。ProgressBar 是安卓提供的一个进度条类型，表示运转的过程，例如，发送短信、连接网络等，表示一个过程正在执行中。ProgressBar 的样式主要有普通圆形、超大号圆形、小号圆形和标题型圆形等，如图 3-12 所示。

图 3-12　进度条样式

（1）普通圆形：对于进度条的样式一般只要在 XML 布局中定义就可以了，代码如下。

```
<ProgressBarandroid:id="@+android:id/progress"
android:layout_width="wrap_content"
android:layout_height="wrap_content" />
```

代码 3-31　普通圆形

此时，没有设置它的风格，那么就是圆形的、一直会旋转的进度条。

（2）超大号圆形：给进度条设置一个 style 属性后，这里是大号进度条，代码如下。

```
style="?android:attr/progressBarStyleLarge"
```

代码 3-32　超大号圆形

（3）小号圆形：小号进度条对应的风格，代码如下。

```
style="?android:attr/progressBarStyleSmall"
```

代码 3-33　小号圆形

（4）标题型圆形：标题型进度条对应的风格，代码如下。

```
style="?android:attr/progressBarStyleSmallTitle"
```

代码 3-34　标题型圆形

下面是使用 ProgressBar 实现进度条显示的例子，见代码 3-35。

```
import android.app.ProgressDialog;
import android.os.Bundle;
import android.os.Handler;
import android.os.Looper;
import android.os.Message;
import android.view.View;
import android.widget.Button;
import androidx.appcompat.app.AppCompatActivity;
import com.example.ch03.materialdesign.R;
public class ProgressDialogActivity extends AppCompatActivity {
    Button b1, b2;
    ProgressDialogprogressDialog;
    @Override
    protected void onCreate(Bundle savedInstanceState) {
        super.onCreate(savedInstanceState);
        setContentView(R.layout.progress_dialog);
        b1 = (Button) findViewById(R.id.button);
        b2 = (Button) findViewById(R.id.button2);
        b1.setOnClickListener(new View.OnClickListener() {
            @Override
            public void onClick(View v) {
                progressDialog = new ProgressDialog(ProgressDialogActivity.this);
                progressDialog.setMessage("Loading..."); //Setting Message
                progressDialog.setTitle("ProgressDialog"); //Setting Title
                //Progress Dialog Style Spinner
                progressDialog.setProgressStyle(ProgressDialog.STYLE_SPINNER);
                progressDialog.show(); //Display Progress Dialog
                progressDialog.setCancelable(false);
                new Thread(new Runnable() {
                    public void run() {
                        try {
                            Thread.sleep(10000);
                        } catch (Exception e) {
                            e.printStackTrace();
                        }
                            progressDialog.dismiss();
                    }
                }).start();
            }
        });
        b2.setOnClickListener(new View.OnClickListener() {
            Handler handle = new Handler(Looper.getMainLooper()) {
                public void handleMessage(Message msg) {
                    super.handleMessage(msg);
                    progressDialog.incrementProgressBy(2); //Incremented By Value 2
                }
            };
            @Override
            public void onClick(View v) {
```

代码 3-35　ProgressDialogActivity.java

```
                progressDialog = new ProgressDialog(ProgressDialogActivity.this);
                progressDialog.setMax(100); //Progress Dialog Max Value
                progressDialog.setMessage("Loading..."); //Setting Message
                progressDialog.setTitle("ProgressDialog"); //Setting Title
                //Progress Dialog Style Horizontal
                progressDialog.setProgressStyle(ProgressDialog.STYLE_HORIZONTAL);
                progressDialog.show(); //Display Progress Dialog
                progressDialog.setCancelable(false);
                new Thread(new Runnable() {
                    @Override
                    public void run() {
                        try {
                            while (progressDialog.getProgress()
                                        <= progressDialog.getMax()) {
                                Thread.sleep(200);
                                handle.sendMessage(handle.obtainMessage());
                                if (progressDialog.getProgress() ==
                                            progressDialog.getMax()) {
                                    progressDialog.dismiss();
                                }
                            }
                        } catch (Exception e) {
                            e.printStackTrace();
                        }
                    }
                }).start();
            }
        });
    }
}
```

代码 3-35 （续）

设置进度条的一些方法如下。

- setTitle(CharSequence title)：该组件用于设置进度对话框的标题。
- setMessage(CharSequence message)：该组件在进度对话框中显示所需的消息。
- setProgressStyle(ProgressDialog.STYLE_HORIZONTAL)：用于设置进度对话框的水平样式。
- setProgressStyle(ProgressDialog.STYLE_SPINNER)：用于设置进度对话框的微调器样式。
- setMax(int max)：此方法设置进度对话框的最大值。
- getMax()：这个方法返回进度对话框的最大值，基本上这个方法是在对进度对话框应用条件时使用的。
- getProgress()：这个方法会以数字形式返回进度对话框的当前进度。
- incrementProgressBy(int diff)：这个方法用定义的值增加进度对话框的值。
- setCancelable(boolean cancelable)：该方法具有布尔值，即真/假。如果设置为 false，则允许通过单击对话框外部的区域来取消对话框，默认情况下如果不使用方法，则为 true。

• dismiss()：这个方法关闭 progressdialog。

通常，当想要显示已发生的进度数量时，会在进度条中使用 Determinate 进度模式，例如，下载文件的百分比、插入数据库的记录数等。要使用 Determinate 进度，需要将进度条的样式设置为 Widget_ProgressBar_Horizontal 或 progressBarStyleHorizontal 并使用 android:progress 属性设置进度量。以下是显示完成 50%的进度条的示例。

```
<ProgressBar
android:id="@+id/pBar"
    style="?android:attr/progressBarStyleHorizontal"
android:layout_width="wrap_content"
android:layout_height="wrap_content"
android:max="100"
android:progress="50" />
```

代码 3-36　Determinate 进度模式

通过 setProgress(int)方法，可以更新应用程序中显示的进度百分比，或者通过调用 incrementProgressBy(int)方法，根据要求增加当前完成的进度值。通常当进度值达到 100 时，进度条已满。通过使用 android:max 属性，可以调整这个默认值。

当不知道一个操作需要多长时间或完成了多少工作时，会在进度条中使用 Indeterminate 进度模式。在此模式下，不会显示实际进度，只会显示循环动画以指示某些进度正在发生，如图 3-12 进度条加载图像所示。在活动文件中以编程方式 setIndeterminate(true)或使用 android:indeterminate ="true"属性在 XML 布局文件中，可以启用 Indeterminate 进度模式。以下是在 XML 布局文件中设置 Indeterminate 进度模式的示例。

```
<ProgressBar
android:id="@+id/progressBar1"
    style="?android:attr/progressBarStyleHorizontal"
android:layout_width="wrap_content"
android:layout_height="wrap_content"
android:indeterminate="true"/>
```

代码 3-37　Indeterminate 进度模式

3.7　微　调　框

微调框提供了一种方法，可让用户从值集内快速选择一个值。默认状态下，微调框显示其当前所选的值。轻触微调框可显示下拉菜单，其中列出了所有其他可用值，用户可以从中选择一个新值。可以使用 Spinner 对象向布局中添加一个微调框。通常应在 XML 布局中使用<Spinner>元素来执行此操作。如需使用选择列表填充微调框，还需在活动或片段代码中指定 SpinnerAdapter，关键类如下。

• Spinner。
• SpinnerAdapter。

- AdapterView.OnItemSelectedListener。

微调框选项不限来源，但必须通过 SpinnerAdapter 提供这些选项，例如，若通过数组获取选项，提供方式应为 ArrayAdapter；若通过数据库查询获取选项，提供方式应为 CursorAdapter。

例如，如果预先确定了微调框的可用选项，可通过字符串资源文件中定义的字符串数组来提供这些选项。

```
<?xml version="1.0" encoding="utf-8"?>
<resources>
<string-array name="planets_array">
<item>Mercury</item>
<item>Venus</item>
<item>Earth</item>
<item>Mars</item>
<item>Jupiter</item>
<item>Saturn</item>
<item>Uranus</item>
<item>Neptune</item>
</string-array>
</resources>
```

代码 3-38 字符串数组

对于如上所示的数组，可以在活动或片段中使用以下代码，从而使用 ArrayAdapter 实例为微调框提供该数组。借助 createFromResource()方法，可以从字符串数组创建 ArrayAdapter。此方法的第三个参数是布局资源，该参数定义了所选选项在微调框控件中的显示方式。simple_spinner_item 布局是平台提供的默认布局，除非想为微调框外观定义自己的布局，否则应使用此布局。然后，调用 setDropDownViewResource(int)，从而指定适配器用于显示微调框选择列表的布局，simple_spinner_dropdown_item 是平台定义的另一种标准布局。接着，通过调用 setAdapter()将适配器应用到 Spinner。当用户从下拉菜单中选择某个项目时，Spinner 对象会收到一个 on-item-selected 事件。如需为微调框定义选择事件处理程序，实现 AdapterView. OnItemSelectedListener 接口以及相应的 onItemSelected()回调方法。AdapterView.OnItemSelectedListener 需要使用 onItemSelected()和 onNothingSelected()回调方法。然后，需通过调用 setOnItemSelectedListener()来指定接口实现。如果通过活动或片段来实现 AdapterView.OnItemSelectedListener 接口，则可以使用接口实例的形式传递 this，代码实现如下。

```
import android.os.Bundle;
import android.view.View;
import android.widget.AdapterView;
import android.widget.ArrayAdapter;
import android.widget.Spinner;
import android.widget.Toast;
import androidx.appcompat.app.AppCompatActivity;
import com.example.ch03.materialdesign.R;
```

代码 3-39 SpinnerPlanetActivity

```
public class SpinnerPlanetActivity extends AppCompatActivity {
    @Override
    public void onCreate(Bundle savedInstanceState) {
        super.onCreate(savedInstanceState);
        setContentView(R.layout.spinner_planet);
        Spinner spinner = (Spinner) findViewById(R.id.spinner);
        ArrayAdapter<CharSequence> adapter = ArrayAdapter.createFromResource(
                this, R.array.planets_array,
                android.R.layout.simple_spinner_item);
        adapter.setDropDownViewResource(
                android.R.layout.simple_spinner_dropdown_item);
        spinner.setAdapter(adapter);
        spinner.setOnItemSelectedListener(new MyOnItemSelectedListener());
    }
    public class MyOnItemSelectedListener implements
                AdapterView.OnItemSelectedListener {
        public void onItemSelected(AdapterView<?> parent,
                                View view, int pos, long id) {
            Toast.makeText(parent.getContext(), "The planet is " +
                        parent.getItemAtPosition(pos).toString(),
                        Toast.LENGTH_LONG).show();
        }
        public void onNothingSelected(AdapterView parent) {
            //Do nothing.
        }
    }
}
```

代码 3-39 （续）

运行效果如图 3-13 所示。

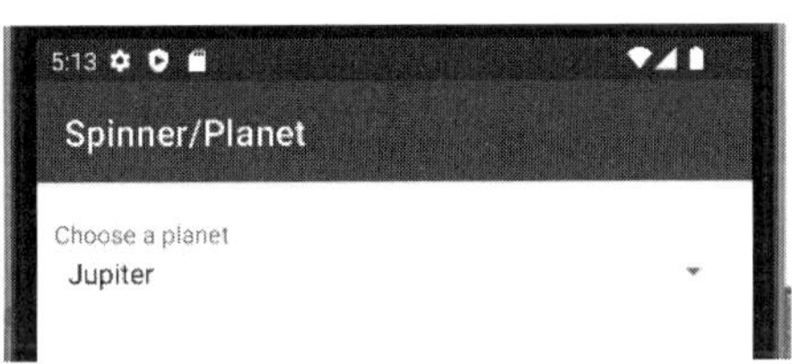

图 3-13　SpinnerPlanet

3.8　选　择　器

安卓以可直接使用的对话框形式提供可供用户选择时间或日期的控件。每个选择器都提供一些控件，以用于选择时间的各个部分（小时、分钟、上午/下午）或日期的各个部分（月、日、年）。使用这些选择器有助于确保用户可以选择格式正确且已根据用户所在的语言区域进行调整的有效时间或日期。建议使用 DialogFragment 托管每个时间或日期选择器。DialogFragment 负责管理对话框生命周期，并可以不同的布局配置显示选择器，例如，在手机上显示为基本对话框，或在大屏幕上显示为布局的嵌入部分。DialogFragment 最初是在 Android 3.0（API 级别 11）平台中添加的，但如果应用支持 Android 3.0 之前的版本，甚至低至 Android 1.6，仍可以使用支持库中提供的 DialogFragment 类来确保向后兼容性。注意：以下代码示例显示了如何使用适用于 DialogFragment 的支持库 API 为时间选择器和日期选择器创建对话框。如果应用的 minSdkVersion 为 11 或更高，可以改用 DialogFragment 的平台版本，关键类如下。

- DatePickerDialog。
- TimePickerDialog。

要使用 DialogFragment 显示 TimePickerDialog，需要定义一个 Fragment 类，用于扩展 DialogFragment 并从 Fragment 的 onCreateDialog()方法返回 TimePickerDialog。注意：如果应用支持 Android 3.0 之前的版本，请务必使用支持库来设置安卓项目。扩展时间选择器的 DialogFragment，要为 TimePickerDialog 定义 DialogFragment，必须执行以下操作。

- 定义 onCreateDialog()方法，以返回 TimePickerDialog 的实例。
- 实现 TimePickerDialog.OnTimeSetListener 接口，以在用户设置时间时接收回调。

示例如下。

```
import android.app.Dialog;
import android.app.TimePickerDialog;
import android.os.Bundle;
import android.text.format.DateFormat;
import android.widget.TimePicker;
import androidx.annotation.NonNull;
import androidx.fragment.app.DialogFragment;
import androidx.fragment.app.Fragment;
import java.util.Calendar;
/**
 * A simple {@link Fragment} subclass for a time picker.
 * Sets the current time for the picker using Calendar.
 * /
public class TimePickerFragment extends DialogFragment implements
                                    TimePickerDialog.OnTimeSetListener {

    /**
     * Creates the time picker dialog with the current time from Calendar.
     *
     * @param savedInstanceState Saved instance
     * @return TimePickerDialog     The time picker dialog
     * /
    @NonNull
    @Override
    public Dialog onCreateDialog(Bundle savedInstanceState) {
        //Use the current time as the default values for the picker.
        final Calendar c = Calendar.getInstance();
        int hour = c.get(Calendar.HOUR_OF_DAY);
        int minute = c.get(Calendar.MINUTE);
        //Create a new instance of TimePickerDialog and return it.
        return new TimePickerDialog(getActivity(), this, hour, minute,
                DateFormat.is24HourFormat(getActivity()));
    }
```

代码 3-40 TimePickerFragment

```
    /**
     * Grabs the time and converts it to a string to pass
     * to the Main Activity in order to show it with processTimePickerResult().
     *
     * @param view        The time picker view
     * @param hourOfDayThe hour chosen
     * @param minute      The minute chosen
     */
    public void onTimeSet(TimePicker view, int hourOfDay, int minute) {
        //Set the activity to the Main Activity.
        DateTimePickerActivity01 activity =
                           (DateTimePickerActivity01) getActivity();
        //Invoke Main Activity's processTimePickerResult() method.
        activity.processTimePickerResult(hourOfDay, minute);
    }
}
```

代码 3-40 （续）

DatePickerDialog 与 TimePickerDialog 的创建过程类似。唯一的区别在于为片段创建的对话框。要使用 DialogFragment 显示 DatePickerDialog，需要定义一个 Fragment 类，用于扩展 DialogFragment 并从 Fragment 的 onCreateDialog()方法返回 DatePickerDialog。扩展日期选择器的 DialogFragment，要为 DatePickerDialog 定义 DialogFragment，必须执行以下操作。

- 定义 onCreateDialog()方法，以返回 DatePickerDialog 的实例。
- 实现 DatePickerDialog.OnDateSetListener 接口，以在用户设置日期时接收回调。

示例如下。

```
import android.app.DatePickerDialog;
import android.app.Dialog;
import android.os.Bundle;
import android.widget.DatePicker;
import androidx.annotation.NonNull;
import androidx.fragment.app.DialogFragment;
import androidx.fragment.app.Fragment;
import java.util.Calendar;
/**
 * A simple {@link Fragment} subclass for the date picker.
 * Sets the current date for the picker using Calendar.
 */
public class DatePickerFragment extends DialogFragment
        implements DatePickerDialog.OnDateSetListener {
    /**
     * Creates the date picker dialog with the current date from Calendar.
     *
     * @param savedInstanceState Saved instance
     * @return DatePickerDialog      The date picker dialog
     */
    @NonNull
```

代码 3-41 DatePickerFragment

```
    @Override
    public Dialog onCreateDialog(Bundle savedInstanceState) {
        //Use the current date as the default date in the picker.
        final Calendar c = Calendar.getInstance();
        int year = c.get(Calendar.YEAR);
        int month = c.get(Calendar.MONTH);
        int day = c.get(Calendar.DAY_OF_MONTH);
        //Create a new instance of DatePickerDialog and return it.
        return new DatePickerDialog(getActivity(), this, year, month, day);
    }
    /**
     * Grabs the date and passes it to processDatePickerResult().
     *
     * @param view   The date picker view
     * @param year   The year chosen
     * @param month The month chosen
     * @param day    The day chosen
     */
    public void onDateSet(DatePicker view, int year, int month, int day) {
        //Convert the date elements to strings.
        //Set the activity to the Main Activity.
        DateTimePickerActivity01 activity =
                                    (DateTimePickerActivity01) getActivity();
        //Invoke Main Activity's processDatePickerResult() method.
        activity.processDatePickerResult(year, month, day);
    }
}
```

代码 3-41 （续）

现在，只需要一个可将此片段的实例添加到活动的事件。按如上所示定义 DialogFragment 之后，便可以通过创建 DialogFragment 的实例并调用 show()方法来显示时间选择器。例如，下面的按钮在单击后会调用一个方法来显示对话框。

```
<?xml version="1.0" encoding="utf-8"?>
<LinearLayoutxmlns:android="http://schemas.android.com/apk/res/android"
xmlns:tools="http://schemas.android.com/tools"
android:orientation="vertical"
android:layout_width="match_parent"
android:layout_height="match_parent"
android:paddingBottom="@dimen/activity_vertical_margin"
android:paddingLeft="@dimen/activity_horizontal_margin"
android:paddingRight="@dimen/activity_horizontal_margin"
android:paddingTop="@dimen/activity_vertical_margin">
<TextView
android:layout_width="wrap_content"
android:layout_height="wrap_content"
android:textSize="@dimen/text_size"
android:text="@string/choose_datetime" />
<RelativeLayout
```

代码 3-42 date_time_picker.xml

```
android:layout_width="match_parent"
android:layout_height="match_parent">
<Button
android:layout_width="wrap_content"
android:layout_height="wrap_content"
android:id="@+id/button_date"
android:layout_marginTop="@dimen/button_top_margin"
android:text="@string/date_button"
android:onClick="showDatePickerDialog"/>
<Button
android:layout_width="wrap_content"
android:layout_height="wrap_content"
android:id="@+id/button_time"
android:layout_marginTop="@dimen/button_top_margin"
android:layout_alignBottom="@id/button_date"
android:layout_toRightOf="@id/button_date"
android:text="@string/time_button"
android:onClick="showTimePickerDialog"/>
</RelativeLayout>
</LinearLayout>
```

代码 3-42　（续）

当用户单击此按钮后，系统会调用 showDatePickerDialog()和 showTimePickerDialog()方法，代码如下。

```
import android.os.Bundle;
import android.view.View;
import android.widget.Toast;
import androidx.appcompat.app.AppCompatActivity;
import androidx.fragment.app.DialogFragment;
import com.example.ch03.materialdesign.R;
public class DateTimePickerActivity01 extends AppCompatActivity {
    /**
     * Creates the view based on the layout for the main activity.
     *
     * @param savedInstanceState Saved instance
     */
    @Override
    protected void onCreate(Bundle savedInstanceState) {
        super.onCreate(savedInstanceState);
        setContentView(R.layout.date_time_picker);
    }
    public void showDatePickerDialog(View v) {
        DialogFragmentnewFragment = new DatePickerFragment();
        newFragment.show(getSupportFragmentManager(),
                            getString(R.string.date_picker));
    }
    public void showTimePickerDialog(View view) {
        DialogFragmentnewFragment = new TimePickerFragment();
        newFragment.show(getSupportFragmentManager(),
```

代码 3-43　调用 showDatePickerDialog()和 showTimePickerDialog()方法

```
                        getString(R.string.time_picker));
    }
    public void processDatePickerResult(int year, int month, int day) {
        //The month integer returned by the date picker starts counting at 0
        //for January, so you need to add 1 to show months starting at 1.
        String month_string = Integer.toString(month + 1);
        String day_string = Integer.toString(day);
        String year_string = Integer.toString(year);
        //Assign the concatenated strings to dateMessage.
        String dateMessage = (month_string + "/" + day_string + "/" + year_string);
        Toast.makeText(this, getString(R.string.date) + dateMessage,
                        Toast.LENGTH_SHORT).show();
    }
    public void processTimePickerResult(int hourOfDay, int minute) {
        //Convert time elements into strings.
        String hour_string = Integer.toString(hourOfDay);
        String minute_string = Integer.toString(minute);
        //Assign the concatenated strings to timeMessage.
        String timeMessage = (hour_string + ":" + minute_string);
        Toast.makeText(this, getString(R.string.time) + timeMessage,
                        Toast.LENGTH_SHORT).show();
    }
}
```

代码 3-43 （续）

此方法对上面定义的 DialogFragment 的新实例调用 show()方法，运行结果如图 3-14 和图 3-15 所示。show()方法需要 FragmentManager 的实例和片段的专属标记名称。注意：如果应用支持 Android 3.0 之前的版本，请务必通过调用 getSupportFragmentManager()来获取 FragmentManager 的实例。此外，请确保显示时间选择器的活动扩展的是 FragmentActivity，而不是标准 Activity 类。

图 3-14 日期

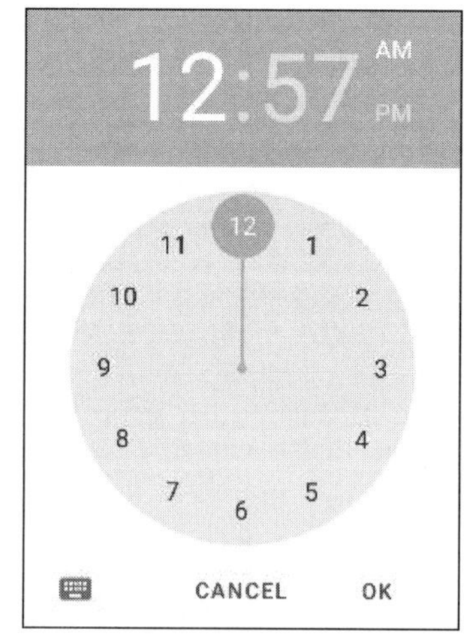

图 3-15 时间

小　　结

本章的主要内容是安卓用户界面的事件处理机制和一些常用控件的用法，以及界面设计的一些技巧和知识。安卓的事件处理机制有两种：基于监听接口和基于回调机制。对于常用控件，包括按钮、提示、文本、图像、进度条、微调框、选择器等，还包括它们的布局、属性以及基于监听接口的事件处理机制。安卓 SDK 支持丰富的菜单类型，包括常规的菜单、子菜单、上下文菜单、图标菜单、二级菜单和替代菜单。其中，选项菜单、弹出菜单和上下文菜单是菜单的三个基本类型。菜单项由 android.view.MenuItem 类表示，子菜单由 android.view.SubMenu 类表示。菜单的创建和事件处理与其他视图对象类似，可以通过 XML 布局文件设计菜单，使用监听器或菜单的回调方法来处理菜单选项事件。

第 4 章 界面的交互

安卓应用一般具有若干个活动。每个活动显示一个界面，用户可通过该界面执行特定任务（例如查看地图或拍照）。如需将用户从一个活动转至另一个活动，应用必须使用意图（Intent）定义应用执行的操作。当使用 startActivity()等方法将意图传递至系统时，系统会使用意图识别和启动相应的应用组件。使用意图甚至可以让应用启动另一个应用包含的活动。意图可以为“显式”，以便启动特定组件（特定的活动实例）；也可以为“隐式”，以便启动任何可以处理预期操作（例如“拍摄照片”）的组件。本章介绍了如何使用意图执行与其他应用的一些基本交互，例如，启动另一个应用、接收来自该应用的结果以及使应用能够响应来自其他应用的意图。

4.1 意　图

意图（Intent）是连接安卓组件的纽带，专门用于携带需要传递的信息。当某个组件创建一个意图对象并发送后，安卓系统会根据这个意图携带的信息激活对应的其他组件，也就是启动这些组件，执行这些组件的代码。这个意图对象中同时携带触发其他组件执行的条件信息和触发后该组件执行时所需要的信息。

4.1.1 概念

安卓是一个基于有限资源的操作系统，安卓的基本设计理念是鼓励减少组件的耦合，因此安卓提供了意图机制，是一种通用的消息系统。安卓的一个应用程序与其他的应用程序之间通过传递意图对象来执行行为和产生事件。通过意图的消息触发、消息传递、消息响应来实现窗口跳转、传递数据或调用外部程序，进行应用程序的激活和调用。安卓的基础组件活动、服务和广播接收器，都可以通过定义意图的消息，实现在各组件之间的程序跳转和数据传递，也就是意图的消息可以激活其他组件。从程序的角度来看，在安卓中意图相当于各个活动之间或其他类型基础组件的桥梁，可以传递数据，还可以通过意图启动另外一个基础组件。例如，从一个窗口单击一个链接，用浏览器打开另一个页面时，既要启动浏览器程序又要把链接传递给浏览器，安卓应用程序就可以在第一个活动中创建一个意图对象，在意图对象中把链接的数据封装，然后通过安卓系统传递给浏览器程序，并启动浏览器。

抽象地说，意图消息是同一个应用程序或不同应用程序运行后，组件间进行绑定的一种能力。通过意图消息，把不同的组件与用户的操作联系起来。例如，在一个活动上单击一个按钮就打开另一个显示照片的活动，而单击链接则打开一个浏览器。具体来说，意图对象包

含要执行的操作或需要传递的消息，或者在广播的情况下，包含一些已经发生或正在发生的事情的描述。举个例子，在一个联系人维护的应用中，当我们在一个联系人列表界面上，单击某个联系人后，希望能够跳出此联系人的详细信息界面，在两个活动之间需要传递联系人的信息，这个工作由意图完成。下面介绍意图具体可以携带哪些信息。

4.1.2　组成

一个意图对象就是一个信息包，它包含接收这个意图对象的组件所感兴趣的信息（如要执行的行为和行为相关的数据）和安卓系统感兴趣的信息（如处理这个意图对象的组件的分类和有关如何启动目标活动的指令）。意图为这些不同的信息定义了对应的属性，通过设定所需的属性值就可以把数据从一个活动传递到另一个活动。意图对象可绑定信息包含下面这些，但是意图对象在绑定信息时，并不是所有的信息都必须设置，而只是选定需要携带的信息绑定到意图对象，也就是设定意图对象的对应属性的值。

1. ComponentName（组件名）：需要启动的活动的名字

意图的组件名称对象由 ComponentName 类封装。也就是说，意图定义了一个属性描述意图将要激活或启动的安卓组件名称，这个组件可以是一个活动、服务、广播接收器或者内容提供器。意图的这个属性值是一个 ComponentName 类的对象，无法直接访问它，但可以通过 getComponentName()获取。ComponentName 类包含两个 String 成员，分别代表安卓组件的全称类名和包名，包名必须和 AndroidManifest.xml 文件中标记中的对应信息一致。这个意图对象所要激活或启动的安卓组件，已经在 AndroidManifest.xml 中进行了描述。对于意图，组件名并不是必需的。如果一个意图对象添加了组件名，则称该意图为“显式意图”，这样的意图在传递的时候会直接根据组件名去寻找目标组件。如果没有添加组件名，则称为“隐式意图”，安卓会根据意图中的其他信息来确定响应该意图的组件。例如，老师在让学生回答问题时，老师说：“Tom 回答问题”，这就是显式意图，直接指出了回答问题的人；老师说：“第二排第三个同学回答问题”，这就是隐式意图，给出了回答问题学生的条件，学生根据自己的座位来确认是谁来回答问题。

2. Action（行为）：指定了要访问的活动需要做什么

行为是描述要求安卓系统所执行行为的一个属性，值是一个字符串常量，代表安卓组件所可能执行的一些操作，如启动活动、发出警告等。安卓系统中已经预定义了一些行为常量，开发者也可以定义自己的行为描述。安卓定义了一套标准行为值，其中最重要的和最常用的行为操作是 ACTION_MAIN 和 ACTION_EDIT，见表 4-1。

假如这个属性定义了 ACTION_MAIN 行为，则表示接收意图对象传递信息的活动进行初始化和启动操作，并且不需要数据输入也没有返回值输出。假如这个属性定义了 ACTION_BATTERY_LOW 行为，当电池电量低时，系统会使用意图对象传递这个信息给广播接收器组件。在 Java 中使用 setAction()来设置意图的行为属性，使用 getAction()来获得行为属性。

3. Data（数据）：需要传递的数据

数据部分描述了安卓系统执行时，所激活的其他组件执行时需要的数据、数据 MIME 类型和 URI，不同的行为对应不同的操作数据。例如，如果行为是 ACTION_EDIT，数据字段将包含用于编辑的文档的 URI；如果行为是 ACTION_CALL，数据字段将是一个 tel: URI 和将拨打的号码；如果行为是 ACTION_VIEW，数据字段将是一个 http:URI，接收活动将被调用去下载和显示 URI 指向的数据。下面是行为和后面携带相关数据的例子。

表 4-1　标准的行为

标准的活动行为	标准的广播行为
ACTION_MAIN	ACTION_TIME_TICK
ACTION_VIEW	ACTION_TIME_CHANGED
ACTION_ATTACH_DATA	ACTION_TIMEZONE_CHANGED
ACTION_EDIT	ACTION_BOOT_COMPLETED
ACTION_PICK	ACTION_PACKAGE_ADDED
ACTION_CHOOSER	ACTION_PACKAGE_CHANGED
ACTION_GET_CONTENT	ACTION_PACKAGE_REMOVED
ACTION_DIAL	ACTION_PACKAGE_RESTARTED
ACTION_CALL	ACTION_PACKAGE_DATA_CLEARED
ACTION_SEND	ACTION_UID_REMOVED
ACTION_SENDTO	ACTION_BATTERY_CHANGED
ACTION_ANSWER	ACTION_POWER_CONNECTED
ACTION_INSERT	ACTION_POWER_DISCONNECTED
ACTION_DELETE	ACTION_SHUTDOWN
ACTION_RUN	
ACTION_SYNC	
ACTION_PICK_ACTIVITY	
ACTION_SEARCH	
ACTION_WEB_SEARCH	
ACTION_FACTORY_TEST	

```
ACTION_VIEW content://contacts/people/1        --显示标识为"1"的联系人信息
ACTION_DIAL content://contacts/people/1        --显示可填写的电话拨号器
ACTION_DIAL tel:123                            --显示带有号码的拨号器
ACTION_EDIT content://contacts/people/1        --编辑标识为"1"的联系人信息
ACTION_VIEW content://contacts/people/         --显示联系人列表
```

当安卓系统根据一个意图匹配对应的组件时，通常知道数据的类型(它的 MIME 类型)和它的 URI 很重要。例如，一个能够显示图像数据的组件，就不应该在播放一个音频文件时被激活。在许多情况下，能够从 URI 中推测数据类型，特别是 content:URIs，它表示位于设备上的数据且被 ContentProvider 控制。但是也能够显式地设置类型，使用意图的 setData()方法指定数据的 URI，setType()指定 MIME 类型，setDataAndType()指定数据的 URI 和 MIME 类型。被激活执行的活动中，获取意图对象后，通过意图的 getData()读取 URI，通过意图的 getType()读取类型。数据的类型是由行为的值决定的，下面给出几个例子可以看出行为部分的不同，决定了数据部分的值不同。

4. Category(类别)：给出一些行为的额外执行信息

主要描述被求组件或执行行为的额外信息。安卓也为类别定义了一系列的静态常量字符串来表示意图的不同类别，其中标准的类别定义见表 4-2。

表 4-2　标准的类别和额外数据

标 准 类 别	标准附加信息
CATEGORY_DEFAULT	EXTRA_ALARM_COUNT
CATEGORY_BROWSABLE	EXTRA_BCC
CATEGORY_TAB	EXTRA_CC
CATEGORY_ALTERNATIVE	EXTRA_CHANGED_COMPONENT_NAME
CATEGORY_SELECTED_ALTERNATIVE	EXTRA_DATA_REMOVED
CATEGORY_LAUNCHER	EXTRA_DOCK_STATE
CATEGORY_INFO	EXTRA_DOCK_STATE_HE_DESK
CATEGORY_HOME	EXTRA_DOCK_STATE_LE_DESK
CATEGORY_PREFERENCE	EXTRA_DOCK_STATE_CAR
CATEGORY_TEST	EXTRA_DOCK_STATE_DESK
CATEGORY_CAR_DOCK	EXTRA_DOCK_STATE_UNDOCKED
CATEGORY_DESK_DOCK	EXTRA_DONT_KILL_APP
CATEGORY_LE_DESK_DOCK	EXTRA_EMAIL
CATEGORY_HE_DESK_DOCK	EXTRA_INITIAL_INTENTS
CATEGORY_CAR_MODE	EXTRA_INTENT
CATEGORY_APP_MARKET	EXTRA_KEY_EVENT
	EXTRA_ORIGINATING_URI
	EXTRA_PHONE_NUMBER
	EXTRA_REFERRER
	EXTRA_REMOTE_INTENT_TOKEN
	EXTRA_REPLACING
	EXTRA_SHORTCUT_ICON
	EXTRA_SHORTCUT_ICON_RESOURCE
	EXTRA_SHORTCUT_INTENT
	EXTRA_STREAM
	EXTRA_SHORTCUT_NAME
	EXTRA_SUBJECT
	EXTRA_TEMPLATE
	EXTRA_TEXT
	EXTRA_TITLE
	EXTRA_UID

5. Extras(附件信息)：需要传递的额外信息，以键值对形式传递

主要描述组件的扩展信息或额外的数据。安卓定义了标准的额外数据常量，见表 4-2。额外信息采用键值对的结构，以 Bundle 对象的形式保存在意图当中。附加信息其实是一个类型安全的容器，其实现就是将 HashMap 做了一层封装。意图对象有一系列的 putXXX()方法用于插入各种附加数据和一系列的 getXXX()用于读取数据。这些方法与 Bundle 对象的方法类似。额外数据可以作为一个 Bundle，使用 putExtra()和 getExtra()方法安装和读取。例如，如果要执行发送电子邮件这个行为，可以将电子邮件的标题、正文等保存在额外数据里，传给电子邮件发送组件。

6. Flags(标记)：标记活动启动的方式

主要标示如何触发目标组件以及如何看待被触发的目标组件。例如，标示被触发的组件应该属于哪一个任务或者触发的组件是否是最近的活动等。标记可以是多个标示符的组合。安卓有各种各样的标记，许多标记指示安卓系统如何去启动一个活动(例如活动应该属于哪个任务）和启动之后如何对待它（例如是否属于最近的活动列表）。所有这些标记都定义在意图类中。其可用的常量包括：FLAG_ACTIVITY_CLEAR_TOP、FLAG_ACTIVITY_NEW_TASK、FLAG_ACTIVITY_NO_HISTORY、FLAG_ACTIVITY_SINGLE_TOP。

4.1.3 解析

当一个活动创建并发出一个意图对象后，其他的活动或基础组件可能因为与这个意图对象携带的信息相关而被启动。一个活动或其他基础组件实现在各组件之间的程序跳转和数据传递，可以通过意图的两种不同方式来实现：显式和隐式。

1. 显式意图

指在活动或其他组件创建意图对象时，通过组件名显式地设定所希望启动、激活或接收这个意图对象的目标组件（如服务）名称，当这个活动发送这个意图对象后，由安卓系统自动启动或激活组件名指定的安卓组件，接收这个意图对象携带的其他信息。因为有时开发者不知道其他应用的组件名称，显式意图常用于自己应用内部的消息传递，例如，应用中一个活动启动一个相关的服务或者启动一个相关的活动。

2. 隐式意图

创建意图对象的组件，并不指定目标组件的名字，即组件名字段为空，当这个活动发送这个意图对象后，安卓系统通过意图对象中的其他信息与目标组件的意图过滤器中的设置相匹配，来启动或激活相关的活动、服务或广播接收器等目标组件。隐式意图经常用于激活其他应用程序中的组件。

对于接收隐式意图的安卓组件来说，需要在 AndroidManifest.xml 中设定接收意图对象的策略。当安卓系统在处理意图对象时，把意图对象中携带的信息与应用程序中组件设定的意图过滤策略逐个比较，判断该组件是否符合启动或接收的条件。也就是说，通过设定意图过滤策略条件，可以指示安卓系统在什么时候启动并把意图对象传递给自己。下面是一个使用意图过滤器的例子。

```
<activity android:name=".IntentExampleActivity">
    <intent-filter>
        <action android:name="com.android.activity.MY_ACTION"/>
        <category android:name="android.intent.category.DEFAULT"/>
    </intent-filter>
</activity>
```

代码 4-1　意图过滤器

这是在 AndroidManifest.xml 文件中 IntentExampleActivity 的声明代码。当系统中其他的活动发送出一个意图对象，并且这个意图对象的行为属性的值为 MY_ACTION 时，安卓系统会启动 IntentExampleActivity 应用程序。如果一个组件没有声明任何意图过滤器，它仅能接收显式的意图，也就是被显式意图对象启动或激活；而声明了意图过滤器的组件可以接收显式和隐式的意图。并非意图对象中所有的信息都会用于过滤器的匹配，只有行为、数据（包括 URI 和数据类型）、类别三个字段才被考虑。下面具体讨论一下意图过滤器和它的检测方法。

意图过滤器是由＜intent-filter＞标记来设置的。活动、服务、广播接收器为了告知安卓系统能够处理哪些隐式意图，可以设置一个或多个条件，说明该组件可接收的意图对象，过滤掉不想接收的隐式意图对象。除了广播接收器通过调用 Context.registerReceiver()动态地注册，直接创建一个 IntentFilter 对象外，其他的意图过滤器必须在 AndroidManifest.xml 文件中进行声明。可用于意图过滤器的意图字段有三个：行为、数据和类别。在安卓系统通过组件的意图过滤器检测隐式意图时，要检测所有这三个字段，其中任何一个字段匹配失败，系统都不会把这个隐式意图给该组件。但每个字段可以用意图过滤器设置多个条件，每个设定的条件之间相互独立，只要其他组件发送出的隐式意图对象符合其中的一个条件，就能够被安卓系统启动或接收。在 AndroidManifest.xml 文件中，对 Action 字段设置过滤条件，在<intent-filter>元素下使用<action>子元素及其属性 android:name 来设置可接收的 Action 字段的值。例如：

```
<intent-filter >
<action android:name="com.example.project.SHOW_CURRENT" />
<action android:name="com.example.project.SHOW_RECENT" />
<action android:name="com.example.project.SHOW_PENDING" />
</intent-filter>
```

代码 4-2　行为检测

根据例子设置的过滤策略，只要行为字段的值符合上面列出的意图之一，都可以被这个组件接收。虽然一个意图对象的行为只有一个值，但是一个过滤器可以列出不止一个，接收多种类型行为的意图对象。值得注意的是，<intent-filter>元素下必须至少包含一个<action>子元素，否则它将阻塞所有的意图。要通过检测，意图对象中指定的行为必须匹配意图过滤器的行为列表中的一个。如果过滤器没有<action>子元素，将没有一个意图匹配，所有的意图都会检测失败，没有意图能够通过过滤器。类似行为检测，在<intent-filter>元素下使用<category>子元素及其属性 android:name 列出可接收的类别字段的值，代码如下。

```
<intent-filter … >
<category android:name="android.intent.category.DEFAULT" />
<category android:name="android.intent.category.BROWSABLE" />
   …
</intent-filter>
```

代码 4-3　类别检测

在意图对象中可以含有多个类别，<intent-filter>中可以设置多个<category>，只有意图中的所有类别都能匹配到<intent-filter>中的<category>，意图才能通过检测。也就是说，如果意图对象中的类别集合是<intent-filter>中<category>的集合的子集时，意图对象才能通过检查。如果意图对象中没有设置类别的值，则它能通过所有<intent-filter>的<category>检查。如果一个意图能够通过不止一个组件的<intent-filter>，系统可能会询问哪个组件被激活。如果找不到目标组件，则会产生一个异常。在<intent-filter>元素下使用<data>元素及其属性可接收的 Data 字段的值，代码如下。

```
<intent-filter … >
<data android:mimeType="video/mpeg" android:scheme="http" … />
<data android:mimeType="audio/mpeg" android:scheme="http" … />
   …
</intent-filter>
```

代码 4-4　数据检测

每个<data>元素可以指定一个 URI 和数据类型(MIME 类型)。对应于 URI 的 scheme、host、port、path 四个部分，<data>元素分别使用属性 android:scheme、android:host、android:port、android:path 来设置，下面是 URI 的格式：

```
scheme://host:port/path
```

例如：

```
content://com.example.project:200/folder/subfolder/etc
```

scheme 是 content，host 是"com.example.project"，port 是 200，path 是"folder/subfolder/etc"。host 和 port 一起构成 URI 的 authority，如果 host 没有指定，则 port 也将被忽略。这四个属性都是可选的，但它们之间并不都是完全独立的。要让 authority 有意义，scheme 必须也要指定。要让 path 有意义，scheme 和 authority 也都必须要指定。比较意图对象和过滤器的 URI 时，仅比较过滤器中出现的 URI 属性。例如，如果一个过滤器仅指定了 scheme，所有此 scheme 的 URI 都匹配过滤器；如果一个过滤器指定了 scheme 和 authority，但没有指定 path，所有匹配 scheme 和 authority 的 URI 都通过检测，而不管它们的 path；如果四个属性都指定了，要都匹配才能算是匹配。然而，过滤器中的 path 可以包含通配符来要求匹配 path 中的一部分。<data>元素的 mimeType 属性指定数据的 MIME 类型。意图对象和过滤器都可以用"*"通配符匹配子类型字段，例如，"text/*"、"audio/*"表示任何子类型。在 Data 检测时，系统既要检测 URI，也要检测 MIME 类型，检测的规则如下。

- 一个意图对象既不包含 URI，也不包含 MIME 类型：仅当过滤器不指定任何 URI 和 MIME 类型时，才不能通过检测；否则都能通过。
- 一个意图对象包含 URI，但不包含 MIME 类型：仅当过滤器不指定 MIME 类型，同时它们的 URI 匹配时，才能通过检测。例如，mailto：和 tel：都不指定实际数据。
- 一个意图对象包含 MIME 类型，但不包含 URI：仅当过滤器只包含 MIME 类型且与意图相同时，才通过检测。
- 一个意图对象既包含 URI，也包含 MIME 类型(或 MIME 类型能够从 URI 推断出)：MIME 类型部分，只有与过滤器中之一匹配才算通过；URI 部分，它的 URI 要出现在过滤器中，或者它有 content:或 file:URI，又或者过滤器没有指定 URI。换句话说，如果它的过滤器仅列出了数据类型，组件假定支持 content:和 file:。

如果一个意图能够通过不止一个组件的<intent-filter>，系统可能会询问哪个组件被激活。如果找不到目标组件会产生一个异常。例如，允许用户浏览便签、查看每条便签的内

容，这个程序在 AndroidManifest 文件中可以按代码 4-5 来设置意图过滤器，使其可以根据需要被系统激活。

```
<manifest xmlns:android="http://schemas.android.com/apk/res/android"
      package="com.android.notepad">
<application android:icon="@drawable/app_notes"
android:label="@string/app_name">

<provider class=".NotePadProvider"
android:authorities="com.google.provider.NotePad" />

<activity class=".NotesList" android:label="@string/title_notes_list">
<intent-filter>
<action android:name="android.intent.action.MAIN" />
<category android:name="android.intent.category.LAUNCHER"
</category>
</intent-filter>
<intent-filter>
<action android:name="android.intent.action.VIEW" />
<action android:name="android.intent.action.EDIT" />
<action android:name="android.intent.action.PICK" />
<category android:name="android.intent.category.DEFAULT" />
<data android:mimeType="vnd.android.cursor.dir/vnd.google.note" />
</intent-filter>
<intent-filter>
<action android:name="android.intent.action.GET_CONTENT"
</action>
<category android:name="android.intent.category.DEFAULT" />
<data android:mimeType="vnd.android.cursor.item/vnd.google.note" />
</intent-filter>
</activity>

<activity class=".NoteEditor" android:label="@string/title_note">
<intent-filter android:label="@string/resolve_edit">
<action android:name="android.intent.action.VIEW" />
<action android:name="android.intent.action.EDIT" />
<category android:name="android.intent.category.DEFAULT" />
<data android:mimeType="vnd.android.cursor.item/vnd.google.note" />
</intent-filter>

<intent-filter>
<action android:name="android.intent.action.INSERT" />
<category android:name="android.intent.category.DEFAULT" />
<data android:mimeType="vnd.android.cursor.dir/vnd.google.note" />
</intent-filter>

</activity>

<activity class=".TitleEditor" android:label="@string/title_edit_title"
android:theme="@android:style/Theme.Dialog">
<intent-filter android:label="@string/resolve_title">
```

代码 4-5　应用程序的意图过滤器设置

```
<action android:name="com.android.notepad.action.EDIT_TITLE" />
<category android:name="android.intent.category.DEFAULT" />
<category android:name="android.intent.category.ALTERNATIVE" />
<category android:name="android.intent.category.SELECTED_ALTERNATIVE" />
<data android:mimeType="vnd.android.cursor.item/vnd.google.note" />
</intent-filter>
</activity>

</application>
</manifest>
```

代码 4-5 （续）

在代码 4-5 中，可知此应用程序定义了三个活动，每一个活动都定义了多个意图模板。其中，命名为 com.android.notepad.NotesList 的第一个活动行为进入应用程序的主入口，通过定义三个意图过滤器可以做三件事情。第一个意图过滤器模板代码如下。

```
<intent-filter>
<action android:name="android.intent.action.MAIN" />
<category android:name="android.intent.category.LAUNCHER" />
</intent-filter>
```

代码 4-6 第一个意图过滤器

行为设置为标准 MAIN，表示这个活动提供了进入应用程序的顶级入口；类别设置为 LAUNCHER，表示这个入口应该列入应用程序启动列表。第二个意图过滤器模板代码如下。

```
<intent-filter>
<action android:name="android.intent.action.VIEW" />
<action android:name="android.intent.action.EDIT" />
<action android:name="android.intent.action.PICK" />
<category android:name="android.intent.category.DEFAULT" />
<data mimeType:name="vnd.android.cursor.dir/vnd.google.note" />
</intent-filter>
```

代码 4-7 第二个意图过滤器

行为设置为 VIEW、EDIT 和 PICK 表示这个活动可以对便签目录所做的操作，允许用户浏览、编辑和挑选便签。Category 设置 DEFAULT 表示，如果这个活动的组件名没有显式说明，还需要通过 Context.startActivity()方法来启动这个活动。第三个意图过滤器模板代码如下。

```
<intent-filter>
<action android:name="android.intent.action.GET_CONTENT" />
<category android:name="android.intent.category.DEFAULT" />
<data android:mimeType="vnd.android.cursor.item/vnd.google.note" />
</intent-filter>
```

代码 4-8 第三个意图过滤器

vnd.android.cursor.item/vnd.google.note 是指示 vnd.android.cursor.item 资源中确切指定的一个 URI，也就是 vnd.google.note。数据的 type 的设置表示指定类型的数据可以被这个活动检索。行为设置为 GET_CONTENT 与 PICK 类似，这个设置表示当 type 为 vnd.android.cursor.item/vnd.google.note 时，返回给调用者一个用户选择的便笺，而用户不需要知道便笺是从哪里读取的。通过这三个过滤器模板的设置，如果系统中出现携带下面信息的意图，NotesList 这个活动就会被激活执行。

- {action=android.app.action.MAIN}，与此意图匹配的活动，将会被当作进入应用的顶级入口。
- {action=android.app.action.MAIN, category=android.app.category.LAUNCHER}，这是目前 LAUNCHER 实际使用的意图，用于生成 LAUNCHER 的顶级列表。
- {action = android.app.action.VIEW, data = content://com.google.provider.NotePad/notes}，显示"content://com.google.provider.NotePad/notes"下的所有便笺的列表，使用者可以遍历列表，并且查看某便笺的详细信息。
- {action = android.app.action.PICK, data = content://com.google.provider.NotePad/notes}，显示"content://com.google.provider.NotePad/notes"下的便笺列表，让用户可以在列表中选择一个，然后将选择便笺的 URL 返回给调用者。
- {action=android.app.action.GET_CONTENT, type=vnd.android.cursor.item/vnd.google.note}。

3. 显式定义

使用显式定义意图，实现以下"关于"对话框功能。

- 在主页面，用户单击"关于"按钮后，弹出一个对话框显示信息。
- 在"关于"对话框中单击 OK 按钮，返回主页面。

下面先给出关键的意图创建代码，为了方便在完整的程序代码中查看，这里直接给出了意图的组件名称。

```
//显式方式声明意图,直接启动
SecondActivityIntentit=newIntent(MainActivity.this,AboutActivity.class);
//启动活动
startActivity(it);
```

代码 4-9　意图创建代码

要完成这个功能，需要如下几个步骤。

(1) 定义主活动的布局，设置一个显示信息的文本框 TextView 和"关于"按钮，见代码 4-10。

```
<?xml version="1.0" encoding="utf-8"?>
<LinearLayoutxmlns:android="http://schemas.android.com/apk/res/android"
android:orientation="vertical"
android:layout_width="fill_parent"
android:layout_height="fill_parent" >
```

代码 4-10　explicit_intent_main_layout.xml

```
<TextView
android:layout_width="fill_parent"
android:layout_height="wrap_content"
android:text="@string/hello"/>
<Button
android:id="@+id/btn"
android:layout_width="wrap_content"
android:layout_height="wrap_content"
android:text="@string/about_button" />
</LinearLayout>
```

代码 4-10 （续）

(2) 定义单击按钮后出现的第二个活动的布局，设置一个显示信息的文本框 TextView 和 OK 按钮，见代码 4-11。

```
<?xml version="1.0" encoding="utf-8"?>
<LinearLayoutxmlns:android="http://schemas.android.com/apk/res/android"
android:orientation="vertical"
android:layout_width="fill_parent"
android:layout_height="fill_parent" >
<TextView
android:layout_width="fill_parent"
android:layout_height="wrap_content"
android:text="@string/about_button_show" />
<Button
android:id="@+id/secondBtn"
android:layout_width="wrap_content"
android:layout_height="wrap_content"
android:text="OK"         />
</LinearLayout>
```

代码 4-11 explicit_intent_second_layout.xml

(3) 定义主活动，导入布局资源定义的界面，并在 OnClickListener()方法中编写单击按钮后的事件处理代码，见代码 4-12。

```
import android.app.Activity;
import android.content.Intent;
import android.os.Bundle;
import android.view.View;
import android.view.View.OnClickListener;
import android.widget.Button;

public class ExplicitMainActivity extends Activity {
    private Button btn;
    @Override
    public void onCreate(Bundle savedInstanceState) {
        super.onCreate(savedInstanceState);
        setContentView(R.layout. explicit_intent_main);
```

代码 4-12 ExplicitMainActivity.java

```
        btn = (Button)findViewById(R.id.btn);
        //响应按钮 btn 事件
        btn.setOnClickListener(new OnClickListener() {
            @Override
            public void onClick(View v) {
                //显式方式声明意图,直接启动 SecondActivity
                Intent it = new Intent(MainActivity.this,SecondActivity.class);
                //启动活动
                startActivity(it);
            }
        });
    }
}
```

代码 4-12　(续)

(4) 定义第二个用户界面活动,导入布局资源定义的界面,并在 OnClickListener()方法中编写单击 OK 按钮后的返回主界面的事件处理代码,见代码 4-13。

```
import android.app.Activity;
import android.content.Intent;
import android.os.Bundle;
import android.view.View;
import android.view.View.OnClickListener;
import android.widget.Button;

public class ExplicitSecondActivity extends Activity {
    private Button secondBtn;
    @Override
    protected void onCreate(Bundle savedInstanceState) {
        super.onCreate(savedInstanceState);
        setContentView(R.layout. explicit_intent_second);
        secondBtn=(Button)findViewById(R.id.secondBtn);
        //响应按钮 secondBtn 事件
        secondBtn.setOnClickListener(new OnClickListener() {
            @Override
            public void onClick(View v) {
                //显式方式声明意图,直接启动 MainActivity
                Intent intent =
                        new Intent(SecondActivity.this,MainActivity.class);
                //启动 Activity
                startActivity(intent);
            }
        });
    }
}
```

代码 4-13　ExplicitSecondActivity.java

完成上述 4 步之后,在 AndroidManifest.xml 中注册,运行此程序,可以看到通过显式意图的作用,可以在两个界面之间跳转。通过这个例子可以看出,所谓显式意图,就是通过创建意图对象,直接告诉系统要启动哪一个活动或其他组件。

4. 隐式定义

在上面的例子中，使用显式意图实现了界面的跳转。下面尝试使用隐式意图来实现与上个例子同样的功能，学习行为检测的使用，下面先给出关键的意图创建代码以方便在完整的程序代码中查看。

```
//实例化意图
Intentit=newIntent();
//设置 Intent 的行为属性——自定义的 Action
it.setAction("com.android.activity.MY_ACTION");
//启动活动
startActivity(it);
```

代码 4-14　使用隐式意图

在 AndroidManifest.xml 中的主界面声明中的代码如下。

```
<activity android:name=".AboutActivity">
    <intent-filter>
        <action android:name="com.android.activity.MY_ACTION"/>
        <category android:name="android.intent.category.DEFAULT"/>
    </intent-filter>
</activity>
```

代码 4-15　AndroidManifest.xml 中的主界面声明

要完成这个功能，需要如下几个步骤。

(1) 定义主活动的布局，设置一个显示信息的文本框 TextView 和 About 按钮，见代码 4-16。

(2) 定义单击按钮后出现的第二个活动的布局，设置一个显示信息的文本框 TextView 和 OK 按钮，见代码 4-16。

(3) 定义主活动，导入布局资源定义的界面，并在 OnClickListener()方法中编写单击按钮后的事件处理代码，创建意图对象，设置意图对象的行为字段的值为 com.android.activity.MY_ACTION，见代码 4-16。

```
import android.app.Activity;
import android.content.Intent;
import android.os.Bundle;
import android.view.View;
import android.view.View.OnClickListener;
import android.widget.Button;
public class ImplicitMainActivity extends Activity {
    private Button btn;
    @Override
    public void onCreate(Bundle savedInstanceState) {
        super.onCreate(savedInstanceState);
        setContentView(R.layout. implicit_intent_second_layout);
        btn = (Button) findViewById(R.id.btn);
        //响应按钮 btn 事件
        btn.setOnClickListener(new OnClickListener() {
```

代码 4-16　ImplicitMainActivity.java

```
            @Override
            public void onClick(View v) {
                //实例化意图
                Intent it = new Intent();
                //设置 Intent 的行为属性
                it.setAction("com.android.activity.MY_ACTION");
                //启动活动
                startActivity(it);
            }
        });
    }
}
```

代码 4-16 （续）

（4）定义第二个用户界面活动，导入布局资源定义的界面，见代码 4-17。

```
import android.app.Activity;
import android.os.Bundle;
public class ImplicitSecondActivity extends Activity {
    @Override
    protected void onCreate(Bundle savedInstanceState) {
        super.onCreate(savedInstanceState);
        setContentView(R.layout. implicit_intent_second_layout);
    }
}
```

代码 4-17 ImplicitSecondActivity.java

5. 应用选择器

如果有多个应用响应隐式意图，则用户可以选择要使用的应用，并将其设置为该操作的默认选项。如果用户可能希望每次使用相同的应用执行某项操作(例如，打开网页时，用户往往倾向于仅使用一种网络浏览器)，则选择默认选项的功能十分有用。但是如果多个应用可以响应 Intent，且用户可能希望每次使用不同的应用，则应采用显式方式显示选择器对话框。选择器对话框会要求用户选择用于操作的应用(用户无法为该操作选择默认应用)。例如，当应用使用 ACTION_SEND 操作执行"共享"时，用户根据目前的状况可能需要使用另一不同的应用，因此应当始终使用选择器对话框，如图 4-1 所示。

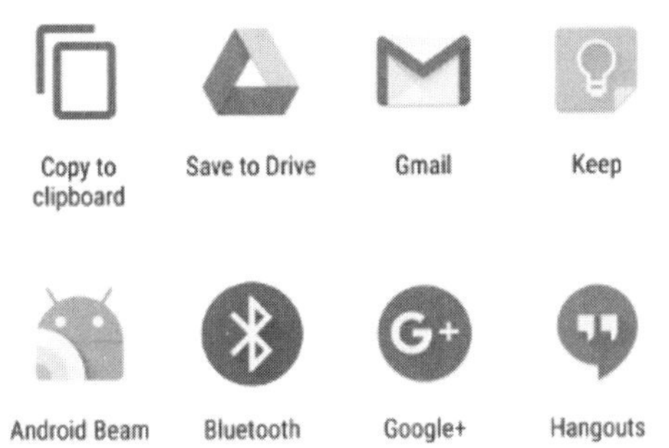

图 4-1 选择器对话框

要显示选择器，使用 createChooser()创建意图，并将其传递给 startActivity()，如下例所示。此示例将显示一个对话框，其中有响应传递给 createChooser()方法的意图应用列表，并且将提供的文本用作对话框标题。

```
Intent sendIntent = new Intent(Intent.ACTION_SEND);
...
//Always use string resources for UI text.
//This says something like "Share this photo with"
String title = getResources().getString(R.string.chooser_title);
//Create intent to show the chooser dialog
Intent chooser = Intent.createChooser(sendIntent, title);
//Verify the original intent will resolve to at least one activity
if (sendIntent.resolveActivity(getPackageManager()) != null) {
    startActivity(chooser);
}
```

代码 4-18　传递给 createChooser()方法的意图应用列表

4.1.4　数据传递

启动另一个活动(无论是应用中的活动还是其他应用中的活动)不一定是单向操作。也可以启动另一个活动并接收返回的结果。例如，应用可启动相机应用并接收拍摄的照片作为结果，或者可以启动"通讯录"应用以便用户选择联系人，并且将接收联系人详细信息作为结果。虽然所有 API 级别的 Activity 类均提供底层 startActivityForResult()和 onActivityResult() API，但安卓强烈建议使用 AndroidXActivity 和 Fragment 中引入的 Activity Result API。Activity Result API 提供了用于注册结果、启动结果以及在系统分派结果后对其进行处理的组件。

在启动活动以获取结果时，可能会出现进程和活动因内存不足而被销毁的情况；如果是使用相机等内存密集型操作，几乎可以确定会出现这种情况。因此，Activity Result API 会将结果回调从之前启动另一个活动的代码位置分离开来。由于在重新创建进程和活动时需要使用结果回调，因此每次创建活动时都必须无条件注册回调，即使启动另一个活动的逻辑仅基于用户输入内容或其他业务逻辑也是如此。位于 ComponentActivity 或 Fragment 中时，Activity Result API 会提供 registerForActivityResult() API，用于注册结果回调。registerForActivityResult()接收 ActivityResultContract 和 ActivityResultCallback 作为参数，并返回 ActivityResultLauncher，用来启动另一个活动。

ActivityResultContract 定义生成结果所需的输入类型以及结果的输出类型。这些 API 可为拍照和求权限等基本意图操作提供默认协定。还可以创建自己的自定义协定。ActivityResultCallback 是单一方法接口，带有 onActivityResult()方法，可接收 ActivityResultContract 中定义的输出类型的对象，代码如下。

```
//GetContent creates an ActivityResultLauncher<String> to allow you to pass
//in the mime type you'd like to allow the user to select
ActivityResultLauncher<String>mGetContent = registerForActivityResult(new
        GetContent(),
```

代码 4-19　ActivityResultCallback 方法接口

```
    new ActivityResultCallback<Uri>() {
        @Override
        public void onActivityResult(Uri uri) {
            //Handle the returned Uri
        }
});
```

代码 4-19 （续）

如果有多个使用不同协定或需要单独回调的活动结果调用，则可以多次调用 registerForActivityResult()，以注册多个 ActivityResultLauncher 实例。每次创建片段或活动时，都必须按照相同的顺序调用 registerForActivityResult()，才能确保将生成的结果传递给正确的回调。在片段或活动创建完毕之前可安全地调用 registerForActivityResult()，因此在为返回的 ActivityResultLauncher 实例声明成员变量时可以直接使用它。注意：虽然在片段或活动创建完毕之前可安全地调用 registerForActivityResult()，但在片段或活动的生命周期变为 CREATED 状态之前，无法启动 ActivityResultLauncher。虽然 registerForActivityResult()会注册回调，但它不会启动另一个活动并发出结果。这些操作由返回的 ActivityResultLauncher 实例负责。如果存在输入内容，启动器会接收与 ActivityResultContract 的类型匹配的输入内容。调用 launch()会启动生成结果的过程。当用户完成后续活动并返回时，系统将执行 ActivityResultCallback 中的 onActivityResult()，如以下代码所示。

```
ActivityResultLauncher<String>mGetContent = registerForActivityResult(new
    GetContent(),
    new ActivityResultCallback<Uri>() {
        @Override
        public void onActivityResult(Uri uri) {
            //Handle the returned Uri
        }
});

@Override
public void onCreate(@Nullable savedInstanceState: Bundle) {
    //...
    Button selectButton = findViewById(R.id.select_button);
    selectButton.setOnClickListener(new OnClickListener() {
        @Override
        public void onClick(View view) {
            //Pass in the mime type you'd like to allow the user to select
            //as the input
            mGetContent.launch("image/*");
        }
    });
}
```

代码 4-20　调用 launch()方法

除了传递输入内容之外，launch()的重载版本还允许传递 ActivityOptionsCompat。注意：由于在调用 launch()与触发 onActivityResult()回调的两个时间点之间，进程和活动可能会被销毁，因此处理结果所需的任何其他状态都必须与这些 API 分开保存和恢复。

虽然 ComponentActivity 和 Fragment 类通过实现 ActivityResultCaller 接口来允许使用 registerForActivityResult()，但也可以直接使用 ActivityResultRegistry 在未实现 ActivityResultCaller 的单独类中接收活动结果。可能需要实现一个 LifecycleObserver，用于处理协定的注册和启动器的启动，代码如下。

```
class MyLifecycleObserver implements DefaultLifecycleObserver {
    private final ActivityResultRegistrymRegistry;
    private ActivityResultLauncher<String>mGetContent;
    MyLifecycleObserver(@NonNull ActivityResultRegistry registry) {
        mRegistry = registry;
    }
    public void onCreate(@NonNull LifecycleOwner owner) {
        //...
        mGetContent = mRegistry.register("key", owner, new GetContent(),
            new ActivityResultCallback<Uri>() {
                @Override
                public void onActivityResult(Uri uri) {
                    //Handle the returned Uri
                }
            });
    }
    public void selectImage() {
        //Open the activity to select an image
        mGetContent.launch("image/ * ");
    }
}
class MyFragment extends Fragment {
    private MyLifecycleObservermObserver;
    @Override
    void onCreate(Bundle savedInstanceState) {
        //...
        mObserver = new MyLifecycleObserver(
                            requireActivity().getActivityResultRegistry());
        getLifecycle().addObserver(mObserver);
    }
    @Override
    void onViewCreated(@NonNull View view, @Nullable Bundle savedInstanceState) {
        Button selectButton = findViewById(R.id.select_button);
        selectButton.setOnClickListener(new OnClickListener() {
            @Override
            public void onClick(View view) {
                mObserver.selectImage();
            }
        });
    }
}
```

代码 4-21 实现一个 LifecycleObserver

使用 ActivityResultRegistry 时，强烈建议使用可接受 LifecycleOwner 作为参数的 API，因为 LifecycleOwner 会在生命被销毁时自动移除已注册的启动器。不过，如果 LifecycleOwner

不存在，每个 ActivityResultLauncher 类都允许手动调用 unregister()作为替代。

虽然包含一些预先构建的可用 ActivityResultContract 类，但可以使用自己的协定，提供所需要的精确类型安全 API。每个 ActivityResultContract 都需要定义输入和输出类，如果不需要任何输入可使用 Void 作为输入类型。每个协定都必须实现 createIntent()方法，该方法接受 Context 和输入内容作为参数，并构造将与 startActivityForResult()配合使用的意图。每个协定还必须实现 parseResult()，这会根据指定的 resultCode(如 Activity.RESULT_OK 或 Activity.RESULT_CANCELED)和意图生成输出内容。如果无须调用 createIntent()、启动另一个活动并借助 parseResult()来构建结果即可确定指定输入内容的结果，协定可以选择性地实现 getSynchronousResult()，代码如下。

```
public class PickRingtone extends ActivityResultContract<Integer, Uri> {
    @NonNull
    @Override
    public Intent createIntent(@NonNull Context context,
                               @NonNull Integer ringtoneType) {
        Intent intent = new Intent(Intent.ACTION_GET_CONTENT);
        intent.putExtra(RingtoneManager.EXTRA_RINGTONE_TYPE,
                        ringtoneType.intValue());
        return intent;
    }
    @Override
    public Uri parseResult(int resultCode, @Nullable Intent result) {
        if (resultCode != Activity.RESULT_OK || result == null) {
            return null;
        }
        return result.getParcelableExtra(RingtoneManager.EXTRA_RINGTONE_
PICKED_URI);
    }
}
```

代码 4-22　另一个活动借助 parseResult()来构建结果

如果不需要自定义协定，则可以使用 StartActivityForResult 协定。这是一个通用协定，它可接收任何意图作为输入内容并返回 ActivityResult，能够在回调中提取 resultCode 和 Intent，如以下示例所示。

```
ActivityResultLauncher<Intent>mStartForResult = registerForActivityResult(
                        new StartActivityForResult(),
                        new ActivityResultCallback<ActivityResult>() {
    @Override
    public void onActivityResult(ActivityResult result) {
        if (result.getResultCode() == Activity.RESULT_OK) {
            Intent intent = result.getData();
            //Handle the Intent
        }
    }
});
```

代码 4-23　在回调中提取 resultCode 和 Intent

```
@Override
public void onCreate(@Nullable savedInstanceState: Bundle) {
    //...
    Button startButton = findViewById(R.id.start_button);
    startButton.setOnClickListener(new OnClickListener() {
        @Override
        public void onClick(View view) {
            //The launcher with the Intent you want to start
            mStartForResult.launch(new Intent(this,
                                    ResultProducingActivity.class));
        }
    });
}
```

代码 4-23 （续）

使用意图实现数据传递无论是显式还是隐式，都需要有以下几个步骤。

(1) 定义传递数据的活动，也就是通过布局文件设计活动的界面，并创建相互转换的几个活动，它们之间需要数据转换或需要在某种情况下进行切换。

(2) 在活动中创建意图，设定所传递元素的值，即需传递的数据；或者设定所要切换的活动。

(3) 声明活动以及意图过滤器，这一步在 manifest.xml 中声明所创建的活动，并且根据显式还是隐式的设置设定相应的意图过滤器。

无论是显式还是隐式意图，除了可以启动和激活其他的组件之外，还可以同时携带需要传递到另一个组件的信息。例如，在一个活动中提供给用户输入界面，完成多个信息输入，然后启动另一个活动，在第二个活动上进行信息的处理和输出。要实现这种功能，可以在第一个活动中创建意图对象，设置意图的启动条件，也就是设置显式意图或隐式意图的过滤条件，同时把用户输入的信息也放入这个意图。这样在第二个活动接收这个意图时，就可以从意图对象中读出用户输入的信息了。类似的信息可以在意图对象的 Extra 字段中存储。下面这个例子实现在 DataTransferFirstActivity 和 DataTransferSecondActivity 之间传递用户输入信息的功能，代码 4-24 在这里给出意图对象设置的主要代码，可以按照前面隐式的意图使用方式来编写应用程序。

```
import android.content.ComponentName;
import android.content.Intent;
import android.os.Bundle;
import android.util.Log;
import android.view.View;
import android.view.View.OnClickListener;
import android.widget.Button;
import android.widget.EditText;
import android.widget.Toast;
import androidx.activity.result.ActivityResultLauncher;
import androidx.activity.result.contract.ActivityResultContracts;
import androidx.appcompat.app.AppCompatActivity;
```

代码 4-24 DataTransferFirstActivity

```
import com.example.ch05.R;
public class DataTransferFirstActivity extends AppCompatActivity {
    private static final String TAG = "DataTransferFirstActivity";
    private final ActivityResultLauncher<Intent>mStartForResult =
                registerForActivityResult(new
                ActivityResultContracts.StartActivityForResult(), result -> {
        final int resultCode = result.getResultCode();
        final Intent data = result.getData();
        Log.d(TAG, " resultCode: " + resultCode + " data: " + data);
        if (result.getResultCode() == AppCompatActivity.RESULT_OK) {
            if (data.hasExtra("returnKey")) {
                Toast.makeText(
                        this,
                        "通过第一个按钮返回的结果:"
                         + data.getExtras().getString("returnKey"),
                         Toast.LENGTH_LONG).show();
            }
        }
    });
    private final ActivityResultLauncher<Intent> mStartForResult2 =
                registerForActivityResult(new
                ActivityResultContracts.StartActivityForResult(), result -> {
        final int resultCode = result.getResultCode();
        final Intent data = result.getData();
        Log.d(TAG, " resultCode: " + resultCode + " data: " + data);
        if (result.getResultCode() == AppCompatActivity.RESULT_OK) {
            //处理成功时
            if (data.hasExtra("returnKey")) {
                Toast.makeText(
                        this,
                        "通过第二个按钮返回的结果:"
                         + data.getExtras().getString("returnKey"),
                         Toast.LENGTH_LONG).show();
            }
        }
    });
    private Intent i;
    private EditText edittext01;
    private EditText edittext02;
    private Button button01;
    private Button button02;
    @Override
    public void onCreate(Bundle savedInstanceState) {
        super.onCreate(savedInstanceState);
        setContentView(R.layout.c05_activity_first_layout);
        i = new Intent();
        i.setComponent(new ComponentName(
                "com.example.ch05",
                "com.example.ch05.intent.DataTransferSecondActivity"));
        edittext01 = (EditText) findViewById(R.id.edittext01);
        edittext02 = (EditText) findViewById(R.id.edittext02);
```

代码 4-24 （续）

```
        button01 = (Button) findViewById(R.id.button01);
        button01.setOnClickListener(new OnClickListener() {
            @Override
            public void onClick(View v) {
                //TODO Auto-generated method stub
                i.putExtra("Value", edittext01.getText().toString());
                mStartForResult.launch(i);
            }
        });
        button02 = (Button) findViewById(R.id.button02);
        button02.setOnClickListener(new OnClickListener() {
            @Override
            public void onClick(View v) {
                //TODO Auto-generated method stub
                i.putExtra("Value", edittext02.getText().toString());
                mStartForResult2.launch(i);
            }
        });
    }
}
```

代码 4-24 （续）

第二个活动代码如下。

```
import android.content.Intent;
import android.os.Bundle;
import android.view.View;
import android.widget.EditText;

import androidx.appcompat.app.AppCompatActivity;

import com.example.ch05.R;

public class DataTransferSecondActivity extends AppCompatActivity {

    private static final String TAG = "DataTransferSecondActivity";
    /** Called when the activity is first created. * /
    @Override
    public void onCreate(Bundle bundle) {
        super.onCreate(bundle);
        setContentView(R.layout.c05_activity_second_layout);
        Bundle extras = getIntent().getExtras();
        if (extras == null) {
            return;
        }
        String value = extras.getString("Value");
        if (value != null) {
            EditText text = (EditText) findViewById(R.id.input);
            text.setText(value);
        }
```

代码 4-25 DataTransferSecondActivity

```
        }
        public void onClick(View view) {
            finish();
        }
        @Override
        public void finish() {
            Intent data = new Intent();
            //Return some hard-coded values
            data.putExtra("returnKey", "You could be better then you are. ");
            setResult(RESULT_OK, data);
            super.finish();
        }
    }
```

代码 4-25 (续)

代码运行效果如图 4-2 和图 4-3 所示。

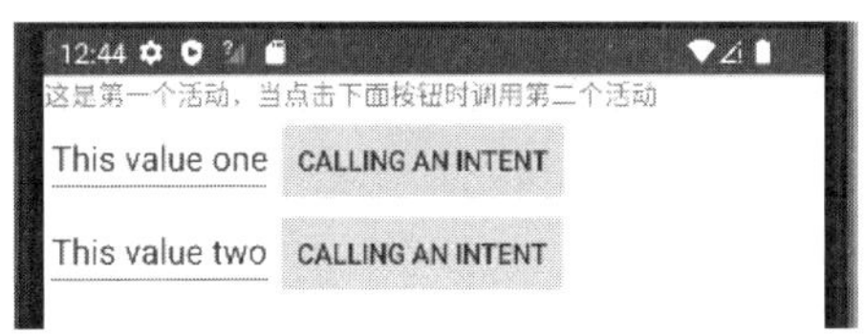

图 4-2 第一个活动

图 4-3 第二个活动

4.1.5 常用意图

通过描述在某个意图对象中执行的简单操作(如“查看地图”或“拍摄照片”)来启动另一个应用中的某个活动,称作隐式意图,因为它并不指定要启动的应用组件,而是指定一项操作并提供执行该操作所需的一些数据。当调用 startActivity()或 startActivityForResult()并向其传递隐式意图时,系统会将意图解析为可处理该意图的应用并启动其对应的活动。如果有多个应用可处理意图,系统会为用户显示一个对话框,供其选择要使用的应用。本节介绍几种可用于执行常见操作的隐式意图,按处理意图的应用类型分成不同部分。此外,每个部分还介绍如何创建意图过滤器来公布应用执行相应操作的能力。注意:如果设备上没有可接收隐式意图的应用,应用将在调用 startActivity()时崩溃,意图对象事先调用 resolveActivity()验证是否存在可接收意图的应用,如果结果为非空,则至少有一个应用能够处理该意图,并且可以安全调用 startActivity()。如果结果为空,则不应使用该意图,如有可能应禁用调用该意图的功能。

1. 闹钟

如需创建新闹铃,使用 ACTION_SET_ALARM 操作并使用下文介绍的 extra 指定时间和消息等闹铃详细信息。注意:Android 2.3(API 级别 9)及更低版本上只提供小时、分钟和消息,其他的额外信息是在更新版本的平台上新增的。

(1) 行为:ACTION_SET_ALARM。

(2) 数据 URI:无。

(3) MIME 类型:无。

（4）附加信息。

- EXTRA_HOUR：闹铃的小时。
- EXTRA_MINUTES：闹铃的分钟。
- EXTRA_MESSAGE：用于标识闹铃的自定义消息。
- EXTRA_DAYS：一个 ArrayList，其中包括应重复触发该闹铃的每个工作日。每一天都必须使用 Calendar 类中的某个整型值（如 MONDAY）进行声明。对于一次性闹铃，无须指定此信息。
- EXTRA_RINGTONE：一个 content：URI，用于指定闹铃使用的铃声，也可指定 VALUE_RINGTONE_SILENT 以不使用铃声。如需使用默认铃声，则无须指定此信息。
- EXTRA_VIBRATE：一个布尔型值，用于指定该闹铃触发时是否振动。
- EXTRA_SKIP_UI：一个布尔型值，用于指定响应闹铃的应用在设置闹铃时是否应跳过其 UI。若为 true，则应用应跳过任何确认 UI，直接设置指定的闹铃。

示例意图：

```
public void createAlarm(String message, int hour, int minutes) {
    Intent intent = new Intent(AlarmClock.ACTION_SET_ALARM)
    .putExtra(AlarmClock.EXTRA_MESSAGE, message)
    .putExtra(AlarmClock.EXTRA_HOUR, hour)
    .putExtra(AlarmClock.EXTRA_MINUTES, minutes);
    if (intent.resolveActivity(getPackageManager()) != null) {
        startActivity(intent);
    }
}
```

代码 4-26　闹钟意图

注意：为了调用 ACTION_SET_ALARM 意图，应用必须具有 SET_ALARM 权限。

```
<uses-permission android:name="com.android.alarm.permission.SET_ALARM" />
```

代码 4-27　SET_ALARM 权限

示例意图过滤器：

```
<activity ...>
<intent-filter>
<action android:name="android.intent.action.SET_ALARM" />
<category android:name="android.intent.category.DEFAULT" />
</intent-filter>
</activity>
```

代码 4-28　意图过滤器

如需创建倒计时器，使用 ACTION_SET_TIMER 操作并使用下文介绍的附加信息指定持续时间等定时器详细信息。注意：此意图在 Android 4.4（API 级别 19）中添加。

（1）行为：ACTION_SET_TIMER。

（2）数据 URI：无。

（3）MIME类型：无。

（4）附加信息。

- EXTRA_LENGTH：以秒为单位的定时器定时长度。
- EXTRA_MESSAGE：用于标识定时器的自定义消息。
- EXTRA_SKIP_UI：一个布尔型值，用于指定响应定时器的应用在设置定时器时是否应跳过其界面。若为true，则应用应跳过任何确认界面，直接启动指定的定时器。

示例意图：

```
public void startTimer(String message, int seconds) {
    Intent intent = new Intent(AlarmClock.ACTION_SET_TIMER)
    .putExtra(AlarmClock.EXTRA_MESSAGE, message)
    .putExtra(AlarmClock.EXTRA_LENGTH, seconds)
    .putExtra(AlarmClock.EXTRA_SKIP_UI, true);
    if (intent.resolveActivity(getPackageManager()) != null) {
        startActivity(intent);
    }
}
```

代码 4-29　倒计时器

注意：为了调用ACTION_SET_TIMER Intent，应用必须具有SET_ALARM权限（见代码4-27）。示例意图过滤器代码如下。

```
<activity ...>
<intent-filter>
<action android:name="android.intent.action.SET_TIMER" />
<category android:name="android.intent.category.DEFAULT" />
</intent-filter>
</activity>
```

代码 4-30　意图过滤器

如需显示闹铃列表，使用ACTION_SHOW_ALARMS行为。尽管调用此意图的应用并不多（使用它的主要是系统应用），但任何充当闹钟的应用都应实现此意图过滤器，并通过显示现有闹铃列表做出响应。注意：此意图在Android 4.4（API级别19）中添加。

（1）行为：ACTION_SHOW_ALARMS。

（2）数据URI：无。

（3）MIME类型：无。

示例意图过滤器：

```
<activity ...>
<intent-filter>
<action android:name="android.intent.action.SHOW_ALARMS" />
<category android:name="android.intent.category.DEFAULT" />
</intent-filter>
</activity>
```

代码 4-31　意图过滤器

2. 日历

如需向用户的日历添加新事件，使用 ACTION_INSERT 行为并指定具有 Events.CONTENT_URI 的数据 URI。然后就可以使用下文介绍的附加信息指定事件的各类详细信息。

（1）行为：ACTION_INSERT。

（2）数据 URI：Events.CONTENT_URI。

（3）MIME 类型："vnd.android.cursor.dir/event"。

（4）附加信息。

- EXTRA_EVENT_ALL_DAY：一个布尔型值，指定此事件是否为全天事件。
- EXTRA_EVENT_BEGIN_TIME：事件的开始时间（从新纪年开始计算的毫秒数）。
- EXTRA_EVENT_END_TIME：事件的结束时间（从新纪年开始计算的毫秒数）。
- TITLE：事件标题。
- DESCRIPTION：事件说明。
- EVENT_LOCATION：事件地点。
- EXTRA_EMAIL：以逗号分隔的受邀者电子邮件地址列表。可使用 CalendarContract.EventsColumns 类中定义的常量指定许多其他事件详细信息。

示例意图：

```
public void addEvent(String title, String location, long begin, long end) {
    Intent intent = new Intent(Intent.ACTION_INSERT)
    .setData(Events.CONTENT_URI)
    .putExtra(Events.TITLE, title)
    .putExtra(Events.EVENT_LOCATION, location)
    .putExtra(CalendarContract.EXTRA_EVENT_BEGIN_TIME, begin)
    .putExtra(CalendarContract.EXTRA_EVENT_END_TIME, end);
    if (intent.resolveActivity(getPackageManager()) != null) {
        startActivity(intent);
    }
}
```

代码 4-32　向用户的日历添加新事件

示例意图过滤器：

```
<activity ...>
<intent-filter>
<action android:name="android.intent.action.INSERT" />
<data android:mimeType="vnd.android.cursor.dir/event" />
<category android:name="android.intent.category.DEFAULT" />
</intent-filter>
</activity>
```

代码 4-33　意图过滤器

3. 相机

如需打开相机应用并接收拍摄的照片或视频，使用 ACTION_IMAGE_CAPTURE 或 ACTION_VIDEO_CAPTURE 行为。此外，还可在 EXTRA_OUTPUT 中指定希望相机将照片或视频保存到的 URI 位置。

(1) 行为：ACTION_IMAGE_CAPTURE 或 ACTION_VIDEO_CAPTURE。

(2) 数据 URI：无。

(3) MIME 类型：无。

(4) 附加信息。

EXTRA_OUTPUT：相机应用应将照片或视频文件保存到的 URI 位置(以 URI 对象形式)。

当相机应用成功将焦点归还给活动(应用收到 onActivityResult()回调)时，可以按通过 EXTRA_OUTPUT 值指定的 URI 访问照片或视频。注意：当使用 ACTION_IMAGE_CAPTURE 拍摄照片时，相机可能还会在结果意图中返回缩小尺寸的照片副本(缩略图)，这个副本以 Bitmap 形式保存在名为"data"的附加信息字段中。示例意图：

```
static final int REQUEST_IMAGE_CAPTURE = 1;
static final Uri locationForPhotos;
public void capturePhoto(String targetFilename) {
    Intent intent = new Intent(MediaStore.ACTION_IMAGE_CAPTURE);
    intent.putExtra(MediaStore.EXTRA_OUTPUT,
    Uri.withAppendedPath(locationForPhotos, targetFilename));
    if (intent.resolveActivity(getPackageManager()) != null) {
        startActivityForResult(intent, REQUEST_IMAGE_CAPTURE);
    }
}

@Override
protected void onActivityResult(int requestCode, int resultCode, Intent data) {
    if (requestCode == REQUEST_IMAGE_CAPTURE &&resultCode == RESULT_OK) {
        Bitmap thumbnail = data.getParcelableExtra("data");
        //Do other work with full size photo saved in locationForPhotos
        ...
    }
}
```

代码 4-34　打开相机应用并接收拍摄的照片或视频

如需了解有关如何使用此意图拍摄照片的详细信息，包括如何创建与输出位置相适应的 URI，阅读只拍摄照片或只拍摄视频。

示例意图过滤器：

```
<activity ...>
<intent-filter>
<action android:name="android.media.action.IMAGE_CAPTURE" />
<category android:name="android.intent.category.DEFAULT" />
</intent-filter>
</activity>
```

代码 4-35　意图过滤器

处理此意图时，活动应检查传入意图中有无 EXTRA_OUTPUT，然后将拍摄的图像或视频保存在该附加信息指定的位置，并调用带意图的 setResult()，该意图将经过压缩的缩略图包括在名为"data"的附加信息中。如需以静态图像模式打开相机应用，使用 INTENT_

ACTION_STILL_IMAGE_CAMERA 行为。

(1) 行为：INTENT_ACTION_STILL_IMAGE_CAMERA。

(2) 数据 URI：无。

(3) MIME 类型：无。

(4) 附加信息：无。

示例意图：

```
public void capturePhoto() {
    Intent intent = new Intent(MediaStore.INTENT_ACTION_STILL_IMAGE_CAMERA);
    if (intent.resolveActivity(getPackageManager()) != null) {
        startActivityForResult(intent, REQUEST_IMAGE_CAPTURE);
    }
}
```

代码 4-36 以静态图像模式打开相机应用

示例意图过滤器：

```
<activity ...>
<intent-filter>
<action android:name="android.media.action.STILL_IMAGE_CAMERA" />
<category android:name="android.intent.category.DEFAULT" />
</intent-filter>
</activity>
```

代码 4-37 意图过滤器

如需以视频模式打开相机应用，使用 INTENT_ACTION_VIDEO_CAMERA 行为。

(1) 行为：INTENT_ACTION_VIDEO_CAMERA。

(2) 数据 URI：无。

(3) MIME 类型：无。

(4) 附加信息：无。

示例意图：

```
public void capturePhoto() {
    Intent intent = new Intent(MediaStore.INTENT_ACTION_VIDEO_CAMERA);
    if (intent.resolveActivity(getPackageManager()) != null) {
        startActivityForResult(intent, REQUEST_IMAGE_CAPTURE);
    }
}
```

代码 4-38 以视频模式打开相机应用

示例意图过滤器：

```
<activity ...>
<intent-filter>
```

代码 4-39 意图过滤器

```
<action android:name="android.media.action.VIDEO_CAMERA" />
<category android:name="android.intent.category.DEFAULT" />
</intent-filter>
</activity>
```

代码 4-39　（续）

4. 联系人

如需让用户选择联系人和为应用提供对所有联系人信息的访问权限，使用 ACTION_PICK 行为，并将 MIME 类型指定为 Contacts.CONTENT_TYPE。传送至 onActivityResult() 回调的结果意图包含指向所选联系人的 content：URI。响应会利用 Contacts Provider API 为应用授予该联系人的临时读取权限，即使应用不具备 READ_CONTACTS 权限也没有关系。提示：如果只需要访问某一条联系人信息（如电话号码或电子邮件地址），改为参见下一节中如何选择特定联系人数据的内容。

（1）行为：ACTION_PICK。

（2）数据 URI：无。

（3）MIME 类型：Contacts.CONTENT_TYPE。

示例意图：

```
static final int REQUEST_SELECT_CONTACT = 1;

public void selectContact() {
    Intent intent = new Intent(Intent.ACTION_PICK);
    intent.setType(ContactsContract.Contacts.CONTENT_TYPE);
    if (intent.resolveActivity(getPackageManager()) != null) {
        startActivityForResult(intent, REQUEST_SELECT_CONTACT);
    }
}

@Override
protected void onActivityResult(int requestCode,
                                int resultCode, Intent data) {
    if (requestCode == REQUEST_SELECT_CONTACT &&resultCode == RESULT_OK) {
        Uri contactUri = data.getData();
        //Do something with the selected contact at contactUri
        ...
    }
}
```

代码 4-40　让用户选择联系人和为应用提供对所有联系人信息的访问权限

使用以上意图检索联系人 URI 时，读取该联系人的详情并不需要 READ_CONTACTS 权限。如需让用户选择某一条具体的联系人信息，如电话号码、电子邮件地址或其他数据类型，使用 ACTION_PICK 行为，并将 MIME 类型指定为下列其中一个内容类型，例如 CommonDataKinds.Phone.CONTENT_TYPE，以获取联系人的电话号码。如果只需要检索一种类型的联系人数据，则将此方法与来自 ContactsContract.CommonDataKinds 类的 CONTENT_TYPE 配合使用要比使用 Contacts.CONTENT_TYPE 更高效（如上一部分所示），因为结果可直接访问所需数据，无须对联系人提供程序执行更复杂的查询。传送至的 onActivityResult()回调的结果意图包含指向所选联系人数据的 content：URI。响应会为应用授予该联系人数据的临时读取权限，即使应用不具备 READ_CONTACTS 权限也没有关系。

（1）行为：ACTION_PICK。

（2）数据 URI：无。

（3）MIME 类型。

- CommonDataKinds.Phone.CONTENT_TYPE：从有电话号码的联系人中选取。
- CommonDataKinds.Email.CONTENT_TYPE：从有电子邮件地址的联系人中选取。
- CommonDataKinds.StructuredPostal.CONTENT_TYPE：从有邮政地址的联系人中选取。
- 或者 ContactsContract 下众多其他 CONTENT_TYPE 值中的一个。

示例意图：

```
static final int REQUEST_SELECT_PHONE_NUMBER = 1;
public void selectContact() {
    //Start an activity for the user to pick a phone number from contacts
    Intent intent = new Intent(Intent.ACTION_PICK);
    intent.setType(CommonDataKinds.Phone.CONTENT_TYPE);
    if (intent.resolveActivity(getPackageManager()) != null) {
        startActivityForResult(intent, REQUEST_SELECT_PHONE_NUMBER);
    }
}

@Override
protected void onActivityResult(int requestCode, int resultCode,
                                  Intent data) {
    if (requestCode == REQUEST_SELECT_PHONE_NUMBER &&resultCode
                == RESULT_OK) {
        //Get the URI and query the content provider for the phone number
        Uri contactUri = data.getData();
        String[] projection = new String[]{CommonDataKinds.Phone.NUMBER};
        Cursor cursor = getContentResolver().query(contactUri, projection,
                    null, null, null);
        //If the cursor returned is valid, get the phone number
        if (cursor != null &&cursor.moveToFirst()) {
            int numberIndex = cursor.getColumnIndex(CommonDataKinds.Phone.NUMBER);
            String number = cursor.getString(numberIndex);
            //Do something with the phone number
            //...
        }
    }
}
```

代码 4-41 使用 ACTION_PICK 行为

如需显示已知联系人的详情，使用 ACTION_VIEW 行为，并使用 content：URI 作为意图数据指定联系人。初次检索联系人 URI 的方法主要有两种：使用 ACTION_PICK 返回联系人的URI(此方法不需要任何应用权限);直接访问所有联系人的列表,如检索联系人列表所述(此方法需要READ_CONTACTS权限)。

(1) 行为:ACTION_VIEW。

(2) 数据URI:content:<URI>。

(3) MIME类型:无。该类型是从联系人URI推断得出。

示例意图:

```
public void viewContact(Uri contactUri) {
    Intent intent = new Intent(Intent.ACTION_VIEW, contactUri);
    if (intent.resolveActivity(getPackageManager()) != null) {
        startActivity(intent);
    }
}
```

代码4-42　显示已知联系人的详情

如需编辑已知联系人,使用ACTION_EDIT行为,使用content:URI作为意图数据指定联系人,并将额外信息中由常量指定的任何已知联系人信息包括在ContactsContract.Intents.Insert中。初次检索联系人URI的方法主要有两种:使用ACTION_PICK返回的联系人URI(此方法不需要任何应用权限);直接访问所有联系人的列表,如检索联系人列表所述(此方法需要READ_CONTACTS权限)。

(1) 行为:ACTION_EDIT。

(2) 数据URI:content:<URI>。

(3) MIME类型:该类型是从联系人URI推断得出。

(4) 额外信息:ContactsContract.Intents.Insert中定义的一个或多个,以便填充联系人详情字段。

示例意图:

```
public void editContact(Uri contactUri, String email) {
    Intent intent = new Intent(Intent.ACTION_EDIT);
    intent.setData(contactUri);
    intent.putExtra(Intents.Insert.EMAIL, email);
    if (intent.resolveActivity(getPackageManager()) != null) {
        startActivity(intent);
    }
}
```

代码4-43　编辑已知联系人

如需插入新联系人,使用ACTION_INSERT行为,将Contacts.CONTENT_TYPE指定为MIME类型,并将额外信息中由常量指定的任何已知联系人信息包括在ContactsContract.Intents.Insert中。

(1) 行为:ACTION_INSERT。

(2) 数据URI:无。

(3) MIME类型:Contacts.CONTENT_TYPE。

(4) 额外信息:ContactsContract.Intents.Insert中定义的一个或多个。

示例意图：

```
public void insertContact(String name, String email) {
    Intent intent = new Intent(Intent.ACTION_INSERT);
    intent.setType(Contacts.CONTENT_TYPE);
    intent.putExtra(Intents.Insert.NAME, name);
    intent.putExtra(Intents.Insert.EMAIL, email);
    if (intent.resolveActivity(getPackageManager()) != null) {
        startActivity(intent);
    }
}
```

代码 4-44　插入新联系人

5. 电子邮件

如需撰写电子邮件，根据其是否包括附件使用以下其中一项行为，并使用下列额外信息加入收件人和主题等电子邮件详情。

(1) 行为。

- ACTION_SENDTO(适用于不带附件)。
- ACTION_SEND(适用于带一个附件)。
- ACTION_SEND_MULTIPLE(适用于带多个附件)。

(2) 数据 URI：无。

(3) MIME 类型。

- "text/plain"。
- "*/*"。

(4) 额外信息。

- Intent.EXTRA_EMAIL：包含所有“主送”收件人电子邮件地址的字符串数组。
- Intent.EXTRA_CC：包含所有“抄送”收件人电子邮件地址的字符串数组。
- Intent.EXTRA_BCC：包含所有“密件抄送”收件人电子邮件地址的字符串数组。
- Intent.EXTRA_SUBJECT：包含电子邮件主题的字符串。
- Intent.EXTRA_TEXT：包含电子邮件正文的字符串。
- Intent.EXTRA_STREAM：指向附件的 URI。如果使用的是 ACTION_SEND_MULTIPLE 行为，应将其改为包含多个 URI 对象的 ArrayList。

示例意图：

```
public void composeEmail(String[] addresses, String subject, Uri attachment) {
    Intent intent = new Intent(Intent.ACTION_SEND);
    intent.setType("*/*");
    intent.putExtra(Intent.EXTRA_EMAIL, addresses);
    intent.putExtra(Intent.EXTRA_SUBJECT, subject);
    intent.putExtra(Intent.EXTRA_STREAM, attachment);
    if (intent.resolveActivity(getPackageManager()) != null) {
        startActivity(intent);
    }
}
```

代码 4-45　撰写电子邮件

如果想确保意图只由电子邮件应用(而非其他短信或社交应用)进行处理,则需使用ACTION_SENDTO行为并加入"mailto:"数据架构。例如:

```
public void composeEmail(String[] addresses, String subject) {
    Intent intent = new Intent(Intent.ACTION_SENDTO);
    intent.setData(Uri.parse("mailto:")); //only email apps should handle this
    intent.putExtra(Intent.EXTRA_EMAIL, addresses);
    intent.putExtra(Intent.EXTRA_SUBJECT, subject);
    if (intent.resolveActivity(getPackageManager()) != null) {
        startActivity(intent);
    }
}
```

代码 4-46　撰写电子邮件进行处理

示例意图过滤器:

```
<activity ...>
<intent-filter>
<action android:name="android.intent.action.SEND" />
<data android:type="*/*" />
<category android:name="android.intent.category.DEFAULT" />
</intent-filter>
<intent-filter>
<action android:name="android.intent.action.SENDTO" />
<data android:scheme="mailto" />
<category android:name="android.intent.category.DEFAULT" />
</intent-filter>
</activity>
```

代码 4-47　意图过滤器

6. 文件存储

如需求用户选择文档或照片等文件并向应用返回文件引用,可使用ACTION_GET_CONTENT行为并指定所需MIME类型。向应用返回的文件引用对活动的当前生命周期而言是瞬态引用,因此如果想稍后进行访问,就必须导入可在稍后读取的副本。用户还可利用此意图在进程中创建新文件(例如,用户可以不选择现有照片,而是用相机拍摄新照片)。传送至onActivityResult()方法的结果意图包括的数据具有指向该文件的URI。该URI可以是任何类型,如http:URI、file:URI或content:URI。不过,如果想将可选择的文件限定为可从内容提供程序(content:URI)访问的文件,以及通过openFileDescriptor()以文件流形式提供的文件,则应该为意图添加CATEGORY_OPENABLE类别。在Android 4.3(API级别18)及更高版本上,还可以通过为意图添加EXTRA_ALLOW_MULTIPLE并将其设置为true,允许用户选择多个文件。然后就可以在由getClipData()返回的ClipData对象中访问每一个选定的文件。

(1) 行为:ACTION_GET_CONTENT。

(2) 数据URI:无。

(3) MIME类型:与用户应选择的文件类型对应的MIME类型。

(4) 附加信息。

- EXTRA_ALLOW_MULTIPLE:一个布尔型值,声明用户是否可以一次选择多个文件。

- EXTRA_LOCAL_ONLY：一个布尔型值，声明是否返回的文件必须直接存在于设备上，而不是需要从远程服务下载。

(5) 类别(可选)。

CATEGORY_OPENABLE：只返回可通过 openFileDescriptor()以文件流形式表示的“可打开”文件。

用于获取照片的示例意图：

```
static final int REQUEST_IMAGE_GET = 1;

public void selectImage() {
    Intent intent = new Intent(Intent.ACTION_GET_CONTENT);
    intent.setType("image/ * ");
    if (intent.resolveActivity(getPackageManager()) != null) {
        startActivityForResult(intent, REQUEST_IMAGE_GET);
    }
}

@Override
protected void onActivityResult(int requestCode, int resultCode,
                                Intent data) {
    if (requestCode == REQUEST_IMAGE_GET &&resultCode == RESULT_OK) {
        Bitmap thumbnail = data.getParcelable("data");
        Uri fullPhotoUri = data.getData();
        //Do work with photo saved at fullPhotoUri
        ...
    }
}
```

代码 4-48　获取照片的示例意图

用于返回照片的示例意图过滤器：

```
<activity ...>
<intent-filter>
<action android:name="android.intent.action.GET_CONTENT" />
<data android:type="image/ * " />
<category android:name="android.intent.category.DEFAULT" />
<!-- The OPENABLE category declares that the returned file is accessible
         from a content provider that supports OpenableColumns
         and ContentResolver.openFileDescriptor() -->
<category android:name="android.intent.category.OPENABLE" />
</intent-filter>
</activity>
```

代码 4-49　意图过滤器

在 Android 4.4 或更高版本上运行时，可以不必检索必须导入应用的文件副本（使用 ACTION_GET_CONTENT 行为），而是使用 ACTION_OPEN_DOCUMENT 行为并指定 MIME 类型，打开由另一个应用管理的文件。如果还需要允许用户创建应用可写入的新文档，可改用ACTION_CREATE_DOCUMENT行为。例如，ACTION_CREATE_DOCUMENT意图允许用户选择他们想在哪里创建新PDF文档(在另一个管理文档存储的应用内)，而不是从现有文档中进行选择。应用随后会收到其可以写入新文档的URI位置。尽管从ACTION_GET_CONTENT行为传递至onActivityResult()方法的意图可能返回任何类型的URI，来自ACTION_OPEN_DOCUMENT和ACTION_CREATE_DOCUMENT的结果意图始终将所选文件指定为DocumentsProvider支持的content：URI。可以通过openFileDescriptor()打开该文件，并使用DocumentsContract.Document中的列查询其详细信息。返回的URI会为应用授予对文件的长期读取权限(还可能会授予写入权限)。因此，如果想读取现有文件而不将其副本导入应用，或者想就地打开和编辑文件，特别适合使用ACTION_OPEN_DOCUMENT行为(而不是使用ACTION_GET_CONTENT)。

还可以通过为意图添加EXTRA_ALLOW_MULTIPLE并将其设置为true，允许用户选择多个文件。如果用户只选择一项，就可以从getData()检索该项目。如果用户选择多项，则getData()返回null，此时必须改为从getClipData()返回的ClipData对象检索每个项目。注意：意图必须指定MIME类型，并且必须声明CATEGORY_OPENABLE类别。必要时，可以使用EXTRA_MIME_TYPES extra添加一个MIME类型数组来指定多个MIME类型。如果这样做，必须将setType()中的主MIME类型设置为“*/*”。

(1) 行为：ACTION_OPEN_DOCUMENT或ACTION_CREATE_DOCUMENT。

(2) 数据URI：无。

(3) MIME类型：与用户应选择的文件类型对应的MIME类型。

(4) 附加消息。

- EXTRA_MIME_TYPES：与应用需求的文件类型对应的MIME类型数组。当使用此附加消息时，必须在setType()中将主MIME类型设置为“*/*”。
- EXTRA_ALLOW_MULTIPLE：一个布尔型值，声明用户是否可以一次选择多个文件。
- EXTRA_TITLE：与ACTION_CREATE_DOCUMENT配合使用，用于指定初始文件名。
- EXTRA_LOCAL_ONLY：一个布尔型值，声明是否返回的文件必须直接存在于设备上，而不是需要从远程服务下载。

(5) 类别。

CATEGORY_OPENABLE：只返回可通过openFileDescriptor()以文件流形式表示的“可打开”文件。

用于获取照片的示例意图：

```
static final int REQUEST_IMAGE_OPEN = 1;

public void selectImage() {
    Intent intent = new Intent(Intent.ACTION_OPEN_DOCUMENT);
    intent.setType("image/*");
```

代码4-50 获取照片的示例意图

```
    intent.addCategory(Intent.CATEGORY_OPENABLE);
    //Only the system receives the ACTION_OPEN_DOCUMENT, so no need to test.
    startActivityForResult(intent, REQUEST_IMAGE_OPEN);
}

@Override
protected void onActivityResult(int requestCode, int resultCode, Intent data) {
    if (requestCode == REQUEST_IMAGE_OPEN &&resultCode == RESULT_OK) {
        Uri fullPhotoUri = data.getData();
        //Do work with full size photo saved at fullPhotoUri
        ...
    }
}
```

代码 4-50 （续）

第三方应用实际上无法通过 ACTION_OPEN_DOCUMENT 行为响应意图，而是由系统接收此意图，然后在统一用户界面中显示各类应用提供的所有文件。如需在该界面中提供应用的文件，并允许其他应用打开这些文件，必须实现一个 DocumentsProvider，并加入一个 PROVIDER_INTERFACE 意图过滤器（"android.content.action.DOCUMENTS_PROVIDER"）。例如：

```
<provider ...
android:grantUriPermissions="true"
android:exported="true"
android:permission="android.permission.MANAGE_DOCUMENTS">
<intent-filter>
<action android:name="android.content.action.DOCUMENTS_PROVIDER" />
</intent-filter>
</provider>
```

代码 4-51 提供应用的文件

7. 叫车

如需叫一辆出租车，可使用 ACTION_RESERVE_TAXI_RESERVATION 行为。注意：应用必须请求用户确认，然后才能完成操作。

(1) 行为：ACTION_RESERVE_TAXI_RESERVATION。

(2) 数据 URI：无。

(3) MIME 类型：无。

(4) 附加信息：无。

示例意图：

```
public void callCar() {
    Intent intent = new Intent(ReserveIntents.ACTION_RESERVE_TAXI_RESERVATION);
    if (intent.resolveActivity(getPackageManager()) != null) {
        startActivity(intent);
    }
}
```

代码 4-52 使用 ACTION_RESERVE_TAXI_RESERVATION 行为

示例意图过滤器：

```
<activity ...>
<intent-filter>
<action android:name="com.google.android.gms.actions.RESERVE_TAXI_RESERVATION" /
>
<category android:name="android.intent.category.DEFAULT" />
</intent-filter>
</activity>
```

代码 4-53　意图过滤器

8. 地图

如需打开地图，可使用 ACTION_VIEW 行为，并通过下文介绍的其中一个架构在意图数据中指定位置信息。

(1) 行为：ACTION_VIEW。

(2) 数据 URI。

- geo:latitude,longitude：显示给定经度和纬度处的地图。示例："geo:47.6,−122.3"。
- geo:latitude,longitude? z=zoom：按特定缩放级别显示给定经度和纬度处的地图。缩放级别为 1 时显示以给定纬度、经度为中心的全球地图。最高(最精确)缩放级别为 23。示例："geo:47.6,−122.3? z=11"。
- geo:0,0? q=lat,lng(label)：显示给定经度和纬度处带字符串标签的地图。示例："geo:0,0? q=34.99,−106.61(Treasure)"。
- geo:0,0? q=my+street+address：显示"我的街道地址"的位置(可能是具体地址或位置查询)。示例："geo:0,0? q=1600+Amphitheatre+Parkway%2C+CA"。
- 注意 geo URI 中传递的所有字符串都必须编码。例如，字符串 1st & Pike, Seattle 应编码为 1st%20%26%20Pike%2C%20Seattle。字符串中的空格可使用%20 编码或替换为加号(+)。

(3) MIME 类型：无。

示例意图：

```
public void showMap(Uri geoLocation) {
    Intent intent = new Intent(Intent.ACTION_VIEW);
    intent.setData(geoLocation);
    if (intent.resolveActivity(getPackageManager()) != null) {
        startActivity(intent);
    }
}
```

代码 4-54　使用 ACTION_VIEW 行为打开地图

示例意图过滤器：

```
<activity ...>
<intent-filter>
```

代码 4-55　意图过滤器

```
<action android:name="android.intent.action.VIEW" />
<data android:scheme="geo" />
<category android:name="android.intent.category.DEFAULT" />
</intent-filter>
</activity>
```

代码 4-55 （续）

9. 音乐视频

如需播放音乐文件，可使用 ACTION_VIEW 行为，并在意图数据中指定文件的 URI 位置。

（1）行为：ACTION_VIEW。

（2）数据 URI：

```
file:<URI>
content:<URI>
http:<URL>
```

（3）MIME 类型。

- "audio/ * "。
- "application/ogg"。
- "application/x-ogg"。
- "application/itunes"。

应用可能需要的任何其他类型。

示例意图：

```
public void playMedia(Uri file) {
    Intent intent = new Intent(Intent.ACTION_VIEW);
    intent.setData(file);
    if (intent.resolveActivity(getPackageManager()) != null) {
        startActivity(intent);
    }
}
```

代码 4-56 播放音乐文件

示例意图过滤器：

```
<activity ...>
<intent-filter>
<action android:name="android.intent.action.VIEW" />
<data android:type="audio/ * " />
<data android:type="application/ogg" />
<category android:name="android.intent.category.DEFAULT" />
</intent-filter>
</activity>
```

代码 4-57 意图过滤器

如需基于搜索查询播放音乐，使用 INTENT_ACTION_MEDIA_PLAY_FROM_SEARCH Intent。应用可能会触发此意图来响应用户的音乐播放语音命令。接收此意图的应用会在其库存音乐内搜索与给定查询匹配的现有内容，并在找到后开始播放该内容。此意图应该包括 EXTRA_MEDIA_FOCUS 字符串，以指定预期搜索模式。例如，搜索模式可指定搜索的目标是艺术家姓名还是歌曲名称。

(1) 行为：INTENT_ACTION_MEDIA_PLAY_FROM_SEARCH。

(2) 数据 URI：无。

(3) MIME 类型：无。

(4) 附加信息：MediaStore.EXTRA_MEDIA_FOCUS(必需)：表示搜索模式(用户是否在寻找特定艺术家、专辑、歌曲或播放列表)。大多数搜索模式都需要额外的附加信息，如果用户有意收听某一首歌曲，意图可能需要额外增加三个附加信息：歌曲名称、艺术家和专辑。对于 EXTRA_MEDIA_FOCUS 的每个值，此意图都支持下列搜索模式。

- Any——"vnd.android.cursor.item/*"：播放任意音乐。接收意图的应用应该根据智能选择(如用户最后收听的播放列表)播放音乐。额外附加信息：QUERY(必需)——一个空字符串。始终提供此附加信息以实现向后兼容性：不了解搜索模式的现有应用可将此意图作为非结构化搜索进行处理。
- Unstructured——"vnd.android.cursor.item/*"：播放通过非结构化搜索查询找到的特定歌曲、专辑或类型。当应用无法识别用户想要收听的内容类型时，可能会生成一个具有此搜索模式的 Intent。应用应尽可能使用更确切的搜索模式。额外附加信息：QUERY(必需)——一个包含艺术家、专辑、歌曲名称或类型任意组合的字符串。
- Genre——Audio.Genres.ENTRY_CONTENT_TYPE：播放特定类型的音乐。额外附加信息："android.intent.extra.genre"(必需)——类型；QUERY(必需)——类型。始终提供此附加信息以实现向后兼容性：不了解搜索模式的现有应用可将此意图作为非结构化搜索进行处理。
- Artist——Audio.Artists.ENTRY_CONTENT_TYPE：播放特定艺术家的音乐。额外附加信息：EXTRA_MEDIA_ARTIST(必需)——艺术家；"android.intent.extra.genre"——类型；QUERY(必需)——一个包含艺术家或类型任意组合的字符串。始终提供此附加信息以实现向后兼容性：不了解搜索模式的现有应用可将此意图作为非结构化搜索进行处理。
- Album——Audio.Albums.ENTRY_CONTENT_TYPE：播放特定专辑的音乐。额外附加信息：EXTRA_MEDIA_ALBUM(必需)——专辑；EXTRA_MEDIA_ARTIST——艺术家；"android.intent.extra.genre"——类型；QUERY(必需)——一个包含专辑或艺术家任意组合的字符串。始终提供此额外信息以实现向后兼容性：不了解搜索模式的现有应用可将此意图作为非结构化搜索进行处理。
- Song——"vnd.android.cursor.item/audio"：播放特定歌曲。额外附加信息：EXTRA_MEDIA_ALBUM——专辑；EXTRA_MEDIA_ARTIST——艺术家；"android.intent.extra.genre"——类型；EXTRA_MEDIA_TITLE(必需)——歌曲名称；QUERY(必需)——一个包含专辑、艺术家、类型或名称任意组合的字符串。

始终提供此额外信息以实现向后兼容性：不了解搜索模式的现有应用可将此意图作为非结构化搜索进行处理。

- Playlist——Audio.Playlists.ENTRY_CONTENT_TYPE：播放特定播放列表或符合额外 extra 指定的某些条件的播放列表。额外信息：EXTRA_MEDIA_ALBUM——专辑；EXTRA_MEDIA_ARTIST——艺术家；"android.intent.extra.genre"——类型；"android.intent.extra.playlist"——播放列表；EXTRA_MEDIA_TITLE——播放列表所基于的歌曲名称；QUERY（必需）——一个包含专辑、艺术家、类型、播放列表或名称任意组合的字符串。始终提供此 extra，以实现向后兼容性：不了解搜索模式的现有应用可将此意图作为非结构化搜索进行处理。

示例意图，如果用户想收听特定艺术家的音乐，搜索应用可生成以下意图。

```
public void playSearchArtist(String artist) {
    Intent intent =
           new Intent(MediaStore.INTENT_ACTION_MEDIA_PLAY_FROM_SEARCH);
    intent.putExtra(MediaStore.EXTRA_MEDIA_FOCUS,
    MediaStore.Audio.Artists.ENTRY_CONTENT_TYPE);
    intent.putExtra(MediaStore.EXTRA_MEDIA_ARTIST, artist);
    intent.putExtra(SearchManager.QUERY, artist);
    if (intent.resolveActivity(getPackageManager()) != null) {
        startActivity(intent);
    }
}
```

代码 4-58　收听特定艺术家的音乐

示例意图过滤器：

```
<activity ...>
<intent-filter>
<action android:name="android.media.action.MEDIA_PLAY_FROM_SEARCH" />
<category android:name="android.intent.category.DEFAULT" />
</intent-filter>
</activity>
```

代码 4-59　意图过滤器

处理此意图时，活动应通过检查传入意图中 EXTRA_MEDIA_FOCUS 的值来确定搜索模式。活动识别出搜索模式后，应该读取该特定搜索模式额外附加信息的值。应用随后便可利用这些信息在其库存音乐内进行搜索，以播放与搜索查询匹配的内容。例如：

```
protected void onCreate(Bundle savedInstanceState) {
    //...
    Intent intent = this.getIntent();
    if (intent.getAction().compareTo(
              MediaStore.INTENT_ACTION_MEDIA_PLAY_FROM_SEARCH) == 0) {
        String mediaFocus = intent.getStringExtra(MediaStore.EXTRA_MEDIA_FOCUS);
        String query = intent.getStringExtra(SearchManager.QUERY);
```

代码 4-60　播放与搜索查询匹配的内容

```
        //Some of these extras may not be available depending on the search mode
        String album = intent.getStringExtra(MediaStore.EXTRA_MEDIA_ALBUM);
        String artist = intent.getStringExtra(MediaStore.EXTRA_MEDIA_ARTIST);
        String genre = intent.getStringExtra("android.intent.extra.genre");
        String playlist = intent.getStringExtra("android.intent.extra.playlist");
        String title = intent.getStringExtra(MediaStore.EXTRA_MEDIA_TITLE);
        //Determine the search mode and use the corresponding extras
        if (mediaFocus == null) {
            //'Unstructured' search mode (backward compatible)
            playUnstructuredSearch(query);
        } else if (mediaFocus.compareTo("vnd.android.cursor.item/ * ") == 0) {
            if (query.isEmpty()) {
                //'Any' search mode
                playResumeLastPlaylist();
            } else {
                //'Unstructured' search mode
                playUnstructuredSearch(query);
            }
        }
        else if (mediaFocus.compareTo(
                        MediaStore.Audio.Genres.ENTRY_CONTENT_TYPE) == 0) {
            //'Genre' search mode
            playGenre(genre);
        }
        else if (mediaFocus.compareTo(
                          MediaStore.Audio.Artists.ENTRY_CONTENT_TYPE) == 0) {
            //'Artist' search mode
            playArtist(artist, genre);
        }
        else if (mediaFocus.compareTo(
                          MediaStore.Audio.Albums.ENTRY_CONTENT_TYPE) == 0) {
            //'Album' search mode
            playAlbum(album, artist);
        }
        else if (mediaFocus.compareTo("vnd.android.cursor.item/audio") == 0) {
            //'Song' search mode
            playSong(album, artist, genre, title);
        }
         else if (mediaFocus.compareTo(
                        MediaStore.Audio.Playlists.ENTRY_CONTENT_TYPE) == 0) {
            //'Playlist' search mode
            playPlaylist(album, artist, genre, playlist, title);
        }
    }
}
```

代码 4-60 （续）

10.创建笔记

如需创建新笔记，使用 ACTION_CREATE_NOTE 行为并使用下文定义的附加信息指定笔记详情，例如，主题和正文。注意：应用必须请求用户确认，然后才能完成操作。

（1）行为：ACTION_CREATE_NOTE。

(2) 数据 URI：无。

(3) MIME 类型。

- PLAIN_TEXT_TYPE。
- "*/*"。

(4) 附加信息。

- EXTRA_NAME：一个表示笔记标题或主题的字符串。
- EXTRA_TEXT：一个表示笔记正文的字符串。

示例意图：

```
public void createNote(String subject, String text) {
    Intent intent = new Intent(NoteIntents.ACTION_CREATE_NOTE)
    .putExtra(NoteIntents.EXTRA_NAME, subject)
    .putExtra(NoteIntents.EXTRA_TEXT, text);
    if (intent.resolveActivity(getPackageManager()) != null) {
        startActivity(intent);
    }
}
```

代码 4-61　创建新笔记

示例意图过滤器：

```
<activity ...>
<intent-filter>
<action android:name="com.google.android.gms.actions.CREATE_NOTE" />
<category android:name="android.intent.category.DEFAULT" />
<data android:mimeType="*/*" />
</intent-filter>
</activity>
```

代码 4-62　意图过滤器

11. 电话

如需打开电话应用并拨打电话号码，可使用 ACTION_DIAL 行为，并使用下文定义的 URI 架构指定电话号码。电话应用打开时会显示电话号码，但用户必须按拨打电话按钮才能开始通话。如需直接拨打电话，可使用 ACTION_CALL 行为，并使用下文定义的 URI 架构指定电话号码。电话应用打开时便会拨打电话，用户无须按拨打电话按钮。ACTION_CALL 行为需要在清单文件中添加 CALL_PHONE 权限。

```
<uses-permission android:name="android.permission.CALL_PHONE" />
```

代码 4-63　添加 CALL_PHONE 权限

(1) 行为。

- ACTION_DIAL：打开拨号器或电话应用。
- ACTION_CALL：拨打电话(需要 CALL_PHONE 权限)。

(2) 数据 URI。

- tel：<phone-number>。

- voicemail：<phone-number>。

（3）MIME类型：无。

有效电话号码是指符合IETF RFC 3966规定的号码。举例来说，有效电话号码包括下列号码：

- tel：2125551212。
- tel：(212) 555 1212。

电话的拨号器能够很好地对号码结构进行标准化，因此并不严格要求Uri.parse()方法中必须使用所述结构。如果尚未试用过的结构或者不确定是否可以处理，改用Uri.fromParts()方法。

示例意图：

```
public void dialPhoneNumber(String phoneNumber) {
    Intent intent = new Intent(Intent.ACTION_DIAL);
    intent.setData(Uri.parse("tel:" + phoneNumber));
    if (intent.resolveActivity(getPackageManager()) != null) {
        startActivity(intent);
    }
}
```

代码4-64　打开电话应用并拨打电话号码

12. 搜索

如需支持在应用环境内进行搜索，使用SEARCH_ACTION行为在应用中声明一个意图过滤器，如下文示例意图过滤器中所示。

（1）行为："com.google.android.gms.actions.SEARCH_ACTION"，支持来自Google Voice Actions的搜索查询。

（2）附加信息。

QUERY：一个包含搜索查询的字符串。

示例意图过滤器：

```
<activity android:name=".SearchActivity">
<intent-filter>
<action android:name="com.google.android.gms.actions.SEARCH_ACTION"/>
<category android:name="android.intent.category.DEFAULT"/>
</intent-filter>
</activity>
```

代码4-65　意图过滤器

如需发起网页搜索，使用ACTION_WEB_SEARCH行为，并在SearchManager.QUERY中指定搜索字符串。

（1）行为：ACTION_WEB_SEARCH。

（2）数据URI：无。

（3）MIME类型：无。

（4）额外信息。

SearchManager.QUERY：搜索字符串。

示例意图：

```
public void searchWeb(String query) {
    Intent intent = new Intent(Intent.ACTION_WEB_SEARCH);
    intent.putExtra(SearchManager.QUERY, query);
    if (intent.resolveActivity(getPackageManager()) != null) {
        startActivity(intent);
    }
}
```

代码 4-66　支持在应用环境内进行搜索

13. 设置

如需在应用要求用户更改内容时打开某个系统设置界面，使用下列其中一个意图操作打开与操作名称对应的设置界面。

（1）行为。

- ACTION_SETTINGS。
- ACTION_WIRELESS_SETTINGS。
- ACTION_AIRPLANE_MODE_SETTINGS。
- ACTION_WIFI_SETTINGS。
- ACTION_APN_SETTINGS。
- ACTION_BLUETOOTH_SETTINGS。
- ACTION_DATE_SETTINGS。
- ACTION_LOCALE_SETTINGS。
- ACTION_INPUT_METHOD_SETTINGS。
- ACTION_DISPLAY_SETTINGS。
- ACTION_SECURITY_SETTINGS。
- ACTION_LOCATION_SOURCE_SETTINGS。
- ACTION_INTERNAL_STORAGE_SETTINGS。
- ACTION_MEMORY_CARD_SETTINGS。

（2）数据 URI：无。

（3）MIME 类型：无。

示例意图：

```
public void openWifiSettings() {
    Intent intent = new Intent(Settings.ACTION_WIFI_SETTINGS);
    if (intent.resolveActivity(getPackageManager()) != null) {
        startActivity(intent);
    }
}
```

代码 4-67　打开某个系统设置界面

14. 短信

如需发起短信或彩信，使用以下其中一个意图操作，并使用下列额外信息键指定电话号

码、主题和消息正文等消息详情。

(1) 行为：ACTION_SENDTO 或 ACTION_SEND 或 ACTION_SEND_MULTIPLE。

(2) 数据 URI。

- sms：<phone_number>。
- smsto：<phone_number>。
- mms：<phone_number>。
- mmsto：<phone_number>。

以上每一个架构的处理方式都相同。

(3) MIME 类型。

- "text/plain"。
- "image/ * "。
- "video/ * "。

(4) 附加信息。

- "subject"：表示消息主题的字符串(通常只适用于彩信)。
- "sms_body"：表示消息正文的字符串。

(5) EXTRA_STREAM：指向要附加的图像或视频的 URI。如果使用的是 ACTION_SEND_MULTIPLE 行为，此附加信息应为指向要附加的图像/视频 URI 的 ArrayList。

示例意图：

```
public void composeMmsMessage(String message, Uri attachment) {
    Intent intent = new Intent(Intent.ACTION_SENDTO);
    intent.setType(HTTP.PLAIN_TEXT_TYPE);
    intent.putExtra("sms_body", message);
    intent.putExtra(Intent.EXTRA_STREAM, attachment);
    if (intent.resolveActivity(getPackageManager()) != null) {
        startActivity(intent);
    }
}
```

代码 4-68　发起短信或彩信

如果想确保意图只由短信应用(而非其他电子邮件或社交应用)进行处理，则需使用 ACTION_SENDTO 行为并加入"smsto：" 数据架构。例如：

```
public void composeMmsMessage(String message, Uri attachment) {
    Intent intent = new Intent(Intent.ACTION_SEND);
    intent.setData(Uri.parse("smsto:"));  //This ensures only SMS apps respond
    intent.putExtra("sms_body", message);
    intent.putExtra(Intent.EXTRA_STREAM, attachment);
    if (intent.resolveActivity(getPackageManager()) != null) {
        startActivity(intent);
    }
}
```

代码 4-69　composeMmsMessage

示例意图过滤器：

```
<activity ...>
<intent-filter>
<action android:name="android.intent.action.SEND" />
<data android:type="text/plain" />
<data android:type="image/ * " />
<category android:name="android.intent.category.DEFAULT" />
</intent-filter>
</activity>
```

代码 4-70　意图过滤器

注意：如果要开发短信/彩信应用，必须为几项额外操作实现意图过滤器，才能在 Android 4.4 及更高版本上成为默认短信应用。

15. 浏览器

如需打开网页，使用 ACTION_VIEW 行为，并在意图数据中指定网址。

(1) 行为：ACTION_VIEW。

(2) 数据 URI。

- http:<URL>。
- https: <URL>。

(3) MIME 类型。

- "text/plain"。
- "text/html"。
- "application/xhtml+xml"。
- "application/vnd.wap.xhtml+xml"。

示例意图：

```
public void openWebPage(String url) {
    Uri webpage = Uri.parse(url);
    Intent intent = new Intent(Intent.ACTION_VIEW, webpage);
    if (intent.resolveActivity(getPackageManager()) != null) {
        startActivity(intent);
    }
}
```

代码 4-71　打开网页

示例意图过滤器：

```
<activity ...>
<intent-filter>
<action android:name="android.intent.action.VIEW" />
<!-- Include the host attribute if you want your app to respond
            only to URLs with your app's domain. -->
<data android:scheme="http" android:host="www.example.com" />
<category android:name="android.intent.category.DEFAULT" />
```

代码 4-72　意图过滤器

```
<!-- The BROWSABLE category is required to get links from web pages. -->
<category android:name="android.intent.category.BROWSABLE" />
</intent-filter>
</activity>
```

代码 4-72　（续）

提示：如果安卓应用程序提供了与网站相似的功能，为指向网站的 URL 添加一个意图过滤器。如果用户安装了应用程序，从电子邮件或其他网页指向网站的链接将会打开安卓应用程序，而不是打开网页。

16. 案例

通过意图不仅可以启动本项目中的应用程序，还可以通过不同的设定，启动系统提供的应用程序，利用系统定义的功能。具体的启动和激活方式，可以使用显式意图，也可以使用隐式意图的行为、类别和数据的任意一种过滤条件设置。例如，在下面的代码中定义了一个 URI，把这个 URI 作为新创建的意图对象的 Data，并将意图的行为设置为 ACTION_VIEW。通过这样的设置，当前的活动发送出这个意图之后，就可以启动系统的浏览器，并通过浏览器打开链接的网页，代码如下。

```
Uriuri=Uri.parse("http://developer.android.com");
Intentit=newIntent(Intent.ACTION_VIEW,uri);
startActivity(it);
```

代码 4-73　通过浏览器打开链接的网页

在下面的例子中定义了一个单选列表界面，简单调用了浏览器、电话拨号、日历等系统应用程序。通过这个例子，可以了解如何利用意图启动和激活常用的系统应用程序。首先定义应用程序的界面布局，然后创建用户界面活动（见代码 4-74）。

```
import android.content.Intent;
import android.net.Uri;
import android.os.Bundle;
import android.view.View;
import android.widget.RadioGroup;

import androidx.appcompat.app.AppCompatActivity;

import com.example.ch05.R;

public class ActionDataActivity extends AppCompatActivity {
    private RadioGroupmRadioGroup;
    /**
     * Called when the activity is first created.
     * /
    @Override
    public void onCreate(Bundle savedInstanceState) {
        super.onCreate(savedInstanceState);
        setContentView(R.layout.c05_implicit_intent_layout);
```

代码 4-74　ActionDataActivity.java

```
        mRadioGroup = (RadioGroup) findViewById(R.id.action);
    }

    public void onClick(View view) {
        int position = mRadioGroup.getCheckedRadioButtonId();
        Intent intent = null;
        switch (position) {
            case R.id.RadioButton0:
                intent = new Intent(Intent.ACTION_VIEW,
                Uri.parse("http://github.com"));
                break;
            case R.id.RadioButton1:
                intent = new Intent(Intent.ACTION_CALL,
                Uri.parse("tel:(+010)1234578"));
                break;
            case R.id.RadioButton2:
                intent = new Intent(Intent.ACTION_DIAL,
                Uri.parse("tel:(+010)1234578"));
                startActivity(intent);
                break;
            case R.id.RadioButton3:
                intent = new Intent(Intent.ACTION_VIEW,
                Uri.parse("geo:50.123,7.1434"));
                break;
            case R.id.RadioButton4:
                intent = new Intent(Intent.ACTION_VIEW,
                Uri.parse("geo:0,0?q=query"));
                break;
            case R.id.RadioButton5:
                intent = new Intent("android.media.action.IMAGE_CAPTURE");
                break;
            case R.id.RadioButton6:
                intent = new Intent(Intent.ACTION_VIEW,
                Uri.parse("content://contacts/people/"));
                break;
            case R.id.RadioButton7:
                intent = new Intent(Intent.ACTION_EDIT,
                Uri.parse("content://contacts/people/1"));
                break;
        }
        if (intent != null) {
            startActivity(intent);
        }
    }
}
```

代码 4-74 （续）

代码运行效果如图 4-4 所示。

前面只列出了主要的布局文件代码和活动定义的代码，如果要让程序顺利、正常地执行，还需要定义字符串等资源，活动也需要在 AndroidManifest.xml 文件中注册。通过前面的例子，讨论了如何运用意图对象启动和激活其他的组件，如何在组件之间发送和接收消

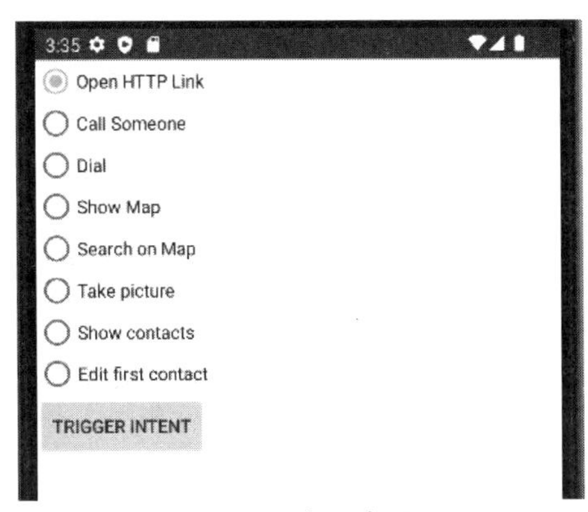

图 4-4　常用意图

息。在应用程序设计中,可以根据需要灵活运用意图的各种功能。

4.2　菜　　单

在安卓中,支持菜单视图元素的关键类是 android.view.Menu,每个活动都会关联一个这种类型的菜单对象。一个菜单对象包含一些菜单项和子菜单。菜单项由 android.view.MenuItem 类表示,子菜单由 android.view.SubMenu 类表示。菜单项具有的属性包括名称、菜单项 ID、分组 ID、顺序等。菜单的定义与用户界面的其他可视控件类似,可以通过 XML 文件定义菜单资源,保存在 res 目录下的 menu 文件夹中,在 Java 程序中可以通过 ID 来获取定义的对象进行操作。

4.2.1　资源

对于所有类型的菜单,安卓提供了标准的 XML 格式来定义菜单项,所以除了在代码中实例化菜单之外,还可以在一个 XML 菜单资源中定义菜单和菜单项,然后在活动中使用资源 ID 加载菜单资源。使用 XML 资源来定义菜单是一种推荐的方式。使用 XML 资源来定义菜单有许多优点。例如,可以更好地体现菜单的结构,可以使逻辑代码和菜单内容分离,可以为不同的平台版本、不同的屏幕尺寸等提供可以替换的菜单配置。菜单资源定义可通过 MenuInflater 进行扩充的应用菜单,包括选项菜单、上下文菜单和子菜单。

(1) 文件位置: res/menu/filename.xml,该文件名将用作资源 ID。

(2) 编译后的资源数据类型: 指向 Menu(或其子类)资源的资源指针。

(3) 资源引用。

- 在 Java 中: R.menu.filename。
- 在 XML 中: @[package:]menu.filename。

语法如下。

```
<?xml version="1.0" encoding="utf-8"?>
<menuxmlns:android="http://schemas.android.com/apk/res/android">
```

代码 4-75　定义菜单资源的语法

```
    <itemandroid:id="@[+][package:]id/resource_name"
        android:title="string"
        android:titleCondensed="string"
        android:icon="@[package:]drawable/drawable_resource_name"
        android:onClick="method name"
        android:showAsAction=["ifRoom" | "never" | "withText" | "always" |
                              "collapseActionView"]
        android:actionLayout="@[package:]layout/layout_resource_name"
        android:actionViewClass="class name"
        android:actionProviderClass="class name"
        android:alphabeticShortcut="string"
        android:numericShortcut="string"
        android:checkable=["true" | "false"]
        android:visible=["true" | "false"]
        android:enabled=["true" | "false"]
        android:menuCategory=["container" | "system" | "secondary" |
                              "alternative"]
        android:orderInCategory="integer" />
       <groupandroid:id="@[+][package:]id/resource name"
         android:checkableBehavior=["none" | "all" | "single"]
         android:visible=["true" | "false"]
         android:enabled=["true" | "false"]
         android:menuCategory=["container" | "system" | "secondary" |
                              "alternative"]
         android:orderInCategory="integer" >
       <item />
    </group>
    <item>
       <menu>
         <item />
       </menu>
    </item>
</menu>
```

代码 4-75 （续）

下面针对 XML 文件定义菜单资源时使用的一些元素进行说明。

（1）<menu>：此元素用来定义菜单，用来包含菜单项。必须有一个<menu>元素作为菜单资源 XML 文件的根元素，其中可以包含一个或多个<item>和<group>元素。

（2）<item>：此元素用来定义菜单项，每个<item>都表示一个菜单项，而且还可以包含一个内嵌的<menu>元素，用来创建子菜单。另外，经常使用下面几种<item>元素属性来定义菜单项的显示和行为。

- android:id 表示菜单项的唯一资源 ID，用来识别菜单项。
- android:icon 表示菜单项的显示图标，可以指定一个图片资源。
- android:title 表示菜单项的显示标题，这里指定一个字符串资源。
- android:onClick 方法名称。单击此菜单项时调用的方法。此方法必须在活动中声明为公共方法，并接受 MenuItem 作为其唯一参数，该参数指示所单击的项。此方法优先于对 onOptionsItemSelected()的标准回调。

- android:showAsAction 关键字。指示此项应在应用栏中显示操作项的时机和方式。菜单项只有在活动包含应用栏时才能显示为操作项,有效值如表 4-3 所示。

表 4-3　在应用栏中显示操作项的时机和方式

值	说　明
ifRoom	只有在应用栏中有空间的情况下,才将此项放置其中。如果没有足够的空间来容纳标记为 "ifRoom" 的所有项,则 orderInCategory 值最低的项会显示为操作,其余项将显示在溢出菜单中
withText	此外,还会随操作项添加标题文本(由 android:title 定义)。可以将此值与某个其他值一起作为标记集添加,用竖线 | 分隔
never	不得将此项放在应用栏中,而应将其列在应用栏的溢出菜单中
always	始终将此项放在应用栏中。除非此项必须始终显示在操作栏中,否则请勿使用该值。将多个项设置为始终显示为操作项,会导致它们与应用栏中的其他界面重叠
collapseActionView	与此操作项相关联的操作视图(由 android:actionLayout 或 android:actionViewClass 声明)是可收起的,在 API 级别 14 中引入

(3) <group>:此元素是一个可选的、不可见的,可以用来对菜单项进行分类,目的是使它们可以共享相同的属性,例如,激活状态和可见性。

- android:checkableBehavior:关键字,组的可勾选行为类型,有效值如表 4-4 所示。

表 4-4　组的可勾选行为类型

值	说　明
none	不可勾选
all	可以勾选所有项(使用复选框)
single	只能勾选一项(使用单选按钮)

- android:visible:布尔值。如果组可见,则为"true"。
- android:enabled:布尔值。如果组为启用状态,则为"true"。
- android:menuCategory:关键字。对应于 Menu CATEGORY_* 常量的值,这些常量用于定义组的优先级,有效值如表 4-5 所示。

表 4-5　对应于 Menu CATEGORY_* 常量的值

值	说　明
container	这类组归属于容器
system	这类组由系统提供
secondary	这类组是用户提供的次要(不常用)选项
alternative	这类组是对当前显示的数据的替代操作

- android:orderInCategory:整数。项在类别中的默认顺序。

保存在 res\menu\example_menu.xml 的 XML 文件,代码如下。

```
<menu xmlns:android="http://schemas.android.com/apk/res/android"
xmlns:app="http://schemas.android.com/apk/res-auto">
<item android:id="@+id/item1"
android:title="@string/item1"
android:icon="@drawable/group_item1_icon"
app:showAsAction="ifRoom|withText"/>
<group android:id="@+id/group">
<item android:id="@+id/group_item1"
android:onClick="onGroupItemClick"
android:title="@string/group_item1"
android:icon="@drawable/group_item1_icon" />
<item android:id="@+id/group_item2"
android:onClick="onGroupItemClick"
android:title="@string/group_item2"
android:icon="@drawable/group_item2_icon" />
</group>
<item android:id="@+id/submenu"
android:title="@string/submenu_title"
app:showAsAction="ifRoom|withText" >
<menu>
<item android:id="@+id/submenu_item1"
android:title="@string/submenu_item1" />
</menu>
</item>
</menu>
```

代码 4-76　example_menu.xml

以下应用代码会通过 onCreateOptionsMenu(Menu)回调扩充菜单，还会声明其中两项的单击回调，代码如下。

```
public booleanonCreateOptionsMenu(Menu menu) {
MenuInflater inflater = getMenuInflater();
inflater.inflate(R.menu.example_menu, menu);
    return true;
}
public void onGroupItemClick(MenuItem item) {
}
```

代码 4-77　通过 onCreateOptionsMenu(Menu)回调扩充菜单

如果需要增加子菜单，需要在<item>元素中包含<menu>元素，子菜单可以起到将应用程序功能按照主题进行分类的作用。例如，在 Microsoft Office 套件应用的菜单栏中都有“文件”“编辑”等子菜单。子菜单中菜单选项的定义与菜单类似，元素和属性的应用也相同，代码 4-78 给出了使用 XML 资源文件定义子菜单的简单例子。

```
<?xml version="1.0" encoding="utf-8"?>
<menu xmlns:android="http://schemas.android.com/apk/res/android">
<item android:id="@+id/file"
android:title="@string/file" >
```

代码 4-78　使用 XML 资源文件定义子菜单

```
<!-- "file" submenu -->
<menu>
<item android:id="@+id/create_new"
android:title="@string/create_new" />
<item android:id="@+id/open"
android:title="@string/open" />
</menu>
</item>
</menu>
```

代码 4-78 （续）

如果要将定义好的菜单资源加载到活动中，需要使用 MenuInflater.inflate()方法，在下面的章节中，将介绍每种菜单的加载方式。

4.2.2 类型

安卓支持丰富的菜单类型，包括常规的菜单、子菜单、上下文菜单、图标菜单、二级菜单和替代菜单。安卓 3.0 推出了应用栏，可以与菜单进行交互；安卓 4.0 已经推出弹出式菜单，可以随时响应按钮单击或任何其他界面事件。安卓提供的菜单有如下三种基本类型。

(1) 选项菜单。选项菜单是一个活动菜单项的主要集合，如果在这里加入操作，将会影响应用程序的全局。如果使用安卓 2.3 或者之前的版本开发，用户可以使用菜单键打开选项菜单，但是对于安卓 3.0 或者更高的版本来说，选项菜单中的菜单项目是通过应用栏与其他屏幕动作项目一起展现的。从安卓 3.0 开始，一些设备已经不支持菜单键，需要使用应用栏来开发应用。

(2) 上下文菜单。当长按某个视图或视图元素后出现的浮动菜单，菜单中包含的动作是与用户所选择视图元素相关的。在安卓 3.0 和更高版本上进行开发，可以在选定的内容上使用上下文操作模式，显示相应的操作。这种模式在屏幕上方的操作条中显示影响所选的内容的操作项，并允许用户选择多个项目。

(3) 弹出菜单。弹出菜单被固定在调用菜单的视图元素上，并且在一个垂直列表中显示菜单项目。

在安卓中，这些菜单都可以在 XML 资源文件中定义，并通过菜单资源文件中的 ID 加载到 Java 程序中。

1. 选项菜单

在安卓 SDK 中，由于每个活动都会关联一个菜单，所以不需要从头开始创建一个菜单对象。安卓的菜单创建，具体是由活动的 onCreateOptionsMenu()回调方法来实现的，选项菜单的创建也可以由这个回调方法来实现。选项菜单中包含的动作和选项与当前活动上下文相关，并且根据安卓系统版本的不同，其显示的位置也不同。如果使用安卓 2.3.x(API 级别 10)或者更低的版本，当用户按菜单键时，选项菜单的内容显示在屏幕的底部，可以最多显示 6 个带有图标按钮的无滚动条窗体；如果菜单项超过 6 个就需要使用扩展菜单项，这样这个窗体的最后一个按钮就变成了“More”，选中后会弹出一个包含多个菜单项的列表，可能还带有滚动条。图 4-5 中的示例显示了安卓 2.3.x 的选项菜单样式。

如果使用安卓 3.0(API 级别 11)或者更高的版本，用户可以在应用栏中使用选项菜单

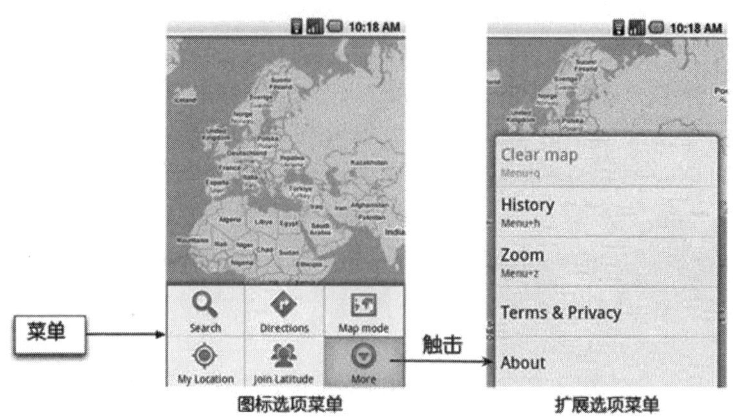

图 4-5　安卓 2.3.x 选项菜单样式

的菜单项。默认情况下，系统将所有的菜单项作为应用栏的溢出操作，用户可以单击应用栏最右边的溢出操作图标显示没有显示的菜单项；如果手机有菜单键，对于不在应用栏中显示的菜单项，用户按菜单键则会看到剩余的菜单项。图 4-6 示例显示了安卓 3.0 的选项菜单样式。

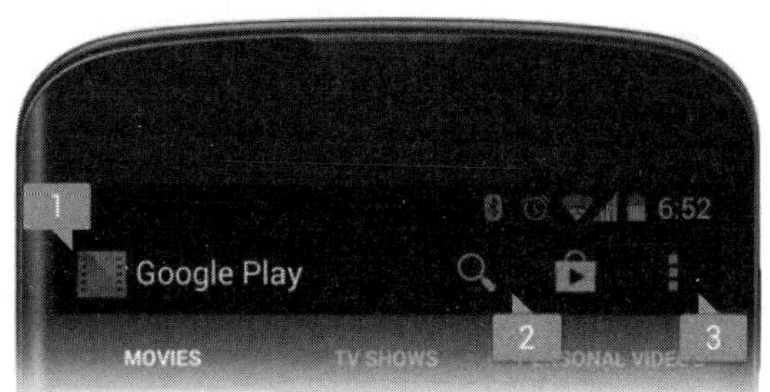

图 4-6　安卓 3.0 以上选项菜单样式

选项菜单选项既可以在活动中声明，也可以在另一种更灵活的图形组件片段中声明。如果活动和片段都为选项菜单声明了菜单项，而且合并在界面中，那么活动中的菜单项优先显示，然后才按顺序把片段中的菜单项添加到活动中。如果要设定菜单项的顺序，也可以在<item>元素中添加 android:orderInCategory 属性，重新按次序添加菜单项。在活动中，通过覆盖其 onCreateOptionsMenu()方法来指定选项菜单，具体实现加载菜单；在片段中，也是覆盖其 onCreateOptionsMenu()方法，通过菜单资源中定义的菜单 ID，获取菜单对象，赋值给声明的菜单类变量(见代码 4-79)。

```
@Override
public booleanonCreateOptionsMenu(Menu menu) {
    MenuInflater inflater = getMenuInflater();
    inflater.inflate(R.menu.game_menu, menu);
    return true;
}
```

代码 4-79　在 onCreateOptionsMenu()方法中获取菜单对象

在代码 4-79 中，getMenuInflater()方法返回了一个 MenuInflater 对象，用此对象来调用

inflate()方法，将菜单资源填充到菜单对象中。一旦菜单项被加载，onCreateOptionsMenu()方法应该返回 true，使菜单可见。如果此方法返回 false，菜单是不可见的。对于安卓 2.3.x 和更低的版本来说，这个方法是在用户第一次打开菜单的时候由系统执行的；而对于安卓 3.0 和更高的版本来说，由于要在应用栏中显示菜单项，系统在启动活动时就调用此方法。

系统调用 onCreateOptionsMenu()后，会保留填充的 Menu 实例。除非菜单由于某些原因而失效，否则系统不会再次调用 onCreateOptionsMenu()。但是，只应使用 onCreateOptionsMenu()来创建初始菜单状态，而不应使用它在 Activity 生命周期中执行任何更改。如需根据在 Activity 生命周期中发生的事件修改选项菜单，可通过 onPrepareOptionsMenu()方法执行此操作。此方法传递 Menu 对象(因为该对象目前存在)，以便能够对其进行修改，如添加、移除或停用菜单项。片段也提供 onPrepareOptionsMenu()回调。在 Android 2.3.x 及更低版本中，每当用户打开选项菜单时(按“菜单”按钮)，系统均会调用 onPrepareOptionsMenu()。在 Android 3.0 及更高版本中，当菜单项显示在应用栏中时，系统会将选项菜单视为始终处于打开状态。发生事件时，如果要执行菜单更新，必须调用 invalidateOptionsMenu()来请求系统调用 onPrepareOptionsMenu()。在安卓应用程序中，也可以使用 Menu 类提供的 add()方法动态增加菜单项。Menu 类的 add()方法的参数说明如下。

- int groupId：分组标识，其值相同的菜单项可以归为一组。
- int itemId：菜单项 ID，代表菜单项的唯一编号，使用这个编号可以找到对应的菜单项。
- int order：菜单项排列顺序(代表的是菜单项显示顺序，默认值是 0)，其值越小表示越重要，优先显示。
- CharSequence title：String 类型的菜单项标题，表示需要在界面选项中显示的文字。除了直接使用字符串，还可以通过 R.java 文件中的常量文件来引用字符串资源。

分组 ID、菜单项 ID 和排列属性都是可选的，如果不想特别指定可以使用 Menu.NONE。代码 4-80 给出了一个简单的例子，示例了如何使用 add()方法动态加载三个菜单项。

```
@Override
public booleanonCreateOptionsMenu(Menu menu){
    //call the base class to include system menus
    super.onCreateOptionsMenu(menu);
    menu.add(0 //Group
            ,1 //item id
            ,0 //order
            ,"append"); //title
    menu.add(0,2,1,"item2");
    menu.add(0,3,2,"clear");
    return true;
}
```

代码 4-80　使用 add()方法动态加载菜单

对于菜单选项的单击事件，安卓系统使用专门的方法来进行处理。当用户单击菜单项时，系统会调用活动的 onOptionsItemSelected()方法，并且将用户单击的菜单项对象

(MenuItem)传递给该方法。在这个方法中，可以用 getItemId()方法来获取菜单项的资源 ID，针对不同的菜单项，进行不同的操作。在代码 4-81 中，通过 getItemId()获取菜单 ID 后，通过判断 ID 不同的值，实现在用户单击菜单项后，指定的文本框中显示出所单击的菜单选项标题。为了简单，这个例子中编写的事件响应操作代码都相同，但在实际应用程序中，对应于每个菜单选项的事件处理，都对应了其响应的功能实现代码或方法。

```
@Override
public booleanonOptionsItemSelected(MenuItem item) {
    TextView txt= (TextView) findViewById(R.id.txt);
     switch(item.getItemId()) {
        case 1:
            txt.setText("you clicked on item "+item.getTitle());
            return true;
        case 2:
            txt.setText("you clicked on item "+item.getTitle());
            return true;
        case 3:
            txt.setText("you clicked on item "+item.getTitle());
            return true;
     }
     return super.onOptionsItemSelected(item);
}
```

代码 4-81　使用 onOptionsItemSelected()方法处理菜单项事件

如果被选的菜单项得到成功处理，则 onOptionsItemSelected()返回 true 值，否则需要调用父类的 onOptionsItemSelected()方法继续处理。如果活动中包含片段，那么系统首先会调用活动中的 onOptionsItemSelected()方法，然后才是每个片段中的 onOptionsItemSelected()方法，直到有一个方法返回 true 值，否则所有的 onOptionsItemSelected()方法都会被调用了。

除了使用 onOptionsItemSelected()之外，还可以使用监听器来响应和处理事件，这种方式需要实现 OnMenuItemClickListner 接口以及其 onMenuItemClick()方法(代码 4-82)。

```
public class MyResponse implements OnMenuClickListener{
    @override
    booleanonMenuItemClick(MenuItem item){
        //coding
        return true;
    }
}
```

代码 4-82　定义 OnMenuItemClickListner 监听器

与传统的 Java 事件处理程序类似，安卓应用程序在使用监听器处理事件时，也需要对监听器进行注册。对于代码 4-82 定义的监听器，可以使用下面的代码注册。

```
MyResponsemyResponse = new MyResponse(...);
menuItem.setOnMenuItemClickListener(myResponse);
```

代码 4-83　使用代码注册监听器

如果同时定义了 onOptionsItemSelected()方法和监听器处理方法，单击菜单项就会首先执行监听器中的 onMenuItemClick()方法。如果 onMenuItemClick()方法返回值为 true，则表示单击菜单项的事件处理已经完成，就不会执行 onOptionsItemSelected()方法；如果返回值为 false，就执行 onOptionsItemSelected()方法。另外，在菜单资源文件中安卓系统还为菜单项提供了 android:onClick 属性，可以定义菜单项处理单击事件的方法。如果多个活动都拥有相同的菜单，可以定义一个只有 onCreateOptionsMenu()和 onOptionsItemSelected()方法的活动，在其中实现这个菜单，然后让其他类来继承该类。如果想在子类中添加新的菜单项，则只需重写 onCreateOptionsMenu()方法，并且调用 super.onCreateOptionsMenu()方法创建父类的菜单项，然后再使用 add()方法添加新的菜单项。但是 onCreateOptionsMenu()方法是用来初始化菜单的状态，只能在菜单刚被创建时才会执行，所以不能用这个方法在活动的生命周期中修改菜单。如果想动态改变选项菜单，就要实现 onPrepareOptionsMenu()方法，系统会将当前使用菜单对象传递给该方法，可以在这个方法中修改菜单。在安卓 2.3 或更低的版本中，系统会在每次菜单打开的时候调用一次 onPrepareOptionsMenu()方法；而在安卓 3.0 及以上版本中，由于选项菜单是在应用栏中显示的，此选项菜单总是打开的，所以必须调用 invalidateOptionsMenu()方法请求系统调用 onPrepareOptionsMenu()方法执行更新操作。下面使用一个例子，来说明在应用程序中如何实现选项菜单。

```
import android.content.Intent;
import android.os.Bundle;
import android.view.Menu;
import android.view.MenuItem;
import android.view.SubMenu;
import android.widget.TextView;

import androidx.appcompat.app.AppCompatActivity;

import com.example.ch04.R;

public class OptionMenusActivity extends AppCompatActivity {
    //Initialize this in onCreateOptions
    Menu myMenu = null;
    /**
     * Called when the activity is first created.
     * /
    @Override
    public void onCreate(Bundle savedInstanceState) {
        super.onCreate(savedInstanceState);
        setContentView(R.layout.menu_options);
    }
    @Override
    public booleanonCreateOptionsMenu(Menu menu) {
        //call the parent to attach any system level menus
        super.onCreateOptionsMenu(menu);
        this.myMenu = menu;
```

代码 4-84　OptionMenusActivity

```
        //add a few normal menus
        addRegularMenuItems(menu);
        //add a few secondary menus
        addSecondaryMenuItems(menu);
        addSubMenu(menu);
        //it must return true to show the menu
        //if it is false menu won't show
        return true;
    }

    private void addRegularMenuItems(Menu menu) {
        //Secondary items are shown just like everything else
        int base = Menu.FIRST; //value is 1
        MenuItem item1 = menu.add(base, base, base, "Simple Menu");
        menu.add(base, base + 1, base + 1, "XML Menu");
        menu.add(base, base + 2, base + 2, "Clear");
        menu.add(base, base + 3, base + 3, "Hide secondary");
        menu.add(base, base + 4, base + 4, "Show secondary");
        menu.add(base, base + 5, base + 5, "Enable secondary");
        menu.add(base, base + 6, base + 6, "Disable secondary");
        menu.add(base, base + 7, base + 7, "Check secondary");
        MenuItem item8 = menu.add(base, base + 8, base + 8, "Uncheck secondary");
        //This will show the icon
        //It might obscure the text
        item1.setIcon(R.drawable.balloons);
        //But this does not
        item8.setIcon(R.drawable.balloons);
    }
    private void addSecondaryMenuItems(Menu menu) {
        //Secondary items are shown just like everything else
        int base = Menu.CATEGORY_SECONDARY;
        menu.add(base, base + 1, base + 1, "Sec. Item 1");
        menu.add(base, base + 2, base + 2, "Sec. Item 2");
        menu.add(base, base + 3, base + 3, "Sec. Item 3");
        menu.add(base, base + 3, base + 3, "Sec. Item 4");
        menu.add(base, base + 4, base + 4, "Sec. Item 5");
    }

    private void addSubMenu(Menu menu) {
        //Secondary items are shown just like everything else
        int base = Menu.FIRST + 100;
        SubMenusm = menu.addSubMenu(base, base + 1, Menu.NONE, "Submenu");
        MenuItem item1 = sm.add(base, base + 2, base + 2, "Sub Item1");
        sm.add(base, base + 3, base + 3, "Sub Item2");
        sm.add(base, base + 4, base + 4, "Sub Item3");
        //work the icons
        //submenu item icons are not supported
        item1.setIcon(R.drawable.icon48x48_2);
        sm.setIcon(R.drawable.icon48x48_1);
    }
```

代码 4-84 （续）

```
    @Override
    public booleanonOptionsItemSelected(MenuItem item) {
        if (item.getItemId() == 1) {
            appendText("\nSimple Menu");
        } else if (item.getItemId() == 2) {
            this.appendMenuItemText(item);
            Intent intent = new Intent(this, XMLMenusActivity.class);
            this.startActivity(intent);
        } else if (item.getItemId() == 3) {
            emptyText();
        } else if (item.getItemId() == 4) {
            //hide secondary
            this.appendMenuItemText(item);
            this.myMenu.setGroupVisible(Menu.CATEGORY_SECONDARY, false);
        } else if (item.getItemId() == 5) {
            //show secondary
            this.appendMenuItemText(item);
            this.myMenu.setGroupVisible(Menu.CATEGORY_SECONDARY, true);
        } else if (item.getItemId() == 6) {
            //enable secondary
            this.appendMenuItemText(item);
            this.myMenu.setGroupEnabled(Menu.CATEGORY_SECONDARY, true);
        } else if (item.getItemId() == 7) {
            //disable secondary
            this.appendMenuItemText(item);
            this.myMenu.setGroupEnabled(Menu.CATEGORY_SECONDARY, false);
        } else if (item.getItemId() == 8) {
            //check secondary
            this.appendMenuItemText(item);
            this.myMenu.setGroupCheckable(Menu.CATEGORY_SECONDARY, true, false);
        } else if (item.getItemId() == 9) {
            //uncheck secondary
            this.appendMenuItemText(item);
            this.myMenu.setGroupCheckable(Menu.CATEGORY_SECONDARY, false, false);
        } else {
            this.appendMenuItemText(item);
        }
        //should return true if the menu item
        //is handled
        return true;
    }

    private TextViewgetTextView() {
        TextView tv =  (TextView) this.findViewById(R.id.textViewId);
        return tv;
    }
    public void appendText(String text) {
        TextView tv = (TextView) this.findViewById(R.id.textViewId);
        tv.setText(tv.getText() + text);
    }
    private void appendMenuItemText(MenuItemmenuItem) {
```

代码 4-84　（续）

```
        String title = menuItem.getTitle().toString();
        TextView tv = (TextView) this.findViewById(R.id.textViewId);
        tv.setText(tv.getText() + "\n" + title + ":" + menuItem.getItemId());
    }
    private void emptyText() {
        TextView tv = (TextView) this.findViewById(R.id.textViewId);
        tv.setText("");
    }
}
```

代码 4-84 （续）

运行效果如图 4-7 所示。

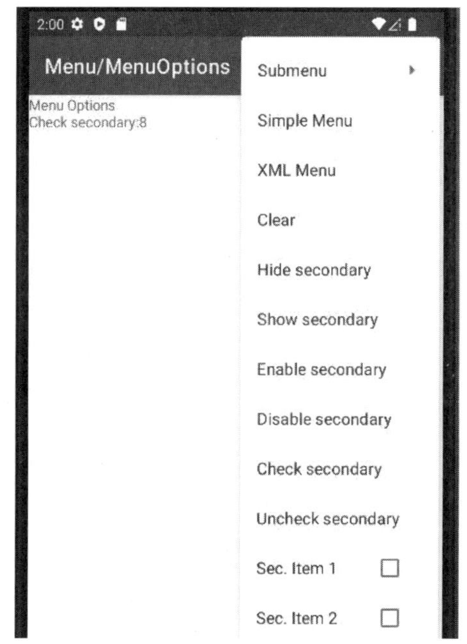

图 4-7 选项菜单

2. 上下文菜单

在桌面系统的用户界面中，当用户使用鼠标右击界面视图元素时，桌面系统就会弹出与此视图元素相关的动作列表。这个功能非常方便，用户可以很容易找到与视图元素相关的功能。提供这种功能的菜单，称为上下文菜单。安卓系统也支持相同的设计模式，但由于用户交互的设备不同，操作时界面的响应有所不同。安卓的上下文菜单可以通过触摸屏操作调出。当用户按住触摸屏上的视图元素保持一段时间，就可以调出相关动作列表的上下文菜单。安卓系统可以为任何视图提供上下文菜单，但是通常在 ListView、GridView 等集合视图中的项目上使用，因为这些视图通常需要支持对多个项目进行批量操作，例如选择多个项目进行删除或复制操作等。在这种情况下，上下文菜单可以提供一种方便的方式来执行这些批量操作。安卓系统定义了以下两种模式的上下文菜单。

(1) 悬浮上下文模式。如果用户在视图元素上执行一个长点击(按住并保持)事件，上下文菜单项浮动列表会弹出，类似对话框，显示在原有视图的上面，覆盖原有的部分用户界面(见图 4-8)。用户可以每次在浮动菜单中选择一个可执行的动作。

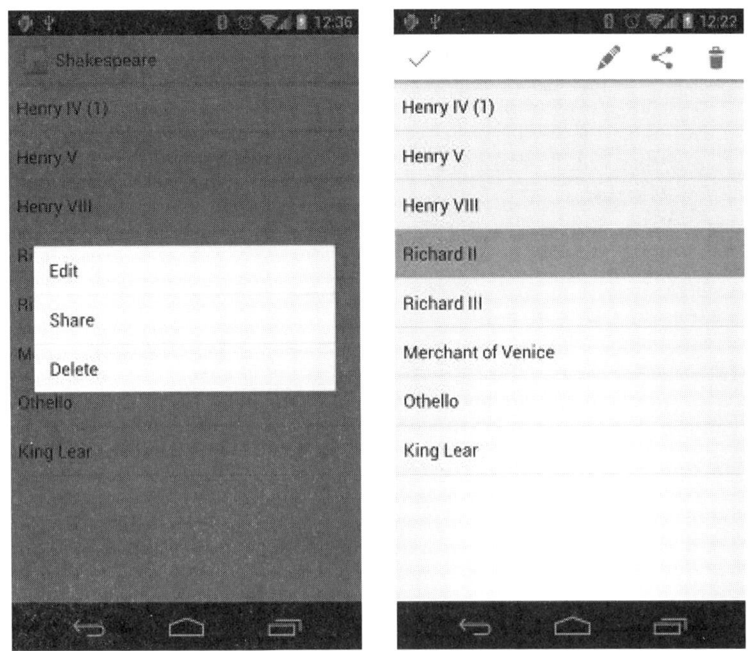

图 4-8　上下文菜单

(2) 关联操作模式。这种模式是 ActionMode 的系统实现,可以在屏幕顶部应用栏中显示上下文,其中的菜单项是影响所选视图元素的动作。当这种模式被激活,用户可以在使用上下文菜单的应用栏中选择一个或多个动作。但是,这种模式只有在安卓 3.0 或者更高版本中可用,是使用上下文菜单的推荐模式。

上下文菜单的加载与选项菜单类似,都是在活动中通过特定方法创建和加载,但具体在 onCreateContextMenu()方法中实现,而不是在 onCreateOptionsMenu()方法中实现。在实现 onCreateContextMenu()方法时,上下文菜单所依赖的视图元素通过参数指定。上下文菜单的加载与选项菜单在加载时有所不同。onCreateOptionsMenu()方法在每个活动(或者片段)启动时自动调用。因为不是界面上的所有视图元素都需要上下文视图元素,只有通过 registerForContextMenu(view)方法注册的视图元素,才有可能创建对应的上下文菜单。因此只有用户长点击某个视图元素后才需要执行 onCreateContextMenu()方法。下面使用一个例子,来说明在应用程序中如何实现上下文菜单。

```
import android.graphics.Color;
import android.os.Bundle;
import android.view.ContextMenu;
import android.view.ContextMenu.ContextMenuInfo;
import android.view.MenuItem;
import android.view.View;
import android.widget.TextView;

import androidx.appcompat.app.AppCompatActivity;
```

代码 4-85　上下文模式菜单

```
import com.example.ch04.R;

public class ContextMenuSimpleActivity extends AppCompatActivity {
    final int MENU_COLOR_RED = 1;
    final int MENU_COLOR_GREEN = 2;
    final int MENU_COLOR_BLUE = 3;
    final int MENU_SIZE_22 = 4;
    final int MENU_SIZE_26 = 5;
    final int MENU_SIZE_30 = 6;
    TextViewtvColor, tvSize;
    /** Called when the activity is first created. * /
    @Override
    public void onCreate(Bundle savedInstanceState) {
        super.onCreate(savedInstanceState);
        setContentView(R.layout.context_menu_simple);
        tvColor = (TextView) findViewById(R.id.tvColor);
        tvSize = (TextView) findViewById(R.id.tvSize);
        //context menu should be created for tvColor and tvSize
        registerForContextMenu(tvColor);
        registerForContextMenu(tvSize);
    }
    @Override
    public void onCreateContextMenu(ContextMenu menu, View v,
            ContextMenuInfomenuInfo) {
        //TODO Auto-generated method stub
        switch (v.getId()) {
        case R.id.tvColor:
            menu.add(0, MENU_COLOR_RED, 0, "Red");
            menu.add(0, MENU_COLOR_GREEN, 0, "Green");
            menu.add(0, MENU_COLOR_BLUE, 0, "Blue");
            break;
        case R.id.tvSize:
            menu.add(0, MENU_SIZE_22, 0, "22");
            menu.add(0, MENU_SIZE_26, 0, "26");
            menu.add(0, MENU_SIZE_30, 0, "30");
            break;
        }
    }
    @Override
    public booleanonContextItemSelected(MenuItem item) {
        //TODO Auto-generated method stub
        switch (item.getItemId()) {
        //menu items for tvColor
        case MENU_COLOR_RED:
            tvColor.setTextColor(Color.RED);
            tvColor.setText("Text color = red");
            break;
        case MENU_COLOR_GREEN:
            tvColor.setTextColor(Color.GREEN);
            tvColor.setText("Text color = green");
```

代码 4-85 （续）

```
                break;
            case MENU_COLOR_BLUE:
                tvColor.setTextColor(Color.BLUE);
                tvColor.setText("Text color = blue");
                break;
            //menu items for tvSize
            case MENU_SIZE_22:
                tvSize.setTextSize(22);
                tvSize.setText("Text size = 22");
                break;
            case MENU_SIZE_26:
                tvSize.setTextSize(26);
                tvSize.setText("Text size = 26");
                break;
            case MENU_SIZE_30:
                tvSize.setTextSize(30);
                tvSize.setText("Text size = 30");
                break;
            }
            return super.onContextItemSelected(item);
        }
    }
```

代码 4-85 （续）

如果被选的菜单项被成功处理，则 onContextItemSelected()返回 true 值，否则需要调用父类的 onContextItemSelected()方法继续处理。与选项菜单类似，如果活动中包含片段，那么活动将首先执行自己的这个方法，如果返回值为 false，则通过调用 super.onContextItemSelected(item)方法，单击事件将会在每个片段中的 onContextItemSelected()方法中传递，按照片段被添加的顺序一个接着一个传递，直到返回 true 或者全部执行完为止。运行效果如图 4-9 所示。

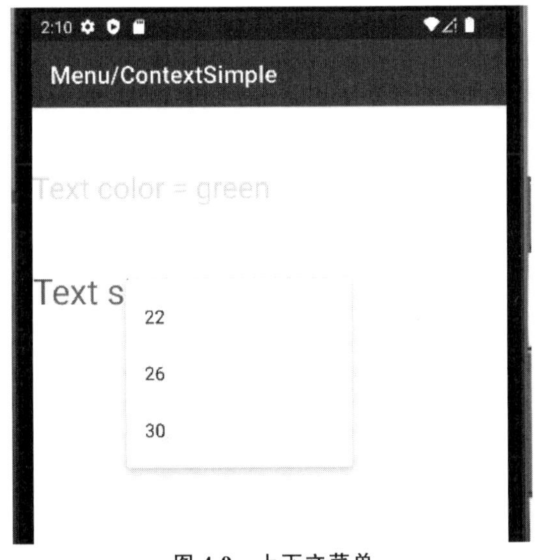

图 4-9 上下文菜单

关联操作模式是 ActionMode 的一种系统实现，它将用户互动的重点放在执行关联操作上。当用户通过选择菜单项启用此模式时，屏幕顶部会出现“关联操作栏”，显示用户可对当前所选菜单项执行的操作。启用此模式后，如果允许用户选择多个菜单项、取消选择菜单项，以及继续在活动内导航（在允许的最大范围内），当用户取消选择所有菜单项、单击“返回”按钮或选择操作栏左侧的“完成”操作时，该操作模式将会停用，而关联操作栏也会消失。注意：关联操作栏不一定与应用栏相关联。尽管表面上看来关联操作栏取代了应用栏的位置，但事实上二者独立运行。对于提供关联操作的视图，当出现以下两个事件（或之一）时，通常应调用关联操作模式。

（1）用户长按视图。

（2）用户选中复选框或视图内类似的界面组件。

应用如何调用关联操作模式以及如何定义每个操作的行为取决于设计。设计基本上分为以下两种。

（1）针对单个任意视图的关联操作。

（2）针对 ListView 或 GridView 中菜单项组的批处理关联操作，允许用户选择多个菜单项并针对所有菜单项执行操作。

下面几部分介绍了每种场景所需的设置。

如果只想在用户选择特定视图时调用关联操作模式，应该：

（1）实现 ActionMode.Callback 接口。在其回调方法中，可以为关联操作栏指定操作、响应操作项的单击事件，以及处理该操作模式的其他生命周期事件。

（2）当需要显示操作栏时调用 startActionMode()，例如，当用户长按视图时。

代码如下。

```
private ActionMode.CallbackactionModeCallback = new ActionMode.Callback() {
    //Called when the action mode is created; startActionMode() was called
    @Override
    public booleanonCreateActionMode(ActionMode mode, Menu menu) {
        //Inflate a menu resource providing context menu items
        MenuInflater inflater = mode.getMenuInflater();
        inflater.inflate(R.menu.context_menu, menu);
        return true;
    }
    //Called each time the action mode is shown. Always called after
    //onCreateActionMode, but may be called multiple times if the mode
    //is invalidated.
    @Override
    public booleanonPrepareActionMode(ActionMode mode, Menu menu) {
        return false; //Return false if nothing is done
    }
    //Called when the user selects a contextual menu item
    @Override
    public booleanonActionItemClicked(ActionMode mode, MenuItem item) {
        switch (item.getItemId()) {
            case R.id.menu_share:
```

代码 4-86　实现 ActionMode.Callback 接口

```
                shareCurrentItem();
                mode.finish(); //Action picked, so close the CAB
                return true;
            default:
                return false;
        }
    }
    //Called when the user exits the action mode
    @Override
    public void onDestroyActionMode(ActionMode mode) {
        actionMode = null;
    }
};
```

代码 4-86　（续）

注意，这些事件回调与选项菜单的回调几乎完全相同，只是其中每个回调还会传递与事件相关联的 ActionMode 对象。可以使用 ActionMode API 对悬浮菜单进行各种更改。例如，使用 setTitle()和 setSubtitle()修改标题和副标题（这有助于指示需选择多少个菜单项）。注意，当系统销毁该操作模式时，上述示例会将 ActionMode 变量设置为 null。在下一步中，将了解如何初始化该变量，以及保存活动或片段中的成员变量有何作用。调用 startActionMode()以便适时启用关联操作模式，例如，响应对视图的长按操作，代码如下。

```
someView.setOnLongClickListener(new View.OnLongClickListener() {
    //Called when the user long-clicks on someView
    public booleanonLongClick(View view) {
        if (actionMode != null) {
            return false;
        }
        //Start the CAB using the ActionMode.Callback defined above
        actionMode = getActivity().startActionMode(actionModeCallback);
        view.setSelected(true);
        return true;
    }
});
```

代码 4-87　响应对视图的长按操作

当用 startActionMode()时，系统会返回已创建的 ActionMode。通过将其保存在成员变量中，可以通过更改关联操作栏来响应其他事件。在上述示例中，ActionMode 用于在启动该操作模式前检查成员是否为 null，从而确保当 ActionMode 实例已激活时不再重建该实例。运行效果如图 4-10 所示。

图 4-10　长按关联操作模式

如果在 ListView 或 GridView（或 AbsListView 的其他扩展）中有一组菜单项，且希望允许用户执行批处理操作（如代码 4-88 所示），应该：

(1) 实现 AbsListView.MultiChoiceModeListener 接口,并使用 setMultiChoiceModeListener()为视图组设置该接口。在监听器的回调方法中,可以为关联操作栏指定操作、响应操作项的单击事件,以及处理从 ActionMode.Callback 接口继承的其他回调。

(2) 使用 CHOICE_MODE_MULTIPLE_MODAL 参数调用 setChoiceMode()。

```
import android.database.Cursor;
import android.os.Bundle;
import android.view.ActionMode;
import android.view.Menu;
import android.view.MenuInflater;
import android.view.MenuItem;
import android.widget.AbsListView;
import android.widget.ListView;
import androidx.appcompat.app.AppCompatActivity;
import com.example.ch04.R;

public class RemindersActivity extends AppCompatActivity {
    private ListViewmListView;
    private RemindersDbAdaptermDbAdapter;
    private RemindersSimpleCursorAdaptermCursorAdapter;

    @Override
    protected void onCreate(Bundle savedInstanceState) {
        super.onCreate(savedInstanceState);
        setContentView(R.layout.activity_reminders);
        mListView = (ListView) findViewById(R.id.reminders_list_view);
        mListView.setDivider(null);
        mDbAdapter = new RemindersDbAdapter(this);
        mDbAdapter.open();
        if (savedInstanceState == null) {
            //Clear all data
            mDbAdapter.deleteAllReminders();
            //Add some data
            insertSomeReminders();
        }
        Cursor cursor = mDbAdapter.fetchAllReminders();
        //from columns defined in the db
        String[] from = new String[]{
        RemindersDbAdapter.COL_CONTENT};
        //to the ids of views in the layout
        int[] to = new int[]{R.id.row_text};
        mCursorAdapter =
                new RemindersSimpleCursorAdapter(RemindersActivity.this,
                R.layout.reminders_row,
                cursor,
                from,
                to,
                0);
        //the cursorAdapter (controller) is now updating the listView (view)
        //with data from the db(model)
```

代码 4-88 RemindersActivity

```
mListView.setAdapter(mCursorAdapter);
mListView.setChoiceMode(ListView.CHOICE_MODE_MULTIPLE_MODAL);
mListView.setSelection(R.color.light_grey);
mListView.setMultiChoiceModeListener(new
                AbsListView.MultiChoiceModeListener() {
    @Override
    public void onItemCheckedStateChanged(ActionMode mode, int position,
            long id, boolean checked) {
        final int checkedCount = mListView.getCheckedItemCount();
        switch (checkedCount) {
            case 0:
                mode.setSubtitle(null);
                break;
            case 1:
                mode.setSubtitle("1 item selected");
                break;
            default:
                mode.setSubtitle("" + checkedCount + " items selected");
                break;
        }
    }
    @Override
    public booleanonCreateActionMode(ActionMode mode, Menu menu) {
        MenuInflater inflater = mode.getMenuInflater();
        inflater.inflate(R.menu.cam_menu, menu);
        return true;
    }
    @Override
    public booleanonPrepareActionMode(ActionMode mode, Menu menu) {
        return false;
    }
    @Override
    public booleanonActionItemClicked(ActionMode mode, MenuItem item) {
        switch (item.getItemId()) {
            case R.id.menu_item_delete_reminder:
                for (int nC = mCursorAdapter.getCount() - 1; nC>= 0; nC--) {
                    if (mListView.isItemChecked(nC)) {
                        mDbAdapter.deleteReminderById(
                                    getIdFromPosition(nC));
                    }
                }
                mode.finish();
                mCursorAdapter.changeCursor(
                            mDbAdapter.fetchAllReminders());
                return true;
        }
        return false;
    }
    @Override
    public void onDestroyActionMode(ActionMode mode) {
    }
```

代码 4-88　（续）

```
            });
        }
        private int getIdFromPosition(int nC) {
            return (int) mCursorAdapter.getItemId(nC);
        }
        private void insertSomeReminders() {
            mDbAdapter.createReminder("Set in the layout of list's row", true);
            mDbAdapter.createReminder("Override onItemCheckedStateChanged", false);
            mDbAdapter.createReminder("Usually a LinearLayout", false);
            mDbAdapter.createReminder("Understand what it does exactly", false);
            mDbAdapter.createReminder("Modify the below according needs", false);
            mDbAdapter.createReminder("list_select_menu.xml", true);
            mDbAdapter.createReminder("Custom layout for the root element", false);
        }
    }
```

代码 4-88 （续）

现在，当用户通过长按选择菜单项时，系统会调用 onCreateActionMode()方法，并显示包含指定操作的关联操作栏。当关联操作栏可见时，用户可以选择其他菜单项。在某些情况下，如果关联操作提供常用的操作项，可能还需要通过添加复选框或类似的界面元素来支持用户选择菜单项，因为他们可能未发现长按行为。当用户选中该复选框时，可以使用 setItemChecked()将相应的列表项设置为选中状态，从而调用关联操作模式。运行效果如图 4-11 所示。

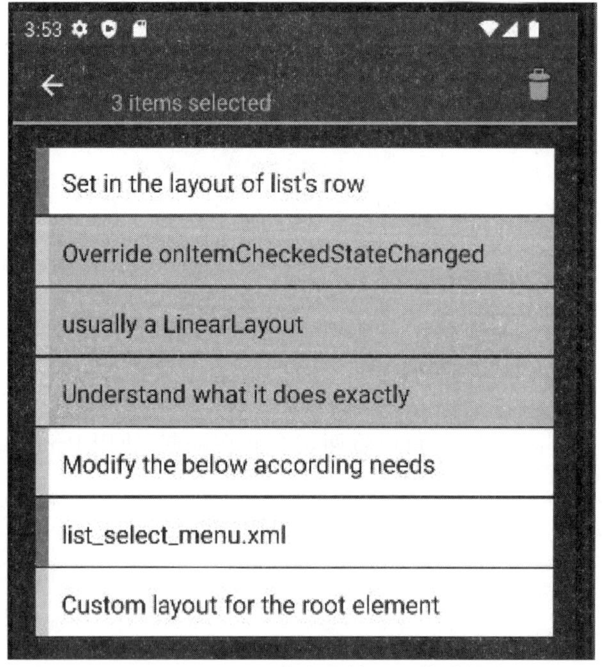

图 4-11 ListView 中启用批处理关联操作

3. 弹出式菜单

弹出式菜单(PopupMenu)是锚定在 View 中的模态菜单。如果空间足够，会显示在锚

定视图下方,否则显示在其上方,它适用于:

(1) 为与特定内容相关的操作提供溢出样式菜单。注意:这与上下文菜单不同,后者通常用于影响所选内容的操作。对于影响所选内容的操作,使用关联操作模式或悬浮上下文菜单。

(2) 提供命令语句的另一部分(例如,标记为"添加"且使用不同的"添加"选项生成弹出式菜单的按钮)。

(3) 提供类似于 Spinner 且不保留永久选择的下拉菜单。

注意:PopupMenu 在 API 级别 11 及更高版本中可用。如果使用 XML 定义菜单,弹出式菜单的显示方式如下。

(1) 实例化 PopupMenu 及其构造函数,该函数接受当前应用的 Context 以及应锚定菜单的 View。

(2) 使用 MenuInflater 将菜单资源膨胀到 PopupMenu.getMenu()返回的 Menu 对象中。

(3) 调用 PopupMenu.show()。

以下是一个使用 android:onClick 属性显示弹出式菜单的按钮。

```
<ImageButton
android:layout_width="wrap_content"
android:layout_height="wrap_content"
android:src="@drawable/ic_overflow_holo_dark"
android:contentDescription="@string/descr_overflow_button"
android:onClick="showPopup" />
```

代码 4-89 使用 android:onClick 属性显示弹出式菜单的按钮

活动可按如下方式显示弹出式菜单,代码如下。

```
public void showPopup(View v) {
    PopupMenu popup = new PopupMenu(this, v);
    MenuInflater inflater = popup.getMenuInflater();
    inflater.inflate(R.menu.actions, popup.getMenu());
    popup.show();
}
```

代码 4-90 显示弹出式菜单

在 API 级别 14 及更高版本中,可以将两行合并在一起,使用 PopupMenu.inflate()展开菜单。当用户选择菜单项或轻触菜单以外的区域时,系统会关闭此菜单。可使用 PopupMenu.OnDismissListener 监听关闭事件。如需在用户选择菜单项时执行操作,必须实现 PopupMenu.OnMenuItemClickListener 接口,并通过调用 setOnMenuItemclickListener()将其注册到 PopupMenu。当用户选择菜单项时,系统会在接口中调用 onMenuItemClick()回调,代码如下。

```
import android.os.Bundle;
import android.view.MenuItem;
```

代码 4-91 实现 PopupMenu.OnMenuItemClickListener 接口

```
import android.view.View;
import android.view.View.OnClickListener;
import android.widget.Button;
import android.widget.ImageView;
import android.widget.PopupMenu;
import android.widget.TextView;
import android.widget.Toast;
import androidx.appcompat.app.AppCompatActivity;
import com.example.ch04.R;
public class PopupMenuActiviy extends AppCompatActivity {
    /** Called when the activity is first created. * /
    @Override
    public void onCreate(Bundle savedInstanceState) {
        super.onCreate(savedInstanceState);
        setContentView(R.layout.popup_menu);
        Button button = (Button) findViewById(R.id.button);
        TextView text = (TextView) findViewById(R.id.text);
        ImageView image = (ImageView) findViewById(R.id.image);
        button.setOnClickListener(viewClickListener);
        text.setOnClickListener(viewClickListener);
        image.setOnClickListener(viewClickListener);
    }
    OnClickListenerviewClickListener = new OnClickListener() {
        @Override
        public void onClick(View v) {
            //TODO Auto-generated method stub
            showPopupMenu(v);
        }
    };
    private void showPopupMenu(View v) {
        PopupMenupopupMenu = new PopupMenu(PopupMenuActiviy.this, v);
        popupMenu.getMenuInflater().inflate(R.menu.popupmenu,
                popupMenu.getMenu());
        popupMenu.setOnMenuItemClickListener(new
                        PopupMenu.OnMenuItemClickListener() {
                    @Override
                    public booleanonMenuItemClick(MenuItem item) {
                        Toast.makeText(PopupMenuActiviy.this, item.toString(),
                                Toast.LENGTH_LONG).show();
                        return true;
                    }
                });
        popupMenu.show();
    }
}
```

代码 4-91 （续）

运行效果如图 4-12 所示。

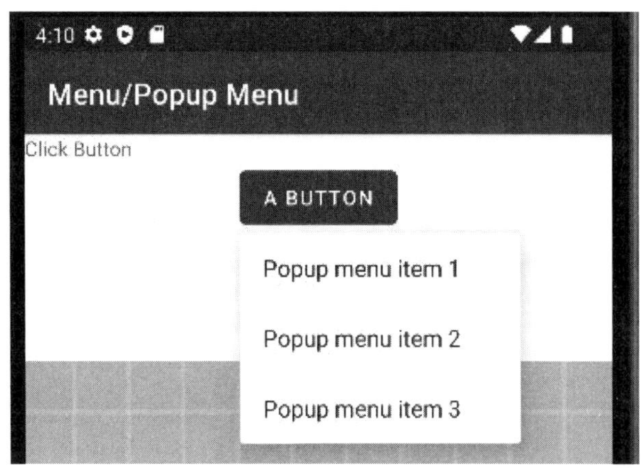

图 4-12　弹出式菜单

4.2.3　分组

菜单组是菜单项集合，可以用来为菜单项设置共同的属性。菜单组的设置可以使一组菜单选项的属性同时改变，呈现出共同的特性，例如：

(1) 使用 setGroupVisible()显示或隐藏组内所有选项。

(2) 使用 setGroupEnabled()启用或禁止组内所有选项。

(3) 使用 setGroupCheckable()说明组内所有的选项是否可选。

菜单组可以在菜单资源文件中定义，把<item>元素嵌套进<group>元素中来创建分组菜单；或者在安卓应用程序中，使用带有分组 ID 的 add()方法创建分组。代码 4-92 是一个在菜单资源文件中定义分组的简单例子。

```
<?xml version="1.0" encoding="utf-8"?>
<menu xmlns:android="http://schemas.android.com/apk/res/android">
    <item android:id="@+id/menu_save"
          android:icon="@drawable/menu_save"
          android:title="@string/menu_save" />
    <!-- menu group -->
    <group android:id="@+id/group_delete">
        <item android:id="@+id/menu_archive"
              android:title="@string/menu_archive" />
        <item android:id="@+id/menu_delete"
              android:title="@string/menu_delete" />
    </group>
</menu>
```

代码 4-92　菜单分组定义

在代码 4-92 中，分组菜单中的两个菜单项与第一个菜单项显示在同一个层次级别上，看上去没有什么区别。能够使用安卓 API 中的方法，通过引用分组 ID 同时修改其中两个菜单项的属性，而且系统不会将分组的菜单项给分开。菜单组还可以用来显示应用程序中的选项开关，设置单选和多选两种方式(见图 4-13)。

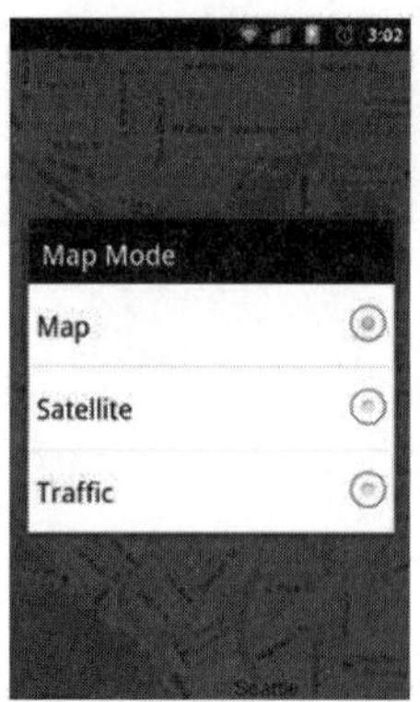

图 4-13　单选模式菜单

如果菜单组中的菜单选项是图标类型，则不能显示成复选框或单选按钮。如果选择了让图标菜单中的菜单项可复选，就必须在每次状态改变时通过手动更换图标与文本来指明复选的状态。在菜单资源文件中，<item>元素中的 android:checkable 属性用于给单独的菜单项定义是否可选，<group>元素中的 android:checkableBehavior 属性用于给一组菜单项定义可选类型（见代码 4-93）。

```
<?xml version="1.0" encoding="utf-8"?>
<menu xmlns:android="http://schemas.android.com/apk/res/android">
    <group android:checkableBehavior="single">
        <item android:id="@+id/red"
              android:title="@string/red" />
        <item android:id="@+id/blue"
              android:title="@string/blue" />
    </group>
</menu>
```

代码 4-93　为菜单项设置单选按钮

<group>元素的 android:checkableBehavior 属性可以有以下三种设置。

(1) single 代表菜单组中仅有一项能够被选（单选按钮）。

(2) all 代表所有菜单项都能够被选（复选框）。

(3) none 代表没有项目是可复选的。

在<item>元素中可以使用 android:checked 属性给菜单项设置默认的选择状态，也可以用 setChecked()方法在代码中改变。当一个可复选的菜单项被选择的时候，系统会调用对应被选择的菜单项的回调方法（如 onOptionsItemSelected()）。由于复选框或复选按钮不会自动地改变它们的状态，因此必须在这个方法中重新设置复选框的状态。一般使用 isChecked()方法来查询复选菜单的当前状态（被用户选择之前的状态），然后用 setChecked()方法设置选择状态（见代码 4-94）。

```
@Override
public boolean onOptionsItemSelected(MenuItem item) {
```

代码 4-94　在事件处理方法中设置菜单项的选择状态

```
        switch (item.getItemId()) {
            case R.id.vibrate:
            case R.id.dont_vibrate:
                if (item.isChecked()) item.setChecked(false);
                else item.setChecked(true);
                return true;
            default:
                return super.onOptionsItemSelected(item);
        }
    }
```

代码 4-94　（续）

如果不用这种方式设置复选状态，那么当用户选择菜单项（复选框或复选按钮）的时候，它的可视状态将不会发生改变。

4.2.4　设置意图

菜单选项也可以创建意图来启动另一个活动，这个活动既可以是本应用程序中的，也可以是其他应用程序中的。如果确认了所需的意图的特性以及初始化此意图的菜单选项后，就可以在菜单选项事件响应的回调方法中使用 startActivity()方法运行此意图。但是，添加调用这个意图对象的菜单项之后，如果不能确定用户设备上是否包含处理这个意图对象的应用程序，就有可能由于没有接收这个意图对象的活动，导致这个菜单选项不会有任何作用，不能实现预期的功能，成为一个非功能性菜单选项。这个问题可以使用动态添加菜单项的方法来解决，安卓系统通过在设备上查找处理意图对象的活动，动态地把菜单项添加到菜单中。为了防止上述问题发生，可以在添加菜单选项时具体采取一些措施，例如：

（1）使用分类 CATEGORY_ALTERNATIVE 和 CATEGORY_SELECTED_ALTERNATIVE 定义的 Intent。

（2）调用 Menu.addIntentOptions()方法，安卓系统会搜索能够接收这个 Intent 对象的应用程序，将菜单选项添加到菜单中。

（3）如果没有应用程序满足 Intent 的要求，就不添加菜单选项。

由于 CATEGORY_SELECTED_ALTERNATIVE 只用于处理当前屏幕上被选择的元素，因此只在用 onCreateContextMenu()方法创建菜单时使用这个分类（见代码 4-95）。

```
@Override
public boolean onCreateOptionsMenu(Menu menu) {
    super.onCreateOptionsMenu(menu);
    //Create an Intent that describes the requirements to fulfill, to be included
    //in our menu. The offering app must include a category value of
    //Intent.CATEGORY_ALTERNATIVE.
    Intent intent = new Intent(null, dataUri);
    intent.addCategory(Intent.CATEGORY_ALTERNATIVE);
    //Search and populate the menu with acceptable offering applications.
    menu.addIntentOptions(
```

代码 4-95　动态添加 Intent 菜单选项

```
            R.id.intent_group,  //Menu group to which new items will be added
            0,       //Unique item ID (none)
            0,       //Order for the items (none)
            this.getComponentName(),   //The current activity name
            null,   //Specific items to place first (none)
            intent, //Intent created above that describes our requirements
            0,       //Additional flags to control items (none)
            null);  //Array of MenuItems that correlate to specific items (none)
        return true;
    }
```

代码 4-95 动态添加 Intent 菜单选项

但凡发现活动提供的意图过滤器与定义的意图匹配，系统就会为相应活动添加菜单项，并使用意图过滤器 android:label 中的值作为菜单项标题，使用应用图标作为菜单项图标。addIntentOptions()方法会返回已添加的菜单项数量。

4.3 广播接收器

广播机制是一种广泛运用在应用程序之间传输信息的机制，广播接收器是安卓系统中负责接收广播消息并对消息做出反应的组件，可以将广播接收器理解为广播接收者，用于接收程序所发出的承载各种各样广播消息的意图，其在本质上相当于一个监听器，监听接收广播消息，然后再做出处理。广播消息既可以是系统发出，也可以由用户应用程序产生。

4.3.1 基本概念

多数的广播是系统发起的，如地域变换、电量不足、来电来信等。程序也可以播放一个广播。广播接收器没有用户界面，可以在接收到信息后启动活动或者通过通知管理通知用户，也可以通过其他多种方式通知用户，例如，开启背景灯、振动设备、播放声音等，最典型的是在状态栏中显示一个图标，这样用户就可以单击它打开查看通知内容。如果是用户应用程序发送广播消息，在意图对象创建后，启动广播接收器的方式有两种：通过 sendBroadcast()方法启动和通过 sendOrderedBroadcast()方法启动。这两者的区别就是前者是发送一个普通的广播，后者是发送一个有序的广播。广播接收器在安卓应用程序中，与其他三大组件活动、服务和内容提供者一样，是以一段独立的程序代码存在于应用程序项目中，如果要在程序中能够启动和运行，必须要在安卓项目中注册。应用可以通过两种方式接收广播：清单声明的接收器和上下文注册的接收器。

1. 清单声明的接收器

如果在清单中声明广播接收器，系统会在广播发出后启动应用（如果应用尚未运行）。注意：如果应用以 API 级别 26 或更高级别的平台版本为目标，则不能使用清单为隐式广播（没有明确针对应用的广播）声明接收器，但一些不受此限制的隐式广播除外。在大多数情况下，可以使用调度作业来代替。要在清单中声明广播接收器，执行以下步骤。

在应用清单中指定<receiver>元素，意图过滤器指定接收器所订阅的广播操作，代码如下。

```
<receiver android:name=".MyBroadcastReceiver"  android:exported="true">
<intent-filter>
<action android:name="android.intent.action.BOOT_COMPLETED"/>
<action android:name="android.intent.action.INPUT_METHOD_CHANGED" />
</intent-filter>
</receiver>
```

代码 4-96 在应用清单中指定<receiver>元素

创建 BroadcastReceiver 子类并实现 onReceive(Context, Intent)。以下示例中的广播接收器会记录并显示广播的内容,代码如下。

```
public class MyBroadcastReceiver extends BroadcastReceiver {
    private static final String TAG = "MyBroadcastReceiver";
    @Override
    public void onReceive(Context context, Intent intent) {
        StringBuilder sb = new StringBuilder();
        sb.append("Action: " + intent.getAction() + "\n");
        sb.append("URI: " + intent.toUri(Intent.URI_INTENT_SCHEME).toString()
                + "\n");
        String log = sb.toString();
        Log.d(TAG, log);
        Toast.makeText(context, log, Toast.LENGTH_LONG).show();
    }
}
```

代码 4-97 创建 BroadcastReceiver 子类并实现 onReceive(Context, Intent)

系统软件包管理器会在应用安装时注册接收器。然后,该接收器会成为应用的一个独立入口点,这意味着如果应用当前未运行,系统可以启动应用并发送广播。系统会创建新的 BroadcastReceiver 组件对象来处理它接收到的每个广播,此对象仅在调用 onReceive(Context, Intent)期间有效。一旦从此方法返回代码,系统便会认为该组件不再活跃。

2. 上下文注册的接收器

要使用上下文注册接收器,执行以下步骤。

(1) 创建 BroadcastReceiver 的实例,代码如下。

```
BroadcastReceiverbr = new MyBroadcastReceiver();
```

代码 4-98 创建 BroadcastReceiver 的实例

(2) 创建 IntentFilter 并调用 registerReceiver(BroadcastReceiver, IntentFilter)来注册接收器。注意:要注册本地广播,调用 LocalBroadcastManager.registerReceiver(BroadcastReceiver, IntentFilter),代码如下。

```
IntentFilter filter =
        new IntentFilter(ConnectivityManager.CONNECTIVITY_ACTION);
filter.addAction(Intent.ACTION_AIRPLANE_MODE_CHANGED);
this.registerReceiver(br, filter);
```

代码 4-99 创建 IntentFilter

只要注册上下文有效，上下文注册的接收器就会接收广播。例如，如果在活动上下文中注册，只要活动没有被销毁就会收到广播。如果在应用上下文中注册，只要应用在运行，就会收到广播。要停止接收广播，调用 unregisterReceiver(android.content.BroadcastReceiver)，当不再需要接收器或上下文不再有效时，务必注销接收器。请注意注册和注销接收器的位置，如果使用活动上下文在 onCreate(Bundle)中注册接收器，则应在 onDestroy()中注销，以防接收器从活动上下文中泄露出去。如果在 onResume()中注册接收器，则应在 onPause()中注销，以防多次注册接收器（如果不想在暂停时接收广播，这样可以减少不必要的系统开销）。不要在 onSaveInstanceState(Bundle)中注销，因为如果用户在历史记录堆栈中后退，则不会调用此方法。安卓为应用提供以下三种方式来发送广播。

（1）sendOrderedBroadcast(Intent, String)：该方法一次向一个接收器发送广播，当接收器逐个顺序执行时，接收器可以向下传递结果，也可以完全中止广播，使其不再传递给其他接收器。接收器的运行顺序可以通过匹配的意图过滤器的 android:priority 属性来控制；具有相同优先级的接收器将按随机顺序运行。

（2）sendBroadcast(Intent)：该方法会按随机的顺序向所有接收器发送广播。这称为常规广播。这种方法效率更高，但也意味着接收器无法从其他接收器读取结果，无法传递从广播中收到的数据，也无法中止广播。

（3）LocalBroadcastManager.sendBroadcast()：该方法会将广播发送给与发送器位于同一应用中的接收器，如果不需要跨应用发送广播可使用本地广播。这种实现方法的效率更高（无须进行进程间通信），而且无须担心其他应用在收发广播时带来的任何安全问题。以下代码段展示了如何通过创建意图并调用 sendBroadcast(Intent)来发送广播。

```
Intent intent = new Intent();
intent.setAction("com.example.broadcast.MY_NOTIFICATION");
intent.putExtra("data","Notice me senpai!");
sendBroadcast(intent);
```

代码 4-100　通过创建意图并调用 sendBroadcast(Intent)来发送广播

广播消息封装在 Intent 对象中。意图的行为字符串必须提供应用的 Java 软件包名称语法，并唯一标识广播事件。可以使用 putExtra(String, Bundle)向意图附加其他信息。也可以对意图调用 setPackage(String)，将广播限定到同一组织中的一组应用。

可以通过权限将广播限定到拥有特定权限的一组应用，可以对广播的发送器或接收器施加限制。带权限的发送，当调用 sendBroadcast(Intent, String)或 sendOrderedBroadcast(Intent, String, BroadcastReceiver, Handler, int, String, Bundle)时，可以指定权限参数。接收器若要接收此广播，则必须通过其清单中的标记请求该权限，如果存在危险以后再被授予该权限。例如，以下代码会发送广播。

```
sendBroadcast(new Intent ("com.example.NOTIFY"),
                        Manifest.permission.SEND_SMS);
```

代码 4-101　发送广播

要接收此广播，接收方应用必须请求如下权限。

```
<uses-permission android:name="android.permission.SEND_SMS"/>
```

代码 4-102 接收方应用必须请求权限

可以指定现有的系统权限(如 SEND_SMS),也可以使用<permission>元素定义自定义权限。注意:自定义权限将在安装应用时注册。自定义权限的应用必须在使用自定义权限的应用之前安装。

带权限的接收,如果在注册广播接收器时指定了权限参数(通过 registerReceiver(BroadcastReceiver, IntentFilter, String, Handler)或清单中的<receiver>标记指定),则广播方必须通过其清单中的<uses-permission>标记请求该权限才能向该接收器发送意图,如果存在危险以后再授予该权限。假设接收方应用具有如下所示的清单声明的接收器。

```
<receiver android:name=".MyBroadcastReceiver"
android:permission="android.permission.SEND_SMS">
<intent-filter>
<action android:name="android.intent.action.AIRPLANE_MODE"/>
</intent-filter>
</receiver>
```

代码 4-103 清单声明的接收器

或者接收方应用具有如下所示的上下文注册的接收器。

```
IntentFilter filter = new IntentFilter(Intent.ACTION_AIRPLANE_MODE_CHANGED);
registerReceiver(receiver, filter, Manifest.permission.SEND_SMS, null );
```

代码 4-104 接收方应用上下文注册的接收器

那么发送方应用必须请求如下权限,才能向这些接收器发送广播。

```
<uses-permission android:name="android.permission.SEND_SMS"/>
```

代码 4-105 必须请求权限

如果要使用广播接收器的功能,首先在需要发送信息的地方创建意图对象,把要携带的信息和用于过滤的信息载入意图对象中,然后通过调用方法把意图对象以广播方式发送出去。当发送意图以后,所有已经注册的广播接收器会检查注册时的 IntentFilter 是否与发送的意图相匹配,若匹配则调用广播接收器的 onReceive()方法。所以当定义一个广播接收器的时候,都需要实现 onReceive()方法。安卓系统中定义了很多标准的广播行为来响应系统的广播事件,见表 4-1。这些行为可以在应用程序中指定意图的行为字段。随着安卓系统的发展,它会不定期地更改系统广播的行为方式。如果应用以安卓 7.0 或更高版本为目标平台,或者安装在搭载安卓 7.0 或更高版本的设备上,请注意以下更改。从安卓 9.0 开始,NETWORK_STATE_CHANGED_ACTION 广播不再接收有关用户位置或个人身份数据的信息。此外,如果应用安装在搭载安卓 9.0 或更高版本的设备上,则通过 WLAN 接收的系统广播不包含 SSID、BSSID、连接信息或扫描结果。要获取这些信息,可调用 getConnectionInfo()方法。从安卓 8.0 开始,系统对清单声明的接收器施加了额外的限制。

如果应用以安卓 8.0 或更高版本为目标平台，那么对于大多数隐式广播（没有明确针对应用的广播），不能使用清单来声明接收器。当用户正在活跃地使用应用时，仍可使用上下文注册的接收器。安卓 7.0（API 级别 24）及更高版本不发送以下系统广播：ACTION_NEW_PICTURE、ACTION_NEW_VIDEO。此外，以安卓 7.0 及更高版本为目标平台的应用必须使用 registerReceiver（BroadcastReceiver，IntentFilter）注册 CONNECTIVITY_ACTION 广播。无法在清单中声明接收器。

下面通过简单的例子来学习在应用程序中其他组件如何创建和使用广播消息，如何使用不同的注册方式来设置广播接收器的过滤条件、处理广播信息，如何使用广播接收器来处理系统广播信息。

4.3.2 举个例子

广播接收器的动态注册方式采用在 Java 程序代码中调用活动的方法来注册，因为是在程序运行过程中才注册，所以称为动态注册。注册时所需要的信息同样包括广播接收器和意图过滤器，以及行为条件。动态注册方式与静态注册方式不同，因为在程序运行中注册，所以当应用程序关闭后，广播接收器就不再进行监听。下面这个例子通过按钮事件，在 Java 程序中动态实现广播接收器的注册和注销，如图 4-14 所示。

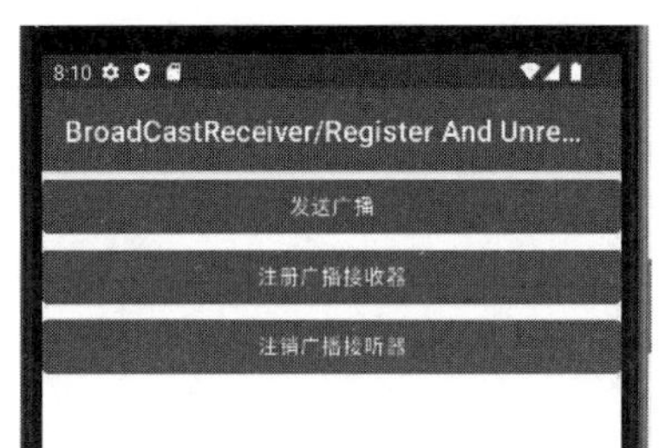

图 4-14 动态实现广播接收器的注册和注销界面

要实现这个例子的功能，需要做下面一些工作。

（1）定义具有三个按钮的用户界面的布局文件 main.xml 和相关的资源文件，代码略。

（2）定义用户界面的活动，导入布局文件，并根据按钮不同的功能，在按钮单击事件处理代码中实现不同的功能，见代码 4-106。

```
import android.content.Intent;
import android.content.IntentFilter;
import android.os.Bundle;
import android.view.View;
import android.view.View.OnClickListener;
import android.widget.Button;
import androidx.appcompat.app.AppCompatActivity;
import com.example.ch05.R;
public class RegisterBroadcastActivity extends AppCompatActivity {
    //定义 Action 常量
    protected static final String ACTION = "com.example.ch05.REGISTER_ACTION";
    private Button btnBroadcast;
    private Button registerReceiver;
    private Button unregisterReceiver;
    private TestReceiver receiver;
    @Override
    public void onCreate(Bundle savedInstanceState) {
```

代码 4-106 RegisterBroadcastActivity.java

```
        super.onCreate(savedInstanceState);
        setContentView(R.layout.c05_broadcast_register);
        btnBroadcast = (Button) findViewById(R.id.btnBroadcast);
        //创建事件监听器
        btnBroadcast.setOnClickListener(new OnClickListener() {
            @Override
            public void onClick(View v) {
                Intent intent = new Intent();
                intent.setAction(ACTION);
                intent.putExtra("message", "Hello mobile world");
                sendBroadcast(intent);
            }
        });
        registerReceiver = (Button) findViewById(R.id.btnregisterReceiver);
        //创建事件监听器
        registerReceiver.setOnClickListener(new OnClickListener() {
            @Override
            public void onClick(View v) {
                receiver = new TestReceiver();
                IntentFilter filter = new IntentFilter();
                filter.addAction(ACTION);
                //动态注册 BroadcastReceiver
                registerReceiver(receiver, filter);
            }
        });
        unregisterReceiver = (Button) findViewById(R.id.btnunregisterReceiver);
        //创建事件监听器
        unregisterReceiver.setOnClickListener(new OnClickListener() {
            @Override
            public void onClick(View v) {
                //注销 BroadcastReceiver
                unregisterReceiver(receiver);
            }
        });
    }
    @Override
    protected void onPause() {
        //TODO Auto-generated method stub
        super.onPause();
        unregisterReceiver(receiver);
    }
}
```

代码 4-106 （续）

(3) 定义广播接收器,处理广播消息,见代码 4-107。

```
import android.content.BroadcastReceiver;
import android.content.Context;
import android.content.Intent;
import android.util.Log;
```

代码 4-107 TestReceiver.java

```
public class TestReceiver extends BroadcastReceiver {
    private static final String tag = "TestReceiver";
    @Override
    public void onReceive(Context context, Intent intent) {
        Utils.logThreadSignature(tag);
        Log.d("TestReceiver", "intent=" + intent);
        String message = intent.getStringExtra("message");
        Log.d(tag, message);
    }
}
```

代码 4-107 （续）

（4）程序代码编写完成后，不要忘记还需要在 AndroidManifest.xml 文件中注册才能够运行。

执行前面的代码，出现用户界面后可以分步测试观察结果日志，了解动态注册对广播接收器功能的影响。

（1）单击“发送广播”按钮的时候，因为程序没有注册 TestReceiver，所以 TestReceiver 不会监听处理任何广播信息，LogCat 没有输出任何信息。

（2）单击“注册广播接收器”按钮，程序会执行此按钮事件处理代码，动态地注册 TestReceiver；再单击“发送广播”按钮，TestReceiver 会监听系统中的广播意图，并检测是否与注册的过滤条件匹配，这里发送的意图的行为字段的值与动态注册的意图过滤器条件相同，系统会调用其 onReceive()方法处理这个广播消息，则 LogCat 会增添新的日志信息。

（3）单击“注销广播监听器”按钮，程序会执行此按钮事件处理代码，动态地注销 TestReceiver，TestReceiver 恢复到没有注册时的情况；再单击“发送广播”按钮，LogCat 没有输出任何信息。

小　　结

本章主要介绍了安卓系统中用于界面交互的组件意图和广播接收器。意图是安卓的一个基础组件。通过意图的消息创建、消息触发、消息传递和消息响应，安卓系统实现窗口跳转、传递数据或调用外部程序，进行应用程序的激活和调用。安卓系统的三大基础组件活动、服务、广播接收器，都可以通过定义意图的消息，实现在各组件之间的程序跳转和数据传递。意图对象中同时携带触发其他组件执行的条件信息和触发后该组件执行时所需要的信息。使用意图来实现程序跳转和数据传递有两种不同方式：显式和隐式。

第5章 实现多任务

5.1 基本概念

在安卓系统中，如果有一个应用程序组件是第一次被启动，而且这时候，应用程序也没有其他组件在运行，则安卓系统会为应用程序创建一个 Linux 进程，这个 Linux 进程只包含一个线程。举个例子，如果一个应用程序启动了第一个活动，这个活动里有一个文本框和一个按钮，这时安卓系统会为应用程序创建一个单线程的 Linux 进程，初始化这个文本框和按钮，当这个应用程序启动另一个活动时，初始化图形组件的还是这个已经创建好的线程，不会再创建新的。也就是说，这个应用程序会一直单线程单任务运行图形组件的初始化和与图形组件相关的操作。

默认情况下，同一个应用程序的所有组件都运行在同一个进程和线程里，这个线程叫作主线程。如果一个组件启动时，应用程序的其他组件已经在运行了，则此组件会在已有的进程和线程中启动运行。如果希望安卓应用程序实现多任务，可以通过代码指定组件运行在其他进程里，或为进程创建额外的线程。下面介绍安卓的进程调度机制。

5.1.1 进程

默认情况下，同一个应用程序内的所有组件都是运行在同一个进程中的，大部分应用程序都是按照这种方式运行。但是在具体应用中，很多时候需要通过在 AndroidManifest.xml 文件中进行设置，指定某个特定组件归属于哪个进程。可以通过 AndroidManifest.xml 文件设定应用程序归属的进程。AndroidManifest.xml 文件中的每一种组件元素——<activity>、<service>、<receiver>和<provider>——都支持定义 android:process 属性，用于指定组件运行的进程。设置这个属性就可实现每个组件在各自的进程中运行，或者某几个组件共享一个进程而其他组件运行于独立的进程。设置这个属性也可以让不同应用程序的组件运行在同一个进程中，这就实现了多个应用程序共享同一个 Linux 用户 ID、赋予同样的权限。<application>元素也支持 android:process 属性，用于指定所有组件的默认进程。

安卓一个重要并且特殊的特性就是，一个应用的进程的生命周期不是由应用程序自身直接控制的，而是由系统根据运行中的应用的一些特征来决定的，包括这些应用程序对用户的重要性、系统的全部可用内存。大部分情况下，每个安卓应用程序都将运行在自己的 Linux 进程当中。当这个应用的某些代码需要执行时，进程就会被创建，并且将保持运行，直到该进程不再需要，而系统需要释放它所占用的内存，为其他应用所用时才停止。

安卓系统试图尽可能长时间地保持应用程序进程，但为了新建或者运行更加重要的进程,总是需要清除过时进程来回收内存。为了决定保留或终止哪个进程,根据进程内运行的组件及这些组件的状态,系统把每个进程都划入一个重要性层次结构中。重要性最低的进程首先会被清除,然后是下一个最低的,以此类推,这都是回收系统资源所必需的。重要性层次结构共有五级,以下按照重要程度列出了各类进程,其中第一类进程是最重要的:前台进程>可见进程>服务进程>后台进程>空进程。

1. 前台进程

用户当前操作所必需的进程。满足以下任一条件时,进程被视作处于前台。

(1) 正在与用户交互的活动进程(例如:活动的 onResume()方法已被调用)。

(2) 正在与用户交互的活动绑定的服务进程。

(3) 正在运行前台 Service 进程,例如服务被 startForeground()方法调用。

(4) 正在运行生命周期回调方法的服务,例如 onCreate()、onStart()或 onDestroy()。

(5) 正在运行 onReceive()方法的广播接收器。

一般而言,任何时刻只有很少的前台进程同时运行。只有当内存不足以维持它们同时运行时,作为最后的策略它们才会被终止。通常,终止一些前台进程是为了保证用户界面的及时响应。

2. 可见进程

如果没有任何前台组件但仍会影响用户在屏幕上所见内容的进程,称为可见进程。满足以下任一条件时,进程被认为是可见的:如果活动不在前台但用户仍然可见。例如,当前台活动打开了一个对话框,而之前的活动还允许显示在后面,但是已经无法与用户进行交互了。例如,活动的 onPause()方法被调用了;一个绑定到可见或前台活动的服务进程。可见进程被认为是非常重要的进程,除非无法维持所有前台进程同时运行了,它们是不会被终止的。

3. 服务进程

对于由 startService()方法启动的服务进程不会升级为上述两种级别。尽管服务进程不直接和用户所见内容关联,但它们通常在执行一些用户关心的操作。例如,在后台播放音乐或从网络下载数据等,因此除非内存不足以维持所有前台、可见进程同时运行,系统会保持服务进程的运行。

4. 后台进程

包含目前用户不可见活动的进程。例如,活动的 onStop()方法已被调用。这些进程对用户体验没有直接的影响,系统可能在任意时间终止它们,以回收内存供前台进程、可见进程及服务进程使用。通常会有很多后台进程在运行,所以被保存在一个最近最少使用列表中,以确保最近被用户使用的活动最后一个被终止。如果一个活动正确实现了生命周期方法,并保存了当前的状态,则终止此类进程不会对用户体验产生可见的影响,因为在用户返回时活动会恢复所有可见的状态。

5. 空进程

不含任何活动应用程序组件的进程,保留这种进程的唯一目的就是用作缓存,以改善下次在此进程中运行组件的启动时间。为了在进程缓存和内核缓存间平衡系统整体资源,系统经常会终止这种进程。依据进程中目前活跃组件的重要程度,安卓会给进程评估一个尽可能高的级别。例如,如果一个进程中运行着一个服务和一个用户可见的活动,则此进程会被评定为可见进程而不是服务进程。此外，一个进程的级别可能会由于其他进程的依赖而被提高，为其他进程提供服务的进程级别永远不会低于使用此服务的进程。因为运行服务的进程级别是高于后台活动进程的，所以如果活动需要启动一个长时间运行的操作，则为其启动一个服务会比简单地创建一个工作线程更好些，尤其是在此操作时间比活动本身存在时间还要长久的情况下。

5.1.2 线程

应用程序启动时，系统会为其创建一个名为“main”的主线程。主线程非常重要，因为其负责把事件分发给相应的用户界面(包括屏幕绘图事件)，也是应用程序与安卓界面组件包(来自 android.widget 和 android.view 包)进行交互的线程，因此主线程有时也被叫作界面线程。系统并不会为每个组件的实例都创建单独的线程。运行于同一个进程中的所有组件都是在界面线程中实例化的，对每个组件的系统调用也都是由界面线程分发的。

如果应用程序在与用户交互的同时需要执行繁重的任务，用户单线程模式可能会导致运行性能很低下。例如，在查询数据库时，应用程序就需要做两件事，一是需要与数据库连接，访问数据库，获取查询结果；二是要初始化显示界面的组件，把获取的数据给显示出来。因为是单线程，就必须先做完第一件事后才能做第二件事。这个过程有可能因为网络状况或数据库繁忙，在访问数据库、获取结果数据时花费比较长的时间，导致不能执行用户显示界面的初始化，使得用户界面呈现出静止状态。这种状态称为界面线程阻塞。如果界面线程被阻塞超过一定时间(目前大约是 5s)，用户就会被提示“应用程序没有响应”(ANR)，如图 5-1 所示。

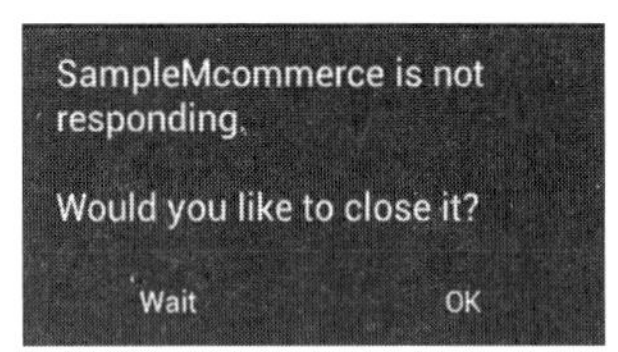

图 5-1 界面线程阻塞

安卓的单线程模式遵守以下两个规则。

(1) 不要阻塞界面线程。

(2) 不要在界面线程之外访问安卓的界面组件包。

这样程序才能有友好的界面顺利运行。一般稍微复杂一点的应用程序，特别是需要网络访问或数据库访问的应用程序，都需要使用多任务的方式。在安卓应用程序中，创建的活动、服务、广播接收器等都是在主线程(界面线程)处理的，但一些比较耗时的操作，如大文件读写、数据库操作以及网络下载都需要很长时间，为了不阻塞用户界面，出现 ANR 的响应提示窗口，这个时候可以考虑创建一个工作线程来解决，继承 Thread 类或者实现 Runnable 接口。

5.2 实现多任务

安卓多任务的调度和实现采用消息驱动机制。熟悉 Windows 编程的读者可能知道 Windows 程序是消息驱动的，并且有全局的消息循环系统。而安卓应用程序也是消息驱动的，谷歌参考了 Windows 系统，也在安卓系统中实现了消息循环机制。安卓通过 Looper、Handler、MessageQueue 和 Message 来实现消息循环机制，安卓消息循环是针对线程的，就是说，主线程和工作线程都可以有自己的消息队列和消息循环。

5.2.1 实现原理

对于多线程的安卓应用程序来说有两类线程：一类是主线程，也就是界面线程；另一类是工作线程，也就是主线程或工作线程所创建的线程。安卓的线程间消息处理机制主要是用来处理主线程跟工作线程间通信的，图 5-2 是线程间通信原理图。安卓应用程序是通过消息来驱动的，即在应用程序的主线程中有一个消息循环，负责处理消息队列中的消息，例如，当从网上下载文件时，为了不使主线程被阻塞，通常需要创建一个子线程来负责下载任务，同时在下载的过程中将下载进度以百分比的形式在应用程序的界面上显示出来，这样既不会阻塞主线程的运行，又能获得良好的用户体验，但是安卓应用程序的子线程是不可以操作主线程的界面的，那么这个负责下载任务的子线程应该如何在应用程序界面上显示下载的进度呢？如果能够在子线程中往主线程的消息队列中发送消息，那么问题就迎刃而解了，因为发往主线程消息队列的消息最终是由主线程来处理的，在处理这个消息时，就可以在应用程序界面上显示下载进度了。

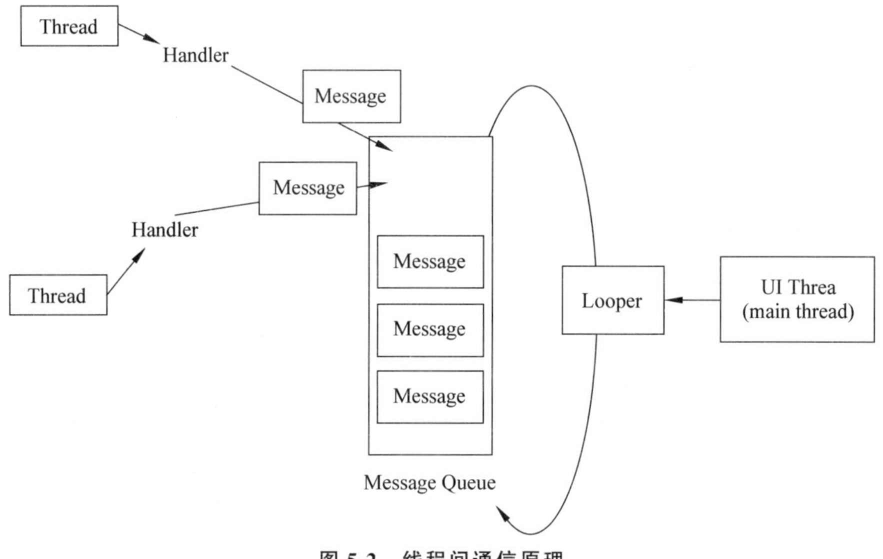

图 5-2　线程间通信原理

线程之间和进程之间是不能直接传递消息的，必须通过对消息队列和消息循环的操作来完成。安卓消息循环是针对线程的，每个线程都可以有自己的消息队列和消息循环。安卓提供了 Handler 类和 Looper 类来访问消息队列 Message Queue。Looper 类是用来封装消息循环和消息队列的一个类，负责管理线程的消息队列和消息循环，用于在安卓线程中进行消息处理。Looper 对象是什么呢？其实安卓中每一个线程都对应一个 Looper，Looper 可以帮助线程维护一个消息队列，是负责在多线程之间传递消息的一个循环器，线程通过 Looper 对象可以读写某个消息循环队列。使用 Looper. myLooper( ) 得到当前线程的 Looper 对象，使用 Looper.getMainLooper()可以获得当前进程的主线程的 Looper 对象。

一个线程可以存在，也可以不存在一个消息队列和一个消息循环，工作线程默认是没有消息循环和消息队列的，如果想让工作线程具有消息队列和消息循环，需要在线程中首先调用 Looper.prepare()来创建消息队列，然后调用 Looper.loop()进入消息循环，见代码 5-1。

```
import android.os.Bundle;
import android.os.Handler;
import android.os.Looper;
import android.os.Message;
import android.util.Log;
import android.view.View;
import android.view.View.OnClickListener;
import androidx.appcompat.app.AppCompatActivity;
import com.example.ch06.R;
public class LooperThreadActivity extends AppCompatActivity {
    private final int MSG_HELLO = 0;
    private Handler mHandler;
    @Override
    public void onCreate(Bundle savedInstanceState) {
        super.onCreate(savedInstanceState);
        setContentView(R.layout.c06_handler_test03);
        new CustomThread().start();//新建并启动 CustomThread 实例
        findViewById(R.id.send_btn).setOnClickListener(new OnClickListener() {
            @Override
            public void onClick(View v) {//单击界面时发送消息
                String str = "hello";
                Log.d("Test", "MainThread is ready to send msg:" + str);
                //发送消息到 CustomThread 实例
                mHandler.obtainMessage(MSG_HELLO, str).sendToTarget();
            }
        });
    }
    class CustomThread extends Thread {
        @Override
        public void run() {
            //建立消息循环的步骤
            //1. 初始化 Looper
            Looper.prepare();
            //2. 绑定 handler 到 CustomThread 实例的 Looper 对象
            mHandler = new Handler() {
                //3. 定义处理消息的方法
                public void handleMessage(Message msg) {
                    switch (msg.what) {
                        case MSG_HELLO:
                        Log.d("Test", "CustomThread receive msg:"
                                + (String) msg.obj);
                    }
                }
            };
            //4. 启动消息循环
            Looper.loop();
        }
    }
}
```

代码 5-1　CustomThread.java

通过代码 5-1 的设置，工作线程 CustomThread 就具有了消息队列和消息循环的处理机制了，可以在 Handler 中进行消息处理。代码中定义的 Handler 对象，其作用是把消息加入特定的消息队列中，并分发和处理该消息队列中的消息。

```
2022-03-24 11:22:21.536 7370-7370/com.example.ch06 D/Test: MainThread is ready
to send msg:hello
2022- 03 - 24 11: 22: 21. 536 7370 - 7495/com. example. ch06 D/Test: CustomThread
receive msg:hello
```

代码 5-2 日志输出

每个活动是一个界面线程，运行于主线程中。安卓系统在启动的时候会为活动创建一个消息队列和消息循环。一个活动中可以创建多个工作线程或者其他的组件，如果这些线程或者组件把它们的消息放入活动的主线程消息队列，那么该消息就会在主线程中处理了。因为主线程一般负责界面的更新操作，并且安卓系统中的界面控件都是单线程模式，多线程控制需要程序员实现，也就是非线程安全的，所以这种方式可以很好地实现安卓界面更新。在安卓系统中这种机制有着广泛的运用，一个工作线程是通过 Handle 对象把消息放入主线程的消息队列。只要 Handler 对象由主线程的 Looper 创建，那么调用 Handler 的 sendMessage()等方法，就会把消息放入主线程的消息队列。在主线程中调用 Handle 的 handleMessage()方法来处理消息，在这个方法中实现主线程的界面控件的操作，从而实现了工作线程和主线程之间的调度。在活动 LooperThreadActivity 中定义了 Handler 对象 mHandler，并定义了一个工作进程 CustomThread，在工作进程中使用对象 mHandler 的 sendMessage()发送了一条消息到主线程的消息队列。

```
2022-03-24 11:22:21.536 7370-7370/com.example.ch06 D/Test: MainThread is ready
to send msg:hello
2022- 03 - 24 11: 22: 21. 536 7370 - 7495/com. example. ch06 D/Test: CustomThread
receive msg:hello
```

代码 5-3 日志调试输出

可以看到有两条调试信息，显示了在这个活动运行过程中，各个模块所处的线程情况。在这个例子中，主线程在 onCreate()方法中通过“new CustomThread().start()”启动了工作线程，工作线程 CustomThread 中 run()方法执行代码，访问了主线程 Handler 对象 mHandler，并在调用 Handler 的对象 mHandler 时，向主线程消息队列加入了一条消息。因为 Handler 对象管理的 Looper 对象是线程安全的，不管是加入消息到消息队列或者是从队列读出消息都是有同步对象保护的，由于这里没有修改 Handler 对象，所以 Handler 对象不可能会出现数据不一致的问题。

工作线程和主线程运行在不同的线程中，所以必须要注意这两个线程间的竞争关系。在主线程中构造 Handler 对象，并且启动工作线程之后不要再修改，否则会出现数据不一致。这样在工作线程中可以放心地调用发送消息 sendMessage()方法传递消息，Handler 对象的 handleMessage()方法将会在主线程中调用。在这个方法中可以安全地调用主线程中任何变量和函数，进而完成更新界面的任务。安卓有以下两种方式实现多线程操作界面。

(1) 第一种是创建新线程 Thread，用 Handler 负责线程间的通信和消息。

(2) 第二种方式是 AsyncTask 异步执行任务。

5.2.2　Handler

首先来看看如何使用 Handle 实现多任务。android.os.Handler 是安卓中处理定时操作的核心类。通过 Handler 类，可以提交和处理一个 Runnable 对象。这个对象的 run()方法可以立刻执行，也可以在指定时间之后执行(可以称为预约执行)。Handler 类有以下两种主要用途。

(1) 按照时间计划，在未来某时刻，处理一个消息或执行某个 Runnable 实例。

(2) 把一个对另外线程对象的操作请求放入消息队列中，从而避免线程间冲突。

当一个进程启动时，主线程独立执行一个消息队列，该队列管理着应用顶层的对象(例如活动、广播接收器等)和所有创建的窗口。可以创建自己的一个线程，并通过 Handler 来与主线程进行通信。这可以通过在新的线程中调用主线程的 Handler 的 postXXX()和 sendMessage()方法来实现，使用 post()方法实现多任务的主要步骤如下(如代码 5-4 所示)。

(1) 创建一个 Handler 对象。

(2) 将要执行的操作写在线程对象的 run()方法中。

(3) 使用 post()方法运行线程对象。

(4) 如果需要循环执行，需要在线程对象的 run()方法中再次调用 post()方法。

```
import android.os.Bundle;
import android.os.Handler;
import android.os.Looper;
import android.os.Message;
import android.util.Log;
import android.view.View;
import android.view.View.OnClickListener;
import android.widget.Button;
import android.widget.ProgressBar;
import android.widget.TextView;
import android.widget.Toast;
import androidx.appcompat.app.AppCompatActivity;
import com.example.ch06.R;
public class HandlerActivity extends AppCompatActivity implements OnClickListener {
    private static final String TAG = "HandlerActivity";
    private Handler countHandler = new Handler();
    private TextViewtvCount;
    private ProgressBarmProgressBar;
    private int count = 0;
    private Runnable mRunToast = new Runnable() {
        @Override
        public void run() {
            Toast.makeText(HandlerActivity.this, "15 秒后显示 Toast 提示信息",
            Toast.LENGTH_LONG).show();
        }
    };
    private Runnable mRunCount = new Runnable() {
        @Override
```

代码 5-4　HandlerActivity.java

```
        public void run() {
            //TODO Auto-generated method stub
            tvCount.setText("Count:" + String.valueOf(++count));
            countHandler.postDelayed(this, 1000);
        }
    };
    private Runnable mUpateProgressBarThread = new Runnable() {
        int i = 0;
        @Override
        public void run() {
            log("Begin Thread");
            i = i + 10;
            //得到一个消息对象,Message 类是由 Android 操作系统提供
            Message msg = updateProgressBarHandler.obtainMessage();
            //将 msg 对象的 arg1 参数的值设置为 i,用 arg1 和 arg2 这两个成员变量
            //传递消息,优点是系统性能消耗较少
            msg.arg1 = i;
            try {
                //设置当前显示睡眠 1s
                Thread.sleep(1000);
            } catch (InterruptedException e) {
                //TODO Auto-generated catch block
                e.printStackTrace();
            }
            //将 msg 对象加入到消息队列当中
            updateProgressBarHandler.sendMessage(msg);
            if (i == 100) {
                //如果当 i 的值为 100 时,就将线程对象从 handler 当中移除
                updateProgressBarHandler
                .removeCallbacks(mUpateProgressBarThread);
            }
        }
    };
    //使用匿名内部类来复写 Handler 当中的 handleMessage()方法
    private Handler updateProgressBarHandler =
                                  new Handler(Looper.getMainLooper()) {
        @Override
        public void handleMessage(Message msg) {
            mProgressBar.setProgress(msg.arg1);
            updateProgressBarHandler.post(mUpateProgressBarThread);
        }
    };
    @Override
    public void onClick(View view) {
        switch (view.getId()) {
            case R.id.btnStart:
                countHandler.postDelayed(mRunCount, 1000);
                break;
            case R.id.btnStop:
                countHandler.removeCallbacks(mRunCount);
                break;
```

代码 5-4　（续）

```
            case R.id.btnShowToast:
                countHandler.postAtTime(mRunToast,
                android.os.SystemClock.uptimeMillis() + 15 * 1000);
                break;
            case R.id.btnUpdateProgressBar:
                mProgressBar.setVisibility(View.VISIBLE);
                updateProgressBarHandler.post(mUpateProgressBarThread);
                break;
        }
    }
    @Override
    public void onCreate(Bundle savedInstanceState) {
        super.onCreate(savedInstanceState);
        setContentView(R.layout.c06_handler_test01);
        ((Button) findViewById(R.id.btnStart)).setOnClickListener(this);
        ((Button) findViewById(R.id.btnStop)).setOnClickListener(this);
        ((Button) findViewById(R.id.btnShowToast)).setOnClickListener(this);
        ((Button) findViewById(R.id.btnUpdateProgressBar))
        .setOnClickListener(this);
        mProgressBar = (ProgressBar) findViewById(R.id.progressBar1);
        tvCount = (TextView) findViewById(R.id.tvCount);
    }
    private void log(String msg) {
        Log.d(TAG, msg);
    }
}
```

代码 5-4　（续）

（1）postDelayed（Runnable r，Object token，long delayMillis）：使 Runnable 添加到消息队列中，在经过指定的时间后运行。可运行对象将在附加此处理程序的线程上运行。时基是 SystemClock.uptimeMillis()。在深度睡眠中花费的时间会增加执行的额外延迟。

（2）removeCallbacks（Runnable r）：删除消息队列中所有待处理的 Runnable。

（3）postAtTime(Runnable r，long uptimeMillis)：使 Runnable 添加到消息队列中，在 uptimeMillis 给定的特定时间运行。时基是 SystemClock.uptimeMillis()。在深度睡眠中花费的时间会增加执行的额外延迟。可运行对象将在附加此处理程序的线程上运行。运行效果如图 5-3 所示。

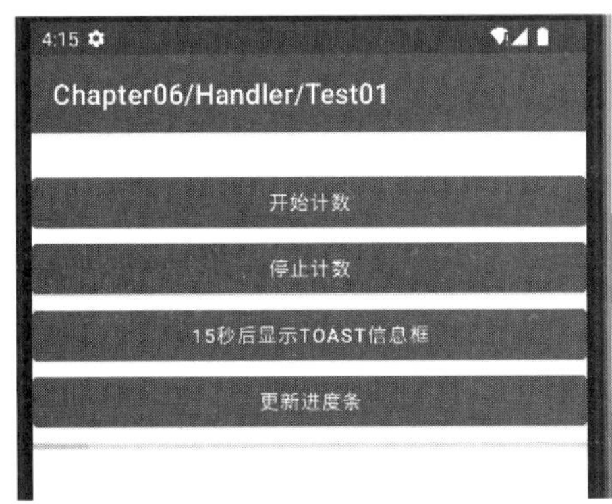

图 5-3　HandlerActivity

5.2.3 AsyncTask

用 Handler 类在子线程中更新界面线程虽然避免了在主线程进行耗时计算,但费时的任务操作总会启动一些匿名的子线程,太多的子线程给系统带来巨大的负担,随之也带来一些性能问题。因此安卓提供了一个工具类 AsyncTask 来实现异步执行任务。AsyncTask 类擅于处理一些后台比较耗时的任务,给用户带来良好用户体验,不再需要子线程和 Handler 就可以完成异步操作并且刷新用户界面。如果要使用 AsyncTask,需要创建 AsyncTask 类,并实现其中的抽象方法以及重写某些方法。利用 AsyncTask 不需要自己来写后台线程,无须终结后台线程,但是 AsyncTask 的方式对循环调用的方式并不太合适。

AsyncTask 旨在使主线程能够正确和轻松地使用,然而最常见的用例是集成到界面中,这会导致上下文泄漏、错过回调或配置更改时崩溃。AsyncTask 在不同版本的平台上也有不一致的行为,doInBackground()会吞下异常,并且没有提供太多直接使用 Executor 的实用程序。AsyncTask 被设计为围绕 Thread 和 Handler 的辅助类,并不构成通用线程框架。AsyncTask 最适合用于短时间的操作(最多几秒钟)。如果需要保持线程长时间运行,强烈建议使用 java.util.concurrent 包提供的各种 API,例如,Executor、ThreadPoolExecutor 和 FutureTask。

异步任务由在后台线程上运行的计算定义,其结果在主线程上发布。异步任务由 3 个泛型定义,称为 Params、Progress 和 Result,以及四个步骤,称为 onPreExecute、doInBackground、onProgressUpdate 和 onPostExecute。AsyncTask 是抽象类,AsyncTask 定义了三种泛型:Params、Progress 和 Result,含义分别如下。

- Params:表示启动任务执行的输入参数,如 HTTP 请求的 URL。
- Progress:表示后台任务执行的百分比。
- Result:表示后台执行任务最终返回的结果,如 String、Integer 等。

通过继承一个 AsyncTask 类来定义一个异步任务类,安卓提供一个让程序员编写后台操作更为容易和透明的 AsyncTask,使得后台线程能够在界面主线程外进行处理。使用 AsyncTask,需要创建 AsyncTask 类,并实现其中的抽象方法以及重写某些方法。利用 AsyncTask 不需要自己来写后台线程,无须终结后台线程,AsyncTask 可实现多任务。下面的例子是实现进度条的更新,实现步骤(如代码 5-5 所示)如下。

(1) 使用 execute()方法触发异步任务的执行。

(2) 使用 onPreExecute()表示执行预处理,如绘制一个进度条控件。

(3) 使用 doInBackground()执行较为费时的操作,这个方法是 AsyncTask 的关键,必须覆盖重写。

(4) 使用 onProgressUpdate()对进度条控件根据进度值做出具体的响应。

(5) 使用 onPostExecute()对后台任务的结果做出处理。

```
import android.os.AsyncTask;
import android.os.Bundle;
import android.view.View;
import android.view.View.OnClickListener;
import android.widget.Button;
```

代码 5-5 AsyncTaskActivity.java

```
import android.widget.ProgressBar;
import android.widget.TextView;
import androidx.appcompat.app.AppCompatActivity;
import com.example.ch06.R;
public class AsyncTaskActivity extends AppCompatActivity
                              implements OnClickListener {
    private Button Btn;
    private TextView txt;
    private int count = 0;
    private booleanisRunning = false;
    private ProgressBarprogressBar;
    /**
     * Called when the activity is first created.
     * /
    @Override
    public void onCreate(Bundle savedInstanceState) {
        super.onCreate(savedInstanceState);
        setContentView(R.layout.c06_async_task_test01);
        Btn = (Button) findViewById(R.id.button1);
        txt = (TextView) findViewById(R.id.textView1);
        progressBar = (ProgressBar) findViewById(R.id.progressBar1);
        Btn.setOnClickListener(this);
    }
    public void onClick(View arg0) {
        //TODO Auto-generated method stub
        TimeTickLoadtimetick = new TimeTickLoad();
        timetick.execute(1000);
    }
    private class TimeTickLoad extends AsyncTask<Integer, Integer, String> {
        //后面尖括号内分别是参数(例子里是线程休息时间),
        //进度(publishProgress 用到),返回值类型
        @Override
        protected void onPreExecute() {
            //第一个执行方法
            super.onPreExecute();
            txt.setText("开始执行后台操作...");
            progressBar.setVisibility(View.VISIBLE);
        }
        @Override
        protected String doInBackground(Integer... params) {
            //第二个执行方法,onPreExecute()执行完后执行
            for (int i = 0; i<= 10; i++) {
                publishProgress(i * 10);
                try {
                    Thread.sleep(params[0]);
                } catch (InterruptedException e) {
                    e.printStackTrace();
                }
            }
            return "执行完毕";
        }
```

代码 5-5　（续）

```
            @Override
            protected void onProgressUpdate(Integer... progress) {
                super.onProgressUpdate(progress);
                //该函数在 doInBackground 调用 publishProgress 时触发,虽然调用时只有一
                //个参数
                //但是这里取到的是一个数组,所以要用 progesss[0]来取值
                //第 n 个参数就用 progress[n]来取值
                progressBar.setProgress(progress[0]);
            }
            @Override
            protected void onPostExecute(String result) {
                //doInBackground 返回时触发,换句话说,就是 doInBackground 执行完后触发
                //这里的 result 就是上面 doInBackground 执行后的返回值,所以这里是"执行
                //完毕"
                super.onPostExecute(result);
                txt.setText(result);
            }
        }
    }
```

代码 5-5 （续）

运行效果如图 5-4 所示。

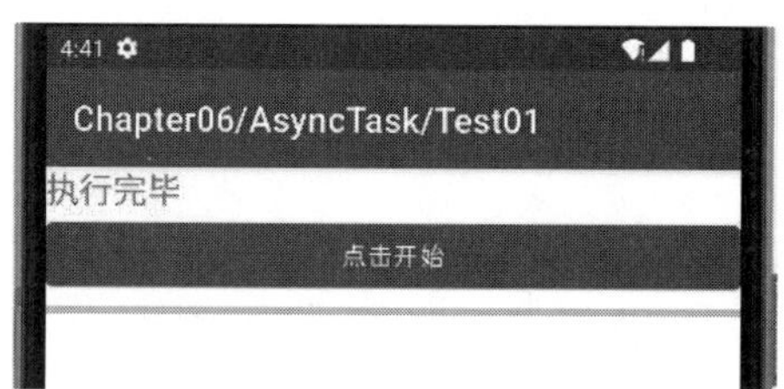

图 5-4 AsyncTask

5.2.4 并发包

java.util.concurrent 包含许多线程安全、测试良好、高性能的并发构建块。创建 java.util.concurrent 的目的就是要实现 Collection 框架对数据结构所执行的并发操作。通过提供一组可靠的、高性能并发构建块，开发人员可以提高并发类的线程安全、可伸缩性、性能、可读性和可靠性。实用程序类在并发编程中通常很有用，包括一些小的标准化可扩展框架，以及一些提供有用功能但在其他方面乏味或难以实现的类。以下是主要组件的简要说明。

1. 执行器

执行器(Executor)是一个简单的标准化接口，用于定义自定义的类线程子系统，包括线程池、异步 I/O 和轻量级任务框架。根据正在使用的具体 Executor 类，任务可能在新创建的线程、现有的任务执行线程或调用执行的线程中执行，并且可能顺序执行或并发执行。ExecutorService 提供了更完善的异步任务执行框架。ExecutorService 管理任务的排队和调度，并允许受控关闭。ScheduledExecutorService 子接口和相关接口增加了对延迟和定期任务执行的支持。ExecutorServices 提供了安排异步执行任何表示为 Callable 的函数的方法，Callable 是 Runnable 的结果承载模拟。Future 返回函数的结果，允许确定执行是否已

完成，并提供取消执行的方法。RunnableFuture是一个拥有run()方法的Future，该方法在执行时设置其结果。类ThreadPoolExecutor和ScheduledThreadPoolExecutor提供了可调的、灵活的线程池。Executors类为最常见的执行器种类和配置提供工厂方法，以及一些使用它们的实用方法。其他基于Executors的实用程序包括具体类FutureTask，它提供了Future的通用可扩展实现，以及ExecutorCompletionService，它有助于协调异步任务组的处理。ForkJoinPool类提供了一个执行器，主要用于处理ForkJoinTask及其子类的实例。这些类采用工作窃取调度程序，该调度程序为符合计算密集型并行处理中通常存在限制的任务获得高吞吐量。

2. 队列

ConcurrentLinkedQueue类提供了一个高效的可扩展线程安全非阻塞FIFO队列。ConcurrentLinkedDeque类类似，但另外支持Deque接口。java.util.concurrent中的五个实现支持扩展BlockingQueue接口，该接口定义了put和take的阻塞版本：LinkedBlockingQueue、ArrayBlockingQueue、SynchronousQueue、PriorityBlockingQueue和DelayQueue。不同的类涵盖了生产者-消费者、消息传递、并行任务和相关并发设计的最常见使用上下文。扩展接口TransferQueue和实现LinkedTransferQueue引入了同步传输方法（以及相关功能），其中生产者可以选择阻塞等待其消费者。BlockingDeque接口扩展了BlockingQueue以支持FIFO和LIFO（基于堆栈）操作。LinkedBlockingDeque类提供了一个实现。

3. 定时

TimeUnit类提供了多个粒度（包括纳秒）来指定和控制基于超时的操作。其中大多数类都包含基于超时和无限期等待的操作。在所有使用超时的情况下，超时指定方法在指示它超时之前应该等待的最短时间。实现尽最大努力在超时发生后尽快检测到超时。但是，在检测到超时和在该超时后再次实际执行的线程之间可能会经过不确定的时间量。所有接受超时参数的方法都将小于或等于零的值视为根本不等待。要永远等待，可以使用Long.MAX_VALUE的值。

4. 同步器

以下五个类实现常见的专用同步。

（1）Semaphore是一个经典的并发工具。

（2）CountDownLatch是一个非常简单常用的实用程序，用于阻塞直到给定数量的信号、事件或条件成立。

（3）CyclicBarrier是一个可重置的多路同步点，在某些并行编程风格中很有用。

（4）Phaser提供了一种更灵活的屏障形式，可用于控制多个线程之间的分阶段计算。

（5）Exchanger允许两个线程在一个集合点交换对象，并且在多个管道设计中很有用。

5. 并发集合

除了队列之外，这个包还提供设计用于多线程上下文的集合实现：ConcurrentHashMap、ConcurrentSkipListMap、ConcurrentSkipListSet、CopyOnWriteArrayList和CopyOnWriteArraySet。当期望许多线程访问给定的集合时，ConcurrentHashMap通常比同步的HashMap更可取，而ConcurrentSkipListMap通常比同步的TreeMap更可取。当预期的读取和遍历次数大大超过对列表的更新次数时，CopyOnWriteArrayList比同步的ArrayList更可取。

此包中的某些类使用的"Concurrent（并发）"前缀是一种简写，表示与类似"synchronized（同步）"类的几个不同之处。例如，java. util. Hashtable 和 Collections. synchronizedMap(new HashMap())是同步的，但是 ConcurrentHashMap 是并发的。并发集合是线程安全的，但不受单个排除锁的控制。在 ConcurrentHashMap 的特殊情况下，它安全地允许任意数量的并发读取以及大量的并发写入。当需要通过单个锁阻止对集合的所有访问时，同步类可能很有用，但代价是可伸缩性较差。在期望多个线程访问公共集合的其他情况下，并发版本通常更可取。当集合不共享或仅在持有其他锁时才可访问时，非同步集合更可取。大多数并发 Collection 实现（包括大多数队列）也不同于通常的 java.util 约定，因为它们的 Iterators 和 Spliterators 提供弱一致而不是快速失败遍历。

- 它们可能与其他操作同时进行。
- 它们永远不会抛出 ConcurrentModificationException。
- 它们保证遍历元素，因为它们在构造时就存在一次，并且可能（但不保证）反映构造后的任何修改。

5.3 理解服务

服务是安卓的四大组件之一，用于支持安卓系统的后台进程。服务是一个能够在后台执行长时间运行的操作应用程序组件，不提供用户界面，安卓的其他应用的组件可以在后台启动一个服务运行，即使用户切换到另一个应用此服务也会继续运行。安卓服务组件就像是 Windows 系统服务或者 UNIX 的守护进程，这些都是后台进程而不可见。服务不能与用户交互，也不能自己启动，需要调用 Context.startService()或 bindService()来启动，在后台运行。当应用程序需要进行某种不要的前台显示的计算或数据处理时，就可以启动一个服务来完成，每个服务都继承自 android. app 包下的 Service 类。每个服务都必须在 AndroidManifest.xml 中通过<service>进行声明。服务具有自己的生命周期，服务的生命周期是与活动生命周期分离的，当活动被暂停、停止或者销毁时，服务组件还可以继续处理其他任务，例如，一个服务可以处理网络事务、播放音乐、执行文件 I/O 或者跟内容提供器交互，所有这些都是在后台完成的。

安卓支持服务有两个原因，一是允许方便地执行后台任务，还有就是实现同一设备上应用之间的跨进程通信。基于这两个原因，安卓系统支持两种类型服务，分别是本地服务和远程服务。本地服务是指只可以被驻留服务的应用访问的服务，而不能被本设备上的其他应用访问；远程服务既可以被其所驻留的应用访问，也可以被设备上的其他应用访问。例如，在开发一个邮件应用时，可以创建一个本地服务实现邮件的发送，这是由于邮件的发送需要网络连接，这是一个耗时操作，需要后台执行；另外一种情况，如果一个设备上很多程序都需要一个通用的翻译功能，可以创建一个远程服务实现翻译功能，而不是在每个应用中都实现这个功能。

安卓 SDK 包括 Service 类，其中的代码封装了服务的行为，但是服务与上面介绍的 AsyncTask 不同，一个 Service 对象不会自动创建自己的线程，而是运行在服务的宿主进程的主线程中。这就意味着如果服务要做一些频繁的 CPU 工作（如 MP3 的回放或网络操作）就会阻塞主线程，应该在这个服务中创建一个新的线程来做这项工作。通过使用一个单独

的线程，会减少应用程序不响应（ANR）的错误风险，并且应用程序的主线程能够保留给用户，专用于跟活动的交互，如果要创建一个服务，有以下两种方式。

(1) 启动方式（startService），通过 startService()方法启动。

(2) 绑定方式（bindService），通过 bindService()方法启动。

应用程序组件可以通过调用 Context.startService()方法获得服务，这个过程也是使服务生效的过程。例如，在活动中调用 startService()方法。可以通过调用 Context.startService()启动服务；然后通过调用 Context.stopService()或 Service.stopSelf()停止服务。服务一旦启动，就能够无限期地在后台运行，即使启动它的组件被销毁。通常一个被启动的服务只有一个单一操作，并且不给调用者返回结果，例如，这个服务可能在网络上下载或上传文件。当操作完成的时候，服务应该自己终止。如果仅以启动方式使用的服务，这个服务需要具备自管理的能力，且不需要通过方法调用向外部组件提供数据或功能。

应用程序组件也可以通过调用 bindService()方法启动和绑定一个服务，通过 ServiceConnection 或直接获取服务中的状态和数据信息，例如，使用活动的 bindService()方法。被绑定的服务会提供一个允许组件跟服务交互的客户端接口，用于发送请求、获取结果甚至是跨进程的进程间通信实现远程服务。应用组件绑定服务后，可以使用 ServiceConnection 获取服务对象，并且调用服务中的方法。应用组件通过 Context.bindService()方法绑定服务，并且建立 ServiceConnection；通过 Context.unbindService()方法解除绑定，并且停止 ServiceConnection。如果在绑定过程中服务没有启动，Context.bindService()会自动启动服务。同一个服务可以绑定多个 ServiceConnection，这样可以同时为多个不同的组件提供服务。一个被绑定服务的运行时间跟绑定它的应用程序组件一样长。多个组件能够绑定一个服务，但是只有所有这些绑定被解绑后，这个服务才被销毁。

这两种获得服务的方法并不是完全独立的，在某些情况下可以混合使用。例如，在 MP3 播放器中，可以通过 Context.startService()方法启动音乐播放的后台服务，但在播放过程中如果用户需要暂停音乐播放，则需要通过 Context.bindService()获取 ServiceConnection 和服务对象，进而通过调用服务对象中的方法暂停音乐播放，并保存相关信息。在这种情况下，如果调用 Context.stopService()并不能够停止服务，需要在所有的 ServiceConnection 关闭后，服务才能够真正停止。无论使用上述两种方式的哪一种，还是同时使用这两种方式获得服务，都需要使用到意图，这与获得活动组件的方式相同。

简单地说，服务是一种即使用户未与应用交互也可在后台运行的组件，因此只有在需要服务时才应创建服务。如果必须在主线程之外执行操作，但只在用户与应用交互时执行此操作，则应创建新线程。例如，只是想在活动运行的同时播放一些音乐，则可在 onCreate()中创建线程，在 onStart()中启动线程运行，然后在 onStop()中停止线程。还可考虑使用 AsyncTask 或 HandlerThread，而非传统的 Thread 类。请记住，如果确实要使用服务，则默认情况下它仍会在应用的主线程中运行，因此如果服务执行的是密集型或阻止性操作，则仍应在服务内创建新线程。

5.3.1　生命周期

虽然服务的生命周期比活动的生命周期简单，但服务的生命周期非常重要。因为服务在后台运行，有时用户甚至意识不到它的存在，所以我们更多关注于服务如何创建和销毁。

服务的生命周期根据创建一个服务的方式不同而有所不同，如图 5-5 所示，分别是启动方式和绑定方式。

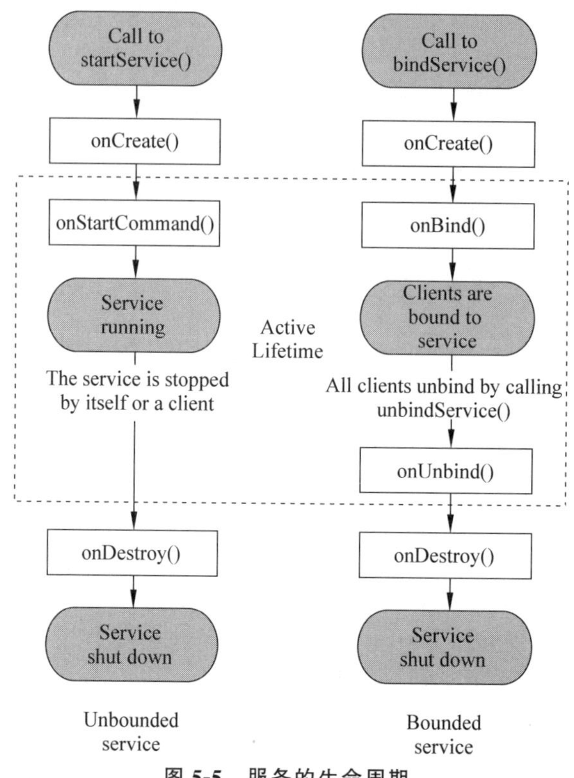

图 5-5 服务的生命周期

使用 startService()方法创建服务时，一个组件调用 startService()方法创建服务，然后服务无限期地运行，并且必须通过调用 stopSelf()方法来终止自己。其他组件也能够通过调用 stopService()方法来终止这个服务。当服务被终止，系统就会把它销毁。使用绑定方式(bindService)创建服务时，当有一个组件调用 bindService()方法时，服务就会被绑定，客户端通过 IBinder 接口与服务通信。客户端能够调用 unbindService()方法来解除与服务的绑定。可以有多个客户端绑定到一个服务上，但是当所有的绑定都被解除以后，系统才会销毁这个服务，而服务不需要终止自己。这两种是完全独立的，能够绑定一个已经用 startService()方法启动的服务。例如，可以通过调用 startService()方法启动后台的音乐服务，这个方法使用意图标识了要播放的音乐；之后，如果用户想要进行一些播放器的控制时，或想要获取有关当前歌曲的信息时，可以在一个活动中通过调用 bindService()方法来绑定这个服务，直到所有的客户端解绑后，stopService()方法或 stopSelf()方法才能实际终止这个服务。

要创建一个服务，必须创建一个 Service 类的子类。在服务实现中，需要重写一些处理服务生命周期关键特征的回调方法，并且给组件提供一种合适的绑定服务的机制，需要重写的回调方法如下。

(1) onStartCommand()：当一个组件通过调用 startService()方法请求启动一个服务时，系统会调用这个服务的 onStartCommand()方法。一旦这个方法执行了，那么这个服务就被启动，并且在后台无限期地运行。实现了这个方法，当服务的工作结束时，必须调用 stopSelf()方法或 stopService()方法来终止服务。如果只让服务提供绑定的能力，不需要实现这个方法。

(2) onBind()：当一个组件想通过调用 bindService()方法跟这个服务(如执行 RPC)绑定时，系统会调用这个方法。在这个方法的实现中，必须通过返回一个 IBinder 对象给客户提供一个用户跟服务进行交互的接口。这个方法必须实现，但是如果不允许绑定，那么这个方法应该返回 null。

(3) onCreate()：当服务被第一次创建时，系统会调用这个方法来执行一次安装过程。这个方法在 onStartCommand()方法或 onBind()方法之前调用。如果服务正在运行，这个方法就不会被调用。

(4) onDestroy()：当服务不再使用或正在销毁时，系统会调用这个方法。服务需要使用这个方法来实现一些清理资源的工作，如清理线程、被注册的监听器、接收器等。这是服务能够接受的最后的调用。

如果组件通过调用 startService()方法启动服务，这样会调用服务的 onStartCommand()方法，那么这个服务就会一直运行，一直到自己用 stopSelf()方法终止服务；或另一个组件通过调用 stopService()方法来终止它。如果一个组件调用 bindService()方法来创建这个服务，并且没有调用 onStartCommand()方法，那么这个服务的运行时间与绑定它的组件运行时间一样长，一旦这个服务从所有的客户端解绑，系统就会销毁它，而不需要服务自己或其他组件停止。

安卓系统只有在内存不足并且为用户提供界面响应而必须释放系统资源时，才会强制终止一个服务。如果服务是被一个正在与用户进行交互的活动绑定，那么它被杀死的可能性很小；如果这个服务被声明运行在前台，那么其也几乎不能被杀死。但是，如果这个服务被启动并且长时间运行，那么随着时间的推移系统会降低它在后台任务列表中的位置，并且这个服务将很容易被杀死；如果服务是组件通过 startService()方法启动了，那么必须把它设计成能够通过系统妥善地处理重启。如果系统为了释放资源杀死了服务，就需要当资源可用时有效重启服务，当然这依赖于 onStartCommand()方法的返回值。像活动一样，服务也有生命周期回调方法，可以通过实现这些回调方法来监测服务内状态的改变，在合适的时机执行工作。代码 5-6 示例了每个生命周期的回调方法。

```
public class ExampleService extends Service {
    int mStartMode; //indicates how to behave if the service is killed
    IBindermBinder; //interface for clients that bind
    booleanmAllowRebind; //indicates whether onRebind should be used
    @Override
    public void onCreate() {
        //The service is being created
    }
    @Override
    public int onStartCommand(Intent intent, int flags, int startId) {
        //The service is starting, due to a call to startService()
        return mStartMode;
```

代码 5-6　ExampleService.java

```
    }
    @Override
    public IBinderonBind(Intent intent) {
        //A client is binding to the service with bindService()
        return mBinder;
    }
    @Override
    public booleanonUnbind(Intent intent) {
        //All clients have unbound with unbindService()
        return mAllowRebind;
    }
    @Override
    public void onRebind(Intent intent) {
        //A client is binding to the service with bindService(),
        //after onUnbind() has already been called
    }
    @Override
    public void onDestroy() {
        //The service is no longer used and is being destroyed
    }
}
```

代码 5-6 （续）

像活动一样，所有的服务都必须在应用程序的清单文件中声明。要声明服务就要给<application>元素添加一个<service>子元素，代码如下。

```
<manifest ... >
...
<application ... >
<service android:name=".ExampleService" />
...
</application>
< /manifest>
```

代码 5-7 添加一个<service>子元素

在<service>元素中还包括一些其他的属性定义，如启动服务所需的许可和服务应该运行在哪个进程中。android:name 属性是唯一必需的属性，它指定了这个服务的类名。一旦应用发布了，就不应该改变这个名字，因为如果修改了，就会中断那些使用意图引用这个服务的功能。关于在清单文件中声明服务的更多信息，参考<service>元素的说明。

就像活动一样，一个服务也能够定义意图过滤器，允许其他组件使用隐含的意图来调用这个服务。通过声明意图过滤器，安装在用户设备上的任何应用程序组件都能在符合条件下启动该服务。

5.3.2 创建服务

安卓的一个组件可以通过调用 startService()方法创建一个启动类型的 Service，并调用服务的 onStartCommand()方法来启动服务。一个服务一旦被启动，它就具有了一个独立于启动它的组件的生命周期，并且这个服务能够无限期地在后台运行，即使启动它的组件被销毁了。

活动之类的应用程序组件在通过调用 startService()方法来启动服务时，需要给指定的 Service 传递一个意图对象，携带一些服务所使用的数据。服务在 onStartCommand()方法中接受这个意图对象。例如，一个活动需要把一些数据保存到在线数据库中，这个活动就能启动一个服务，并且把要保存的数据通过一个意图对象传递给 startService()方法。这个服务在 onStartCommand()方法中接受这个意图对象，连接到互联网，并且执行数据库事务。当事务结束，这个服务就自己终止并销毁。

但是，服务运行的进程与声明它的应用程序的进程是同一个进程，并且是在应用程序的主线程中。默认情况下，如果服务要执行密集或阻塞操作，而用户又要跟同一个应用程序的一个活动进行交互，那么这个服务就会降低活动的性能。要避免影响应用程序的性能，需要在服务的内部启动一个新的线程。创建启动类型的服务，通常可以通过以下两种方式来实现。

(1) 继承 Service：Service 是所有服务的基类。当通过继承这个类创建启动类型服务时，重要的是要给这个服务创建一个新的线程，避免其占用应用程序的主线程，影响正在运行的活动的性能。

(2) 继承 IntentService：IntentService 是 Service 类的子类，可以使用工作线程来依次处理所有的启动请求，如果所需创建的服务不用同时处理多个请求，那么这是最好的选择。当通过继承这个类创建启动类型服务时，需要做的所有工作就是实现 onHandleIntent()方法，它接受每个启动请求的意图对象，以便完成后台工作。

1. IntentService

IntentService 是 Service 类的子类，用于处理异步请求。因为大多被启动类型的服务不需要同时处理多个请求，所以使用 IntentService 类来实现自己的服务可能是最好的选择。客户端可以通过 startService(Intent)方法传递请求给 IntentService。首先分析 IntentService 源代码，代码 5-8 是 IntentService 抽象类的具体定义代码。从 IntentService 的定义中可以看出，IntentService 实际上是 Looper、Handler、Service 的集合体，其不仅有服务的功能，还有消息处理和消息循环的功能。

```
import android.content.Intent;
import android.os.*;
public abstract class IntentService extends Service {
    private volatile Looper mServiceLooper;
    private volatile ServiceHandlermServiceHandler;
    private String mName;
    private booleanmRedelivery;
    private final class ServiceHandler extends Handler {
        public ServiceHandler(Looper looper) {
            super(looper);
        }
        @Override
        public void handleMessage(Message msg) {
            onHandleIntent((Intent)msg.obj);
            stopSelf(msg.arg1);
```

代码 5-8　IntentService.java

```
            }
        }

        public IntentService(String name) {
            super();
            mName = name;
        }
        public void setIntentRedelivery(boolean enabled) {
            mRedelivery = enabled;
        }
        @Override
        public void onCreate() {
            super.onCreate();
            HandlerThread thread = new HandlerThread("IntentService[" + mName + "]");
            thread.start();
            mServiceLooper = thread.getLooper();
            mServiceHandler = new ServiceHandler(mServiceLooper);
        }
        @Override
        public void onStart(Intent intent, int startId) {
            Message msg = mServiceHandler.obtainMessage();
            msg.arg1 = startId;
            msg.obj = intent;
            mServiceHandler.sendMessage(msg);
        }
        @Override
        public int onStartCommand(Intent intent, int flags, int startId) {
            onStart(intent, startId);
            return mRedelivery ? START_REDELIVER_INTENT : START_NOT_STICKY;
        }
        @Override
        public void onDestroy() {
            mServiceLooper.quit();
        }
        @Override
        public IBinderonBind(Intent intent) {
            return null;
        }
        protected abstract void onHandleIntent(Intent intent);
    }
```

代码 5-8 （续）

IntentService 在处理事务时，还是采用 Handler 方式，创建一个名叫 ServiceHandler 的内部 Handler，并把它直接绑定到 HandlerThread 所对应的子线程。ServiceHandler 把处理 Intent 所对应的事务的代码都封装到叫作 onHandleIntent()的回调方法中，因此我们直接实现 onHandleIntent()方法，再在里面根据意图的不同进行不同的事务处理就可以了。另外，IntentService 默认实现了 onBind()方法，返回值为 null。

继承 IntentService 的好处是处理异步请求的时候可以减少写代码的工作量，比较轻松地实现项目的需求。IntentService 的构造方法一定是参数为空的构造方法，然后再在其中调用父类的构造方法 super("name")。因为服务的实例化是系统来完成的，而且系统是用参数为空的构造方法来实例化服务的，所以只需要实现 onHandleIntent()方法，来完成由客户提供的工作。下面是一个使用 IntentService 创建启动服务的简单例子，在 onHandleIntent()方法中实现了模拟 download 文件时耗时的状况，具体实现如代码 5-9 所示。

```
public class HelloIntentService extends IntentService {
  /**
   * A constructor is required, and must call the super IntentService(String)
   * constructor with a name for the worker thread.
   * /
  public HelloIntentService() {
      super("HelloIntentService");
  }
  /**
   * The IntentService calls this method from the default worker thread with
   * the intent that started the service. When this method returns, IntentService
   * stops the service, as appropriate.
   * /
  @Override
  protected void onHandleIntent(Intent intent) {
      //Normally we would do some work here, like download a file.
      //For our sample, we just sleep for 5 seconds.
      long endTime = System.currentTimeMillis() + 5 * 1000;
      while (System.currentTimeMillis() <endTime) {
          synchronized (this) {
              try {
                wait(endTime - System.currentTimeMillis());
                } catch (Exception e) {
                }
          }
      }
    }
}
```

代码 5-9　HelloIntentService.java

代码 5-9 中只是定义了一个构造方法和 onHandleIntent()方法，如果还要重写 onCreate()、onStartCommand()或 onDestroy()等其他回调方法时，必须要调用父类相同的回调方法，以便 IntentService 对象能够适当地处理工作线程的活动。例如，要在代码 5-9 中添加 onStartCommand()方法的实现代码，则在这个方法的实现代码中，必须执行语句 super.onStartCommand()来调用父类的同一回调方法，使得本类的 onStartCommand()方法获取意图并将其交付给 onHandleIntent()方法，代码如下。

```
@Override
public int onStartCommand(Intent intent, int flags, int startId) {
    Toast.makeText(this, "service starting", Toast.LENGTH_SHORT).show();
    return super.onStartCommand(intent,flags,startId);
}
```

代码 5-10　onStartCommand()方法获取意图

除了 onHandleIntent()方法以外，唯一不需要调用实现的方法是 onBind()方法，但是如果你的服务允许绑定，就要实现这个方法。

2. Service

继承 IntentService 类来实现一个被启动类型的服务很简单，但是如果服务要执行多线程，而不是通过工作队列来处理启动请求，那么就需要定义 Service 类的子类来处理每个意图。为便于比较，在代码 5-11 中，使用继承 Service 类的方式创建了一个服务，执行了与继承 IntentService 类的代码 5-9 相同的工作。但与代码 5-9 的处理方式不同，其对于每个启动请求，都会使用一个工作线程来执行工作，并且每次只处理一个请求。

```
public class HelloService extends Service {
    private Looper mServiceLooper;
    private ServiceHandlermServiceHandler;

    //Handler that receives messages from the thread
    private final class ServiceHandler extends Handler {
        public ServiceHandler(Looper looper) {
            super(looper);
        }
        @Override
        public void handleMessage(Message msg) {
            //Normally we would do some work here, like download a file.
            //For our sample, we just sleep for 5 seconds.
            long endTime = System.currentTimeMillis() + 5 * 1000;
            while (System.currentTimeMillis() <endTime) {
                synchronized (this) {
                    try {
                        wait(endTime - System.currentTimeMillis());
                    } catch (Exception e) {
                    }
                }
            }
            //Stop the service using the startId, so that we don't stop
            //the service in the middle of handling another job
            stopSelf(msg.arg1);
        }
    }

    @Override
    public void onCreate() {
        //Start up the thread running the service.  Note that we create a
        //separate thread because the service normally runs in the process's
        //main thread, which we don't want to block.  We also make it
        //background priority so CPU-intensive work will not disrupt our UI.
        HandlerThread thread = new HandlerThread("ServiceStartArguments",
        Process.THREAD_PRIORITY_BACKGROUND);
        thread.start();
        //Get the HandlerThread's Looper and use it for our Handler
        mServiceLooper = thread.getLooper();
        mServiceHandler = new ServiceHandler(mServiceLooper);
    }
```

代码 5-11　HelloService.java

```
        @Override
        public int onStartCommand(Intent intent, int flags, int startId) {
            Toast.makeText(this, "service starting", Toast.LENGTH_SHORT).show();
            //For each start request, send a message to start a job and deliver the
            //start ID so we know which request we're stopping when we finish the job
            Message msg = mServiceHandler.obtainMessage();
            msg.arg1 = startId;
            mServiceHandler.sendMessage(msg);
            //If we get killed, after returning from here, restart
            return START_STICKY;
        }
        @Override
        public IBinderonBind(Intent intent) {
            //We don't provide binding, so return null
            return null;
        }
        @Override
        public void onDestroy() {
            Toast.makeText(this, "service done", Toast.LENGTH_SHORT).show();
        }
    }
```

代码 5-11 （续）

在代码5-11中，服务创建时会调用onCreate()方法。在onCreate()方法中创建Handler线程(HandlerThread)后启动此线程，然后获取当前线程的Looper对象来初始化服务的mServiceLooper，并创建mServicehandler对象。当一个组件通过调用startService()方法请求启动一个服务时，系统会调用这个服务的onStartCommand()方法。对于每一个启动服务的请求，都会产生一条带有startId和Intent参数的Message，并发送到MessageQueue中。ServiceHandler通过继承Handle来实现服务请求的多任务处理。继承Service类实现服务比继承IntentService类多做很多工作，但是因为自己处理每个onStartCommand()方法的调用，所以就能够同时执行多个请求。在代码5-11中没有这么做，但是如果想要这么做的话，可以给每个请求创建一个新的线程，并且立即运行它们，而不需要等待前一个请求完成。请注意，onStartCommand()方法必须返回整型数。整型数是一个值，用于描述系统应如何在系统终止服务的情况下继续运行服务。IntentService的默认实现会处理此情况，但可以对其进行修改。从onStartCommand()方法返回的值必须是以下常量之一。

(1) START_NOT_STICKY：如果系统在onStartCommand()方法返回后终止服务，则除非有待传递的挂起意图，否则系统不会重建服务。这是最安全的选项，可以避免在不必要时以及应用能够轻松重启所有未完成的作业时运行服务。

(2) START_STICKY：如果系统在onStartCommand()方法返回后终止服务，则其会重建服务并调用onStartCommand()方法，但不会重新传递最后一个意图。相反，除非有挂起意图要启动服务，否则系统会调用包含空意图的onStartCommand()方法。在此情况下，系统会传递这些意图。此常量适用于不执行命令但无限期运行并等待作业的媒体播放器(或类似服务)。

(3) START_REDELIVER_INTENT：如果系统在onStartCommand()方法返回后终止服

务，则其会重建服务，并通过传递给服务的最后一个意图调用 onStartCommand()方法。所有挂起意图均依次传递。此常量适用于主动执行应立即恢复的作业(例如下载文件)的服务。

3. 启动和终止

安卓的一个组件可以通过调用 startService()方法创建一个启动类型的服务，并调用服务的 onStartCommand()方法来启动的服务。当一个服务定义完成后，可以在其他组件中通过创建符合条件的意图对象或显式指定要启动的服务，并且将其传递给 StartService()方法，这样就可以实现从一个活动或其他的应用程序组件启动服务。例如，在活动的 onCreate()代码中添加如下代码，能够创建显式指定的意图对象，并把其作为 startService()方法的参数来启动指定的 HelloService 服务，代码如下。

```
import android.content.Intent;
import android.os.Bundle;
import android.util.Log;
import android.view.View;
import android.widget.Button;
import androidx.appcompat.app.AppCompatActivity;
import com.example.ch06.R;
public class StartServiceActivity extends AppCompatActivity {
    private static final String TAG = "StartServiceActivity";
    private int counter = 1;
    private Button button1;
    private Button button2;
    private Button button3;
    private Button button4;
    @Override
    protected void onCreate(Bundle savedInstanceState) {
        //TODO Auto-generated method stub
        super.onCreate(savedInstanceState);
        setContentView(R.layout.c06_started_service_layout);
        button1 = (Button) findViewById(R.id.service_button1);
        button2 = (Button) findViewById(R.id.service_button2);
        button3 = (Button) findViewById(R.id.service_button3);
        button4 = (Button) findViewById(R.id.service_button4);
        /*
         * 增加事件响应
         */
        button1.setOnClickListener(new Button.OnClickListener() {
            public void onClick(View v) {
                Intent intent = new Intent(StartServiceActivity.this,
                HelloIntentService.class);
                startService(intent);
            }
        });
        button2.setOnClickListener(new Button.OnClickListener() {
            public void onClick(View v) {
                Intent intent = new Intent(StartServiceActivity.this,
                                HelloService.class);
                startService(intent);
            }
```

代码 5-12　启动和终止

```
        });
        button3.setOnClickListener(new Button.OnClickListener() {
            public void onClick(View v) {
                Log.v(TAG, "Starting service... counter = " + counter);
                Intent intent = new Intent(StartServiceActivity.this,
                                BackgroundService.class);
                intent.putExtra("counter", counter++);
                startService(intent);
            }
        });
        button4.setOnClickListener(new Button.OnClickListener() {
            public void onClick(View v) {
                stopService();
            }
        });
    }

    @Override
    public void onDestroy() {
        stopService();
        super.onDestroy();
    }

    private void stopService() {
        Log.v(TAG, "Stopping service...");
        if (stopService(new Intent(StartServiceActivity.this,
                                BackgroundService.class)))
            Log.v(TAG, "stopService was successful");
        else
            Log.v(TAG, "stopService was unsuccessful");
    }
}
```

代码 5-12　（续）

服务一旦运行，就能够使用广播通知或状态栏通知来告知用户。通常，状态栏通知是用来告知后台任务完成的最好的技术（如文件下载完成），并且用户能够采取相应的动作。启动类型的服务必须管理它自己的生命周期，除非系统要回收系统内存，否则系统不会终止或销毁这个服务。因此这种类型的服务必须通过调用 stopSelf()方法或另一个组件通过调用 stopService()方法才能终止。一旦用 stopSelf()方法或 stopService()方法请求终止服务，那么系统一有可能就会销毁这个服务。

启动服务必须管理自己的生命周期。换言之，除非必须回收内存资源，否则系统不会停止或销毁服务，并且服务在 onStartCommand()方法返回后仍会继续运行。服务必须通过调用 stopSelf()方法自行停止运行，或由另一个组件通过调用 stopService()方法来停止它。一旦请求使用 stopSelf()方法或 stopService()方法来停止服务，系统便会尽快销毁服务。如果服务同时处理多个对 onStartCommand()方法的请求，则不应在处理完一个启动请求之后停止服务，因为可能已收到新的启动请求（在第一个请求结束时停止服务会终止第二个请求）。为避免此问题，可以使用 stopSelf(int)确保服务停止请求始终基于最近的启动请求。换言之，在调用 stopSelf(int)时，需传递与停止请求 ID 相对应的启动请求 ID（传递给 onStartCommand()的 startId）。此外，如果服务在能够调用 stopSelf(int)之前收到新启动请求，则 ID 不匹配，服务也不会停止。运行效果如图 5-6 所示。

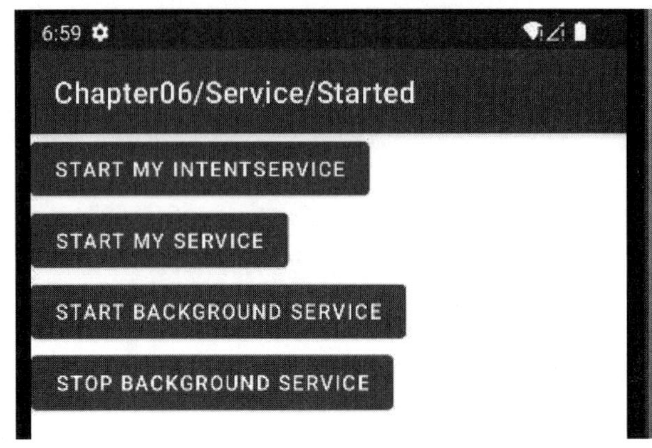

图 5-6　启动和终止

5.3.3　绑定服务

绑定类型服务允许组件（如活动）绑定服务，实现发送请求、接收响应以及执行进程间通信。一个典型的绑定类型的服务只跟它所绑定的应用程序组件同时存在，并且不在后台无限期地运行。绑定类型的服务是客户端和服务端之间交互的服务端。要创建绑定类型的服务，首先要定义接口，用于指定客户端怎样跟服务进行通信。服务和客户端之间的接口必须是一个 IBinder 接口的实现，并且要求必须从 onBind()回调方法返回这个 IBinder 接口对象。一旦客户端收到了 IBinder 对象，它就能通过这个接口开始与服务进行交互。多个客户端能够同时绑定这个服务。当客户端完成与服务的交互时，它调用 unbindService()方法来解绑。一旦没有客户端绑定这个服务了，系统就会销毁它。

客户端通过调用 bindService()方法绑定服务。客户端绑定服务时，必须提供 ServiceConnection 类的对象，并且实现其方法，用来监视服务端的连接。bindService()方法不带有返回值，并立即返回，但是当安卓系统在客户端和服务端创建连接时，它会在 ServiceConnection 方法上调用 onServiceConnected()方法来发送客户端跟服务端进行交互用的 IBinder 对象。

多个客户端能够连接到同一个服务上，但是只在第一个客户端绑定时，系统调用服务的 onBind()方法来发送获取对象。然后系统会给其他任何绑定的客户端发送相同的 IBinder 对象，而不会再次调用 onBind()方法。当最后的客户端从服务上解绑，系统就会销毁这个服务，但这个服务也通过 startService()方法启动了的情况除外。在实现绑定类型的服务时，最重要的部分是定义 onBind()回调方法返回的接口。有很多不同的方法能够定义服务的 IBinder 接口，在这一节下面的内容中会分别讨论这些技术，有三种方法能够定义这个接口。

(1) 继承 Binder：如果我们的服务对应用程序来说是私有服务，并且跟客户端运行在同一个进程中，也就是为本地服务，那么就应该通过继承 Binder 类来创建接口，并且通过

onBind()方法返回这个接口的一个实例。客户端接收这个 Binder 对象，并且能够直接访问其实现的或 Service 中的公共方法。如果只是在后台我们自己的应用程序提供服务，这是首选方法。只有被其他应用程序或者跨进程使用时，才考虑使用其他方法。

(2) 使用 Message：如果接口要跨越不同进程来进行工作，那么能用信使给服务创建接口。在这种方式中，服务定义了响应不同消息对象类型的处理器。这个处理器是一个信使的基础，它能够跟客户端共享一个 IBinder 对象，允许客户端使用 Message 对象给服务端发送命令。另外，客户端能够定义一个自己的信使，以便服务端能够给客户端发送消息。这是执行进程间通信(IPC)最简单的方法，因为信使队列的所有请求都在一个单线程中，因此不需要针对线程安全来设计你的服务。

(3) 使用 AIDL：AIDL 为接口定义语言(Android Interface Definition Language)，用来将对象分解成操作系统能够理解的原语，并且将它们在进程之间编组，完成进程间通信。Message 技术实际上是基于 AIDL 架构。就像前面提到的，Message 在一个单线程中创建了一个所有客户端请求的队列，因此服务每次只能接收一个请求。但是，如果想要同时处理多个请求，那么可以直接使用 AIDL。在这种情况下，我们的服务必须是多线程的并且要线程安全。要使用直接 AIDL，就必须创建一个定义编程接口的.aidl 文件。安卓 SDK 使用这个文件生成一个实现文件中定义的接口和处理 IPC 的抽象类，然后用户能够在自己的服务中进行扩展。大多数应用程序不应该使用 AIDL 方法来创建绑定类型的服务，因为它可能需要多线程的能力，并可能导致更复杂的实现，因此 AIDL 不适用于大多数应用程序。

1. Binder 类

如果只在应用程序的局部使用服务，并且不需要跨进程工作，程序员可以实现自己的 Binder 类，用它直接为客户端提供访问服务。通常，客户端和服务端只是在同一个应用和进程中工作，不为第三方应用程序提供服务。例如，对于一个需要良好工作的播放音乐的应用程序，就需要把在后台工作的播放音乐的服务与应用自己的一个活动绑定。使用继承 Binder 类来定义服务的 IBinder 接口的步骤如下。

(1) 在服务中创建一个 Binder 的实例。

① 这个实例包含客户端可以调用的 public 方法。

② 这个实例返回当前 Service 对象，其包含客户端可以调用的 public 方法。

③ 这个实例返回 Service 类中的一个类对象，而这个类对象包含 Client 可以调用的 public 方法。

(2) 在 Service 类的 onBind()方法中返回这个 Binder 实例。

(3) 在客户端的 onServiceConnected()方法中获得这个 Binder 实例，并通过这个 Binder 实例调用服务端的 public 方法。

服务端和客户端必须在同一个应用，原因是客户端能够转换返回的对象，并正确地调用自己的 APIs。服务端和客户端也必须是在同一个进程中，因为这种技术不执行任何跨进程处理。代码 5-13 是通过继承 Binder 绑定服务的一个简单例子。

```
import java.util.Random;
import android.app.Service;
```

代码 5-13　LocalService.java

```
import android.content.Intent;
import android.os.Binder;
import android.os.IBinder;
public class LocalService extends Service {
    //Binder given to clients
    private final IBindermBinder = new LocalBinder();
    //Random number generator
    private final Random mGenerator = new Random();
    /**
     * Class used for the client Binder. Because we know this service always
     * runs in the same process as its clients, we don't need to deal with IPC.
     * /
    public class LocalBinder extends Binder {
        LocalServicegetService() {
            //Return this instance of LocalService so clients can call public
            //methods
            return LocalService.this;
        }
    }
    @Override
    public IBinderonBind(Intent intent) {
        return mBinder;
    }
    /** method for clients * /
    public int getRandomNumber() {
        return mGenerator.nextInt(100);
    }
}
```

代码 5-13 （续）

在代码 5-13 中，LocalBinder 对象给客户端提供了 getService()方法，并在 LocalService 的成员变量定义时，通过实例化 IBinder 变量返回当前服务的实例，使得客户端用这个方法能够获取 LocalService 服务的当前实例。这样就允许客户端调用服务中的 public 方法。完成服务本身的定义后，第三步就是从客户端绑定定义完成的服务。所谓客户端就是需要与服务绑定的活动之类的组件，需要在组件中做以下几个工作。

① 重写两个回调方法 onServiceConnected() 和 OnServiceDisconnected()，实现 ServiceConnection()。

② 调用 bindService()，传给它 ServiceConnection 的实现。

③ 使用接口定义的方法调用服务。

④ 在需要与 Service 断开绑定连接时，调用 unbindService()。

在代码 5-14 中，活动代码绑定了 LocalService 服务，并且在单击一个按钮时调用了服务的 public 方法：getRandomNumber()方法。

```
import android.content.ComponentName;
import android.content.Context;
import android.content.Intent;
```

代码 5-14 BindingActivity.java

```
import android.content.ServiceConnection;
import android.os.Bundle;
import android.os.IBinder;
import android.view.View;
import android.widget.Toast;
import androidx.appcompat.app.AppCompatActivity;
import com.example.ch06.R;
public class BindingServiceActivity extends AppCompatActivity {
LocalServicemService;
booleanmBound = false;
    /**
     * Defines callbacks for service binding, passed to bindService()
     */
    private ServiceConnectionmConnection = new ServiceConnection() {
        @Override
        public void onServiceConnected(ComponentNameclassName, IBinder service) {
            //We've bound to LocalService, cast the IBinder and get
            //LocalService instance
            LocalService.LocalBinder binder = (LocalService.LocalBinder) service;
            mService = binder.getService();
            mBound = true;
        }
        @Override
        public void onServiceDisconnected(ComponentName arg0) {
            mBound = false;
        }
    };
    @Override
    protected void onCreate(Bundle savedInstanceState) {
        super.onCreate(savedInstanceState);
        setContentView(R.layout.c06_bind_service_layout);
    }
    @Override
    protected void onStart() {
        super.onStart();
        //Bind to LocalService
        Intent intent = new Intent(this, LocalService.class);
        bindService(intent, mConnection, Context.BIND_AUTO_CREATE);
    }

    @Override
    protected void onStop() {
        super.onStop();
        //Unbind from the service
        if (mBound) {
            unbindService(mConnection);
            mBound = false;
        }
    }

    /**
```

代码 5-14 （续）

```
     * Called when a button is clicked (the button in the layout file attaches
     * to this method with the android:onClick attribute)
     */
    public void onButtonClick(View v) {
        if (mBound) {
            //Call a method from the LocalService.
            //However, if this call were something that might hang, then this
            //request should
            //occur in a separate thread to avoid slowing down the activity
            //performance.
            int num = mService.getRandomNumber();
            Toast.makeText(this, "number: " + num, Toast.LENGTH_SHORT).show();
        }
    }
}
```

代码 5-14 （续）

代码 5-14 显示了客户端怎样使用 ServiceConnection 接口和 onServiceConnected 回调方法的实现来绑定服务。代码运行效果如图 5-7 所示。

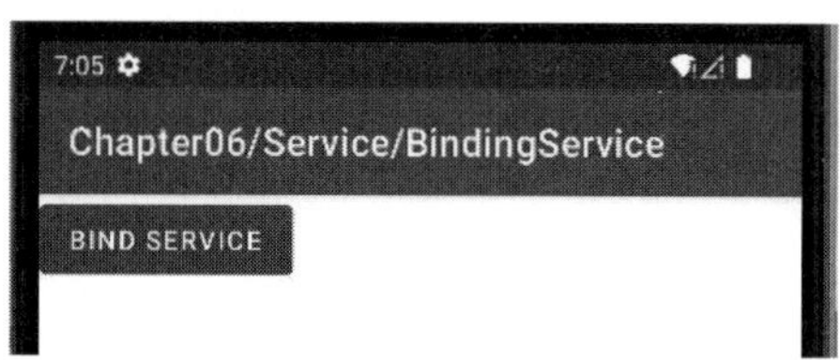

图 5-7 绑定服务

2. Messenger 类

如果服务需要与远程进程通信，就可以使用 Messenger 对象来给服务提供接口，使用这种方式定义服务与客户端的接口的步骤如下。

(1) 在服务内部实现 Handler 接口，用于处理从每一个客户端发送过来的请求。

(2) 使用这个 Handler 创建一个 Messenger 对象。

(3) 这个 Messenger 在服务的 onBind()方法中创建一个 IBinder 实例，返回给客户端。

(4) 客户端使用从服务返回的 IBinder 实例来初始化一个 Messenger，然后用其给服务发送 Messager 对象。

(5) 服务在它的处理器(Handler)的 handleMessage()方法中依次接收每个 Message 对象，进行处理。

使用这种方法时，客户端没有调用服务端的任何方法，相反，客户端会给发送服务端 Message 对象，服务端会在它的处理器中接收这些消息对象。下面用一个例子说明如何使用 Messenger 接口定义绑定的服务，见代码 5-15。

```
import android.app.Notification;
import android.app.NotificationManager;
import android.app.PendingIntent;
```

代码 5-15 MessengerService.java

```
import android.app.Service;
import android.content.Intent;
import android.os.Handler;
import android.os.IBinder;
import android.os.Message;
import android.os.Messenger;
import android.os.RemoteException;
import android.widget.Toast;
import com.example.ch06.R;
import java.util.ArrayList;
public class MessengerService extends Service {
    /**
     * Command to the service to register a client, receiving callbacks
     * from the service.  The Message's replyTo field must be a Messenger of
     * the client where callbacks should be sent.
     */
    static final int MSG_REGISTER_CLIENT = 1;
    /**
     * Command to the service to unregister a client, ot stop receiving callbacks
     * from the service.  The Message's replyTo field must be a Messenger of
     * the client as previously given with MSG_REGISTER_CLIENT.
     */
    static final int MSG_UNREGISTER_CLIENT = 2;
    /**
     * Command to service to set a new value.  This can be sent to the
     * service to supply a new value, and will be sent by the service to
     * any registered clients with the new value.
     */
    static final int MSG_SET_VALUE = 3;
    /**
     * Target we publish for clients to send messages to IncomingHandler.
     */
    final Messenger mMessenger = new Messenger(new IncomingHandler());
    /**
     * For showing and hiding our notification.
     */
    NotificationManagermNM;
    /**
     * Keeps track of all current registered clients.
     */
    ArrayList<Messenger>mClients = new ArrayList<Messenger>();
    /**
     * Holds last value set by a client.
     */
    int mValue = 0;

    @Override
    public void onCreate() {
        mNM = (NotificationManager) getSystemService(NOTIFICATION_SERVICE);
        //Display a notification about us starting.
        showNotification();
```

代码 5-15　（续）

```
    }
    @Override
    public void onDestroy() {
        //Cancel the persistent notification.
        mNM.cancel(R.string.remote_service_started);
        //Tell the user we stopped.
        Toast.makeText(this, R.string.remote_service_stopped,
                                    Toast.LENGTH_SHORT).show();
    }
    /**
     * When binding to the service, we return an interface to our messenger
     * for sending messages to the service.
     */
    @Override
    public IBinderonBind(Intent intent) {
        return mMessenger.getBinder();
    }
    /**
     * Show a notification while this service is running.
     */
    private void showNotification() {
        //In this sample, we'll use the same text for the ticker and
        //the expanded notification
        CharSequence text = getText(R.string.remote_service_started);
        //The PendingIntent to launch our activity if the user selects
        //this notification
        PendingIntentcontentIntent = PendingIntent.getActivity(this, 0,
                new Intent(this, MessengerService.class),
                                    PendingIntent.FLAG_IMMUTABLE);
        //Set the info for the views that show in the notification panel.
        Notification notification = new Notification.Builder(this)
        .setSmallIcon(R.drawable.stat_sample)  //the status icon
        .setTicker(text)  //the status text
        .setWhen(System.currentTimeMillis())  //the time stamp
         //the label of the entry
        .setContentTitle(getText(R.string.local_service_label))
        .setContentText(text)  //the contents of the entry
         //The intent to send when the entry is clicked
        .setContentIntent(contentIntent)
        .build();
        //Send the notification.
        //We use a string id because it is a unique number.  We use it later to cancel.
        mNM.notify(R.string.remote_service_started, notification);
    }
    /**
     * Handler of incoming messages from clients.
     */
    class IncomingHandler extends Handler {
        @Override
        public void handleMessage(Message msg) {
            switch (msg.what) {
```

代码 5-15 （续）

```
                case MSG_REGISTER_CLIENT:
                    mClients.add(msg.replyTo);
                    break;
                case MSG_UNREGISTER_CLIENT:
                    mClients.remove(msg.replyTo);
                    break;
                case MSG_SET_VALUE:
                    mValue = msg.arg1;
                    for (int i = mClients.size() - 1; i>= 0; i--) {
                        try {
                            mClients.get(i).send(Message.obtain(null,
                                    MSG_SET_VALUE, mValue, 0));
                        } catch (RemoteException e) {
                            //The client is dead.  Remove it from the list;
                            //we are going through the list from back to front
                            //so this is safe to do inside the loop.
                            mClients.remove(i);
                        }
                    }
                    break;
                default:
                    super.handleMessage(msg);
            }
        }
    }
}
```

代码 5-15 （续）

代码5-15中IncomingHandler类里定义的handleMessage()方法，能够接收客户端输入的Message对象，并根据Message的“what”成员属性做出判断。客户端需要做的所有工作就是基于服务端返回的IBinder对象创建一个Messenger对象，并且使用这个Messenger对象的send()方法发送消息。下面的例子是一个简单的活动代码，它作为客户端绑定服务，并且给服务发送MSG_SAY_HELLO消息，见代码5-16。

```
import android.content.ComponentName;
import android.content.Context;
import android.content.Intent;
import android.content.ServiceConnection;
import android.os.Bundle;
import android.os.Handler;
import android.os.IBinder;
import android.os.Message;
import android.os.Messenger;
import android.os.RemoteException;
import android.view.View;
import android.widget.Button;
import android.widget.TextView;
import android.widget.Toast;
import androidx.appcompat.app.AppCompatActivity;
```

代码 5-16　ActivityMessenger.java

```
import com.example.ch06.R;
public class MessengerServiceActivity {
    //BEGIN_INCLUDE(bind)
    /**
     * Example of binding and unbinding to the remote service.
     * This demonstrates the implementation of a service which the client will
     * bind to, interacting with it through an aidl interface.
     *
     * Note that this is implemented as an inner class only keep the sample
     * all together; typically this code would appear in some separate class.
     */
    public static class Binding extends AppCompatActivity {
        /** Messenger for communicating with service. */
        Messenger mService = null;
        /** Flag indicating whether we have called bind on the service. */
        booleanmIsBound;
        /** Some text view we are using to show state information. */
        TextViewmCallbackText;
        /**
         * Handler of incoming messages from service.
         */
        class IncomingHandler extends Handler {
            @Override
            public void handleMessage(Message msg) {
                switch (msg.what) {
                    case MessengerService.MSG_SET_VALUE:
                        mCallbackText.setText("Received from service: " + msg.arg1);
                        break;
                    default:
                        super.handleMessage(msg);
                }
            }
        }
        /**
         * Target we publish for clients to send messages to IncomingHandler.
         */
        final Messenger mMessenger = new Messenger(new IncomingHandler());
        /**
         * Class for interacting with the main interface of the service.
         */
        private ServiceConnectionmConnection = new ServiceConnection() {
            public void onServiceConnected(ComponentNameclassName,
                                            IBinder service) {
                //This is called when the connection with the service has been
                //established, giving us the service object we can use to
                //interact with the service.  We are communicating with our
                //service through an IDL interface, so get a client-side
                //representation of that from the raw service object.
                mService = new Messenger(service);
                mCallbackText.setText("Attached.");
                //We want to monitor the service for as long as we are
```

代码 5-16 （续）

```
            //connected to it.
            try {
                Message msg = Message.obtain(null,
                MessengerService.MSG_REGISTER_CLIENT);
                msg.replyTo = mMessenger;
                mService.send(msg);
                //Give it some value as an example.
                msg = Message.obtain(null,
                MessengerService.MSG_SET_VALUE, this.hashCode(), 0);
                mService.send(msg);
            } catch (RemoteException e) {
                //In this case the service has crashed before we could even
                //do anything with it; we can count on soon being
                //disconnected (and then reconnected if it can be restarted)
                //so there is no need to do anything here.
            }
            //As part of the sample, tell the user what happened.
            Toast.makeText(Binding.this, R.string.remote_service_connected,
            Toast.LENGTH_LONG).show();
        }
        public void onServiceDisconnected(ComponentNameclassName) {
            //This is called when the connection with the service has been
            //unexpectedly disconnected -- that is, its process crashed.
            mService = null;
            mCallbackText.setText("Disconnected.");
            //As part of the sample, tell the user what happened.
            Toast.makeText(Binding.this,
                                R.string.remote_service_disconnected,
            Toast.LENGTH_LONG).show();
        }
    };
    void doBindService() {
        //Establish a connection with the service.  We use an explicit
        //class name because there is no reason to be able to let other
        //applications replace our component.
        bindService(new Intent(Binding.this,
        MessengerService.class), mConnection, Context.BIND_AUTO_CREATE);
        mIsBound = true;
        mCallbackText.setText("Binding.");
    }
    void doUnbindService() {
        if (mIsBound) {
            //If we have received the service, and hence registered with
            //it, then now is the time to unregister.
            if (mService != null) {
                try {
                    Message msg = Message.obtain(null,
                    MessengerService.MSG_UNREGISTER_CLIENT);
                    msg.replyTo = mMessenger;
                    mService.send(msg);
                } catch (RemoteException e) {
```

代码 5-16　（续）

```
                    //There is nothing special we need to do if the service
                    //has crashed.
                }
            }
            //Detach our existing connection.
            unbindService(mConnection);
            mIsBound = false;
            mCallbackText.setText("Unbinding.");
        }
    }
    //END_INCLUDE(bind)
    /**
     * Standard initialization of this activity.  Set up the UI, then wait
     * for the user to poke it before doing anything.
     */
    @Override
    protected void onCreate(Bundle savedInstanceState) {
        super.onCreate(savedInstanceState);
        setContentView(R.layout.messenger_service_binding);
        //Watch for button clicks.
        Button button = (Button)findViewById(R.id.bind);
        button.setOnClickListener(mBindListener);
        button = (Button)findViewById(R.id.unbind);
        button.setOnClickListener(mUnbindListener);
        mCallbackText = (TextView)findViewById(R.id.callback);
        mCallbackText.setText("Not attached.");
    }
    private View.OnClickListenermBindListener = new View.OnClickListener() {
        public void onClick(View v) {
            doBindService();
        }
    };
    private View.OnClickListenermUnbindListener=new View.OnClickListener() {
        public void onClick(View v) {
            doUnbindService();
        }
    };
  }
}
```

代码 5-16 （续）

在前面的例子中，通过 Message 定义接口，实现了客户端向服务发送消息，服务中的 Handler 对消息做出响应和处理。但这个例子实现的仅是单向通信，即客户端给服务发送消息，并没有实现服务处理完成后向客户端发送消息。如果需要服务给客户端发送消息又该如何实现呢？这个实现的过程与前面 5 步类似，只是客户端和服务在实现过程中角色有所变化，可以接着上面的步骤继续来实现双向通信。

（6）在客户端中创建一个 Handler 对象，用于处理服务发过来的消息。

（7）使用客户端中的这个 Handler 对象创建一个客户端自己的 Messenger 对象。

（8）在前面第 4 步，客户端获取了服务的 Messenger 对象，并通过其来给服务发送消

息。在向服务发送消息之前，将 Message 对象的 replyTo 字段设置成第 7 步创建的 Messenger 对象。

(9) 服务的 Handler 处理 Message 时，将 Message 对象的 replyTo 字段提取出来，并使用其给客户端发送消息。

这样就实现了客户端和服务的双向通信，客户端和服务都有自己的 Handler 和 Messenger 对象，使得对方可以给自己发送消息，客户端的 Messenger 是通过 Message 的 replyTo 传递给服务的。运行效果如图 5-8 所示。

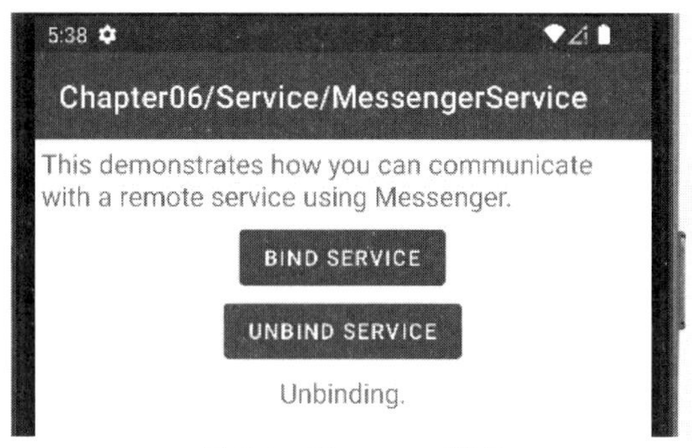

图 5-8 Messenger 服务

小 结

本章主要介绍了安卓系统多任务的机制和服务这个基本的组件。安卓多任务的调度和实现采用消息驱动机制。应用程序启动时，系统会为其创建一个名为“main”的主线程。默认情况下，同一个应用程序的所有组件都运行在同一个进程的这个主线程里。如果希望安卓应用程序实现多任务，可以通过代码指定组件运行在其他进程里，或为进程创建额外的线程。安卓线程之间和进程之间是不能直接传递消息的，必须通过对消息队列和消息循环的操作来完成。安卓消息循环是针对线程的，每个线程都可以有自己的消息队列和消息循环。安卓提供了 Handler 类和 Looper 类来访问消息队列。安卓有两种方式实现多线程操作界面：第一种是创建新线程 Thread，用 Handler 负责线程间的通信和消息；第二种是 AsyncTask 异步执行任务。

服务是安卓的四大组件之一，用于支持安卓系统的服务。服务不能与用户交互，也不能自己启动，需要调用 Context.startService()方法或 Context.bindService()方法来启动，在后台运行。安卓的其他应用的组件可以在后台启动一个服务运行，即使用户切换到另一个应用此服务也会继续运行。无论使用哪一种方式启动，还是同时使用这两种方式获得服务，都需要使用意图。

广播接收器是安卓系统中负责接收广播消息并对消息做出反应的组件。广播接收器没有用户界面，可以在接收到信息后启动活动或者通过通知管理器提示用户，也可以通过其他多种方式。多数的广播是系统发起，如果是用户应用程序发送广播消息，在意图对象创建后，启动 BroadcastRecevicer 的方式主要有两种：sendBroadcast()方法和 sendOrderedBroadcast()方法。

第6章 内容管理器

任何应用程序都可以通过文件系统或数据库存储文件，其他应用程序可以读取这些文件(当然可能需要某些访问权限的设置)。在安卓上，应用程序的所有数据对其他应用程序都是私有的，其他应用只有通过设置权限才可以获取数据。安卓系统提供了几种本地数据的存储方式。如果要将这些数据共享，安卓通过定义内容提供器能够把私有数据公开给其他应用程序。内容提供器是一种为了开放应用程序的数据读写，具有访问权限的可选组件，可以通过这个组件实现私有数据的读写访问。内容提供器提供了请求和修改数据的标准语法和读取返回数据的标准机制。安卓为标准的数据类型提供了一些内容提供器，如图像、视频和音频文件，以及个人通讯录信息。安卓提供几种持久化应用程序数据的选择，具体选择哪种方式依赖于具体的需求。例如，数据应该是应用程序私有的还是共享的，或者数据所需要的存储空间等。

6.1 使　　用

一般情况下，安卓应用程序的数据是私有的，其他应用程序不具有访问的权限。但很多时候安卓应用程序的服务包括数据的服务，某些数据希望开放给其他安卓应用程序使用。安卓系统解决这个问题的方法是定义一个通用的、格式统一的数据访问接口，使其他应用程序可以通过调用这个接口提供的方法，访问和修改数据。内容提供器是安卓系统提供给用户的一个接口，用于管理如何访问应用程序私有数据的存储库。这里的数据包括结构化存储数据和非结构化存储数据。

安卓系统所定义的访问数据资源的接口称为内容提供器，主要是被其他应用程序引用，为应用程序提供一个一致的、标准的数据访问接口，其中包含处理进程间的联系和数据安全访问。应用程序向外部开放数据访问，都通过内容提供器来实现。内容提供程序管理对中央数据存储区的访问。提供程序是安卓应用的一部分，通常提供自己的界面来处理数据。但是，内容提供程序的主要目的是供其他应用使用，这些应用使用提供程序客户端对象进行访问。提供程序与提供程序客户端共同提供一致的标准数据界面，该界面还可以处理进程间通信并保护数据访问的安全性。通常会在以下两种场景中使用内容提供程序：一种是通过实现代码访问其他应用中的现有内容提供程序；另一种是在应用中创建新的内容提供程序，从而与其他应用共享数据。内容提供器向外部应用程序呈现的数据就像一张二维表，就像是在关系数据库里一样。每行显示一些数据类型的实例，列的每行显示实例数据集合的字段，例如，在安卓平台上有一个内置的用户词典，存储了用户想保存的非标准词的拼写，表6-1显示了数据在内容提供器中可能看起来的样子。

表 6-1 数据在内容提供器中

Word	app id	frequency	locale	_ID
mapreduce	user1	100	en_US	1
precompiler	user14	200	fr_FR	2
Applet	user2	225	fr_CA	3
Const	user1	225	fr_BR	4
Int	user5	100	en_Uk	5

在表 6-1 中,每行代表了一个不能在标准字典中找到的词,每一列代表了这个词的一个属性。第一行存储在内容提供器中的列名称。在这个内容提供器中,_ID 列作为主键列,由内容提供器自动管理维护。主键对于一个内容提供器并不是必须具备的,即使有主键,内容提供器也不必一定要使用_ID 作为主键的列名。但是,如果要把内容提供器中的数据通过用户界面显示出来,常常需要把内容提供器绑定到一个叫作 ListView 的用户界面控件上,这就必须有一个列名叫作_ID。在后面讨论显示查询结果的部分,会对此有详细的解释。

内容提供器有助于应用管理其自身和其他应用所存储数据的访问,并提供与其他应用共享数据的方法。它们会封装数据,并提供用于定义数据安全性的机制。内容提供程序是一种标准接口,可将一个进程中的数据与另一个进程中运行的代码进行连接。实现内容提供程序大有好处。最重要的是,通过配置内容提供程序,可以使其他应用安全地访问和修改应用数据(如图 6-1 所示)。

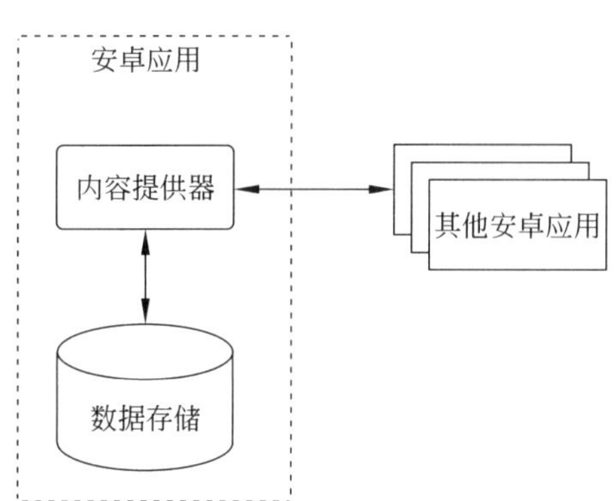

图 6-1 内容提供程序如何管理存储空间访问

如果计划共享数据,则可使用内容提供程序。如果不打算共享数据,也可使用内容提供程序,因为它们可以提供很好的抽象,但无须如此。此抽象可让修改应用数据存储实现,同时不会影响依赖数据访问的其他现有应用。在此情况下,受影响的只有内容提供程序,而非访问该提供程序的应用。例如,可以将 SQLite 数据库换成其他存储空间(如图 6-2 所示)。许多其他类依赖于 ContentProvider 类。

- AbstractThreadedSyncAdapter。
- CursorAdapter。
- CursorLoader。

如果正在使用以上某个类,则还需在应用中实现内容提供程序。注意,使用同步适配器

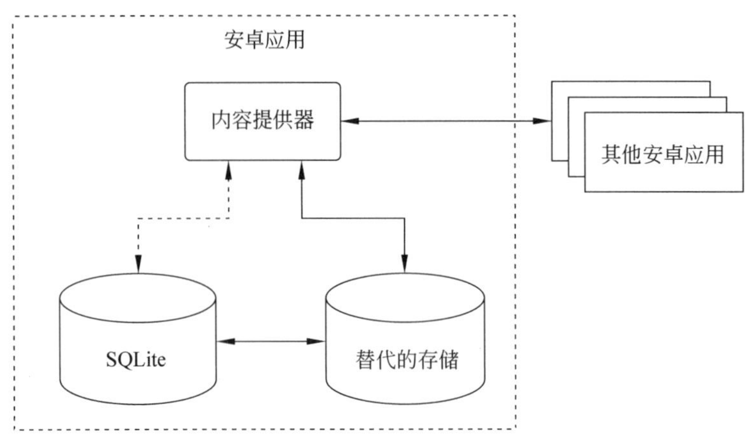

图 6-2 迁移内容提供程序存储空间

框架时，还可使用另一种方案：创建存根内容提供程序。此外，在下列情况下，需要自定义内容提供程序。

- 希望在自己的应用中实现自定义搜索建议。
- 需要使用内容提供程序向控件公开应用数据。
- 希望将自己应用内的复杂数据或文件复制并粘贴到其他应用中。

安卓框架内的某些内容提供程序可管理音频、视频、图像和个人联系信息等数据。android.provider 软件包参考文档中列出了其中的部分提供程序。虽然存在一些限制，但任何安卓应用均可访问这些提供程序。内容提供程序可用于管理对各种数据存储源的访问，包括结构化数据（如 SQLite 关系型数据库）和非结构化数据（如图像文件）。内容提供程序可精细控制数据访问权限。可以选择仅在应用内限制对内容提供程序的访问，授予访问其他应用数据的权限，或配置读取和写入数据的不同权限。可以使用内容提供程序将细节抽象化，以用于访问应用中的不同数据源。例如，应用可能会在 SQLite 数据库中存储结构化记录，以及视频和音频文件。如果在应用中实现此开发模式，则可使用内容提供程序访问所有这类数据。另对应注意，CursorLoader 对象依赖于内容提供程序来运行异步查询，进而将结果返回至应用的界面层。如需了解有关使用 CursorLoader 在后台加载数据的更多信息，可参阅使用 CursorLoader 运行查询。

应用程序使用访问提供器客户端对象来访问内容提供者的数据，可以称其为内容访问器。内容访问器的方法提供了基本的“CRUD”（创建、检索、更新和删除）数据存储的功能。因此，在使用其他应用程序定义的内容提供器数据时，对于应用程序来说内容访问器的对象只是一个访问器，用于与内容提供器连接以及传递操作和参数，并不需要知道数据的具体存储结构，也不需要编码实现功能，具体的访问操作由内容提供器子类的同名方法来完成，这样其他应用程序只要了解内容提供器的数据二维表，就可以完成数据交互了。当然如果要访问内容提供器，应用程序必须在 AndroidManifest 文件中添加特定的权限。这些将在内容提供器权限中详细介绍。客户端应用程序进程中的内容访问器对象和内容提供器对象会自动处理进程间通信。内容提供器也会以二维表的形式，在存储的数据和数据的外部显示之间作为中间的抽象层。

在调用 ContentProvider.query()方法时，第一个参数是 Uri 类的对象。Uri 是安卓用来描述 Content URI 的类。什么是 Content URI 呢？即通用资源标志符（Universal Resource Identifier）。Content URI 就是内容提供器中数据的内容统一资源标识，能够在存储介质中唯一标识内容提供器中数据所在的具体位置。这有点类似通过 Web 地址去访问网页。内容提供器对象通过 URI 来选择要访问内容提供器的表和数据，当调用内容访问器客户端的方法来访问内容提供器中的一个表时，会把这个表对应的 URI 标识作为参数传递给调用的方法。在安卓系统中，Content URI 主要分为三个部分：scheme、authority 和 path。其中，authority 又分为 host 和 port（如图 6-3 所示）。

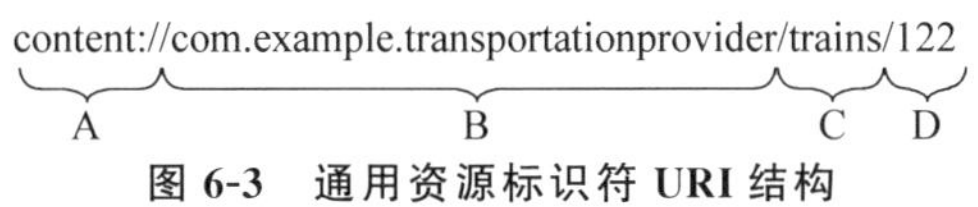

图 6-3　通用资源标识符 URI 结构

一般来说，资源标识符的结构包括三个部分：协议类型、资源名称和路径。下面对照 Internet 的统一资源定位符，分别说明在 Content URI 中这三部分的具体定义。

（1）协议类型：称为 scheme，对应图 6-3 中的 A 部分，表示资源的类型。如果是网站资源，则为"HTTP://"，Content URI 则为"content://"。

（2）资源名称：称为 authority，对应图 6-3 中的 B 部分，表示资源的唯一名称。如果是网站资源则为域名，Content URI 中则是内容提供器的唯一标识名称，可以使用包和类名来定义内容提供器资源名称。

（3）路径：称为 path，对应图 6-3 中的 C 和 D 部分，表示资源中的数据。如果是网站资源则为服务器上网页的路径名，Content URI 中则是内容提供器中的表名或指定表中的记录。例如，图 6-3 中 C 和 D 都是用来指定路径，C 一般用来指定数据库中表的名字，这里指出使用 trains 表中的数据，D 可以用来指定数据库中的一条记录，这里指定了 ID 为 122 的记录，如果没有指定 ID，就表示返回全部记录。

安卓内置的内容提供器通常有一个简单的子类型。例如，在通讯录的应用中，当创建一个电话号码时，可以设置 MIME 类型为 vnd.android.cursor.item/phone_v2，其中，子类型为 phone_v2。内容提供器开发人员可以基于内容提供器资源名称和表名创建他们自己的子类型模式。例如，考虑一个包含列车时刻表的内容提供器，内容提供器的资源名称为 com.example.trains，其包含的表有 Line1、Line2 和 Line3。如果访问表 Line1 的 Content URI 为：

```
content://com.example.trains/Line1
```

则对于表 Line1，内容提供器返回 MIME 类型为多条记录：

```
vnd.android.cursor.dir/vnd.example.line1
```

如果访问表 Line2 的 Content URI 为：

```
content://com.example.trains/Line2/5
```

则对于表 Line2 的行 5，内容提供器返回 MIME 类型为单条记录：

```
vnd.android.cursor.item/vnd.example.line2
```

ContentProvider 类提供了两个方法返回 MIME 类型，其中，getType()方法是必须实现的方法；如果使用内容提供器提供文件类型数据，需要实现 getStreamTypes()方法。

MIME 的英文全称是“Multipurpose Internet Mail Extensions”，即多用途互联网邮件扩展。这是一种互联网标准。在 1992 年，MIME 最早应用于电子邮件系统，但后来也应用到浏览器。当用户访问网站资源时，服务器会返回资源的 MIME 类型，浏览器会根据 MIME 类型调用正确的程序来查看内容。内容提供器也为给定资源定义了 MIME 类型。每个 MIME 类型由两部分组成，前面是数据的大类别（例如，audio 代表声音数据、image 代表图像数据、text 代表文本数据等），后面定义具体的子类别，格式为：大类别/子类别。例如，下面是一些常用的 MIME 类型。

- text/html。
- text/css。
- text/xml。
- text/vnd.curl。
- application/pdf。
- application/rtf。
- application/vnd.ms-excel。

Internet 中有一个专门的组织 IANA 来确认标准的 MIME 类型，在 IANA 互联网数字分配机构网站上可以看到已注册的类型和子类型的完整列表，网址如下。

```
http://www.iana.org/assignments/media-types/
```

已注册的主要类型包括 application、audio、example、message、model、multipart、text、video。如果供应商具有专用的数据格式，那么子类型名称将以 vnd 开头。例如，微软 Excel 电子表格使用子类型 vnd.ms-excel 标识，而 pdf 被视为一种专用供应商标准，所以对它的标识没有任何供应商特定的前缀。Internet 发展太快，很多应用程序等不及 IANA 来确认他们使用的 MIME 类型为标准类型，因此他们使用在类别中以 x-开头的方法标识这个类别还没有成为标准，例如 x-gzip，x-tar 等。事实上，这些类型运用得很广泛，已经成为事实标准。只要客户机和服务器共同承认这个 MIME 类型，即使它是不标准的类型也没有关系，客户程序就能根据 MIME 类型，采用具体的处理手段来处理数据。而 Web 服务器和浏览器（包括操作系统）中，默认都设置了标准的和常见的 MIME 类型，只有对于不常见的 MIME 类型，才需要同时设置服务器和客户浏览器以进行识别。安卓遵循类似的约定来定义 MIME 类型，而且每个内容类型的 MIME 类型都具有两种形式：单条记录和多条记录。对于单条记录，MIME 类型类似于：

```
vnd.android.cursor.item/vnd.yourcompanyname.contenttype;
```

对于多条记录，MIME 类型类似于：

```
vnd.android.cursor.dir/vnd.yourcompanyname.contenttype
```

上面两个 MIME 类型中，vnd.android.cursor.dir 表示返回多行结果；vnd.android.cursor.item 表示返回单行结果，而子类型是指特定的内容提供器。

内容提供程序以一个或多个表的形式将数据呈现给外部应用，这些表与关系型数据库中的表类似。行表示提供程序收集的某种类型数据的实例，行中的每一列表示为一个实例所收集的单个数据。内容提供程序协调很多不同的 API 和组件对应用数据存储层的访问（如图 6-4 所示），其中包括：

- 与其他应用共享对应用数据的访问。
- 向控件发送数据。
- 使用 SearchRecentSuggestionsProvider，通过搜索框架返回对应用的自定义搜索建议。
- 通过实现 AbstractThreadedSyncAdapter，将应用数据与服务器同步。
- 使用 CursorLoader 在界面中加载数据。

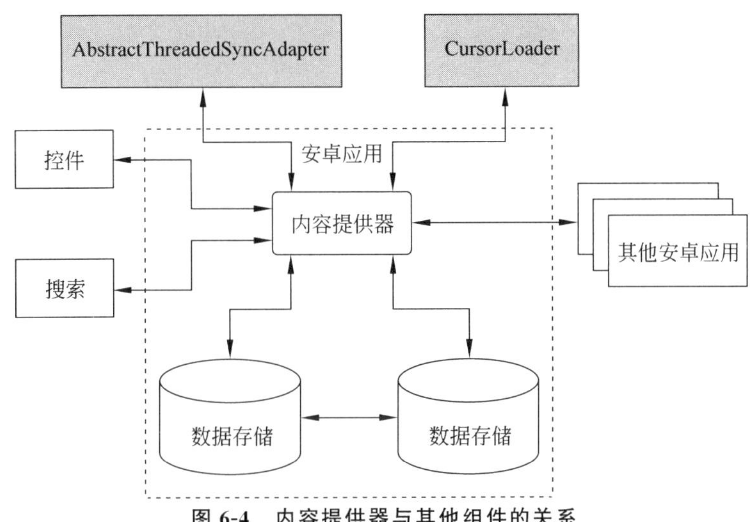

图 6-4　内容提供器与其他组件的关系

如需访问内容提供程序中的数据，可以客户端的形式使用应用的 Context 中的 ContentResolver 对象与提供程序进行通信。ContentResolver 对象会与提供程序对象（即实现 ContentProvider 的类的实例）通信。提供程序对象从客户端接收数据请求、执行请求的操作并返回结果。此对象的某些方法可调用提供程序对象（ContentProvider 某个具体子类的实例）中的同名方法。ContentResolver 方法可提供持久性存储空间的基本“CRUD”（创建、检索、更新和删除）功能。从界面访问 ContentProvider 的常用模式是使用 CursorLoader 在后台运行异步查询。界面中的活动或片段会调用查询的 CursorLoader，其转而使用 ContentResolver 获取 ContentProvider。如此一来，用户便可在查询运行时继续使用界面。如图 6-5 所示，此模式涉及很多不同对象的交互，以及底层存储机制。

应用程序通过内容访问器的对象访问内容提供器时，所使用的方法会调用内容提供器一个具体子类对象的相同名字的方法。例如，为了从用户字典的内容提供器中获得单词和它们出现的语言环境列表，可以使用 ContentResolver.query()方法，如代码 6-1 所示。这个 query()方法会调用在用户字典内容提供器中定义的 ContentProvider.query()方法。

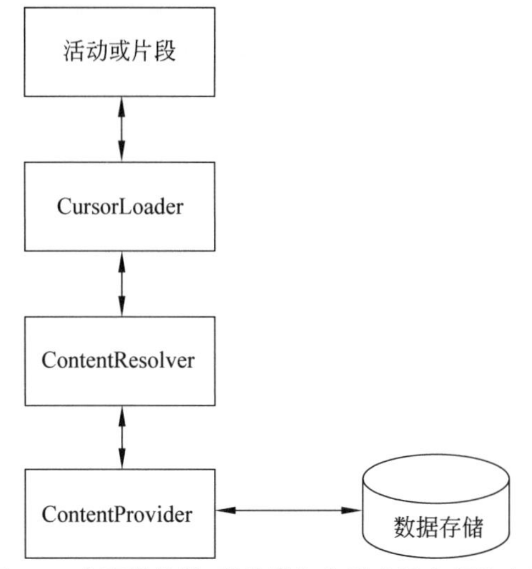

图 6-5　内容提供器、其他类和存储空间之间的交互

```
//访问用户字典并返回游标
mCursor = getContentResolver().query(
UserDictionary.Words.CONTENT_URI,     //词表的内容 URI
mProjection,                          //每行中返回数据的列的名称
                                      //null 表示返回所有列的数据
mSelectionClause                      //过滤条件
mSelectionArgs,                       //过滤条件的参数
mSortOrder);                          //返回行的排序方式
```

代码 6-1　ContentResolver.query()方法的调用

表 6-2 展示了 Query(Uri, projection, selection, selectionArgs, sortOrder)的参数如何匹配 SQL SELECT 语句。

表 6-2　Query()与 SQL 查询的比较

Query()参数	SELECT 关键字/参数	备　　注
Uri	FROM table_name	Uri 映射至提供程序中名为 table_name 的表
projection	col, col, col, …	projection 是检索到的每个行所应包含的列的数组
selection	WHERE col = value	selection 指定选择行的条件
selectionArgs	没有完全等效项，选择参数会替换选择子句中的？占位符	
sortOrder	ORDER BY col, col, …	sortOrder 指定在返回的 Cursor 中各行的显示顺序

内容 URI 用来在提供程序中标识数据。内容 URI 包括整个提供程序的符号名称（其授权）和指向表的名称（路径）。当调用客户端方法以访问提供程序中的表时，该表的内容 URI 将是其参数之一。在前面的代码行中，常量 CONTENT_URI 包含用户字典的“字词”表的内容 URI。ContentResolver 对象会解析出 URI 的授权，并将该授权与已知提供程序的系统表进行比较，从而“解析”提供程序。然后，ContentResolver 可以将查询参数分派给

正确的提供程序。ContentProvider 使用内容 URI 的路径部分选择需访问的表。通常，提供程序会为其公开的每个表显示一条路径。在前面的代码行中，"字词"表的完整 URI 是：

```
content://user_dictionary/words
```

其中，user_dictionary 字符串是提供程序的授权，words 字符串是表的路径。字符串 content://(架构)始终显示，并且会将其标识为内容 URI。

许多提供程序都允许通过将 ID 值追加到 URI 末尾以访问表中的单个行。例如，如需从用户字典中检索 _ID 为 4 的行，可以使用以下内容 URI。

```
Uri singleUri = ContentUris.withAppendedId(UserDictionary.Words.CONTENT_URI,4);
```

在检索到很多行并且想要更新或删除其中某一行时，通常可以使用 ID 值。注意：Uri 和 Uri.Builder 类包含一些便捷方法，可用于根据字符串构建格式规范的 URI 对象。ContentUris 类包含一些便捷方法，可用于将 ID 值轻松追加至 URI 末尾。前段代码使用 withAppendedId()将 ID 追加至 UserDictionary 的内容 URI 末尾。

6.1.1　获取数据

安卓应用程序通过 Content URI 定位，来获取内容提供器中所需要的数据。Content URI 对于内容提供器来说是唯一的，对于开发人员来说也是非常重要的。因此通常在内容提供器中将 Content URI 定义为常量，方便开发人员的引用。代码 6-2 是安卓系统预定义的一些内容提供器的 Content URI 常量。

```
MediaStore.Images.Media.INTERNAL_CONTENT_URI
MediaStore.Images.Media.EXTERNAL_CONTENT_URI
ContactsContract.Contacts.CONTENT_URI
```

代码 6-2　安卓系统预定义的一些内容提供器

这些常量对应的 Content URI 值如代码 6-3 所示。

```
content://media/internal/images
content://media/external/images
content://com.android.contacts/contacts/
```

代码 6-3　对应的 Content URI 值

安卓系统的内置通讯录内容提供器使用 ContactsContract.Contacts.CONTENT_URI 常量来标识内容提供器中的联系人数据。有了具体的 Content URI，为了从内容提供器中检索数据，需要以下两个基本步骤。

步骤一：给内容提供器申请读访问权限。

步骤二：定义将查询发送至提供程序的代码。

下面以用户词典的内容提供器为例，说明如何从其中获取数据。

(1) 给提供器申请读访问权限。

能够从内容提供器中获取数据的前提，首先是所访问的内容提供器允许其他应用程序的读访问。从内容提供器中获取数据，应用程序需要“读权限”。这个权限不能在应用程序运行时设置，需要在应用程序的 AndroidManifest 文件中里预先声明需要的权限元素。如果指定了这个元素，当用户安装这个应用程序时，系统会隐式地付给其相应的权限。

AndroidManifest 文件中的权限声明元素是<uses-permission>元素，权限的值从将要访问内容提供器所定义的权限中选择，根据需求指定准确的权限名称。例如，用户字典的内容提供器定义了权限 android.permission.READ_USER_DICTIONARY，作为其可读取的权限。如果应用程序需要从用户字典的内容提供器读取数据，就需要在其 AndroidManifest 文件里声明用户字典的内容提供器可读取，如代码 6-4 所示。

```
<uses-permission android:name=" android.permission.READ_USER_DICTIONARY" />
```

代码 6-4　声明用户字典的内容提供器可读取

(2) 构造查询代码。

权限申请完成后，从内容提供器中检索数据的第二步就是构建查询程序，接下来以用户词典的内容提供器为例，说明如何使用 ContentResolver.query()获取其中的数据。由于 ContentResolver.query()的参数对应于 SElECT 语句的结构，类似于关系数据库表的查询。因此如果要获取某个内容提供器中的数据，必须要清楚这个内容提供器可以提供什么数据内容，也就是明确这个二维表的结构。这可以从内容提供器的文档中查到。首先在应用程序中，对应 ContentResolver.query()的参数，声明一些访问用户词典内容提供器所需要的变量，如代码 6-5 所示。

```
public class TryAccessDictionary{
    String[] mProjection = {
        //Contract class constant for the _ID column name
        UserDictionary.Words._ID,
        //Contract class constant for the word column name
        UserDictionary.Words.WORD,
        //Contract class constant for the locale column name
        UserDictionary.Words.LOCALE
    };
    //Defines a string to contain the selection clause
    String mSelectionClause = null;
    //Initializes an array to contain selection arguments
    String[] mSelectionArgs = {""};
}
```

代码 6-5　变量声明

代码 6-6 以用户字典提供程序为例，展示如何使用 ContentResolver.query()。提供程序客户端查询与 SQL 查询类似，并且包含一组需要返回的列、一组选择条件和排序顺序。对于指定待检索行的表达式，将其拆分为选择子句和选择参数。选择子句是逻辑和布尔表达式、列名称以及值(变量 mSelectionClause)的组合。如果指定可替换参数“?”而非值，查询方法会从选择参数数组(变量 mSelectionArgs)中检索值。如果用户未输入字词，选择子句将设置为 null，查询会返回提供程序中的所有字词。如果用户输入了字词，选择子句将设置为 UserDictionary.Words.WORD + " = ?"，且选择参数数组的第一个元素将设置为用户输入的字词。定义好变量就可以编写获取数据的方法了。

```
private Cursor getWordDictionary(String mSearchString) {
    String mSelectionClause;
    String[] mSelectionArgs = new String[1];
    if (TextUtils.isEmpty(mSearchString)) {
        mSelectionClause = null;
        mSelectionArgs = null;
    } else {
        mSelectionClause = UserDictionary.Words.WORD + " = ? ";
        mSelectionArgs[0] = mSearchString;
    }
    Cursor mCursor = getContentResolver().query(
            UserDictionary.Words.CONTENT_URI,
            mProjection,
            mSelectionClause,
            mSelectionArgs,
            mSortOrder);
    return mCursor;
}
```

代码 6-6 获取内容提供器数据

此查询类似于代码 6-7 所示的 SQL 语句。

```
SELECT _ID, word, locale FROM words WHERE word = <userinput> ORDER BY word ASC;
```

代码 6-7 SQL 语句

在此 SQL 语句中,会使用实际的列名称而非协定类常量。当调用 ContentResolver.query()方法时,其实际调用了内容提供器中的 ContentProvider.query()方法。ContentResolver.query()方法返回的结果是一个游标对象,下面详细说明其参数的作用。

- Uri uri:对应内容提供器中的表名所对应的 Content URI。
- String[] projection:查询结果中包含的字段,这是一个数组,指定需要返回数据的列,如果为 null 则返回所有列。从效率上来说,如果不是用到所有列,最好明确指定。
- String selection:指定过滤数据的条件,其格式相当于 SQL 选择语句中的 WHERE 子句的条件表达式,如果为 null,则表示返回所有行。一般来说,查询数据的 SQL 表达式是有 WHERE 条件的,而 ContentResolver.query()方法中的 selection 参数就对应 WHERE 条件,它是一个逻辑、布尔值、列名、数值的复合表达式。
- String[] selectionArgs:如果在 selection 参数中使用了"?"占位符号,表示这个位置需要指定一个条件值,而这个数值是由 selectionArgs 参数指定的。
- String sortOrder:排序子句,指定数据行的排列规则,其格式相当于 SQL 语句的 ORDER BY 子句中的表达式。如果为 null,则使用默认的排序方式,或者不排序。

如果 selection 参数中有多个"?"占位符,selectionArgs 参数中字符串数组的顺序与 selection 参数顺序一致。为什么需要通过这种方式传入条件参数呢?这是为了防止恶意输入 SQL 语句。如果内容提供器管理的数据保存在 SQL 数据库里,假设有外部不可信的数据插入到原始的 SQL 语句中,有可能导致恶意 SQL 输入,假设条件参数变量定义如下。

```
String mSelectionClause="var = " + mUserInput;
```

如果 mUserInput 是一个需要用户输入的变量，这就为插入恶意的 SQL 语句提供了条件，例如，用户可以在界面上为 mUserInput 变量输入：

```
nothing; DROP TABLE * ;
```

这样在数据库上执行的就不止一条查询语句了，会执行 DROP 操作，就会导致内容提供器删除 SQLite 数据库里所有的表。为了解决这个问题，使用一个带有"?"作为可替的选择参数，然后再使用另一个选择参数数组来组合定义查询方法。这样，用户的输入会直接绑定到查询方法的选择参数中，而不是作为 SQL 语句的一部分被解释。由于它没有被视为 SQL 语句，用户输入不可以注入恶意的 SQL。

(3) 显示查询结果。

ContentResolver.query()方法执行后，返回的是游标对象，这是一个查询结果集合。如果遍历这个游标对象，就可以读取结果集中的所有数据，输出查询结果。代码 6-8 中使用 Cursor 的 move()方法在结果集中移动游标指针，使用 Cursor 的 getString()方法获取当前记录各字段的值，并在控制台输出个记录结果。

```
public void printQueryResult(Cursor c) {
    if(cursor.moveToFirst() {
        for(int i=0;i<cursor.getCount();i++){
            cursor.move(i);
            String word = cursor.getString(0);
            String user=cursor.getString(1);
            String local=cursor.getString(2);
            //输出用户信息
            System.out.println(word+" : "+user+" : "+local+"\n");
        }
    }
}
```

代码 6-8　输出查询结果

如果没有与选择条件匹配的行，提供程序会返回 Cursor.getCount()为 0 的 Cursor 对象(空 Cursor)。如果出现内部错误，查询结果视具体提供程序而定。它可能会选择返回 null，或抛出 Exception。由于 Cursor 是行"列表"，因此显示 Cursor 内容的一个好方法是通过 SimpleCursorAdapter 将其与 ListView 关联。创建一个包含由查询检索到的 Cursor 的 SimpleCursorAdapter 对象，并将此对象设置为 ListView 的适配器，如代码 6-9 所示。

```
//Defines a list of columns to retrieve from the Cursor and load into an output row
String[] wordListColumns =
{
    //Contract class constant containing the word column name
    UserDictionary.Words.WORD,
```

代码 6-9　SimpleCursorAdapter 对象

```
    //Contract class constant containing the locale column name
    UserDictionary.Words.LOCALE
};

//Defines a list of View IDs that will receive the Cursor columns for each row
int[] wordListItems = { R.id.dictWord, R.id.locale};

//Creates a new SimpleCursorAdapter
cursorAdapter = new SimpleCursorAdapter(
    getApplicationContext(),     //The application's Context object
    R.layout.wordlistrow,        //A layout inXMLfor one row in the ListView
    mCursor,                     //The result from the query
    wordListColumns,             //A string array of column names in the cursor
    wordListItems,               //An integer array of view IDs in the row layout
    0);                          //Flags (usually none are needed)

//Sets the adapter for the ListView
wordList.setAdapter(cursorAdapter);
```

代码 6-9 （续）

注意：如需通过 Cursor 支持 ListView，Cursor 必须包含名为 _ID 的列。正因如此，即使 ListView 未显示 _ID 列，前文显示的查询也会为“字词”表检索该列。此限制也解释了为什么大多数提供程序的每个表都有 _ID 列。可以将查询结果用于其他任务，而不只是显示查询结果。例如，可以从用户字典中检索拼写，然后在其他提供程序中查找它们。如需执行此操作，需在 Cursor 中循环访问行，如代码 6-10 所示。

```
//Determine the column index of the column named "word"
int index = mCursor.getColumnIndex(UserDictionary.Words.WORD);

/*
* Only executes if the cursor is valid. The User Dictionary Provider returns null
* if an internal error occurs. Other providers may throw an Exception instead of
   * returning null.
*/

if (mCursor != null) {
    /*
     * Moves to the next row in the cursor. Before the first movement in the cursor,
     * the "row pointer" is -1, and if you try to retrieve data at that position
     * you will get an exception.
     */
    while (mCursor.moveToNext()) {
        //Gets the value from the column.
        newWord = mCursor.getString(index);
        //Insert code here to process the retrieved word.
        ...
        //end of while loop
    }
```

代码 6-10 在 Cursor 中循环访问行

```
} else {
    //Insert code here to report an error if the cursor is null or the provider
    //threw an exception.
}
```

代码 6-10 （续）

Cursor 实现包含多个“获取”方法，用于从对象中检索不同类型的数据。例如，上一个代码段使用 getString()。它们还具有 getType()方法，返回该列的数据类型的值。

6.1.2 修改数据

如果需要插入、更新或者删除数据，首先要考虑的还是权限的问题。需要为内容提供器定义不同的数据访问权限，以便其他应用能够访问其提供的数据。权限的定义可以保证用户能够知道应用程序中的哪些数据可以访问。基于内容提供器提供的说明，其他的应用程序可以根据自身的需求来申请权限去访问内容提供器，最后用户在安装此应用时会看到该应用请求获得的权限。如果包含内容提供器的应用没有指定任何权限，其他的应用程序是无法访问该内容提供器的数据的。但是无论是否指定了权限，包含内容提供器应用的其他组件拥有对该内容提供器的完全读写权限。

正如上面所说，内容提供器在用户字典中使用 android.permission.WRITE_USER_DICTIONARY 权限来控制对数据的插入、更新和删除。为获得访问内容提供器的权限，应用程序在 AndroidManifest 文件中需要使用 uses-permission 标签。当安卓包管理器安装应用时，用户必须批准应用程序的所有权限请求。如果用户允许了，包管理器会继续安装流程；如果用户不允许，包管理器会终止安装。例如，在应用程序中插入、更新或者删除用户字典内容提供器的数据，需要在 AndroidManifest 文件中声明 android.permission.WRITE_USER_DICTIONARY 权限，如代码 6-11 所示。

```
<uses-permission android:name="android.permission.WRITE_USER_DICTIONARY" />
```

代码 6-11 WRITE_USER_DICTIONARY 权限

1. 插入数据

如果向内容提供器中插入数据，需要调用 ContentResolver.insert()方法。这个方法向内容提供器中插入一行新数据，然后返回该行数据的资源标识符。ContentResolver.insert()方法的参数说明如下。

- Uri url：资源标识符 Content URI。
- ContentValues values：ContentValues 对象，存有所要插入的新记录各字段的值。

使用 ContentValue.put()分别给每个字段赋值，前一个参数是内容提供器定义的字段名称，后一个参数是给这个字段的赋值。代码 6-12 中实现了给用户字典内容提供器添加一行新记录的功能。首先创建一个新的 ContentValue 对象，通过 put()把值分别赋给各个字段。这条数据中并没有插入_ID 字段，那是因为它会自动地被增加到数据中。内容提供器会给每一行数据赋予一个唯一的_ID，而它往往就被看作数据库表中的主键。

```
Uri mNewUri;
//Defines an object to contain the new values to insert
ContentValuesmNewValues = new ContentValues();
/*
 * Sets the values of each column and inserts the word. The
 * arguments to the "put" method are "column name" and "value"
 */
mNewValues.put(UserDictionary.Words.APP_ID, "example.user");
mNewValues.put(UserDictionary.Words.LOCALE, "en_US");
mNewValues.put(UserDictionary.Words.WORD, "insert");
mNewValues.put(UserDictionary.Words.FREQUENCY, "100");

mNewUri = getContentResolver().insert(
    UserDictionary.Words.CONTENT_URI,
    mNewValues //the values to insert
);
mCursor = getWordDictionary(null);
mCursorAdapter.changeCursor(mCursor);
Toast.makeText(this, "插入数据为" + mNewUri.getEncodedPath(),
                    Toast.LENGTH_SHORT).show();
```

代码 6-12 插入数据

新行的数据会进入单个 ContentValues 对象中，该对象在形式上与单行 Cursor 类似。此对象中的列无须拥有相同的数据类型，如果不想指定值，则可以使用 ContentValues.putNull()将列设置为 null。此段代码不会添加 _ID 列，因为系统会自动维护此列。提供程序会向添加的每个行分配唯一的 _ID 值。通常，提供程序会将此值用作表的主键。mNewUri 中返回的内容 URI 会按以下格式标识新添加的行：

```
content://user_dictionary/words/<id_value>
```

其中的 id_value 为新增行的_ID。安卓系统还提供了自动检测资源标识符格式的 API，例如，调用 ContentUris.parseId()方法，返回资源标识符的_ID 值。

2. 更新数据

如果要更新内容提供器中的数据，需要使用 ContentResolver.update()方法。与插入数据类似，使用 ContentValues 对象来存储更新数据，同时与查询语句相同的条件参数。如果仅需要更新某些字段，只需要把这些字段的值添加到 ContentValues 对象中。如果需要清除一列的值，则把这列设为 null。ContentResolver.update()方法的参数说明如下。

- Uri uri：Content URI。
- ContentValues values：带有记录更新值的 ContentValues 对象。
- String where：WHERE 子句，具体的条件值使用“?”替代。
- String[] selectionArgs：WHERE 子句中的参数，把 whereClause 中的“?”替换为具体的值，没有 WHERE 子句则为 null。

ContentResolver.update()方法用来定义要更新的列和更新的值，如果要清除某一列的内容，使用 ContentValues.putNull()方法将此值设为 null。代码 6-13 的例子中实现了对用户字典内容提供器表中记录的条件更新，选出“word”字段值中以“en”开头的记录，把其

“local”字段更新为 null。

```
//Defines an object to contain the updated values
ContentValuesmUpdateValues = new ContentValues();

//Defines selection criteria for the rows you want to update
String mSelectionClause = UserDictionary.Words.LOCALE +  "LIKE ? ";
String[] mSelectionArgs = {"en_%"};

//Defines a variable to contain the number of updated rows
int mRowsUpdated = 0;
/*
* Sets the updated value and updates the selected words.
*/
mUpdateValues.putNull(UserDictionary.Words.LOCALE);

mRowsUpdated = getContentResolver().update(
    UserDictionary.Words.CONTENT_URI,    //the user dictionary content URI
    mUpdateValues                        //the columns to update
    mSelectionClause                     //the column to select on
    mSelectionArgs                       //the value to compare to
);

mCursor = getWordDictionary(null);
mCursorAdapter.changeCursor(mCursor);
System.out.println("更新行数为" + mRowsUpdated);
```

代码 6-13　更新数据

3. 删除数据

如果要删除内容提供器中的数据，需要使用 ContentResolver.delete()方法。删除内容提供器中的数据与查询获取数据很类似，delete()方法不需要构造新的记录，只需要指定想删除行的选择条件参数，返回值是删除的行数。ContentResolver.delete()方法的参数说明如下。

- Uri uri：Content URI。
- String where：WHERE 子句，具体的条件值使用“?”替代。
- String[] selectionArgs：WHERE 子句中的参数，把 whereClause 中的“?”替换为具体的值，没有 WHERE 子句则为 null。

下面的代码删除“word”列中以“in”开头的单词。ContentResolver.delete()方法返回删除的行数。代码 6-14 的例子中实现了对用户字典内容提供器表中记录的删除，删除“word”字段值中以“in”开头的记录。

```
mSelectionClause = UserDictionary.Words.WORD + " LIKE ? ";
mSelectionArgs[0] = "in%";
//Defines a variable to contain the number of rows deleted
int mRowsDeleted;
//Deletes the words that match the selection criteria
```

代码 6-14　删除数据

```
mRowsDeleted = getContentResolver().delete(
    UserDictionary.Words.CONTENT_URI, //the user dictionary资源标识符
    mSelectionClause, //the column to select on
    mSelectionArgs //the value to compare to
);
mCursor = getWordDictionary(null);
mCursorAdapter.changeCursor(mCursor);
System.out.println("删除行数为" + mRowsUpdated);
```

代码 6-14 （续）

4. 批处理模式

安卓系统还提供了另外一种操作数据的方法，称为批模式。批模式可以一次在一个表中插入多行，或者插入行到多个表中，或者定义一个事务完成一系列跨处理边界的操作。如果要通过批模式访问内容管理者，需要创建包含 ContentProviderOperation 对象的操作数组，然后通过 ContentResolver.applyBatch()方法，将操作数组派发到内容提供器上执行。操作数组中的 ContentProviderOperation 对象可以对应不同的表。ContentResolver.applyBatch()方法返回值为一个数组，参数说明如下：

- String authority：字符串形式的 Content URI 中表的标识，指向需要操作的表。
- ArrayList<ContentProviderOperation> operations：具体的操作。

代码 6-15 中的例子，通过使用批处理模式对 ContactsContract 插入操作，说明了如何使用 ContentResolver.applyBatch()方法。ContactsContract 是安卓为通讯录内容提供器。从安卓 2.0(API 级别 5)开始，安卓平台提供了一个改进的 Contacts API，以适应一个联系人可以有多个账户的需求，如手机通讯录和 Gmail 通讯录，两个通讯录中的两条记录可以是同一个人。新的 Contacts API 主要是由 ContactsContract 及其相关的类来管理，联系人数据被放到三张表中：Data、RawContacts 和 Contacts。Data 表存储了联系人的详细信息，表中的每一行存储一个特定类型的信息，如 Email、Address 或 Phone。RawContacts 用于关联联系人信息与账号，因为有可能手机的联系人信息是从不同的 Gmail 或者其他地方导入的，为互相区别并方便同步，特引入账号概念。Contacts 表中的一行表示一个联系人，它是 RawContacts 表中的一行或多行的数据的组合，这些 RawContacts 表中的行表示同一个人的不同的账户信息。Contacts 中的数据由系统组合 RawContacts 表中的数据自动生成。代码 6-15 实现了从用户界面获取信息，然后把相应的信息插入通讯录的功能。因为插入涉及 Data、RawContacts 和 Contacts 三个表，所以使用批处理来执行。

```
protected void createContactEntry() {
    //Get values from UI
    String name = mContactNameEditText.getText().toString();
    String phone = mContactPhoneEditText.getText().toString();
    String email = mContactEmailEditText.getText().toString();
    int phoneType = mContactPhoneTypes.get(
    mContactPhoneTypeSpinner.getSelectedItemPosition());
    int emailType = mContactEmailTypes.get(
        mContactEmailTypeSpinner.getSelectedItemPosition());;
```

代码 6-15 使用批模式操作通讯录

```
    ArrayList<ContentProviderOperation> ops =
                          new ArrayList<ContentProviderOperation>();

    //首先向 RawContacts.CONTENT_URI 执行一个插入,
    //目的是获取系统返回的 rawContactId
    ops.add(ContentProviderOperation.newInsert(RawContacts.CONTENT_URI)
    .withValue(RawContacts.ACCOUNT_TYPE, mSelectedAccount.getType())
    .withValue(RawContacts.ACCOUNT_NAME,
    mSelectedAccount.getName())
    .build());
    //往 data 表写入姓名数据
    ops.add(ContentProviderOperation.newInsert(Data.CONTENT_URI)
    .withValueBackReference(Data.RAW_CONTACT_ID, 0)
    .withValue(Data.MIMETYPE,
    CommonDataKinds.StructuredName.CONTENT_ITEM_TYPE)
    .withValue(CommonDataKinds.StructuredName.DISPLAY_NAME, name)
    .build());
    //往 data 表写入电话数据
    ops.add(ContentProviderOperation.newInsert(Data.CONTENT_URI)
    .withValueBackReference(Data.RAW_CONTACT_ID, 0)
    .withValue(Data.MIMETYPE,
    CommonDataKinds.Phone.CONTENT_ITEM_TYPE)
    .withValue(CommonDataKinds.Phone.NUMBER, phone)
    .withValue(CommonDataKinds.Phone.TYPE, phoneType)
    .build());
    //往 data 表写入 Email 数据
    ops.add(ContentProviderOperation.newInsert(Data.CONTENT_URI)
    .withValueBackReference(Data.RAW_CONTACT_ID, 0)
    .withValue(Data.MIMETYPE,
    CommonDataKinds.Email.CONTENT_ITEM_TYPE)
    .withValue(CommonDataKinds.Email.DATA, email)
    .withValue(CommonDataKinds.Email.TYPE, emailType)
    .build());
    try {
        getContentResolver().applyBatch(AUTHORITY, ops);
    } catch (Exception e) {
        //显示警告信息
      Context ctx = getApplicationContext();
        CharSequence txt = getString(R.string.contactCreationFailure);
      int duration = Toast.LENGTH_SHORT;
      Toast toast = Toast.makeText(ctx, txt, duration);
        toast.show();
    }
}
```

代码 6-15 （续）

在代码 6-15 中，首先从界面获取要插入记录的姓名、电话、Email、电话类型和 Email 类型，然后创建新的 ArrayList 对象"ops"，这是一个 ContentProviderOperation 数组。这个数组用来存放多个数据库操作。如果要想完成一个操作，首先调用 ContentProviderOperation 的 newInsert()方法创建一个构造插入语句的 Builder 对象。然后调用 Builder 中 withValue()方法传入要插入的列和值。"ops"数组一共有四个 ContentProviderOperation

对象。第一个 ContentProviderOperation 对象使用的资源标识符为 ContactsContract.RawContacts.CONTENT_URI，这个资源表示获得联系人信息的账号（可以保存多个账号的联系人信息，例如 Gmail、本地电话簿等）；后面三个 ContentProviderOperation 对象使用的资源标识符为 ContactsContract.Data.CONTENT_URI，这个资源表示联系人的元数据，这里保存了联系人的姓名、电话和 Email。账号和元数据之间具有父子关系，就是如果删除账号，则与其有关联的元数据都要被删除。一般来说，建立这种关联关系的方法是在元数据资源中创建指向账号资源主键的外键。通过 withValueBackReference()方法建立这种关系。withValueBackReference()有两个参数，第一个参数是字符串类型，表示子表外键列名；第二参数是 int 类型，表示需要关联"ops"数组中的哪个 ContentProviderOperation 对象，是"ops"数组的索引（从 0 开始的整数）。

ContentProviderOperation 对象中还包括 newAssertQuery()、newDelet()和 newUpdate()等方法，分别用来实现查询判定（如果传入期望值，可以判定查询结果与期望值是否相等）、删除和更新的操作。一旦提供了所有的参数后，就可以使用 build()方法创建 ContentProviderOperation 对象。最后调用 getContentResolver().applyBatch()方法，并且传入资源名称和操作数组对象 ops 执行所有的操作。内容提供程序可以提供多种不同的数据类型。用户字典提供程序仅提供文本，但提供程序也能提供以下格式。

(1) 整数。

(2) 长整型(long)。

(3) 浮点型。

(4) 长浮点型(double)。

提供程序经常使用的另一种数据类型是作为 64KB 的数组实施的二进制大型对象(BLOB)。可以查看 Cursor 类的"获取"方法，从而查看可用数据类型。提供程序文档通常都会列出每个列的数据类型。用户字典提供程序协定类 UserDictionary.Words 参考文档中列有其数据类型。也可通过调用 Cursor.getType()确定数据类型。提供程序还会为其定义的每个内容 URI 维护 MIME(多用途互联网邮件扩展)数据类型信息。可以使用 MIME 类型信息查明应用是否可以处理提供程序提供的数据，或根据 MIME 类型选择处理类型。在使用包含复杂数据结构或文件的提供程序时，通常需要 MIME 类型。例如，联系人提供程序中的 ContactsContract.Data 表会使用 MIME 类型标记每行中存储的联系人数据类型。如需获取与内容 URI 对应的 MIME 类型，调用 ContentResolver.getType()。

6.1.3　通过意图

Intent 可以提供对内容提供程序的间接访问。即使应用没有访问权限，也可通过以下方式允许用户访问提供程序中的数据：从拥有权限的应用中返回结果 Intent，或者激活拥有权限的应用并允许用户使用该应用。即使没有适当的访问权限，也可通过以下方式访问内容提供程序中的数据：将 Intent 发送至拥有权限的应用，然后接收包含"URI"权限的结果 Intent。这些是特定内容 URI 的权限，将持续至接收该权限的活动结束。拥有永久权限的应用会在结果 Intent 中设置标记，从而授予临时权限。

- 读取权限：FLAG_GRANT_READ_URI_PERMISSION。
- 写入权限：FLAG_GRANT_WRITE_URI_PERMISSION。

注意:如果内容 URI 中包含提供程序的授权,这些标记不提供对提供程序的常规读取或写入访问权限。访问权限仅适用于 URI 本身。提供程序通过使用<provider>元素的 android:grantUriPermission 属性和<provider>元素的<grant-uri-permission>子元素,在其清单文件中定义内容 URI 的 URI 权限。权限概览指南更加详细地说明了 URI 权限机制。

例如,即使没有 READ_CONTACTS 权限,也可以在联系人提供程序中检索联系人的数据。在向联系人发送电子生日祝福的应用中,可能希望执行此操作。相较于通过请求 READ_CONTACTS 访问用户的所有联系人及其信息,可能更愿意让用户控制应用所使用的联系人。为此需完成以下过程。

(1) 应用会使用 startActivityForResult()方法发送包含 ACTION_PICK 操作和 CONTENT_ITEM_TYPE"联系人"MIME 类型的 Intent。

(2) 由于此 Intent 与"联系人"应用"选择"Activity 的 Intent 过滤器相匹配,因此活动会显示在前台。

(3) 在选择活动中,用户会选择需要更新的联系人。发生此情况时,选择活动会调用 setResult(resultcode, intent),以设置用于返回至应用的 Intent。Intent 包含用户选择的联系人的内容 URI,以及"extra"标记 FLAG_GRANT_READ_URI_PERMISSION。这些标记会为应用授予 URI 权限,以便读取内容 URI 所指向联系人的数据。然后,选择活动会调用 finish(),将控制权交还给应用。

(4) 活动会返回至前台,并且系统会调用此活动的 onActivityResult()方法。此方法会收到"联系人"应用中选择活动所创建的结果 Intent。

(5) 通过来自结果 Intent 的内容 URI,可以读取来自联系人提供程序的联系人数据,即使未在清单文件中请求对该提供程序的永久读取访问权限。可以获取联系人的生日信息或其电子邮件地址,然后发送电子祝福。

如需允许用户修改无权访问的数据,一种简单方法是激活拥有权限的应用,并让用户使用该应用执行修改。例如,日历应用会接受 ACTION_INSERT Intent,以便激活应用的插入界面。可以在此 Intent(应用会使用该 Intent 预填充界面)中传递"extra"数据。由于周期性事件的语法较为复杂,因此如需将事件插入日历提供程序,首选方法是激活拥有 ACTION_INSERT 的日历应用,然后让用户在该应用中插入事件。如果应用具有访问权限,可能仍想使用 Intent 在其他应用中显示数据。例如,日历应用接受 ACTION_VIEW 意图,用于显示特定的日期或事件。如此一来,便可显示日历信息,而无须创建自己的界面。如需向某应用发送意图,该应用无须与提供程序关联。例如,可以从联系人提供程序中检索联系人,然后向图像查看器发送 ACTION_VIEW 意图(包含用于联系人图像的内容 URI)。

6.2 创　　建

前面两节介绍了内容提供器的基础和数据访问,如果要定义一个自己的内容提供器,需要实现 ContentProvider 类,并在 AndroidManifest 文件里定义相应的元素。但是创建内容提供器是一个比较复杂的过程,并非在任何情况下都需要创建内容提供器。在构建内容提供器之前,需要考虑一些问题,判断是否有必要创建内容提供器。例如,需要向其他应用程序提供复杂的数据或文件吗？需要复制复杂的数据给其他应用程序吗？需要通过搜索框架提供定制的搜索建议吗？如果只是在自己的应用中操作SQLite数据库，则不需要创建内容提供器，如果其他应用程序需要操作这部分数据，则需要创建内容提供器。

6.2.1　设计过程

下面是建立一个内容提供器的基本步骤和需要使用的API，还需要定义一个活动来测试内容提供器数据查询和操作。

1. 存储结构

内容提供器是一个操作结构化数据的接口。在创建接口之前，需要决定如何存储数据。内容提供器可以通过两种形式保存数据。一种是使用文件保存，数据通常需要写入文件，如图片、音频、视频。文件存储在应用程序的私有空间里。为了响应其他应用程序的请求，内容提供器提供数据文件的句柄。还有一种是使用关系数据库，数据通常存储在数据库、数组或类似的结构中，它们都是以表的行列形式存储数据的。行代表一个实体，如一个人或仓库中的一个产品；而列代表这个实体的数据，如人名、产品的价格。在安卓系统中，这种类型的数据通常是存储在SQLite数据库里。在创建内容提供器时，可以根据所存储的数据类型和数据服务，选择适当的数据存储类型。

如果选择使用文件存储数据，安卓系统提供了一系列有关文件操作的APIs。如果内容提供器预备提供的数据是位图文件或其他类型面向文件的数据，比较适合把数据存储在一个文件里并且直接提供，而不是通过表提供。其他应用程序在使用这些数据时，需要使用内容访问器文件方法来访问。

如果选择使用关系数据库存储数据，安卓系统提供了包含操作SQLite数据库的API，安卓系统中预定义的内容提供器就是使用关系数据库保存数据。SQLiteOpenHelper是创建数据库的帮助类，SQLiteDatabase是访问数据库的基类。虽然内容提供器对外的表现类似关系数据库，但是这对于内容提供器的内部实现来说并不是必需的。为了处理基于网络的数据，还可以使用Java.net和android.net里的API，把基于网络的数据同步到本地数据存储中，并且以表或文件的形式提供数据。

选择了数据的存储方式之后，一个重要的工作就是设计内容提供器表的数据结构。虽然主键对于一个内容提供器并不是必须具备的，即使有主键，内容提供器也不必一定要使用_ID作为主键的列名。但是，如果要把内容提供器中的数据通过用户界面显示出来，常常需要把内容提供器绑定到一个叫作ListView的用户界面控件上，这就必须有一个列名叫作_ID。在内容提供器支持的数据类型中，Binary Large OBject (BLOB)数据类型用于存储大小变化或数据结构变化的数据。例如，可以使用一个BLOB列来存储一个protocol buffer或JSON structure。对于这种类型的数据，可以使用BLOB来实现一个独立模式的表，定义一个主键和一个MIME类型的列，其他列定义为BLOB，BLOB列里的数据意义由MIME列来指定。这样可以在同一张表里存储不同的数据类型。

2. 资源标识

每一个内容提供器都使用资源标识符Content URI来指定其中的数据。通过资源标识符，不仅可以唯一确定提供数据的内容提供器，还可以通过其中的路径来指定内容提供器中的表，甚至可以使用ID确切地访问指定表中的唯一行。而且内容提供器中的每个方法都有一个资源标识符作为参数，可以用来确定需要访问的表、行和文件。因此定义资源标识符是创建内容提供器很重要的部分。定义资源标识符主要考虑下面几个问题。

（1）内容提供器资源名的定义。

在安卓系统中，内容提供器应该具有唯一的资源名，作为其在安卓里的内部名。为了避免资源名的重复，资源名通常采用域名的格式。由于应用程序的包名也是按照这种格式设计的，因此，可以通过扩展包名的方式定义资源名。例如，应用程序的包名为 com.example.<appname>，那么资源名称就可以定义为 com.example.<appname>.provider。

（2）资源标识符的路径结构。

开发人员通常从资源名开始，在后面追加路径来指向具体的表。例如，在内容提供器中设计了两张表 table1 和 table2，就可以使用下面的路径结构来指定对应的资源：com.example.<appname>.provider/table1 和 com.example.<appname>.provider/table2。路径可以有多个层次，不一定每个层次都指向表。

（3）处理资源标识符中的 ID。

按照约定，通过使用带有 ID 值的资源标识符可以访问表中指定的一行。这个 ID 在资源标识符的末尾。一般来说，内容提供器的 ID 值与表中的_ID 值匹配，可以用来操作对应的数据行。当应用程序访问内容提供器时，这个约定是一个通用的设计模式。应用程序从内容提供器中查询数据返回游标对象，并且利用 CursorAdapter 在 ListView 中显示结果。定义 CursorAdapter 时，需要游标中有一列为_ID。如果用户选取了 ListView 中的一行，希望可以查询或者修改对应的数据。这就需要应用程序从 ListView 的后台游标中得到这行_ID 值，然后附加到资源标识符的后面，然后发送访问请求给内容提供器，这样来完成对某一行数据的查询或修改。

不同资源标识符的模式对应不同的操作，所以需要识别不同资源标识符的模式。安卓的 API 中包含一个 UriMatcher 类，用来定义不同资源标识符的匹配模式。这个类把资源标识符的模式映射到一个整数，这样应用程序在 switch 语句中可以匹配对应整数来选择对应的操作。在做匹配的过程中，资源标识符模式使用了通配符，其中，“*”匹配一个字符串，可以是任何长度的任何值；“#”匹配一个字符串，可以是任何长度的数字。下面举例设计一组资源标识符，并且通过编码处理资源标识符，假定有一个内容提供器的资源名为 com.example.app.provider，下面的资源标识符则指向具体的表，如代码 6-16 所示。

```
content://com.example.app.provider/table1:           A table called table1
content://com.example.app.provider/table2/dataset1:   A table called dataset1
content://com.example.app.provider/table2/dataset2:   A table called dataset2
content://com.example.app.provider/table3:           A table called table3
```

代码 6-16　资源标识符则指向具体的表

如果在上述资源标识符后面加上 ID，例如 content://com.example.app.provider/table3/1，则表示表 table3 中主键为 1 的行。对于 com.example.app.provider 来说，以下资源标识符的模式都是可用的。

- content://com.example.app.provider/*：表示匹配内容提供器的任何资源标识符。
- content://com.example.app.provider/table2/*：表示匹配 dataset1 和 dataset2 的

资源标识符，不匹配表 table1 或 table3 的资源标识符。

- content://com.example.app.provider/table3/#：表示匹配 table3 中某行的资源标识符。

代码 6-17 示例了 UriMatcher 的方法如何完成模式的匹配。在这段代码中，针对表的资源标识符与单行的资源标识符实现了不同的处理方式，其中，定义 content://<authority>/<path>模式为表，定义 content://<authority>/<path>/<id>模式为单行。UriMatcher 的 addURI()方法把资源名和路径映射到一个整数。match()方法返回了对应资源标识符的整数。然后通过一个 switch 语句根据不同整数来对应不同的模式，选择查询表或者单个记录。addURI()方法的参数说明如下。

- String authority：Content URI 的 authority 部分，也就是资源名。
- tring path：Content URI 的 path 部分，详细的表或记录路径。
- int code：模式对应整数。

```
public class ExampleProvider extends ContentProvider {
    //定义常量
    private static final int PEOPLE = 1;
    private static final int PEOPLE_ID = 2;
    private static final int PEOPLE_PHONES = 3;
    private static final int PEOPLE_PHONES_ID = 4;
    private static final int PEOPLE_CONTACTMETHODS = 7;
    private static final int PEOPLE_CONTACTMETHODS_ID = 8;
    private static final int DELETED_PEOPLE = 20;
    private static final int PHONES = 9;
    private static final int PHONES_ID = 10;
    private static final int PHONES_FILTER = 14;
    private static final int CONTACTMETHODS = 18;
    private static final int CONTACTMETHODS_ID = 19;
    private static final int CALLS = 11;
    private static final int CALLS_ID = 12;
    private static final int CALLS_FILTER = 15;
    private static final UriMatchersURIMatcher =
                        new UriMatcher(UriMatcher.NO_MATCH);
    //把资源标识符的模式映射到一个整数常量
    static
    {
        sURIMatcher.addURI("contacts", "people", PEOPLE);
        sURIMatcher.addURI("contacts", "people/#", PEOPLE_ID);
        sURIMatcher.addURI("contacts", "people/#/phones", PEOPLE_PHONES);
        sURIMatcher.addURI("contacts", "people/#/phones/#", PEOPLE_PHONES_ID);
        sURIMatcher.addURI("contacts", "people/#/contact_methods",
                        PEOPLE_CONTACTMETHODS);
        sURIMatcher.addURI("contacts", "people/#/contact_methods/#",
                        PEOPLE_CONTACTMETHODS_ID);
        sURIMatcher.addURI("contacts", "deleted_people", DELETED_PEOPLE);
        sURIMatcher.addURI("contacts", "phones", PHONES);
        sURIMatcher.addURI("contacts", "phones/filter/*", PHONES_FILTER);
```

代码 6-17　定义和使用资源标识符模式

```
            sURIMatcher.addURI("contacts", "phones/#", PHONES_ID);
            sURIMatcher.addURI("contacts", "contact_methods", CONTACTMETHODS);
            sURIMatcher.addURI("contacts", "contact_methods/#", CONTACTMETHODS_ID);
            sURIMatcher.addURI("call_log", "calls", CALLS);
            sURIMatcher.addURI("call_log", "calls/filter/*", CALLS_FILTER);
            sURIMatcher.addURI("call_log", "calls/#", CALLS_ID);
        }
        //使用 match(url)获取定义的模式常量,根据常量值返回模式
        public String getType(Uri url) {
            int match = sURIMatcher.match(url);
            switch (match)
            {
                case PEOPLE:
                    return "vnd.android.cursor.dir/person";
                case PEOPLE_ID:
                    return "vnd.android.cursor.item/person";
                    ...
                    return "vnd.android.cursor.dir/snail-mail";
                case PEOPLE_ADDRESS_ID:
                    return "vnd.android.cursor.item/snail-mail";
                default:
                    return null;
            }
        }
    }
```

代码 6-17 （续）

另外，ContentUris 类提供了处理资源标识符中 id 部分的方法，Uri 和 Uri.Builder 类中包含解析 Uri 对象，或者构建新对象的方法。

3. 实现类

定义自己的内容提供器，需要创建 ContentProvider 的子类，使用 ContentProvider 实例来处理其他应用的访问请求，并且管理结构化数据的访问。所有对内容提供器数据的访问，都通过所创建内容访问器对象，调用操作数据的方法，最终调用内容提供器中的具体方法来实现。因此，在子类里需要代码实现内容提供器提供六个抽象方法，具体来完成对内容提供器的数据操作，这六个抽象方法包括 query()、insert()、delete()、update()、getType()和 onCreate()。除了 onCreate()方法，其他方法都会被访问内容提供器的客户端应用程序调用。

(1) query()：用来从内容提供器获取数据。通过参数来选择查询的表、返回行或列、结果排序。方法的查询结果返回游标对象。如果使用 SQLite 数据库存储数据，可以使用 SQLiteDatabase 类的 query()方法来返回游标对象。如果没有匹配的行，也返回游标对象，但是其 getCount()方法返回值为 0。如果在查询中出现内部错误，将返回 null。如果没有使用 SQLite 数据库保存数据，可以使用一个 Cursor 类的具体子类。例如，MatrixCursor 类实现了游标的功能，其中每行数据是数组，可以使用 addRow()方法添加新行。另外，由于用户程序访问内容提供器是跨进程通信，所以在进程间传递异常信息是非常重要的。IllegalArgumentException 和 NullPointerException 可以在进程间通信，而且对于处理查询异常是非常有帮助的。

(2) insert()：用来向内容提供器插入新行。使用参数选择表，获取使用的列值。返回

一个新插入行的资源标识符。insert()方法向合适的表里添加行，使用 ContentValues 对象为列设置值。如果 ContentValues 里没有行名，内容提供器使用代码里或者数据库框架里的默认值。这个方法返回新行的资源标识符。使用 withAppendedId()方法将新行的_ID（或其他主键）附加到表的资源标识符后面。

(3) delete()：用来删除行。使用参数选择删除的表和行，返回结果为删除的行数。delete()方法没有必要物理地删除行。

(4) update()：用来更新存在行。使用参数选择需要更新的表和行，然后更新其中列的值，返回结果为更新的行数。update()方法使用同 insert()方法相同的 ContentValues 参数，同 delete()方法和 query()方法使用相同的 selection 和 selectionArgs 参数。这样就可以允许在这些方法之前使用相同的代码。

(5) getType()：需要根据 URI 中所指定的路径(path)来返回对应的 MIME 类型。例如，对于一个内容提供器提供的数据类型为"vnd.android.cursor.dir/contacts"，它的路径为"content://com.example.provider/contacts"，那么在 getType()方法中就应该返回"vnd.android.cursor.dir/contacts"。在实现 getType()方法时，还需要考虑到数据的单个项或多个项的情况。如果返回的 MIME 类型以"vnd.android.cursor.dir/"开头，表示该内容提供器提供的是多个项的数据，例如通讯录中的多个联系人；如果以"vnd.android.cursor.item/"开头，表示该内容提供器提供的是单个项的数据，例如通讯录中的单个联系人。

(6) onCreate()：初始化内容提供器。安卓系统在创建内容提供器之后就立即调用这个方法。注意直到内容访问器对象需要访问时，内容提供器才创建。

由于安卓系统在内容提供器启动的时候调用 onCreate()方法，因此 onCreate()方法不能有耗时太多的代码，避免延迟数据库的创建和数据加载。如果在 onCreate()方法里有耗时太多的任务，会减慢内容提供器的启动，也就会减慢其对其他应用程序的响应。下面一个例子说明如何实现内容提供器的这些方法。这个例子实现了在方法 ContentProvider.onCreate()里创建一个新的 SQLiteOpenHelper 对象来使用数据库，在打开数据库的时候创建表。这样，第一次调用 getWritableDatabase()方法时，会自动调用方法 SQLiteOpenHelper.onCreate()。代码 6-18 实现 ContentProvider.onCreate()方法。

```
public class ExampleProvider extends ContentProvider
    //Defines a handle to the database helper object.
   private MainDatabaseHelpermOpenHelper;
    //Defines the database name
   private static final String DBNAME = "mydb";
    //Holds the database object
   private SQLiteDatabasedb;
   public booleanonCreate() {
         /*
          * Creates a new helper object. This method always returns quickly.
          * Notice that the database itself isn't created or opened
          * untilSQLiteOpenHelper.getWritableDatabase is called
          */
        mOpenHelper = new SQLiteOpenHelper(
```

代码 6-18　实现 ContentProvider.onCreate()方法

```
            getContext(),           //the application context
            DBNAME,                 //the name of the database)
            null,                   //uses the default SQLite cursor
            1                       //the version number
        );
        return true;
    }
    ...
    //Implements the provider's insert method
    public Cursor insert(Uri uri, ContentValues values) {
        //Insert code here to determine which table to open, handle error-
        //checking,and so forth
        ...
        //Gets a writeable database.
        //This will trigger its creation if it doesn't already exist.
        db = mOpenHelper.getWritableDatabase();
    }
}
```

代码 6-18 （续）

代码 6-19 实现 SQLiteOpenHelper.onCreate()方法。

```
...
//A string that defines the SQL statement for creating a table
private static final String SQL_CREATE_MAIN = "CREATE TABLE " +
    "main " +                       //Table's name
    "(" +                           //The columns in the table
    " _ID INTEGER PRIMARY KEY, " +
    " WORD TEXT"
    " FREQUENCY INTEGER " +
    " LOCALE TEXT )";
...
/**
 * Helper class that actually creates and manages the provider's underlying
 * data repository.
 */
protected static final class MainDatabaseHelper extends SQLiteOpenHelper {
   MainDatabaseHelper(Context context) {
       super(context, DBNAME, null, 1);
   }
   /*
    * Creates the data repository. This is called when the provider attempts to
    * open the repository and SQLite reports that it doesn't exist.
    */
   public void onCreate(SQLiteDatabasedb) {
        //Creates the main table
       db.execSQL(SQL_CREATE_MAIN);
   }
}
```

代码 6-19 实现 SQLiteOpenHelper.onCreate()方法

通过这个例子，可以看出 ContentProvider.onCreate()和 SQLiteOpenHelper.onCreate()的相互调用。在实现 ContentProvider 的抽象方法时，除了 onCreate()外，需要考虑线程安全。

4. 其他内容

合约类(Contract 类)是一个 final public 的类，主要用于定义内容提供器使用的常量，例如，资源标识符、表名、列名、MIME 类型和其他一些媒体数据等。Contract 类在内容提供器和其他应用程序之间建立了一个契约，保证内容提供器的数据资源能够被这些程序正确访问。这样，即使内容提供器中的这些常量中的值有变化，也不会影响外部程序的使用。由于 Contract 类通常使用带有语义的名字来命名常量，可以帮助开发人员减少使用列名或资源标识符的错误，而且还可以包含文档。集成开发环境(例如 Eclipse)可以帮助开发人员选取常量名，并且显示相关文档。外部程序的开发者从应用程序中不能访问 Contract 类的 class 文件，但在编译时可以静态编译到应用程序中去。

ContentProvider 类有两个方法返回 MIME 类型。一个是 getType()，这是必须实现的方法；另一个为 getStreamTypes()，如果内容提供器提供文件类型数据，就需要实现这个方法。getType()方法返回一个 MIME 格式的字符串，这个字符串描述了资源标识符参数对应的数据类型。资源标识符参数可以是一个具体的标识符，也可以是一个模式。如果参数为模式，则需要返回与这种模式相匹配的资源标识符关联的数据类型。如果是通常的数据类型，例如 text、HTML 或者 JPEG，getType()方法返回标准的 MIME 类型。这些类型可从官方网站(http://www.iana.org/assignments/media-types)上查找。如果是表中一行或多行数据类型，getType()方法返回安卓特定的 MIME 格式。

(1) type 部分：vnd。

(2) 子类型部分。

- 单行的 URI 模式：android.cursor.item/。
- 多行的 URI 模式：android.cursor.dir/。

(3) 内容提供器说明的部分：vnd.<name>.<type>。

其中，name 值必须是全局唯一的，type 值必须对应一个资源标识符的模式。name 可以选择公司的名字或应用程序包的部分名字，type 标识可以关联资源标识的表，例如，内容提供器的资源名为 com.example.app.provider，表名是 table1，则表示 table1 表里多行数据的 MIME 类型是：

```
vnd.android.cursor.dir/vnd.com.example.provider.table1
```

如果表示 table1 表的单行，MIME 类型是：

```
vnd.android.cursor.item/vnd.com.example.provider.table1
```

如果内容提供器支持的是文件类型数据，需要实现 getStreamTypes()方法。这个方法会根据资源标识符参数从内容提供器中返回包含 MIME 类型的字符串数组。可以通过参数来过滤 MIME 类型，仅返回客户端可以处理的 MIME 类型。例如，假定内容提供器支持.jpg、.png 和.gif 格式的图片文件。当应用程序调用 ContentResolver.getStreamTypes()方法时，如果使用过滤字符串 image/*，表示这是一张图片，ContentProvider.getStreamTypes()方法返回的数组内容为{"image/jpeg", "image/png", "image/gif"}，如果应用程序仅需要文件.jpg，调用 ContentResolver.getStreamTypes()方法的时候使用过滤字符串 */jpeg，则返回的结果为{"image/jpeg"}。如果内容提供器中没有支持过滤字符串的 MIME 类型，getStreamTypes()方法返回 null。针对不同类型的存储方式，安卓系统的存储安全和有效的权限的要点有下面几个。

（1）默认情况下，存储在设备内部存储上的数据文件是应用和提供程序的私有数据文件。

（2）创建的 SQLiteDatabase 数据库是应用和提供程序的私有数据库。

（3）默认情况下，保存到外部存储的数据文件是公用且可全局读取的数据文件。无法使用内容提供程序来限制对外部存储内文件的访问，因为其他应用可使用其他 API 调用对这些文件执行读取和写入操作。

（4）如果某个方法调用用于打开或创建设备内部存储的文件或 SQLite 数据库，则该调用可能会向所有其他应用同时授予读取和写入访问权限。如果将内部文件或数据库用作提供程序的存储区，并向其授予“可全局读取”或“可全局写入”访问权限，则在清单文件中为提供程序设置的权限不会保护数据。在内部存储中，文件和数据库的默认访问权限是“私有”，并且不应该为提供程序的存储区更改此权限。

如果要使用内部文件或数据库作为内容提供器的数据源，必须在 AndroidManifest 文件中设置权限，把其访问权限设为 world-readable 或 world-writeable，这些数据将不再受到保护。默认情况下内部存储器文件和数据库的访问权限是“private”，对于内容提供器也不应该改变。如果要使用内容提供器的权限来控制对数据的访问，就应该将数据存储在内部文件、SQLite 数据库或云的数据中（例如，在远程服务器上），并保持文件和数据库的私有存储访问权限，怎样进行内容提供器的权限控制呢？如果不做任何权限设置，所有的应用程序可以读取或写入内容提供器，即使这些数据的存储访问权限是私有的，因为默认情况下内容提供器没有权限集。内容提供器的权限集需要在 Manifest 中，使用内容提供器的属性和子元素来设置。在这里可以设置应用于整个内容提供器、特定的表、单一的记录或满足某些条件权限。在 AndroidManifest 文件中，可以使用<permission>元素为内容提供器定义一个或多个访问权限。为了这些权限的唯一性，可以用 Java 包名的方式定义 android:name 属性。例如，指定读权限的 com.example.app.provider.permission.READ_PROVIDER。以下列表描述了提供程序权限的作用域，从适用于整个提供程序的权限开始，逐渐细化。相较于作用域较大的权限，越细化的权限拥有更高的优先级。

（1）统一的读写提供程序级权限：一种同时控制对整个提供程序进行读取和写入访问的权限（通过<provider>元素的 android:permission 属性指定）。

（2）单独的读写提供程序级权限：针对整个提供程序的读取权限和写入权限。可以通过<provider>元素的 android:readPermission 属性和 android:writePermission 属性指定这些权限。这些权限优先于 android:permission 所需的权限。

（3）路径级权限：针对提供程序中内容 URI 的读取、写入或读取/写入权限。可以通过<provider>元素的<path-permission>子元素指定想控制的每个 URI。可以为指定的每个内容 URI 指定读取/写入权限、读取权限或写入权限，或同时指定这三种权限。读取权限和写入权限优先于读取/写入权限。此外，路径级权限优先于提供程序级权限。

(4) 临时权限：一种权限级别，即使应用没有通常需要的权限，该权限级别也能授予对应用的临时访问权限。临时访问功能可减少应用需在其清单文件中请求的权限数量。启用临时权限时，只有持续访问所有数据的应用才需要提供程序的"永久"访问权限。假设需要权限来实现电子邮件提供程序和应用，并且允许外部图像查看器应用显示提供程序中的照片附件。为了在不请求权限的情况下为图像查看器提供必要的访问权限，可以为照片的内容 URI 设置临时权限。可以设计自己的电子邮件应用，以便该应用在用户想要显示照片时向图像查看器发送一个 Intent，其中包含照片的内容 URI 和权限标志。随后，图像查看器可查询电子邮件提供程序以检索照片，即使其没有对提供程序的正常读取权限也不受影响。如要启用临时权限，设置<provider>元素的 android:grantUriPermissions 属性，或者向<provider>元素添加一个或多个<grant-uri-permission>子元素。如果使用临时权限，则每当从提供程序中为某个已关联临时权限的内容 URI 移除支持时，都须调用 Context.revokeUriPermission()。该属性的值决定了可访问的提供程序范围。如果将该属性设置为 true，则系统会向整个提供程序授予临时权限，进而替换提供程序级或路径级权限所需的任何其他权限。如果将此标志设置为 false，则必须向<provider>元素添加<grant-uri-permission>子元素。每个子元素都会指定被授予临时权限的一个或多个内容 URI。如要向应用授予临时访问权限，意图必须包含 FLAG_GRANT_READ_URI_PERMISSION 和/或 FLAG_GRANT_WRITE_URI_PERMISSION 标志。需使用 setFlags()方法对其进行设置。如果不存在 android:grantUriPermissions 属性，则假设其为 false。

与活动和服务组件一样，内容提供器的子类也必须在其应用程序的 AndroidManifest 文件中进行声明，才能够在系统中起作用。在 AndroidManifest 文件中声明内容提供器的元素为<provider>，使用 android:name 说明内容提供器的名称。除了前面所提到的访问权限的属性和元素，还包括其他属性。

6.2.2　一个实例

下面介绍一个内容提供器实例。为了更好地理解设计内容提供器的原则，下面使用一个完整的例子来讲解创建一个内容提供器的过程。这个例子的内容提供器创建，是基于 SQLite 创建学生信息数据库，这个数据库包括两张表 students 和 departments，这两个表之间有外键约束。下面按照设计过程，逐步进行内容提供器的创建。

(1) 选择存储结构：选择 SQLite 数据库。

(2) 定义资源标识符：根据 SQLite 数据库中定义的数据表，以及自己定义的前缀定义所要创建的内容提供器的 Content URI 如下，这个定义在 Contract 类中实现，如代码 6-20 所示。

```
content://com.pinecone.technology.studentprovider/students
content://com.pinecone.technology.studentprovider/departments
```

代码 6-20　内容提供器的 Content URI

(3) 定义资源标识符模式：在内容提供器类内代码的第一部分定义资源标识符模式，前一部分是常量定义，后一部分是模式定义，如代码 6-21 所示。

```
private static final String STUDENT_TABLE = "students";
    private static final String DEPARTMENT_TABLE = "departments";
    private static final int STUDENT = 1;
    private static final int STUDENT_ID = 2;
    private static final int DEPARTMENT = 3;
    private static final int DEPARTMENT_ID = 4;
    private static final UriMatcher MATCHER;
    static {
        MATCHER = new UriMatcher(UriMatcher.NO_MATCH);
        MATCHER.addURI(StudentsContract.AUTHORITY, "student", STUDENT);
        MATCHER.addURI(StudentsContract.AUTHORITY, "student/#", STUDENT_ID);
        MATCHER.addURI(StudentsContract.AUTHORITY, "department", DEPARTMENT);
        MATCHER.addURI(StudentsContract.AUTHORITY, "department/#",
                DEPARTMENT_ID);
    }
```

代码 6-21　定义资源标识符模式

(4) 定义合约类：根据内容提供器的需要，定义一些常量，例如 Content URI、表名和列名，如代码 6-22 所示。

```
public class StudentsContract {
    public static final String AUTHORITY =
                            "com.pinecone.technology.studentprovider";
    private StudentsContract() {
    }
    //inner class describing columns and their types
    public static final class Student implements BaseColumns {
        public static final Uri CONTENT_URI = Uri.parse("content://"
                + AUTHORITY + "/students");
        //Expose a content URI for this provider. This URI will be used to
        //access the ContentProvider
        //from within application components using a ContentResolver
        public static final String CONTENT_TYPE =
                                "vnd.android.cursor.dir/student";
        public static final String CONTENT_ITEM_TYPE =
                        "vnd.android.cursor.item/student";
        /**
         * SQL table columns
         */
        public static final String DEFAULT_STUDENT_SORT_ORDER = "DeptId";
        public static final String NAME = "StdName";
        public static final String AGE = "Age";
        public static final String DEPT = "DeptId";
    }
    public static final class Department implements BaseColumns {
        public static final Uri CONTENT_URI = Uri.parse("content://"
                + AUTHORITY + "/departments");
        //Expose a content URI for this provider. This URI will be used to
        //access the ContentProvider
```

代码 6-22　StudentsContract.java

```
        //from within application components using a ContentResolver
        public static final String CONTENT_TYPE =
                                "vnd.android.cursor.dir/department";
        public static final String CONTENT_ITEM_TYPE =
                                 "vnd.android.cursor.item/department";
        /**
         * SQL table columns
         */
        public static final String NAME = "DeptName";
        public static final String DEFAULT_DEPARTMENT_SORT_ORDER = "DeptName";
    }
}
```

代码 6-22 （续）

(5) 定义 MIME 类型：对应这个例子的两个表，定义四个 MIME 类型，如代码 6-23 所示。

```
vnd.android.cursor.dir/student
vnd.android.cursor.item/student
vnd.android.cursor.dir/department
vnd.android.cursor.item/department
```

代码 6-23 定义 MIME 类型

这四个 MIME 类型在 StudentsContract 类中定义为常量。

(6) 定义内容提供器：定义内容提供器的子类 StudentsProvider，首先定义资源标识符模式，然后具体实现内容提供器的 6 个抽象方法 onCreate()、insert()、update()、delete()、query()和 getType()，如代码 6-24 所示。

```
public class StudentsProvider extends ContentProvider {
    private static final String STUDENT_TABLE = "students";
    private static final String DEPARTMENT_TABLE = "departments";
    private static final int STUDENT = 1;
    private static final int STUDENT_ID = 2;
    private static final int DEPARTMENT = 3;
    private static final int DEPARTMENT_ID = 4;
    private static final UriMatcher MATCHER;
    private DatabaseHelperdbHelper = null;
    static {
        MATCHER = new UriMatcher(UriMatcher.NO_MATCH);
        MATCHER.addURI(StudentsContract.AUTHORITY, "student", STUDENT);
        MATCHER.addURI(StudentsContract.AUTHORITY, "student/#", STUDENT_ID);
        MATCHER.addURI(StudentsContract.AUTHORITY, "department", DEPARTMENT);
        MATCHER.addURI(StudentsContract.AUTHORITY, "department/#",
                        DEPARTMENT_ID);
    }
    private static HashMap<String, String>sStudentProjectionMap;
    static {
```

代码 6-24 StudentsProvider.java

```
        sStudentProjectionMap = new HashMap<String, String>();
        sStudentProjectionMap.put(StudentsContract.Student._ID,
                StudentsContract.Student._ID);
        sStudentProjectionMap.put(StudentsContract.Student.NAME,
                StudentsContract.Student.NAME);
        sStudentProjectionMap.put(StudentsContract.Student.AGE,
                StudentsContract.Student.AGE);
        sStudentProjectionMap.put(StudentsContract.Department.NAME,
                StudentsContract.Department.NAME);
    }
    @Override
    public booleanonCreate() {
        Log.d("Provider", "onCreate");
        dbHelper = new DatabaseHelper(getContext());
        return ((dbHelper == null) ? false : true);
    }
    /**
     * Return the MIME type of the data at the given URI. This should start with
     * "vnd.android.cursor.item" for a single record, or
     * "vnd.android.cursor.dir" for multiple items. This method can be called
     * from multiple threads, as described in
     */
    @Override
    public String getType(Uri url) {
        final int match = MATCHER.match(url);
        switch (match) {
        case STUDENT:
            return StudentsContract.Student.CONTENT_TYPE;
        case STUDENT_ID:
            return StudentsContract.Student.CONTENT_ITEM_TYPE;
        case DEPARTMENT:
            return StudentsContract.Department.CONTENT_TYPE;
        case DEPARTMENT_ID:
            return StudentsContract.Department.CONTENT_ITEM_TYPE;
        default:
            throw new IllegalArgumentException("Unsupported URI: " + url);
        }
    }
    @Override
    public Cursor query(Uri url, String[] projection, String selection,
            String[] selectionArgs, String sort) {
        Log.d("Provider", "query");
        SQLiteQueryBuilderqb = new SQLiteQueryBuilder();
        Cursor c = null;
        String orderBy = null;
        switch (MATCHER.match(url)) {
            case STUDENT:
                qb.setTables(STUDENT_TABLE);
                qb.setProjectionMap(sStudentProjectionMap);
                if (TextUtils.isEmpty(sort)) {
                    orderBy = StudentsContract.Student.DEFAULT_STUDENT_SORT_ORDER;
```

代码 6-24 （续）

```
            } else {
                orderBy = sort;
            }
            break;
        case STUDENT_ID:
            qb.setTables(STUDENT_TABLE);
            qb.setProjectionMap(sStudentProjectionMap);
            qb.appendWhere(StudentsContract.Student._ID + "="
                    + url.getPathSegments().get(1));
            break;
        case DEPARTMENT:
            qb.setTables(DEPARTMENT_TABLE);
            qb.setProjectionMap(sStudentProjectionMap);
            if (TextUtils.isEmpty(sort)) {
                orderBy =
               StudentsContract.Department.DEFAULT_DEPARTMENT_SORT_ORDER;
            } else {
                orderBy = sort;
            }
            break;
        case DEPARTMENT_ID:
            qb.setTables(DEPARTMENT_TABLE);
            qb.setProjectionMap(sStudentProjectionMap);
            qb.appendWhere(StudentsContract.Department._ID + "="
                    + url.getPathSegments().get(1));
            break;
    }
    c = qb.query(dbHelper.getReadableDatabase(), projection, selection,
            selectionArgs, null, null, orderBy);
    c.setNotificationUri(getContext().getContentResolver(), url);
    return (c);
}
@Override
public Uri insert(Uri url, ContentValuesinitialValues) {
    if (MATCHER.match(url) != STUDENT) {
        throw new IllegalArgumentException("Unknown URI " + url);
    }
     if (initialValues.containsKey(StudentsContract.Student.NAME) ==
                                    false) {
        throw new SQLException(
                "Failed to insert row because Book Name is needed " + url);
    }
    long rowID = dbHelper.getWritableDatabase().insert(STUDENT_TABLE,
            StudentsContract.Student.NAME, initialValues);
    if (rowID> 0) {
        Uri uri = ContentUris.withAppendedId(
                StudentsContract.Student.CONTENT_URI, rowID);
        getContext().getContentResolver().notifyChange(uri, null);
        return (uri);
    }
    throw new SQLException("Failed to insert row into " + url);
```

代码 6-24　（续）

```
    }
    @Override
    public int delete(Uri url, String where, String[] whereArgs) {
        SQLiteDatabasedb = dbHelper.getWritableDatabase();
        int count;
        switch (MATCHER.match(url)) {
            case STUDENT:
                count = db.delete(STUDENT_TABLE, where, whereArgs);
                break;
            case STUDENT_ID:
                String rowId = url.getPathSegments().get(1);
                count = db.delete(
                        STUDENT_TABLE,
                        StudentsContract.Student._ID
                                + "="
                                + rowId
                                + (!TextUtils.isEmpty(where) ?" AND (" + where
                                        + ')' : ""), whereArgs);
                break;
            default:
                throw new IllegalArgumentException("Unknown URI " + url);
        }
        getContext().getContentResolver().notifyChange(url, null);
        return (count);
    }
    @Override
    public int update(Uri url, ContentValues values, String where,
            String[] whereArgs) {
        SQLiteDatabasedb = dbHelper.getWritableDatabase();
        int count;
        switch (MATCHER.match(url)) {
            case STUDENT:
                count = db.update(STUDENT_TABLE, values, where, whereArgs);
                break;
            case STUDENT_ID:
                String rowId = url.getPathSegments().get(1);
                count = db.update(
                        STUDENT_TABLE,
                        values,
                        StudentsContract.Student._ID
                                + "="
                                + rowId
                                + (!TextUtils.isEmpty(where) ?" AND (" + where
                                + ')' : ""), whereArgs);
                break;
            default:
                throw new IllegalArgumentException("Unknown URI " + url);
        }
        count = dbHelper.getWritableDatabase().update(STUDENT_TABLE, values,
                where, whereArgs);
        getContext().getContentResolver().notifyChange(url, null);
```

代码 6-24 （续）

```
            return (count);
        }
    }
```

代码 6-24 （续）

(7) 定义访问权限：内容提供器的访问权限在 AndroidManifest 文件中声明<provider>时定义。默认状态下，所有的其他应用程序都可以访问这个内容提供器，最后要在 AndroidManifest 文件中注册内容提供器，如代码 6-25 所示。

```
<provider
android:name=".StudentsProvider"
android:authorities="com.androidbook.provider.StudentsProvider" />
```

代码 6-25 注册内容提供器

6.3 数 据 加 载

查看数据库的查询结果或内容提供器获取数据时，每次查询的结果并不确定，需要实现数据的动态加载。安卓针对这一类数据提供了一个机制，叫作数据绑定。通过数据绑定，可以把动态的数据与称为 AdapterView 的图形控件连接起来，并自动根据数据的内容进行布局调整，按照某种规则显示给用户。在数据源和 AdapterView 之间起连接作用的类，在安卓系统中称为适配器。当想用合适的方式显示并操作一些数据（如数组、链表、数据库等）时，可以使用提供安卓适配器的视图（AdapterView），这种方式叫作数据绑定（如图 6-6 所示）。

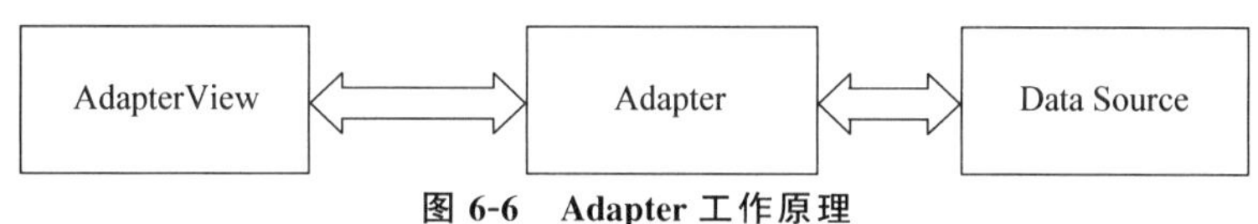

图 6-6 Adapter 工作原理

适配器就相当于一个通道，加了一些规则的通道，它可以使得流过通道的数据按照某种规则呈现出来。适配器（Adapter）是数据与数据显示控件（如 ListView、Gallery、Spinner）之间的桥梁，用来将数据绑定到显示控件上进行显示。例如，USB 是一个适配器，它有一些读取数据的规则，如果插入鼠标，则系统会通过 USB 获取的信息识别其是鼠标，系统可以对鼠标的操作做出反应；如果是 U 盘，系统会通过 USB 获取的信息识别其是 U 盘，可以对它进行信息存取操作。这里的 USB 就相当于适配器、鼠标或 U 盘的信息，就是系统通过适配器获取的数据。同样的道理，通过安卓适配器的作用，安卓系统会识别出是数组还是数据库的数据，并根据适配器传递的信息做出合适的显示。安卓提供多种适配器，开发时可以针对数据源的不同采用最方便的适配器，也可以自定义适配器完成复杂功能。使用这种机制，就可以把前面内容提供器的数据从用户界面上显示出来了。下面首先介绍数据绑定的基本原理，然后介绍适合数据库数据显示的 ListView 图形控件。

6.3.1 基本原理

AdapterView 是 ViewGroup 的子类，其中，画廊(Gallery)、列表视图(ListView)、微调框控件(Spinner)和网格视图(GridView)等都是适配器视图 AdapterView 子类的例子，用来绑定到特定类型的数据并以一定的方式显示。AdapterView 对象有以下两个主要责任。

(1) 用数据填充布局。

(2) 响应用户的选择事件。

常见的适配器有 SimpleAdapter、SimpleCursorAdapter、ArrayAdapter，从名称可以看出 ArrayAdapter 使用数组作为数据源，SimpleCursorAdapter 使用游标作为数据源，而 SimpleAdapter 将一个 List 作为数据源，可以让 ListView 进行更加个性化的显示。下面使用安卓下拉菜单 Spinner 控件，来举例说明数据绑定的机制。

(1) 设置应用的布局文件：首先设计用户图形界面的布局文件，把显示数据结果的 Spinner 控件作为界面中的一个组件，如代码 6-26 所示。

```
<?xml version="1.0" encoding="utf-8"?>
<LinearLayoutxmlns:android="http://schemas.android.com/apk/res/android"
android:layout_width="fill_parent"
android:layout_height="fill_parent"
android:orientation="vertical" >
<TextView
android:layout_width="fill_parent"
android:layout_height="wrap_content"
android:layout_marginTop="10dip"
android:text="@string/planet_prompt" />
<Spinner
android:id="@+id/spinner"
android:layout_width="fill_parent"
android:layout_height="wrap_content"
android:drawSelectorOnTop="true"
android:prompt="@string/planet_prompt" />

</LinearLayout>
```

代码 6-26　布局文件 c07_spinner.xml

(2) 在活动中获得 Spinner 控件对象：在定义用户界面的活动子类中，通过布局文件中所定义的 Spinner 的 id，在 onCreate()方法中使用 findViewById()获取 Spinner 对象，如代码 6-27 所示。

```
setContentView(R.layout.c07_spinner);
Spinner s = (Spinner) findViewById(R.id.spinner);
```

代码 6-27　使用 findViewById()获取 Spinner 对象

(3) 实现 Spinner 与数据源的数据绑定：获取 Spinner 对象后，在此活动子类的 onCreate()方法内实现数据绑定。首先为 Spinner 控件创建适配器，获得 arrays.xml 资源文件中数组 planets；接下来将数据显示界面声明为 android.R.layout.simple_spinner_item

布局模式，将此适配器与控件对象绑定。这个模式是为 Spinner 类预定义好的布局模式。然后创建下拉菜单(见代码)。适配器 ArrayAdapter 是适用于数组数据的适配器，用外部数据创建一个适配器对象可以使用其 createFromResource()方法。其参数说明如下。

- Context context：应用程序的环境。
- int textArrayResId：作为数据源的数组。
- int textViewResId：用于创建视图的布局模式。

创建下拉菜单使用 ArrayAdapter 的 setDropDownViewResource()方法，其参数说明如下。

int resource：布局资源定义的下拉菜单视图，如代码 6-28 所示。

```
ArrayAdapter<CharSequence> adapter = ArrayAdapter.createFromResource(this,
        R.array.planets, android.R.layout.simple_spinner_item);
adapter.setDropDownViewResource(
                    android.R.layout.simple_spinner_dropdown_item);
s.setAdapter(adapter);
```

代码 6-28 创建适配器

(4) 定义数据源数组：在资源文件 arrays.xml 中定义数组 planets，并设置数组值，如代码 6-29 所示。

```
<resources>
<string name="app_name">Spinner</string>
<string-array name="planets">
<item>Mercury</item>
<item>Venus</item>
<item>Earth</item>
<item>Mars</item>
<item>Jupiter</item>
<item>Saturn</item>
<item>Uranus</item>
<item>Neptune</item>
<item>Pluto</item>
</string-array>
<string name="planet_prompt">Select a planet</string>
</resources>
```

代码 6-29 arrays.xml

运行这个例子程序，就得到如图 6-7 所示的显示界面。这里的数据源，也就是 arrays 中定义的 planets 数组，通过 ArrayAdapter 这个适配器，与 Spinner 这个图形显示控件联系起来，使数组数据直接按照列表的形式显示，不必再做布局的设计，这个功能就是填充布局的作用。

如果布局是动态的或者非预定义的，可以在运行时使用一个布局子类 AdapterView 来填充布局。AdapterView 类的子类使用一个适配器将数据绑定到它的布局。适配器把数据源和 AdapterView 布局之间连接起来，适配器检索数据。例如，把数据从数组或者数据库提取出来，将其转换成可以添加到 AdapterView 布局视图中的条目，通用的适配器布局包

图 6-7 通过数组给列表赋值

括 ListView（如图 6-8(a)所示）和 GridView（如图 6-8(b)所示）。

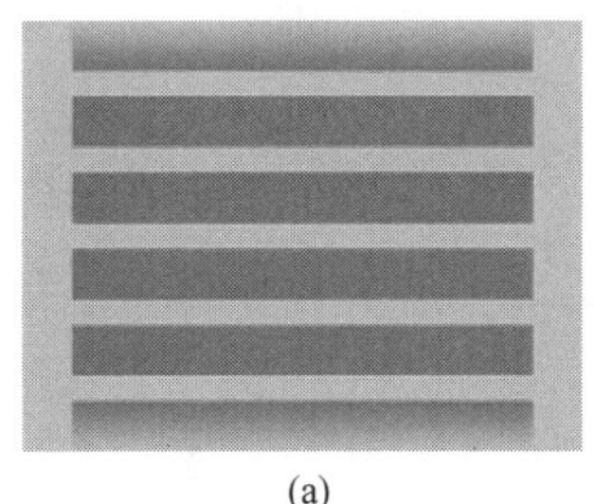
(a)

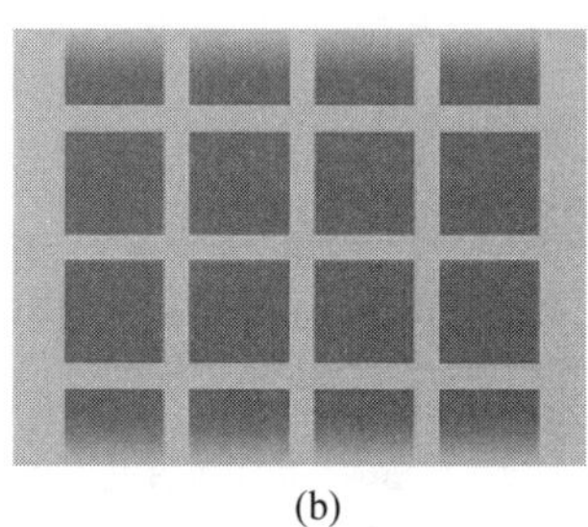
(b)

图 6-8 ListView 和 GridView 显示效果

6.3.2 ListView 控件

ListView 是 AdapterView 的子类，用于列表显示。ListView 的定义有以下两种方式。

(1) 继承 ListActivity 类，使用其内置的 ListView 对象。

(2) 在布局文件中定义自定义视图的 ListView。

ListActivity 是一个专门显示 ListView 的 Activity 类，它内置了 ListView 对象，只要设置了数据源，就会自动地显示出来。虽然 ListActivity 内置了 ListView 对象，但依然可以在布局文件中自定义视图。自定义视图时，在布局文件中要注意设置 ListView 对象的 id 为"@id/android:list"；而在 Java 代码里使用 android.R.id.list 来引用 ListView 视图。在使用 ListActivity 来显示 ListView 视图时，如果使用了自定的布局文件，通过 setContentView()方法进行绑定，如果不使用自定义的布局文件，这个步骤可以省略。安卓系统提供了多种模板进行选择，例如：

- Simple_list_item_1 表示每行有一个 TextView。
- Simple_list_item_2 表示每行有两个 TextView。
- Simple_list_item_checked 表示每行带 CheckView 的项。

- Simple_list_item_multiple_choise 表示每行有一个 TextView 并可以多选。
- Simple_list_item_single_choice 表示每行有一个 TextView，但只能进行单选。

如果以上模板还无法满足要求，只能自定义模板了。自定义模板可以根据自己的需要定义成任意的格式，包括图片、方案及其他可显示的视图，而且还要考虑怎样进行视图的数据绑定。ListView 是一个经常用到的控件，ListView 里面的每个子项 Item 可以是一个字符串，也可以是一个组合控件。ListView 要正常显示需要以下三个元素。

(1) 用来显示数据的 ListView 控件。

(2) 用来显示的数据。

(3) 用来将数据和 ListView 绑定的 ListAdapter。

对 ListView 进行数据绑定，必须选择使用适配器。其中经常与 ListView 进行配合使用的有 ArrayAdapter、CursorAdapter 及 SimpleAdapter 等。代码 6-30 和代码 6-31 说明了如何使用 ListView 显示所创建的内容提供器的内容。

```
public class StudentsContract {
    public static final String AUTHORITY =
                        "com.pinecone.technology.studentprovider";
    private StudentsContract() {
    }
    //inner class describing columns and their types
    public static final class Student implements BaseColumns {
        public static final Uri CONTENT_URI = Uri.parse("content://"
                + AUTHORITY + "/students");
        //Expose a content URI for this provider. This URI will be used to
        //access the ContentProvider
        //from within application components using a ContentResolver
        public static final String CONTENT_TYPE
                        = "vnd.android.cursor.dir/student";
        public static final String CONTENT_ITEM_TYPE
                        = "vnd.android.cursor.item/student";
        /**
         * SQL table columns
         */
        public static final String DEFAULT_STUDENT_SORT_ORDER = "DeptId";
        public static final String NAME = "StdName";
        public static final String AGE = "Age";
        public static final String DEPT = "DeptId";
    }
    public static final class Department implements BaseColumns {
        public static final Uri CONTENT_URI = Uri.parse("content://"
                + AUTHORITY + "/departments");
        //Expose a content URI for this provider. This URI will be used to
        //access the ContentProvider
        //from within application components using a ContentResolver
        public static final String CONTENT_TYPE
                        = "vnd.android.cursor.dir/department";
        public static final String CONTENT_ITEM_TYPE
                              = "vnd.android.cursor.item/department";
```

代码 6-30　StudentsContract.java

```
        /**
         * SQL table columns
         * /
        public static final String NAME = "DeptName";
        public static final String DEFAULT_DEPARTMENT_SORT_ORDER
                              = "DeptName";
    }
}
```

代码 6-30 （续）

```
public class MainActivity extends ListActivity {
    private static final String TAG = "MainActivity";
    private Cursor mCurser;
    private SimpleCursorAdaptermCursorAdapter;
    private ContentValues values;
    @Override
    protected void onCreate(Bundle savedInstanceState) {
        super.onCreate(savedInstanceState);
        values = new ContentValues();
        values.put(StudentsContract.Student.NAME, "学生 1");
        values.put(StudentsContract.Student.AGE, "30");
        values.put(StudentsContract.Student.DEPT, "3");
        getContentResolver().insert(StudentsContract.Student.CONTENT_URI,
                values);
        String[] mProjection = { StudentsContract.Student._ID,
                StudentsContract.Student.NAME, StudentsContract.Student.AGE };
        String mSelectionClause = null;
        //Initializes an array to contain selection arguments
        String[] mSelectionArgs = null;
        mCurser = getContentResolver().query(
                StudentsContract.Student.CONTENT_URI, mProjection,
                mSelectionClause, mSelectionArgs, null);
        if (null == mCurser) {
            Log.i(TAG, "Curser is null");
        } else {
            mCursorAdapter = new SimpleCursorAdapter(this,
                    android.R.layout.simple_list_item_2, mCurser, new String[] {
                            StudentsContract.Student.NAME,
                            StudentsContract.Student.AGE }, new int[] {
                            android.R.id.text1, android.R.id.text2 }, 0);
        }
        setListAdapter(mCursorAdapter);
    }
    @Override
    public booleanonCreateOptionsMenu(Menu menu) {
        //Inflate the menu; this adds items to the action bar if it is present.
        getMenuInflater().inflate(R.menu.main, menu);
        return true;
    }
}
```

代码 6-31　MainActivity.java

小　　结

本章主要介绍了安卓的四大基础组件之一——内容提供器组件。内容提供器是安卓系统提供给用户的一个接口，用于管理如何访问应用程序私有数据的存储库。这里的数据包括结构化存储数据和非结构化存储数据。应用程序使用 ContentResolver 类客户端对象来访问内容提供器的数据，可以称其为内容提供器。内容访问器的方法提供了基本的"CRUD"(创建、检索、更新和删除)数据存储的功能。应用程序通过内容访问器的对象访问内容提供器时，所使用的方法会调用内容提供器一个具体子类对象的相同名字的方法。内容提供器对象通过 URI 来选择要访问内容提供器的表和数据，Content URI 就是内容提供器中数据的内容统一资源标识，能够在存储介质中唯一标识内容提供器中数据所在的具体位置。当想用合适的方式显示并操作一些数据(如数组、链表、数据库等)的时候，可以使用 AdapterView 来显示交互界面，这种方式叫作数据绑定。内容提供器所提供的数据可以使用数据绑定的方式来显示。安卓中通过 Room 数据库引擎来实现结构化数据存储，封装了一些操作数据库的 API，可以完成对结构化数据进行插入、查询、更新和删除等操作。

第 7 章 触摸和输入

触摸屏是智能手机和平板电脑最重要的输入/输出工具，用户在与系统或应用程序交互的过程中，大多数操作都是通过触摸屏来完成的。触摸屏由特殊材料制成，可以获取屏幕上的压力，并转换成屏幕坐标。这些信息可以被转换成数据，并被传递到软件里，所以应用程序需要经常处理用户的触摸输入，包括一个手指的触摸和多个手指的触摸。

7.1 输入事件

在安卓中，从用户与应用的互动中截获事件的方法不止一种。对于界面内的事件，可以从用户与之互动的特定 View 对象中捕获事件。为此，View 类提供了多种方法。在用于构建布局的各种 View 类中，可能会注意到几种看起来适用于界面事件的公开回调方法。当该对象上发生相应的操作时，安卓框架会调用这些方法。例如，在用户轻触一个 View 对象(例如，按钮)时，系统对该对象调用 onTouchEvent()方法。为截获此事件，必须扩展 View 类并替换该方法。然而，为处理此类事件而扩展每个 View 对象并不现实。正因如此，View 类还包含一系列嵌套接口以及可以更轻松定义的回调。这些接口称为事件监听器，是捕获用户与界面之间互动的票证。尽管使用事件监听器监听用户互动的频率会更高，但有时确实需要通过扩展 View 类来构建自定义组件。也许想通过扩展 Button 类来满足更复杂的需求，在此情况下，将能够使用该类的事件处理程序为类定义默认事件行为。

事件监听器是 View 类中包含一个回调方法的接口。当用户与界面项目之间的互动触发已注册监听器的 View 对象时，安卓框架将调用这些方法。事件监听器接口中包含以下回调方法。

- onClick()：在 View.OnClickListener 中。当用户轻触项目(在触摸模式下)，或者使用导航键或轨迹球聚焦于项目，然后按适用的 Enter 键或按下轨迹球时，系统会调用此方法。
- onLongClick()：在 View.OnLongClickListener 中。当用户轻触并按住项目(在触摸模式下)时，或者使用导航键或轨迹球聚焦于项目，然后按住适用的 Enter 键或按住轨迹球(持续一秒钟)时，系统会调用此方法。
- onFocusChange()：在 View.OnFocusChangeListener 中。当用户使用导航键或轨迹球转到或离开项目时，系统会调用此方法。
- onKey()：在 View.OnKeyListener 中。当用户聚焦于项目并按下或释放设备上的硬件按键时，系统会调用此方法。
- onTouch()：在 View.OnTouchListener 中。当用户执行可视为触摸事件的操作时，包括按下、释放或屏幕上的任何移动手势(在项目边界内),系统会调用此方法。

- onCreateContextMenu():在 View.OnCreateContextMenuListener 中。当(因用户持续“长按”而)生成上下文菜单时,系统会调用此方法。参阅菜单开发者指南中有关上下文菜单的介绍。

这些方法是其相应接口的唯一成员。如要定义其中一个方法并处理事件,在活动中实现嵌套接口或将其定义为匿名类,然后将实现的实例传递给相应的 View.setXXXListener()方法,例如,调用 setOnClickListener()并向其传递 OnClickListener 的实现。以下示例展示了如何为按钮注册单击监听器。

```
//Create an anonymous implementation of OnClickListener
private OnClickListenercorkyListener = new OnClickListener() {
    public void onClick(View v) {
      //do something when the button is clicked
    }
};
protected void onCreate(Bundle savedValues) {
    ...
    //Capture our button from layout
    Button button = (Button)findViewById(R.id.corky);
    //Register the onClick listener with the implementation above
    button.setOnClickListener(corkyListener);
    ...
}
```

代码 7-1　为按钮注册单击监听器

可能还会发现,将 OnClickListener 作为活动的一部分来实现更为方便,这样可避免加载额外的类和分配对象,代码如下。

```
public class ExampleActivity extends Activity implements OnClickListener {
    protected void onCreate(Bundle savedValues) {
        ...
        Button button = (Button)findViewById(R.id.corky);
        button.setOnClickListener(this);
    }

    //Implement the OnClickListener callback
    public void onClick(View v) {
      //do something when the button is clicked
    }
    ...
}
```

代码 7-2　将 OnClickListener 作为活动的一部分

注意,上述示例中的 onClick()回调没有返回值,但一些其他事件监听器方法必须返回布尔值。具体原因取决于事件。对于以下事件监听器,必须返回布尔值的原因如下。

- onLongClick():此方法返回一个布尔值,指示是否已处理完事件,以及是否应将其继续传递下去。换言之,返回 true 表示已处理事件且事件应就此停止;如果尚未处理事件且/或事件应继续传递给其他任何单击监听器，则返回 false。

- onKey()：此方法返回一个布尔值，指示是否已处理完事件，以及是否应将其继续传递下去。换言之，返回 true 表示已处理事件且事件应就此停止；如果尚未处理事件且/或事件应继续传递给其他任何按键监听器，则返回 false。
- onTouch()：此方法返回一个布尔值，指示监听器是否处理完此事件。重要的是，此事件可以拥有多个分先后顺序的操作。因此，如果在收到 down 操作事件时返回 false，则表示并未处理完此事件，而且对其后续操作也不感兴趣。因此，无须执行事件内的任何其他操作，如手势或最终的 up 操作事件。

注意，硬件按键事件始终传递给目前处于焦点的 View 对象。它们从 View 层次结构的顶层开始分派，然后向下，直至到达合适的目的地。如果 View 对象（或 View 对象的子项）目前处于焦点，那么可以看到事件经由 dispatchKeyEvent()方法的分派过程。除通过 View 对象捕获按键事件，还可使用 onKeyDown()和 onKeyUp()接收活动内部的所有事件。

此外，考虑应用的文本输入时，记住：许多设备只有软件输入法。此类方法无须基于按键；某些可能使用语音输入、手写等。尽管输入法提供类似键盘的界面，但其通常不会触发 onKeyDown()系列的事件。除非想将应用限制为只能在带有硬件键盘的设备上使用，否则，在设计界面时切勿要求必须通过特定按键进行控制。特别地，当用户按下返回键时，不要依赖这些方法验证输入；改用 IME_ACTION_DONE 等操作让输入法知晓应用预计会做何反应，以便其通过一种有意义的方式更改其界面。不要推断软件输入法应如何工作，只要相信它能为应用提供已设置格式的文本即可。注意：Android 会先调用事件处理程序，然后从类定义调用合适的默认处理程序。因此，如果从这些事件监听器返回 true，系统会停止将事件传播到其他事件监听器，还会阻止回调 View 对象中的默认事件处理程序。在返回 true 时确保需要终止事件。

如果从 View 构建自定义组件，则可定义几种回调方法，用作默认事件处理程序。在有关自定义 View 组件的文档中，将了解一些用于事件处理的常见回调，包括：

- onKeyDown(int, KeyEvent)：在发生新的按键事件时调用。
- onKeyUp(int, KeyEvent)：在发生按键抬起事件时调用。
- onTrackballEvent(MotionEvent)：在发生轨迹球动作事件时调用。
- onTouchEvent(MotionEvent)：在发生触屏动作事件时调用。
- onFocusChanged(boolean, int, Rect)：在 View 对象获得或失去焦点时调用。

还有一些其他方法值得注意，尽管它们并非 View 类的一部分，但可能会直接影响所能采取的事件处理方式。因此，在管理布局内更复杂的事件时，不妨考虑使用以下其他方法。

- Activity.dispatchTouchEvent(MotionEvent)：此方法允许 Activity 在所有触摸事件分派给窗口之前截获它们。
- ViewGroup.onInterceptTouchEvent(MotionEvent)：此方法允许 ViewGroup 监视分派给子级 View 的事件。
- ViewParent.requestDisallowInterceptTouchEvent(boolean)：对父级 View 调用此方法，可指示不应使用 onInterceptTouchEvent(MotionEvent)截获触摸事件。

当用户使用方向键或轨迹球导航界面时，须将焦点置于可操作项目上（如按钮），以便用户看到将接受输入的对象。但是，如果设备具有触摸功能且用户开始通过轻触界面与之互动，那么便不再需要突出显示项目或将焦点置于特定 View 对象上。因此，有一种互动模式称为“触摸模式”。对于支持触摸功能的设备，当用户轻触屏幕时，设备会立即进入触摸模式。只有 isFocusableInTouchMode()为 true 的 View 对象才可聚焦，如文本编辑控件。对于其他可触摸的 View 对象(如按钮)，在轻触时不会获得焦点，按下时仅会触发单击监听器。无论何时，只要用户单击方向键或滚动轨迹球，设备便会退出触摸模式，并找到一个 View 对象使其获得焦点。现在，用户可在不轻触屏幕的情况下继续与界面互动。整个系统(所有窗口和活动)都将保持触摸模式状态。如要查询当前状态，可以通过调用 isInTouchMode()，检查设备目前是否处于触摸模式。框架会处理常规焦点移动，以响应用户输入。其中包括：在移除或隐藏 View 对象或在新 View 对象可用时更改焦点。View 对象通过 isFocusable()方法指示是否愿意获得焦点。如要设置 View 对象能否获得焦点，调用 setFocusable()。在触摸模式下，可以使用 isFocusableInTouchMode()查询 View 对象是否允许获得焦点。可以使用 setFocusableInTouchMode()对此进行更改。在搭载 Android 9(API 级别 28)或更高版本的设备上，活动不会分配初始焦点。如有需要，必须显式求初始焦点。焦点移动所使用的算法会查找指定方向上距离最近的元素。在极少数情况下，默认算法可能与开发者的期望行为不一致，在这些情况下可以用 XML 属性在布局文件中明确替换它们：nextFocusDown、nextFocusLeft、nextFocusRight 和 nextFocusUp。将其中一个属性添加到失去焦点的 View 对象，将该属性的值设定为应获得焦点的 View 对象的 ID，代码如下。

```
<LinearLayout
    android:orientation="vertical"
        ... >
    <Button android:id="@+id/top"
    android:nextFocusUp="@+id/bottom"
        ... />
    <Button android:id="@+id/bottom"
    android:nextFocusDown="@+id/top"
        ... />
</LinearLayout>
```

代码 7-3　将该属性的值设定为应获得焦点的 View 对象的 ID

一般来说，在此垂直布局中，无论是从第一个按钮向上导航还是从第二个按钮向下导航，焦点都不会移到任何其他位置。现在，顶部按钮已将底部按钮定义为 nextFocusUp(反之亦然)，因而导航焦点将按自上而下和自下而上的顺序循环往复。若要将某个 View 对象声明为界面中的可聚焦对象(通常情况下不是)，在布局声明中将 android:focusableXML 属性添加到该 View 对象。将值设为 true。此外，还可以使用 android:focusableInTouchMode 声明 View 对象在触摸模式下可聚焦。如需求让特定 View 对象获得焦点，可调用 requestFocus()。如需监听焦点事件(在 View 对象获得或失去焦点时收到通知)，可使用 onFocusChange()(如事件监听器部分中所述)。

7.2　触摸事件

触摸屏可以感知手指的触摸压力，识别手指是抬起、按下或者是移动；而且可以将触点转换成屏幕坐标，通过计算屏幕坐标的变化，可以识别触点的移动方式。当用户触摸屏幕时，触摸事件就会产生。什么是手势？手势是指系统可识别的，用户在对屏幕显示对象操作时，手指在触摸屏上抬起、按下或移动的方式。在安卓系统中支持的核心手势包括以下几种（如图 7-1 所示）。

- 触摸(Touch)：按下，抬起。触发项目的默认操作。
- 长按(Long Press)：按下，等待，抬起。进入选择模式。使用户可以选择视图中的单个或者多个项目，并选择上下文操作栏的功能。
- 滑动(Swipe)：按下，移动，抬起。滚动内容或者在同一层级的不同视图间切换。
- 拖曳(Drag)：长按，移动，抬起。重新排列视图中的数据或者将数据移动到容器(例如主屏幕上的目录)中。
- 双击(Double Touch)：快速两次触摸。放大内容。在文字选择中作为辅助手势。
- 放大(Pinch Open)：用两个手指按住，向相互远离的方向移动，抬起。放大内容。
- 缩小(Pinch Close)：用两个手指按住，向相互接近的方向移动，抬起。缩小内容。

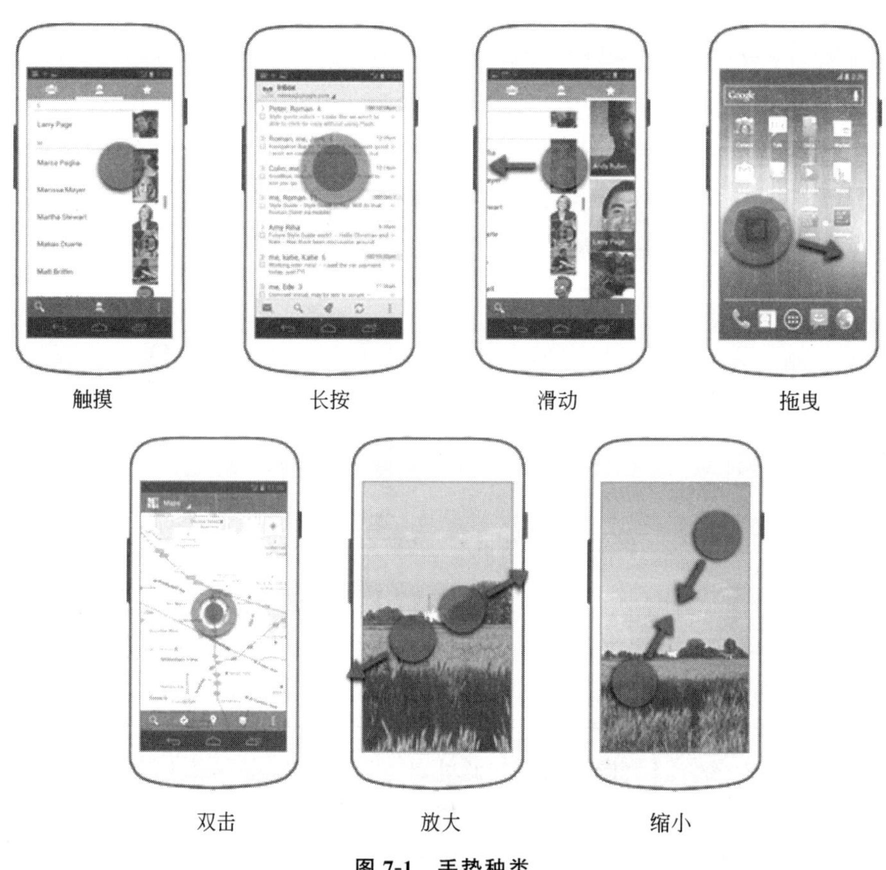

图 7-1　手势种类

在安卓系统中，触摸事件由 MotionEvent 类来描述。产生一个触摸事件，系统就会创建一个 MotionEvent 对象，该对象包含触摸事件发生的时间和位置，以及发生触摸事件所在区域的压力、大小和方向。在应用中，MotionEvent 对象会被传递到某些方法中，其中包括 View 类的 onTouchEvent()方法。因为 View 类是很多控件的父类，这就意味着很多控件都可以通过 MotionEvent 与用户进行交换。例如，MapView 控件可以接受触摸事件，允许用户移动地图到感兴趣的地方;或者虚拟键盘对象接收触摸事件激活虚拟键,实现在界面中输入文本。从用户手指触摸设备屏幕开始,到手指离开设备屏幕结束,安卓系统会产生一系列与手指运动相关的触摸事件,每个触摸事件都记录手指运动的信息,称这些触摸事件为一个事件序列。实际上,很多触摸屏设备可以同时记录多个手指的运动轨迹,这样每个运动轨迹都会产生一个触摸事件序列。每个序列是从用户触摸屏幕开始,当用户在屏幕上移动时,这个序列会持续添加;当手指从屏幕上抬起后,这个序列也就结束了。

MotionEvent 类中定义了动作常量表示触摸事件的动作类型,主要包括 ACTION_DOWN、ACTION_UP、ACTION_CANCEL、ACTION_MOVE 等。当用户首次触摸屏幕时,系统会将带有 ACTION_DOWN 的触摸事件传递给相应的视图控件;当手指在屏幕上移动是 ACTION_MOVE;当抬起手指是 ACTION_UP;而且在手指抬起之前系统可能会产生很多 ACTION_MOVE 的触摸事件。所有这些触摸事件都会产生相应的 MotionEvent 对象,其中包含动作的种类、触摸发生的位置、触摸的压力、触摸的面积、动作发生的时间和初始 ACTION_DOWN 的时间等属性。而 ACTION_OUTSIDE 是一个特殊动作,是指当手指移动到窗体之外时,系统仍然可以得到这样的触控事件。一般来说,一个手指触摸屏幕会触发一个最简单的触摸事件序列,首先应该是 ACTION_DOWN,然后会有多个 ACTION_MOVE,最后是一个 ACTION_UP 结束。有些触摸屏设备可以在同一时间发现多个移动轨迹,称为多点触控。安卓系统的 MotionEvent 类也支持多点触控。其中包括 ACTION_POINTER_DOWN 和 ACTION_POINTER_UP 两个动作常量,分别表示除第一个之外的手指在屏幕触摸时的动作,以及除第一个之外的手指从屏幕抬起时的动作。

MotionEvent 类使用两个属性来表示具体的触点,一个是触点 ID,一个是触点索引,并提供许多方法用来查询每个触点位置以及其他属性,如 getX(int)、getY(int)、getAxisValue(int)、getPointerId(int)、getToolType(int)等。这些方法中大部分接收触点索引作为参数而不是触点 ID。getPointerCount()方法可以获得指针总数量,而触点索引的取值范围是从 0 开始,到指针总数量减 1 结束。当发生多点触摸事件时,每个触点索引是会发生变化的,而触点 ID 在触摸点移动过程中不会发生变化。getPointerId(int)方法传入触点索引可以获得触点 ID,而 findPointerIndex(int)方法传入触点 ID 可以获得触点索引。当多点触控事件发生时,系统可能产生的事件见表 7-1。

表 7-1 触控事件

触摸事件	描述
MotionEvent.ACTION_DOWN	新的触摸事件
MotionEvent.ACTION_MOVE	移动手指
MotionEvent.ACTION_UP	手指抬起
MotionEvent.ACTION_CANCEL	删除事件
MotionEvent.ACTION_POINTER_DOWN	多点按下
MotionEvent.ACTION_POINTER_UP	多点抬起

由于应用程序的开发,在真机调试之前,都是在模拟机上调试的,在处理多点触控事件时,需要注意模拟机和真机上触屏事件有一些不同。

（1）屏幕的精度。在模拟机上的精度是整数，例如 52×20；而在真机上有小数，例如 42.8374×25.293747。MotionEvent 的位置由 X 轴和 Y 轴坐标组成，X 轴表示从视图左手边到触屏点的距离，Y 轴表示从视图的顶端到触屏点的距离。

（2）触摸事件中压力描述。在模拟机上的压力值为 0，而在真机上输出的压力值表示手指在触摸屏上向下的力度。如果使用小拇指的指尖轻轻触摸，则触摸事件的压力和大小比较小；如果用力使用大拇指，则触摸事件的压力和大小都是比较大的。触摸事件的压力和大小是在 0 和 1 之间。但是，对于不同的设备来说，没有一个绝对的值用来比较触摸事件的压力和尺寸的大小；而对于同一个设备来说，只能相对地比较触摸事件之间的压力和尺寸大小，不能拿一个绝对的值来确定压力和尺寸的大小。例如，在某些设备上这个值从来不超过 0.8，而某些设备上这个值从来不超过 0.2。

（3）触摸事件序列。在安卓中使用触摸屏时，如果应用程序在模拟器中运行，当鼠标单击一次模拟器屏然后释放后，会先触发 ACTION_DOWN 然后是 ACTION_UP 这两个触摸事件，只有在屏幕上移动时才会触发 ACTION_MOVE 的动作；但在真机中测试时，单击会首先产生 ACTION_DOWN 触摸事件，如果手指不抬起的话即使不移动也会一直产生 ACTION_MOVE 触摸事件，手指只有离开屏幕时才会产生 ACTION_UP 触摸事件。

当手指触摸到设备的边界位置时，触摸事件的边界标记会被检测到。而安卓文档上说，当触摸到设备的边界（顶、底、左和右）时，这个标记会被设置。但是有时 getEdgeFlags()方法总是显示为 0。实际上，有些硬件很难检测到在设备边界上的触摸，所以安卓系统不可能设置这个参数。MotionEvent 类提供了 setEdgeFlags()方法，目的是可以自己来设置这个值。

7.3 事件传递

当触摸事件发生时，MotionEvent 对象会作为参数被传递到应用程序中的相应方法中。在安卓系统中，ViewGroup、View、活动以及它们的子类都提供了处理触摸事件的回调方法。触摸事件与前面所接触的按钮、编辑框、菜单和动作条等图形控件的事件有所不同。当用户直接针对这些图形控件进行键盘操作时，应用程序直接回调对应的注册监听器进行处理。但当触摸事件发生时，会遇到多种情况。例如，屏幕中包含一个 ViewGroup，而这个 ViewGroup 又包含一个子 View 时，安卓系统如何处理触摸事件呢？到底是 ViewGroup 来处理触摸事件，还是子 View 来处理触摸事件呢？如果一个视图控件注册了 OnClickListener 和 OnLongClickListener 监听器，分别实现了 onClick()方法和 onLongClick()方法，当用户触摸到屏幕上的这个视图控件时，安卓系统如何区分是使用 onTouchEvent()方法，还是 onClick()方法，或是 onLongClick()方法来处理事件呢？

如果要解答这些问题，需要深入理解触摸事件的传递和消费机制。在安卓系统中，同一个触摸事件可以按次序传递到不同视图控件，所以可以依次被视图控件处理，如果某视图控件完全响应而且不再传递这个触摸事件，则称为消费了触摸事件。真正理解了触摸事件的传递和消费机制，才能编写出正确响应界面操作的代码，尤其当屏幕上的不同视图控件，需要针对同一个界面触摸事件做出不同响应的时候。例如，应用程序在桌面上设置了一个控件，当用户针对控件做各种操作时，有时候桌面本身要对用户的操作做出响应，有时候忽略。

只有搞清楚事件触发和传递的机制才有可能保证在界面布局非常复杂的情况下，UI 控件仍然能正确响应用户操作。在触摸事件处理时，一个用户的操作可能会被传递到不同的控件，或同一个控件的不同监听方法内进行处理。如果任何一个接收该事件的方法在处理完后返回了 true，则该事件就算处理完成了，其他的视图或者监听方法就不会再有机会处理该事件了。

7.3.1 内外层次

一般来说，用户界面的树形结构是由多个 View 和 ViewGroup 形成的，它们之间具有由外向内的包含关系，而触摸事件可以在相邻的层次之间传递，传递方向先从外向内，然后从内向外。从外向内传递就是从最外层的根元素依次递归向其包含的子元素传递，一直到最内层子元素，或中间某个元素消费了触摸事件，结束了传递；从内向外就是从最内层子元素依次递归向外层传递，直到根元素或中间某个元素消费了触摸事件，结束了传递。安卓系统使用下面三个方法来处理触摸事件的传递。

（1）public booleandispatchTouchEvent（MotionEventev）：这个方法是 View、Activity 和 ViewGroup 类中的方法，用来分发触摸事件。可以把这个方法作为一个控制器，由其决定如何路由触摸事件。View 类中的 dispatchTouchEvent（）方法判断是将触摸事件传递给 View. OnTouchListener.onTouchEvent（）方法或者 View.onTouchEvent（）方法。ViewGroup 类中的 dispatchTouchEvent（）方法覆盖了 View.dispatchTouchEvent（）方法，其包含更复杂的算法用来弄清楚哪个子视图应该得到触摸事件，而且需要调用子视图的 dispatchTouchEvent（）方法。

（2）public booleanonInterceptTouchEvent（MotionEventev）：这个方法只是 ViewGroup 类中的方法，用来拦截触摸事件。ViewGroup 一般都会包含 View，而且 ViewGroup 和 View 都包含 onTouchEvent（）方法，如果 onInterceptTouchEvent（）方法返回 true 时，则执行此 ViewGroup 中的 onTouchEvent（）方法；如果 onInterceptTouchEvent（）方法返回 false 时，触摸事件将传递给 View，由 View 的 dispatchTouchEvent（）再来开始这个事件的分发。

（3）public booleanonTouchEvent（MotionEventev）：这个方法可以用来处理触摸事件。该方法在 View、ViewGroup 以及 Activity 类中都有定义，并且所有的 View 子类全部重写了该方法，包括 Layouts、Buttons、Lists、Surfaces、Clocks 等，这说明所有这些组件都可以使用触摸事件进行交互，应用程序可以通过该方法处理手机屏幕的触摸事件。下面一个例子可以测试这种触摸事件的传递方式。在一个自定义的布局中包含自定义的 TextView 控件，并且分别覆盖活动、自定义布局和 TextView 中的三个方法，方法的内容主要是日志输出和控制触摸事件的传递。首先，创建一个 LinearLayout 的子类，覆盖上面所列出的处理触摸事件的三个方法 dispatchTouchEvent（）、onInterceptTouchEvent（）和 onTouchEvent（），处理在这个布局上发生的触摸事件。当在不同的触摸事件发生时，根据事件的类型，输出带有事件处理方法和事件类型的日志信息（见代码 7-4）。

```
public class MyLayoutView extends LinearLayout {
    private final String TAG = "MyLayoutView";
```

代码 7-4 自定义布局

```
    public MyLayoutView(Context context, AttributeSetattrs) {
        super(context, attrs);
        Log.d(TAG, TAG);
    }
    @Override
    public booleandispatchTouchEvent(MotionEventev) {
        int action = ev.getAction();
        switch (action) {
            case MotionEvent.ACTION_DOWN:
                Log.d(TAG, "dispatchTouchEventaction:ACTION_DOWN");
                break;
            case MotionEvent.ACTION_MOVE:
                Log.d(TAG, "dispatchTouchEventaction:ACTION_MOVE");
                break;
            case MotionEvent.ACTION_UP:
                Log.d(TAG, "dispatchTouchEventaction:ACTION_UP");
                break;
            case MotionEvent.ACTION_CANCEL:
                Log.d(TAG, "dispatchTouchEventaction:ACTION_CANCEL");
                break;
        }
        return super.dispatchTouchEvent(ev);
    }
    @Override
    public booleanonInterceptTouchEvent(MotionEventev) {
        int action = ev.getAction();
        switch (action) {
            case MotionEvent.ACTION_DOWN:
                Log.d(TAG, "onInterceptTouchEventaction:ACTION_DOWN");
                //return true;
                break;
            case MotionEvent.ACTION_MOVE:
                Log.d(TAG, "onInterceptTouchEventaction:ACTION_MOVE");
                break;
            case MotionEvent.ACTION_UP:
                Log.d(TAG, "onInterceptTouchEventaction:ACTION_UP");
                break;
            case MotionEvent.ACTION_CANCEL:
                Log.d(TAG, "onInterceptTouchEventaction:ACTION_CANCEL");
                break;
        }
        return false;
    }
    @Override
    public booleanonTouchEvent(MotionEventev) {
        int action = ev.getAction();
        switch (action) {
            case MotionEvent.ACTION_DOWN:
                Log.d(TAG, "onTouchEventaction:ACTION_DOWN");
                break;
            case MotionEvent.ACTION_MOVE:
```

代码 7-4 （续）

```
                Log.d(TAG, "onTouchEventaction:ACTION_MOVE");
                break;
            case MotionEvent.ACTION_UP:
                Log.d(TAG, "onTouchEventaction:ACTION_UP");
                break;
            case MotionEvent.ACTION_CANCEL:
                Log.d(TAG, "onTouchEventaction:ACTION_CANCEL");
                break;
        }
        return false;
    }
}
```

代码 7-4 （续）

定义一个 TextView 类的子类作为用户界面布局中的输入框，并覆盖其触摸事件处理的方法 dispatchTouchEvent()和 onTouchEvent，实现当在不同的触摸事件发生时，根据事件的类型，输出带有事件处理方法和事件类型的日志信息，代码如下。

```
public class MyTextView extends TextView {
    private final String TAG = "MyTextView";
    public MyTextView(Context context, AttributeSetattrs) {
        super(context, attrs);
        Log.d(TAG, TAG);
    }
    @Override
    public booleandispatchTouchEvent(MotionEventev) {
        int action = ev.getAction();
        switch (action) {
            case MotionEvent.ACTION_DOWN:
                Log.d(TAG, "dispatchTouchEventaction:ACTION_DOWN");
                break;
            case MotionEvent.ACTION_MOVE:
                Log.d(TAG, "dispatchTouchEventaction:ACTION_MOVE");
                break;
            case MotionEvent.ACTION_UP:
                Log.d(TAG, "dispatchTouchEventaction:ACTION_UP");
                break;
            case MotionEvent.ACTION_CANCEL:
                Log.d(TAG, "dispatchTouchEventaction:ACTION_CANCEL");
                break;
        }
        return super.dispatchTouchEvent(ev);
    }
    @Override
    public booleanonTouchEvent(MotionEventev) {
        int action = ev.getAction();
        switch (action) {
            case MotionEvent.ACTION_DOWN:
                Log.d(TAG, "onTouchEventaction:ACTION_DOWN");
```

代码 7-5 自定义输入框

```
                break;
            case MotionEvent.ACTION_MOVE:
                Log.d(TAG, "onTouchEventaction:ACTION_MOVE");
                break;
            case MotionEvent.ACTION_UP:
                Log.d(TAG, "onTouchEventaction:ACTION_UP");
                break;
            case MotionEvent.ACTION_CANCEL:
                Log.d(TAG, "onTouchEventaction:ACTION_CANCEL");
                break;
        }
        return true;
    }
}
```

代码 7-5 （续）

然后，定义用于测试的活动的布局文件，其中定义触摸事件传递的层次关系（代码 7-6）。

```
<?xml version="1.0" encoding="utf-8"?>
<cn.edu.uibe.mcommerce.chapter11.motionEvent.MyLayoutView xmlns:android=
"http://schemas.android.com/apk/res/android"
android:layout_width="300dip"
android:layout_height="200dip"
android:layout_gravity="center"
android:background="#ff0000"
android:gravity="center"
android:orientation="vertical"
android:tag="My Layout" >

<cn.edu.uibe.mcommerce.chapter11.motionEvent.motionEvent.MyTextView
android:id="@+id/tv"
android:layout_width="200dip"
android:layout_height="100dip"
android:background="#00FF00"
android:gravity="center"
android:text="My TextView"
android:textColor="#0000FF"
android:textSize="20sp"
android:textStyle="bold" />

</cn.edu.uibe.mcommerce.chapter11.motionEvent.motionEvent.MyLayoutView>
```

代码 7-6 XML 布局文件

定义好布局文件后，创建一个活动，导入所定义的 XML 布局文件，运行应用程序，可以显示出如图 7-2 所示的界面。

图 7-2 运行效果

图 7-2 显示的界面中，从外到内包括一个活动（View）、一个自定义 Layout（ViewGroup）和一个自定义的 TextView（View）。深色部分是自定义布局，浅色部分是自定义的 TextView。如果用手指触摸界面，就会产生一系列触摸事件。首先产生的是 MotionEvent.ACTION_

DOWN 事件，这是触摸事件系列的第一个事件。在触摸事件传递过程中，ACTION_DOWN 经过的界面元素实际上都是继承了 View 或者 ViewGroup 类，这两个类中都包含 dispatchTouchEvent()方法，但是触摸事件处理的最外层却不是这些界面元素，而会首先调用当前活动的 dispatchTouchEvent()方法，然后才将触摸事件传递给其中的 View 或者 ViewGroup 元素。这样，触摸事件首先从最外层 View 或者 ViewGroup 元素向内层 View 或者 ViewGroup 元素传递。

在触摸事件从外层的界面元素向内层的界面元素传递的过程中，如果事件传递到继承了 ViewGroup 类的界面元素，则会调用 ViewGroup 类的 onInterceptTouchEvent()方法，这个方法表示是否拦截触摸事件。如果这个方法返回 true，表示这个 ViewGroup 拦截了事件的传递，触摸事件不会再往下传递给它的子 View 元素，而是由这个 ViewGroup 元素处理，调用其 onTouchEvent()方法；如果在传递的过程中没有 ViewGroup 拦截事件，即经过的所有 onInterceptTouchEvent()方法都返回 false，那么触摸事件最终会传递至最内层的界面元素，一般是一个视图控件，当然也可以是一个 ViewGroup 元素（其内部不包含任何元素）。

如果最后事件传递到一个 View 元素，而非 ViewGroup 元素，那么会首先调用这个 View 的 OnTouchListener()的 onTouch()方法或者调用 View 的 onTouchEvent()方法，其默认返回 true；如果最后事件传递到一个 ViewGroup 元素，会调用它的 onTouchEvent()方法，其默认返回 false，这样就完成了触摸事件从外向里的传递。

在上面示例中的活动和自定义布局的三种方法的返回值都为 false，则触摸事件传递到最内层的自定义 TextView。由于自定义的 TextView 的 onTouchEvent()返回值为 true，所以触摸事件被消费。图 7-3 示意了从外向内传递触摸事件的路径。

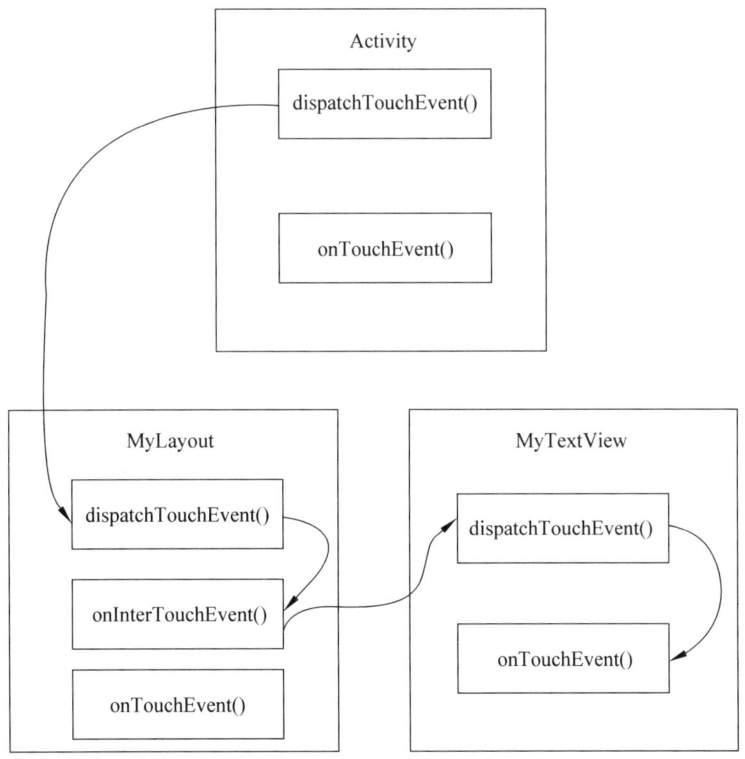

图 7-3　从外向内传递触摸事件的路径

下面是这个过程的日志输出。

```
07-16 21:43:07.809: D/InterceptTouchActivity(18468): dispatchTouchEventaction:
ACTION_DOWN
07-16 21:43:07.814: D/MyLayoutView(18468): dispatchTouchEventaction:ACTION_DOWN
07-16 21:43:07.814: D/MyLayoutView(18468): onInterceptTouchEventaction:ACTION
_DOWN
07-16 21:43:07.814: D/MyTextView(18468): dispatchTouchEventaction:ACTION_DOWN
07-16 21:43:07.814: D/MyTextView(18468): onTouchEventaction:ACTION_DOWN
07-16 21:43:07.834: D/InterceptTouchActivity(18468): dispatchTouchEventaction:
ACTION_MOVE
07-16 21:43:07.834: D/MyLayoutView(18468): dispatchTouchEventaction:ACTION_MOVE
07-16 21:43:07.834: D/MyLayoutView(18468): onInterceptTouchEventaction:ACTION
_MOVE
07-16 21:43:07.834: D/MyTextView(18468): dispatchTouchEventaction:ACTION_MOVE
07-16 21:43:07.834: D/MyTextView(18468): onTouchEventaction:ACTION_MOVE
07-16 21:43:07.834: D/InterceptTouchActivity(18468): dispatchTouchEventaction:
ACTION_UP
07-16 21:43:07.834: D/MyLayoutView(18468): dispatchTouchEventaction:ACTION_UP
07-16 21:43:07.834: D/MyLayoutView(18468): onInterceptTouchEventaction:ACTION_UP
07-16 21:43:07.834: D/MyTextView(18468): dispatchTouchEventaction:ACTION_UP
07-16 21:43:07.834: D/MyTextView(18468): onTouchEventaction:ACTION_UP
```

代码 7-7　日志输出

如果上面例子中自定义 TextView 的 onTouchEvent()方法返回了 false，则接下来的触摸事件，即 ACTION_DOWN 的此事件系列的后续触摸事件，就不会再传递到这个 View 或者 ViewGroup 元素，而会在其父元素终止，并且调用其父元素的 onTouchEvent()。这就是说，如果最内层界面元素的 onTouchEvent()方法返回了 false，则事件会自内向外再次传递，直到某个界面元素 onTouchEvent()方法返回 true。这时，此事件系列的后续触摸事件，也会直接由这个界面元素的 onTouchEvent()方法来处理。如果自内向外的所有 View 或者 ViewGroup 界面元素的 onTouchEvent()方法都返回 false，那么 ACTION_DOWN 的此事件系列的后续触摸事件，最后会由活动处理，即调用活动的 onTouchEvent()方法，并且最终结束触摸事件的传递，这就是从内向外的触摸事件的传递。还是使用上面的例子，只是在代码 7-5 中，将自定义 TextView 的 onTouchEvent()方法返回值改为 false，触摸事件就从内向外传递触摸事件(见图 7-4 中虚线所示)。

下面是这个过程的日志输出。

```
07-16 22:17:55.110: D/InterceptTouchActivity(19689): dispatchTouchEventaction:
ACTION_DOWN
07-16 22:17:55.114: D/MyLayoutView(19689): dispatchTouchEventaction:ACTION_DOWN
07-16 22:17:55.114: D/MyLayoutView(19689): onInterceptTouchEventaction:ACTION
_DOWN
07-16 22:17:55.114: D/MyTextView(19689): dispatchTouchEventaction:ACTION_DOWN
07-16 22:17:55.114: D/MyTextView(19689): onTouchEventaction:ACTION_DOWN
07-16 22:17:55.114: D/MyLayoutView(19689): onTouchEventaction:ACTION_DOWN
```

代码 7-8　日志输出

```
07-16 22:17:55.114: D/InterceptTouchActivity(19689): onTouchEventaction:ACTION
_DOWN
07-16 22:17:55.114: D/InterceptTouchActivity(19689): dispatchTouchEventaction:
ACTION_UP
07-16 22:17:55.114: D/InterceptTouchActivity(19689): onTouchEventaction:ACTION_
UP'
```

代码 7-8　（续）

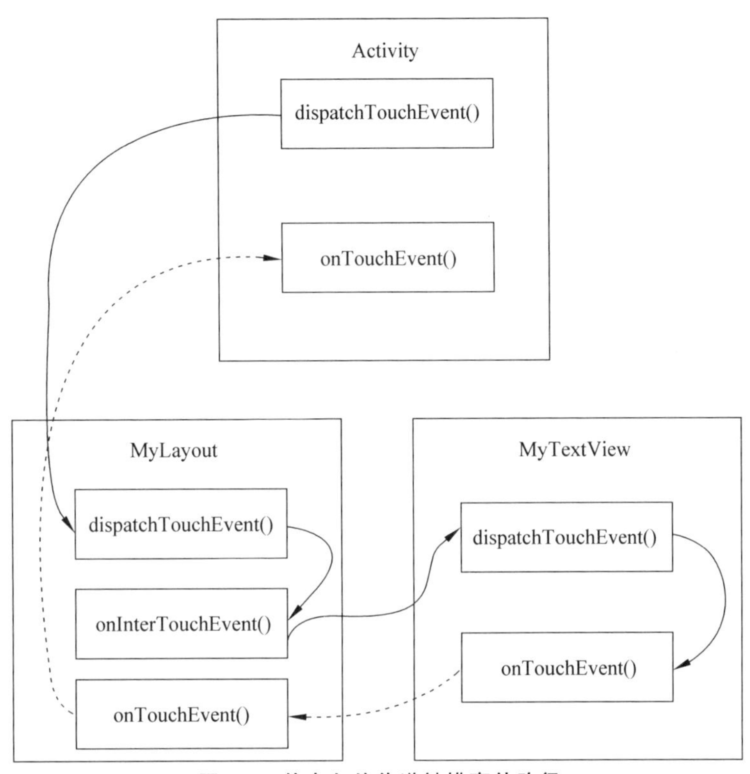

图 7-4　从内向外传递触摸事件路径

如上面的示例一样，如果改变三种方法的返回值，会有不同的日志输出，可以尝试改变其他方法的返回值，体会一下触摸事件传递的原理。

7.3.2　同一层次

另一种响应触摸事件的方式，就是设置 OnTouchListener 监听器。OnTouchListener 是用来处理屏幕触摸事件的监听接口，当在 View 的范围内触摸按下、抬起或滑动等动作时都会触发该事件，需要实现该接口的方法为 public booleanonTouch(View v,MotionEvent event)。

其中，参数 v 为事件源对象；而参数 event 为手机屏幕触摸事件封装类的对象，其中封装了该事件的所有信息，例如，触摸的位置、触摸的类型以及触摸的时间等。该对象会在用户触摸手机屏幕时被创建。当这个方法的返回值为 true 时，表示处理完触摸事件且不传递到其他回调方法，否则返回 false。现在，回想一下第 4 章的内容。可能有人会问，如果用户单击界面会产生触摸事件吗？如果同时为一个控件注册了 OnClickListener、OnLongClickListener 和 OnTouchListener，而且还覆盖了 onTouchEvent()方法，触摸事件的传递顺序又是怎样的？实际上，当用户完成一次单击操作时，屏幕上的触摸传感器得到的按下和抬起信号，可以理解为发生了触摸事件的 ACTION_DOWN 和 ACTION_UP 操作。所以，在安卓中的单击事件是和触摸事件相关的。如果在一个 View 中覆盖了 onClick()、onLongClick()及 onTouchEvent()方法，则 onTouchEvent()最先捕捉到 ACTION_DOWN 事件，其次才可能触发 onClick()方法或者 onLongClick()方法，以及后续的触摸事件。根据触摸事件处理的逻辑，下面对同时作用在控件上的监听器或 onTouchEvent()方法的三种情况进行分析。

(1) OnClickListener、OnLongClickListener 与 onTouchEvent()同时作用在一个控件上。在实际操作中，是否执行 onClick()方法和 onLongClick()方法与触摸事件的 ACTION_DOWN 和 ACTION_UP 动作有关。当一个单击事件发生时，事件发生的顺序为：

```
ACTION_DOWN --> ACTION_UP -->onClick()
```

如果发生了一个长按事件，就是按下界面控件保持一段时间，然后抬起，此时事件发生的顺序为：

```
ACTION_DOWN -->onLongClick()-->ACTION_UP
```

(2) OnTouchListener、onTouchEvent 同时作用在一个控件上。首先执行 OnTouchListener.onTouch()方法，如果返回值为 true，则结束触摸事件的传递；如果返回值为 false，则继续传递触摸事件到 onTouchEvent()方法。

(3) 第三种情况为 OnClickListener、OnLongClickListener、OnTouchListener 同时作用在一个控件上。由于执行 onLongClick()方法是由单独的线程完成的，并且在 ACTION_UP 之前，而 onClick()方法的发生是在 ACTION_UP 后，因此同一次用户触摸事件就有可能既发生 onLongClick()又发生 onClick()。对于这种情况，onLongClick()方法使用返回值表示是否消费了触摸事件。如果 onLongClick()方法返回结果为 true，那么 onClick 事件就没有机会被触发了。如果 onLongClick()方法返回 false，一次触摸事件的基本顺序为：

```
onTouch(ACTION_DOWN)-->onLongClick()-->onTouch(ACTION_UP)-->OnClick()
```

可以看到，在 ACTION_UP 后仍然触发了 onClick()方法。

7.4 速率跟踪

在安卓应用程序开发过程中，特别是游戏程序开发中，可能需要获取触摸点移动的速度。也就是当手指在触摸屏上运动时，可能希望知道其移动的速度有多快。安卓提供了一个 VelocityTracker 帮助类，用来处理触摸事件序列，跟踪手指运动的速率。当需要跟踪速率时，首先使用 VelocityTracker 的静态方法 VelocityTracker.obtain()获得 VelocityTracker 对象，然后可以使用 VelocityTracker.addMovement(MotionEvent event)方法添加触摸事件对象。可以

在接收并且处理 MotionEvent 对象的方法(例如,OnTouchListener 的 onTouch()方法或者 onTouchEvent()方法)中添加 addMovement(MotionEvent event)。下面使用一个简单的例子,将触摸点移动的速度写入日志信息,在运行时可以从控制台看到相应的信息。具体实现见代码 7-9,其中,touch_velocity_tracker.xml 布局文件中可以只简单设置一个 TextView。

```
public class VelocityTrackerActivity extends Activity {
    private static final String TAG = "VelocityTracker";
    /** Called when the activity is first created. * /
    @Override
    public void onCreate(Bundle savedInstanceState) {
        super.onCreate(savedInstanceState);
        setContentView(R.layout.touch_velocity_tracker);
    }
    private VelocityTrackervTracker = null;
    public booleanonTouchEvent(MotionEvent event) {
        int action = event.getAction();
        switch (action) {
            case MotionEvent.ACTION_DOWN:
                if (vTracker == null) {
                    vTracker = VelocityTracker.obtain();
                } else {
                    vTracker.clear();
                }
                vTracker.addMovement(event);
                break;
            case MotionEvent.ACTION_MOVE:
                vTracker.addMovement(event);
                vTracker.computeCurrentVelocity(1000);
                Log.v(TAG, "X velocity is " + vTracker.getXVelocity()
                        + " pixels per second");
                Log.v(TAG, "Y velocity is " + vTracker.getYVelocity()
                        + " pixels per second");
                break;
            case MotionEvent.ACTION_UP:
            case MotionEvent.ACTION_CANCEL:
                vTracker.recycle();
                break;
        }
        return true;
    }
}
```

代码 7-9 使用 VelocityTracker 进行速率跟踪

如果 VelocityTracker 中连续添加了两个 MotionEvent 对象,那么就可以计算这两个 MotionEvent 对象之间的数据变化,这些数据的变化反映了手指的运动速率。VelocityTracker 两个方法 getXVelocity()和 getYVelocity()分别返回手指在 X 和 Y 方向上的速率。这两个方法的返回值表示单位时间段在 X 和 Y 方向上移动的像素。这个单位时间段可以是每毫秒或秒,也可以是一个设置的任意值。在使用这两个方法之前,需要 VelocityTracker 类提供的 computeCurrentVelocity(int unit)方法,来设置跟踪速率时 VelocityTracker 所使用的时间单位。例如，如果想得到每毫秒的移动像素，给参数 unit 赋值为 1；如果想得到每秒的移动像素，给参数 unit 赋值为 1000。如果手指是朝着 X 方向的右侧移动或者 Y 方向的底部移动，getXVelocity()和 getYVelocity()方法的返回值为正；如果手指是朝着 X 方向的左侧移动或者 Y 方向的顶部移动，getXVelocity()方法和 getYVelocity()方法的返回值为负。如果结束 VelocityTracker 对象的使用，需要使用 recycle()方法。

值得注意的是，当第一个 ACTION_DOWN 触摸事件被加入 VelocityTracker 时，速率计算的结果虽然是零，但是还是必须首先增加这个起点，这样后续的 ACTION_MOVE 事件才可以计算速率。在 ACTION_UP 被加入后，速率的计算结果还是会变成零，因此不要在增加了 ACTION_UP 触摸事件之后读取 X 和 Y 的速率。例如，当开发一个游戏程序实现用户在屏幕上扔物体时，应该在增加最后一个 ACTION_MOVE 事件之后，才使用速率来计算物体的轨道。另一点就是跟踪速率很耗费资源。所以应该在使用完之后回收 VelocityTracker 对象，这样此对象还可以重新被使用。安卓系统可以允许有多个 VelocityTracker 对象同时存在，但是同样会占用更多的内存。当开始跟踪一个新的触摸序列时，也可以使用 clear()方法使 VelocityTracker 对象回到初始状态。

7.5 多点触控

在 2006 年的 TED 大会上，Jeff Han 展示了一种具有多点触控技术的计算机屏幕。安卓也加入了多点触控功能，目前市面上只要使用电容屏触控原理的手机均可以支持多点触控技术，可以实现图片和页面缩放、手势操作等更好的用户体验。安卓的多点触控功能需要运行在安卓 2.0 版本以上(实际上，第一个安卓设备支持两个手指的多点触控)。对于这个版本，可以在屏幕上同时使用三个手指完成缩放、旋转或者任何使用多点触控想做的事情。多点触控和单点触控的基本原理是一致的。当手指触摸屏幕时，MotionEvent 对象被创建，并且被传递到前面介绍的方法中。还是可以通过上面介绍的 MotionEvent 的 getAction()、getDownTime()和 getX()等方法来获取触摸事件的数据。当在屏幕上有多个触点时，MotionEvent 对象必须包含所有触点的信息，但是 getAction()方法得到的只是一个触点的动作值，而不是全部的触点。getDownTime()方法表示第一个手指按下的时间，如果有多个手指同时触摸屏幕，之后可能有的手指离开了屏幕，但是只要屏幕上还存在最后一个触点，这个时间值就一直保持不变。当使用 getX()方法和 getY()方法获取触摸事件发生的位置，以及使用 getPressure()方法和 getSize()方法获取触点压力和大小时，如果传入触点索引参数，就可以获得对应触点的信息。对于不带参数的方法调用，只能获得第一个触点的信息。

如果希望使用多点触控，首先要知道使用 getPointerCount()方法获取当前屏幕上的触点数量。只要获得的触点数量大于 1，就需要处理触点索引和触点 ID。MotionEvent 对象中包含当前从索引为 0 开始的触点信息，一直到 getPointerCount()方法返回的最大索引值。触点索引始终从 0 开始，如果有三个触点，则它们的索引分别为 0、1 和 2。调用类似 getX()的方法必须使用触点索引作为参数才可以获得指定的触点信息。触点 ID 也是一个整数，可以表示哪个触点被跟踪。当第一个手指触摸屏幕时，触点 ID 也是从 0 开始的，但是随着手指从屏幕上移走或放下，当前这个值就有可能不是从 0 开始的了。这是由于安卓系统使用触点 ID 作为跟踪屏幕上不同手指的运动，触点 ID 可以固定地指定某个手指。为了说明这一点，假设由两个手指产生一对触摸序列。序列产生的过程为：首先从手指1触摸开始，然后是手指2触摸；接着手指1移走，然后手指2移走。手指1触摸时，会得到触点ID为0，手指2触摸时，会得到触点ID为1，而它们的触点索引也相同。当手指1移走时，手指2的ID仍然为1，而这时手指2的触点索引就会变成0，这就是上面说的触点索引始终从0开始。这样就可以在应用程序里使用触点ID将触摸事件与特定的手指关联起来，以及涉及的其他手指。在一个手势中，可以使用getPointerId()方法获得触点ID，用来在后续的触摸事件中跟踪手指。发生一系列的动作后，可以使用findPointerInder()方法找到触点ID当前对应的触点索引，然后使用触点索引获取触摸事件的信息（见代码7-10）。

```
private int mActivePointerId;
public booleanonTouchEvent(MotionEvent event) {
    ...
    //Get the pointer ID
   mActivePointerId = event.getPointerId(0);
    //... Many touch events later...
    //Use the pointer ID to find the index of the active pointer
    //and fetch its position
   int pointerIndex = event.findPointerIndex(mActivePointerId);
    //Get the pointer's current position
   float x = event.getX(pointerIndex);
   float y = event.getY(pointerIndex);
}
```

代码7-10 使用getPointerId()方法

另外，可以使用getActionMasked()方法获得触摸事件的动作。与getAction()方法不同，这个方法是为多点触控定义的。这个方法的返回结果经过掩码处理，去掉了触点索引的信息。可以使用getActionIndex()方法返回触摸事件的触点索引（见代码7-11）。

```
int action = MotionEvent.getActionMasked(event);
//Get the index of the pointer associated with the action.
int index = MotionEvent.getActionIndex(event);
int xPos = -1;
int yPos = -1;
Log.d(DEBUG_TAG,"The action is " + actionToString(action));
if (event.getPointerCount() > 1) {
   Log.d(DEBUG_TAG,"Multitouch event");
     //The coordinates of the current screen contact, relative to
     //the responding View or Activity.
   xPos = (int)MotionEvent.getX(event, index);
   yPos = (int)MotionEvent.getY(event, index);
} else {
     //Single touch event
     Log.d(DEBUG_TAG,"Single touch event");
     xPos = (int)MotionEvent.getX(event, index);
     yPos = (int)MotionEvent.getY(event, index);
}
...
```

代码7-11 使用getActionMasked()方法

```
//Given an action int, returns a string description
public static String actionToString(int action) {
    switch (action) {
      case MotionEvent.ACTION_DOWN: return "Down";
      case MotionEvent.ACTION_MOVE: return "Move";
      case MotionEvent.ACTION_POINTER_DOWN: return "Pointer Down";
      case MotionEvent.ACTION_UP: return "Up";
      case MotionEvent.ACTION_POINTER_UP: return "Pointer Up";
      case MotionEvent.ACTION_OUTSIDE: return "Outside";
      case MotionEvent.ACTION_CANCEL: return "Cancel";
    }
    return "";
}
```

代码 7-11 （续）

7.6 手势识别

手势也是一组触摸事件的序列，由基本触摸事件的动作组成。手势可以是简单的触摸事件序列，如点击、滑屏等，也可以是自定义更复杂的触摸事件序列。基本的手势包括点击、长按、滑动、拖动、双击、缩放操作。每种手势都是用户的一种特定动作，触摸屏可以识别这些动作完成相应的功能。滑动就是手指在屏幕上拖动一个物体，快速地朝一个方向移动，然后抬起。在浏览图片的应用中会用到这种手势。当用户滑动触摸屏时，新的图片就会显示。安卓提供了 GestureDetector 类检测一些常见的手势，其中的方法包括 onDown()、onLongPress()和 onFling()等，另外使用 ScaleGestureDetector 类来实现缩放手势。

7.6.1 发现手势

当初始化 GestureDetector 对象时，需要传入一个实现了 OnGestureListener 接口的参数，当一个特定的手势被识别时，就会执行 OnGestureListener 中各种手势的处理方法。为了使 GestureDetector 对象能够接收触摸事件，需要覆盖 View 或活动的 onTouchEvent()方法，并将所有的触摸事件传递到 GestureDetector 对象中（见代码 7-12）。

```
public class MainActivity extends Activity implements
        GestureDetector.OnGestureListener,
        GestureDetector.OnDoubleTapListener{

    private static final String DEBUG_TAG = "Gestures";
    private GestureDetectorCompatmDetector;
     //Called when the activity is first created.
     @Override
    public void onCreate(Bundle savedInstanceState) {
        super.onCreate(savedInstanceState);
        setContentView(R.layout.activity_main);
          //Instantiate the gesture detector with the
```

代码 7-12 使用 GestureDetector 类识别手势

```
        //application context and an implementation of
        //GestureDetector.OnGestureListener
        mDetector = new GestureDetectorCompat(this,this);
        //Set the gesture detector as the double tap
        //listener.
        mDetector.setOnDoubleTapListener(this);
    }
    @Override
    public booleanonTouchEvent(MotionEvent event){
        this.mDetector.onTouchEvent(event);
        //Be sure to call the superclass implementation
        return super.onTouchEvent(event);
    }
@Override
//单击,触摸屏按下时立刻触发
    public booleanonDown(MotionEvent event) {
        Log.d(DEBUG_TAG,"onDown: " + event.toString());
        return true;
    }
@Override
//滑动,触摸屏按下后快速移动并抬起,会先触发滚动手势,跟着触发一个滑动手势
    public booleanonFling(MotionEvent event1, MotionEvent event2,
            float velocityX, float velocityY) {
        Log.d(DEBUG_TAG, "onFling: " + event1.toString()+event2.toString());
        return true;
    }
    @Override
    public void onLongPress(MotionEvent event) {
        Log.d(DEBUG_TAG, "onLongPress: " + event.toString());
    }
@Override
//滚动,触摸屏按下后移动
    public booleanonScroll(MotionEvent e1, MotionEvent e2, float distanceX,
            float distanceY) {
        Log.d(DEBUG_TAG, "onScroll: " + e1.toString()+e2.toString());
        return true;
    }
@Override
//短按,触摸屏按下片刻后抬起,会触发这个手势,如果迅速抬起则不会
    public void onShowPress(MotionEvent event) {
        Log.d(DEBUG_TAG, "onShowPress: " + event.toString());
    }
@Override
//抬起,手指离开触摸屏时触发(长按、滚动、滑动时,不会触发这个手势)
    public booleanonSingleTapUp(MotionEvent event) {
        Log.d(DEBUG_TAG, "onSingleTapUp: " + event.toString());
        return true;
    }
@Override
//双击,手指在触摸屏上迅速点击第二下时触发
    public booleanonDoubleTap(MotionEvent event) {
```

代码 7-12　(续)

```
            Log.d(DEBUG_TAG, "onDoubleTap: " + event.toString());
            return true;
        }
    @Override
    //双击的按下跟抬起各触发一次
        public booleanonDoubleTapEvent(MotionEvent event) {
            Log.d(DEBUG_TAG, "onDoubleTapEvent: " + event.toString());
            return true;
        }
    @Override
    //单击确认,即很快地按下并抬起,但并不连续点击第二下
        public booleanonSingleTapConfirmed(MotionEvent event) {
            Log.d(DEBUG_TAG, "onSingleTapConfirmed: " + event.toString());
            return true;
        }
    }
```

代码 7-12 （续）

在代码 7-12 中，如果 OnGestureListener 中方法执行的结果为 true，表明已经处理触摸事件；如果为 false，则触摸事件继续传递，直到成功处理为止。如果只想处理部分手势，可以继承 SimpleOnGestureListener。SimpleOnGestureListener 实现了 OnGestureListener 接口的所有方法，而且返回值都为 false。因此只需要覆盖那些关心的方法就行了。不论是否使用 OnGestureListener，最好的做法就是实现 onDown()方法，并返回 true。这是因为所有的手势都需要判断 onDown()方法的返回值，如果在 onDown()方法中返回 false（这是 SimpleOnGestureListener 中的默认返回结果），系统认为忽略剩余的手势动作，SimpleOnGestureListener 中的其他方法不会被调用。

7.6.2 缩放手势

从安卓 2.2 开始引入了 ScaleGestureDetector 类，可以用来识别缩放手势。缩放手势有两种操作，一种是两个手指同时触摸屏幕，向相互远离的方向移动，然后同时离开屏幕，这是放大的操作；另一种是两个手指同时触摸屏幕，向相互靠近的方向移动，然后同时离开屏幕，这是缩小操作。下面使用例子来说明如何使用缩放手势，来缩放一个图标文件。首先定义 XML 布局文件（见代码 7-13）。

```
<?xml version="1.0" encoding="utf-8"?>
<LinearLayoutxmlns:android="http://schemas.android.com/apk/res/android"
android:id="@+id/layout"
android:layout_width="fill_parent"
android:layout_height="fill_parent"
android:orientation="vertical" >
<ImageView
android:id="@+id/image"
android:layout_width="match_parent"
android:layout_height="match_parent"
android:scaleType="matrix"
```

代码 7-13 scale_detector_layout.xml

```
    android:src="@drawable/icon" />
</LinearLayout>
```

代码 7-13 （续）

代码 7-13 布局文件中使用 ImageView 控件定义一个图片源，而且定义了一种矩阵缩放的方式。这个图片的大小是填充布局，这样图片不会被 ImageView 的边界剪切。代码 7-14 是具体实现缩放手势的活动代码。

```
public class ScaleDetectorActivity extends Activity {
    private static final String TAG = "ScaleDetector";
    private ImageView image;
    private ScaleGestureDetectormScaleDetector;
    private float mScaleFactor = 1f;
    private Matrix mMatrix = new Matrix();
    @Override
    public void onCreate(Bundle savedInstanceState) {
        super.onCreate(savedInstanceState);
        setContentView(R.layout.scale_detector_layout);
        image = (ImageView) findViewById(R.id.image);
        mScaleDetector = new ScaleGestureDetector(this, new ScaleListener());
    }
    @Override
    public booleanonTouchEvent(MotionEventev) {
        Log.v(TAG, "in onTouchEvent");
        //Give all events to ScaleGestureDetector
        mScaleDetector.onTouchEvent(ev);
        return true;
    }
    private class ScaleListener extends
            ScaleGestureDetector.SimpleOnScaleGestureListener
        @Override
        public booleanonScale(ScaleGestureDetector detector) {
            mScaleFactor *= detector.getScaleFactor();
            //Make sure we don't get too small or too big
            mScaleFactor = Math.max(0.1f, Math.min(mScaleFactor, 5.0f));
            Log.v(TAG, "in onScale, scale factor = " + mScaleFactor);
            mMatrix.setScale(mScaleFactor, mScaleFactor);
            image.setImageMatrix(mMatrix);
            image.invalidate();
            return true;
        }
    }
}
```

代码 7-14 实现缩放手势

代码 7-14 在 onCreate()方法中获取了 ImageView 和 ScaleGestureDetector 对象。覆盖活动的 onTouchEvent()方法。在这个方法中，将所有触摸事件传递给 ScaleGestureDetector 的 onTouchEvent()方法，并且结果返回 true。这样活动的 onTouchEvent()方法可以不断地获得新的事件，并把事件传递给 ScaleGestureDetector，通过所获得所有的触摸事件，识别出缩放手势。例子中，在自定义 ScaleListener 的 onScale()方法中实现图片的缩放。实际上，OnScaleGestureListener 监听器中有 onScaleBegin()、onScale()和 onScaleEnd()三个回调方法，分别表示手势开始、进行和结束三个过程。

在 onScale()方法中传入 ScaleGestureDetector 对象，可以得到很多关于缩放操作的信息。mScaleFactor 是缩放因子，在 1 的上下区间(最小值为 0.1，最大值为 5.0)浮动。当两个手指靠近时，此值会小于 1；当两个手指分开时，此值会大于 1。mScaleFactor 的值从 1 开始，随着手指的靠近或分开，图片逐渐变小或变大。如果 mScaleFactor 等于 1，图片是正常大小。还为 mScaleFactor 设置了最小值和最大值，防止图片过小或过大。

7.7 拖放处理

在对触摸屏操作时，将对象拖曳穿过屏幕是常用的操作。如果安卓系统是安卓 3.0 或以上的版本，可以使用安卓的拖放框架，使用拖放事件监听器 View.OnDragListener 来实现。

使用安卓的拖放框架，允许用户通过一个图形化的拖放手势，把数据从当前布局中的一个视图上转移到另一个视图上。这个框架包含一个拖动事件类，拖动监听器和一些辅助的方法和类。虽然这个框架主要是为了数据的移动而设计的，但是可以将这些移动的数据提供给其他的界面操作使用，例如，可以创建一个当用户把一个彩色图标拖到另一个彩色图标上时，将颜色混合起来的应用。

7.7.1 拖放操作

当用户执行一些被当作是开始拖动数据的信号的手势时，一个拖放动作就开始了。作为回应，应用程序告诉系统拖动动作开始了。系统回调应用程序，获取正在被拖动图形的数据，创建一个拖动图形的暗色代表图形，成为拖动阴影。当用户的手指将拖动阴影移动到当前布局上时，系统创建发送拖动事件，并传递给拖动事件监听器对象，以及与布局中 View 相联系的拖动事件回调方法。一旦用户释放这个拖动阴影，系统就结束拖动操作。

安卓应用程序在处理拖放操作时，可以通过实现 View.OnDragListener 接口，创建拖动事件监听器。然后通过 View 类提供的 setOnDragListener()方法，为 View 对象设置一个拖动事件监听器对象。每个 View 对象都可以有一个 onDragEvent()回调方法。应用程序通过调用 View.OnDragListener 的 startDrag()方法告诉系统开始一个拖动，也就是告诉系统可以开始发送拖动事件了。一旦应用程序调用 startDrag()方法，剩下的过程就是使用系统发送给布局中的视图对象的事件。

1. 拖放过程

拖放过程包括以下四个基本步骤或状态。

(1) 开始。为了响应用户开始拖动的手势，应用程序通过调用 startDrag()方法告诉系统开始一个拖动动作。startDrag()方法的参数提供被拖动的数据，描述被拖动数据的元数据以及一个绘制拖动阴影的回调方法。系统首先通过回调应用程序去获得一个拖动阴影，然后将这个拖动阴影显示在设备上。接着，系统发送一个操作类型为 ACTION_DRAG_STARTED 的拖动事件，给当前布局中的所有视图对象的拖动事件监听器。为了继续接收拖动事件，包括一个可能的拖动事件，拖动事件监听器必须返回 true。如果拖动事件监听器返回值为 false，那么在当前操作中就接收不到拖动事件，直到系统发送一个操作类型为 ACTION_DRAG_ENDED 的拖动事件。通过发送 false，监听器告诉系统它对拖动操作不感兴趣，并且不想接收被拖动的数据。

(2) 继续。用户继续拖动。当拖动阴影和视图对象的边界框相交时，系统会发送一个或多个拖动事件给视图对象的拖动事件监听器，当然该事件监听器已经注册。作为回应，监听器可以选择改变响应拖动事件的视图对象的外观。例如，如果事件表明阴影已经进入了视图的边界框(操作类型为 ACTION_DRAG_ENDED)，那么监听器就可以高亮视图以做出回应。

(3) 释放。用户在可以接收数据的视图的边界框内释放拖动阴影。系统发送一个操作的类型为 ACTION_DROP 拖动事件给视图对象的监听器。这个拖动事件包括调用 startDrag()方法传给系统的数据。如果接收释放动作的代码执行成功，那么这个监听器会被期望返回 true 给系统。值得注意的是，只有接收拖动事件的视图已经注册了监听器，用户在这个视图的边界框内释放这个拖动阴影时，ACTION_DROP 事件才会发生。如果用户在其他情况下释放这个拖动阴影，ACTION_DROP 的拖动事件就不会被发送。

(4) 终止。在用户释放拖动阴影并且系统发送出一个操作类型为 ACTION_DROP 的拖动事件之后，系统发送出一个操作类型为 ACTION_DRAG_ENDED 的事件来表明这个拖动操作已经结束了。不管用户在哪里释放这个拖动阴影，这个步骤都会发生。这个事件会发送给每一个被注册为接收拖动事件的监听器，无论是否其接收了拖动视图。

2. 拖放事件

用户界面的视图对象通过实现 View.OnDragListener 接口的拖动事件监听器，或通过它自身的 onDragEvent(DragEvent)回调方法来接收拖动事件。当系统回调这个方法或监听器时，会传递给它们一个拖动事件的对象。在安卓系统中，使用 DragEvent 类来描述拖动事件。

在大多数情况下，可能会想要使用监听器。因为实现一个监听器类，可以在几个不同的视图对象中使用它。当然，也可以将这个监听器类作为一个匿名内部类去实现。实现后的监听器需要在视图对象上注册，该对象才能够接收监听到的拖动事件。注册监听器可以通过调用视图的 setOnDragListener()方法来实现。

视图对象可以同时有一个监听器和一个回调方法。在这种情况下，系统会首先调用监听器。除非监听器返回的是 false，否则系统不会去调用回调方法。onDragEvent(DragEvent)方法和 View.OnDragListener 的结合与触屏事件的 onTouchEvent()与 View.OnTouchListener 的结合是相似的。

当拖动事件发生时，系统创建一个 DragEvent 对象，并传递给相应的回调方法或监听器。这个对象包括拖放事件中正在发生事件的类型以及其他依赖这个事件类型的数据。监听器调用 getAction()这个方法就可以获得这个事件类型(见表 7-2)。

表 7-2　DragEvent 的事件类型

getAction()的值	意　义
ACTION_DRAG_STARTED	在应用程序调用 startDrag()并获得一个拖动阴影之后，视图对象的拖动事件监听器就会接收到这个事件类型的事件

续表

getAction()的值	意　义
ACTION_DRAG_ENTERED	当拖动阴影刚刚进入视图的边界框范围时，视图的拖动事件监听器就会接收到这个 action 类型的事件。这是当拖动阴影进入视图的边界框范围时监听器所接收到的第一个事件操作类型。如果监听器继续为拖动阴影进入视图边界框范围这个动作接收拖动事件的话，必须返回 true 给系统
ACTION_DRAG_LOCATION	当拖动阴影还在视图的边界框范围中，视图的拖动事件监听器就会在接收到 ACTION_DRAG_ENTERED 事件之后接收到这个操作类型的事件
ACTION_DRAG_EXITED	当视图的拖动事件监听器接收到 ACTION_DRAG_ENTERED 这个事件，并且至少接收到一个 ACTION_DRAG_LOCATION 事件，那么在用户把拖动阴影移出视图的边界框范围之后，该监听器就会接收到这个操作类型的事件
ACTION_DROP	当用户在视图对象上释放拖动阴影时，该视图对象的拖动事件监听器就会接收到这个类型的拖动事件。这个操作类型只会发送给在回应 ACTION_DRAG_STARTED 类型的拖动事件中返回 true 的那个视图对象的监听器。如果用户释放拖动阴影的那个视图没有注册监听器，或者用户在当前布局之外的任何对象上释放了拖动阴影，那么这个操作类型就不会被发送。 如果释放动作顺利，监听器应该返回 true，否则应该返回 false
ACTION_DRAG_ENDED	当系统结束拖动动作时，视图对象的拖动事件监听器就会接收到这个类型的拖动事件。这种操作类型不一定是前面有一个 ACTION_DROP 事件。如果系统发送一个 ACTION_DROP，并接收到一个 ACTION_DRAG_ENDED 操作类型，并不意味着拖动事件的成功。监听器必须调用 getResult()方法来获取在回应 ACTION_DROP 事件中返回的结果。如果 ACTION_DROP 事件没有被发送，那么 getResult()就返回 false

3. 拖放阴影

在拖动过程中，系统会显示一张用户拖动的图片。对数据移动而言，这张图片代表着那些正在被移动的数据。对其他操作而言，这张图片代表着拖动操作的某些环节。这张图片就被叫作一个拖动阴影。拖动阴影可以通过在 View.DragShadowBuilder 中定义的方法创建，并调用应用程序定义的 View.DragShadowBuilder 里面的回调方法去获取一个拖动阴影。View.DragShadowBuilder 类有以下两个构造方法。

（1）View.DragShadowBuilder(View)：此构造方法接受应用程序中任意一个视图对象，并将此视图对象存储在 View.DragShadowBuilder 对象中。因此在回调过程中，可以直接把它作为拖动阴影。构造方法不必和用户选择开始一个拖动的视图对象(如果有的话)相关联。如果使用这个构造方法，不必去继承 View.DragShadowBuilder 类或覆盖它的方法。默认情况下，会得到一个与作为参数传递的那个视图有相同外表的拖动阴影，并且该拖动阴影会居中位于用户接触的屏幕上。

（2）View.DragShadowBuilder()：如果使用这个构造方法，在 View.DragShadowBuilder 对象中没有一个视图对象是有效的(这个字段被设置为 null)。如果使用该构造方法，不必继承 View.DragShadowBuilder 类或覆盖它的方法，可以得到一个不可见的拖动阴影，系统不会给出一个错误。View.DragShadowBuilder 类有以下两个方法。

- onProvideShadowMetrics()：系统在调用了 android.view.View.DragShadowBuilder 的 startDrag()方法之后，立刻会调用该方法。用该方法给系统发送拖动阴影的规模和接触点。该方法有两个参数，其中，第一个参数 dimensions 表示一个 Point 对象，指拖动阴影的宽为 x，高为 y；另一个参数 touch_point 表示一个 Point 对象，指拖动过程中，在用户手指之下的拖动阴影的位置，X 轴坐标为 x，Y 轴坐标为 y。
- onDrawShadow()：在调用了 onProvideShadowMetrics()方法之后，系统立刻调用 onDrawShadow()这个方法来获取拖动阴影。这个方法只有一个参数：一个 Canvas 对象，该对象是系统利用提供给 onProvideShadowMetrics()方法里面的参数构造出来的。利用它可以在提供的 Canvas 对象中绘制拖动阴影。

7.7.2　设计拖动

本节说明如何开始一个拖动，如何在拖动过程中回应事件，如何回应一个拖动事件以及如何结束一个拖放操作。

1. 开始拖动

用户用一个拖动的手势开始一个拖动，通常是一个在视图对象上的长按动作，作为回应需要做下面两件事情。

(1) 为要移动的数据创建一个 ClipData 和 ClipData.Item 对象。

当用户在一个视图上有一个长按动作时，需要创建一个 ClipData 和 ClipData.Item 对象，用于存储在 ClipDescription 对象中的元数据。因为一个拖放动作不能表示数据的移动，可使用 null 来代替一个实际的数据。例如，下面一个例子说明了当在 ImageView 上有一个长按动作事件时，如何创建一个 ClipData 对象，来包含这个 ImageView 的标志或标签。以下就是这些片段，第二个片段说明了如何重写 View.DragShadowBuilder 这个类中的方法。

```
//Create a string for the ImageView label
private static final String IMAGEVIEW_TAG = "icon bitmap"
//Creates a new ImageView
ImageViewimageView = new ImageView(this);
//Sets the bitmap for the ImageView from an icon bit map (defined elsewhere)
imageView.setImageBitmap(mIconBitmap);
//Sets the tag
imageView.setTag(IMAGEVIEW_TAG);
    ...
//Sets a long click listener for the ImageView using an anonymous listener
//object that implements the OnLongClickListener interface
imageView.setOnLongClickListener(new View.OnLongClickListener() {
    //Defines the one method for the interface, which is called when the View is
    //long-clicked
    public booleanonLongClick(View v) {
        ClipData.Item item = new ClipData.Item(v.getTag());
```

代码 7-15　创建 ClipData 对象

```
        ClipDatadragData =
                new ClipData(v.getTag(),ClipData.MIMETYPE_TEXT_
        PLAIN,item);
        //Instantiates the drag shadow builder.
        View.DrawShadowBuilder myShadow = new MyDragShadowBuilder(imageView);
        //Starts the drag
        v.startDrag(dragData,  //the data to be dragged
                    myShadow,  //the drag shadow builder
                    null,      //no need to use local data
                    0          //flags (not currentlyused, set to 0)
            );
    }
}
```

代码 7-15 （续）

（2）创建拖动阴影。

创建一个 View.DragShadowBuilder 的子类 MyDragShadowBuilder，覆盖 onDrawShadow()方法和 onProvideShadowMetrics()方法，为拖动一个 TextView 创建了一个小的灰色矩形框拖动阴影（见代码 7-16）。

```
private static class MyDragShadowBuilder extends View.DragShadowBuilder {
    //The drag shadow image, defined as a drawable thing
    private static Drawable shadow;
    //Defines the constructor for myDragShadowBuilder
    public MyDragShadowBuilder(View v) {
        super(v);
        //Creates a draggable image that will fill the Canvas provided by the
        //system.
        shadow = new ColorDrawable(Color.LTGRAY);
    }
    @Override
    public void onProvideShadowMetrics (Point size, Point touch)
    private int width, height;
    width = getView().getWidth() / 2;
    height = getView().getHeight() / 2;
    //The drag shadow is a ColorDrawable. This sets its dimensions to be
    //the same as the Canvas that the system will provide. As a result, the
    //drag shadow will fill the Canvas.
    shadow.setBounds(0, 0, width, height);
    size.set(width, height);
    //Sets the touch point's position to be in the middle of the drag shadow
    touch.set(width / 2, height / 2);
    }

    @Override
    public void onDrawShadow(Canvas canvas) {
         //Draws the ColorDrawable in the Canvas passed in from the system.
        shadow.draw(canvas);
    }
}
```

代码 7-16　覆盖 View.DragShadowBuilder 的方法

其中，onProvideShadowMetrics()方法中的代码实现了回调方法，把拖动阴影的位置和触摸点传递给系统；onDrawShadow()方法中的代码实现了回调方法，基于系统根据onProvideShadowMetrics()方法中传递的位置，在所构建的画布上画拖动阴影。这个继承View.DragShadowBuilder 和覆盖其方法的过程并不是必需的，构造方法 View.DragShadowBuilder(View)会创建一个默认的拖动阴影，这个拖动阴影与传递给它的 View 参数一样大，并且位于以接触点为中心的位置。

2. 响应拖动开始事件

在拖动过程中，系统将拖动事件传递给当前布局中的视图对象的拖动事件监听器。监听器应该调用 getAction()这个方法获取操作类型。在一个拖动开始时，这个方法返回ACTION_DRAG_STARTED。当 ACTION_DRAG_STARTED 事件发生时，监听器需要进行下面的处理。

(1) 调用 getClipDescription()方法获取 ClipDescription。

使用在 ClipDescription 中的 MIME 类型的方法查看监听器是否接收被拖动的数据。如果拖放操作没有数据移动，这个步骤就不是必需的。

(2) 如果监听器可以接收一个拖动事件，其必须返回 true。

所谓监听器可以接收一个拖动事件，即这个监听器可以对拖动事件进行处理。设置返回值为 true，告诉系统继续发送拖动事件给监听器。如果监听器不接收一个拖动，就会返回 false，系统就会停止发送拖动事件，直到 ACTION_DRAG_ENDED 事件发生。对于ACTION_DRAG_STARTED 事件，有一些 DragEvent 的方法是无效的，例如，getClipData()、getX()、getY()和 getResult()。

3. 在拖动过程中处理事件

在拖动过程中，当监听器对 ACTION_DRAG_STARTED 拖动事件的返回值为 true 时，监听器继续接收后续的拖动事件。监听器在拖动过程中接收到的拖动事件类型取决于拖放阴影的位置以及监听器视图的可见性。在拖动过程中，getAction()返回的事件类型包括以下三个。

(1) ACTION_DRAG_ENTERED。当接触点，即屏幕上位于用户手指下的那个点，进入监听器的视图的边界框范围内时，监听器会接收到这个事件。

(2) ACTION_DRAG_LOCATION。一旦监听器接收到 ACTION_DRAG_LOCATION 事件，在它接收到 ACTION_DRAG_EXITED 事件之前，接触点每移动一次，它都会接收到一个新的 ACTION_DRAG_LOCATION 事件。方法 getX()和 getY()会返回接触点的 X 轴和 Y 轴的坐标。

(3) ACTION_DRAG_EXITED。在拖动阴影不再位于监听器视图的边界框范围之内时，这个事件会被发送给以前接收到 ACTION_DRAG_ENTERED 事件的监听器。当这些事件发生时，监听器可以不对任意一个做出反应。如果监听器返回一个值给系统，其也会被忽略掉。

4. 响应释放动作

当用户在某个视图上释放拖动阴影时，该视图会预先报告是否可以接收被拖动的内容，系统会将拖动事件分发给具有 ACTION_DROP 操作类型的那个视图。监听器在事件处理时，需要做两个事情。一是调用 getClipData()方法获取最初在 startDrag()方法中应用的

ClipData 对象，并存储。如果拖放操作没有数据的移动，就不必进行这个操作。另一个是，如果释放动作已顺利完成，监听器应返回 true；如果没有完成的话，则返回 false。这个被返回的值成为 ACTION_DRAG_ENDED 事件中 getResult()方法的返回值。需要注意的是，如果系统没有发送出 ACTION_DROP 事件，那么 ACTION_DRAG_ENDED 事件中 getResult()方法的返回值就为 false。对于 ACTION_DROP 事件来说，在释放动作的瞬间，getX()方法和 getY()方法使用接收释放动作的视图上的坐标系统，返回拖动点的 X 轴和 Y 轴的坐标。系统允许用户在监听器不接收拖动事件的视图上释放拖动阴影。系统允许用户在应用程序 UI 的空区域或者应用程序之外的区域释放拖动阴影。

5. 回应一个拖动的结束

用户释放了拖动阴影后，系统会立即给应用程序中所有的拖动事件监听器发送 ACTION_DRAG_ENDED 类型的拖动事件，表明拖动动作结束了。当这个 ACTION_DRAG_ENDED 事件发生时，监听器需要进行下面的处理：如果监听器在操作期间改变了 View 对象的外观，应该把 View 对象重置为默认的外观，监听器向系统返回 true。监听器也可以调用 getResult()方法来查找更多的相关操作。如果在响应 ACTION_DROP 类型的事件中监听器返回了 true，那么 getResult()方法也会返回 true。在其他的情况中，getResult()方法会返回 false，包括系统没有发送 ACTION_DROP 事件的情况。

7.7.3 实现拖动

7.7.2 节介绍了如何在拖放操作的各个阶段对事件进行处理，下面使用一个简单的例子来说明如何实现拖放操作。实现拖放操作的步骤包括六步，创建应用程序时可以根据实际的情况删减步骤。

1. 定义 XML 绘制图片

在 res 的 drawable 目录下，创建 shape.xml 文件，作为正常的背景设置(见代码 7-17)。

```
<?xml version="1.0" encoding="UTF-8"?>
<shape xmlns:android="http://schemas.android.com/apk/res/android"
android:shape="rectangle" >

<stroke
android:width="2dp"
android:color="#FFFFFFFF" />
<gradient
android:angle="225"
android:endColor="#DD2ECCFA"
android:startColor="#DD000000" />
<corners
android:bottomLeftRadius="7dp"
android:bottomRightRadius="7dp"
android:topLeftRadius="7dp"
android:topRightRadius="7dp" />

</shape>
```

代码 7-17 shape.xml

XML 文件中的<shape>元素用于定义形状。其子元素<gradient>定义该形状里面为渐变色填充，startColor 表示起始颜色，endColor 表示结束颜色，angle 表示方向角度。子元素<stroke>定义<shape>中线的属性。子元素<corners>为这个 shape 创建圆角。只有当形状为矩形时才能使用。另外，还有子元素<padding>用于填充应用的视图对象（而不是形状），子元素<size>用于定义 shape 的尺寸，子元素<solid>用于定义填充颜色。各子元素分别具有自己的属性，可以根据设计来设定，代码如下。

在 res 的 drawable 目录下，创建 shape_droptarget.xml 文件，作为当被拖动对象进入到目标对象的范围内后，目标对象的背景（见代码 7-18）。

```
<?xml version="1.0" encoding="UTF-8"?>
<shape xmlns:android="http://schemas.android.com/apk/res/android"
android:shape="rectangle" >
<stroke
android:width="2dp"
android:color="#FFFF0000" />
<gradient
android:angle="225"
android:endColor="#DD2ECCFA"
android:startColor="#DD000000" />
<corners
android:bottomLeftRadius="7dp"
android:bottomRightRadius="7dp"
android:topLeftRadius="7dp"
android:topRightRadius="7dp" />
</shape>
```

代码 7-18　shape_droptarget.xml

2. 定义布局等资源文件

定义活动显示的用户界面 main.xml 布局文件，界面使用网格布局，每个网格中使用前面定义的 shape 形状作为背景，放置一个图片（见代码 7-19）。

```
<?xml version="1.0" encoding="utf-8"?>
<GridLayoutxmlns:android="http://schemas.android.com/apk/res/android"
android:layout_width="match_parent"
android:layout_height="match_parent"
android:columnCount="2"
android:columnWidth="300dp"
android:orientation="vertical"
android:rowCount="2"
android:stretchMode="columnWidth" >

<LinearLayout
android:id="@+id/topleft"
android:layout_width="160dp"
```

代码 7-19　布局文件

```
android:layout_height="200dp"
android:layout_column="0"
android:layout_row="0"
android:background="@drawable/shape" >

<ImageView
android:id="@+id/myimage1"
android:layout_width="wrap_content"
android:layout_height="wrap_content"
android:layout_column="0"
android:layout_row="0"
android:src="@drawable/ic_launcher" />
</LinearLayout>

<LinearLayout
android:id="@+id/topright"
android:layout_width="160dp"
android:layout_height="200dp"
android:layout_column="1"
android:layout_row="0"
android:background="@drawable/shape" >

<ImageView
android:id="@+id/myimage2"
android:layout_width="wrap_content"
android:layout_height="wrap_content"
android:layout_column="0"
android:layout_row="0"
android:src="@drawable/ic_launcher" />
</LinearLayout>

<LinearLayout
android:id="@+id/bottomleft"
android:layout_width="160dp"
android:layout_height="200dp"
android:layout_column="0"
android:layout_row="1"
android:background="@drawable/shape" >

<ImageView
android:id="@+id/myimage3"
android:layout_width="wrap_content"
android:layout_height="wrap_content"
android:src="@drawable/ic_launcher" />
</LinearLayout>

<LinearLayout
android:id="@+id/bottomright"
android:layout_width="160dp"
android:layout_height="200dp"
android:layout_column="1"
```

代码 7-19 （续）

```
android:layout_row="1"
android:background="@drawable/shape" >

<ImageView
android:id="@+id/myimage4"
android:layout_width="wrap_content"
android:layout_height="wrap_content"
android:layout_column="0"
android:layout_row="0"
android:src="@drawable/ic_launcher" />
</LinearLayout>

</GridLayout>
```

代码 7-19 （续）

3. 创建或打开活动，获取定义的视图对象

创建 DragActivity 作为主界面，导入布局文件 main.xml(见代码 7-20)。

```
public class DragActivity extends Activity {
    /** Called when the activity is first created. */
    @Override
    public void onCreate(Bundle savedInstanceState) {
        super.onCreate(savedInstanceState);
        setContentView(R.layout.main);
    }
}
```

代码 7-20 主活动

4. 定义或实现 TouchListener

在 DragActivity 中自定义一个 OnTouchListener 的监听器 MyTouchListener，当接收到 ACTION_DOWN 事件时，创建一个 ClipData 对象，使用 View.DragShadowBuilder 给当前所触摸的对象创建一个拖动阴影，设置开始拖动操作(见代码 7-21)。

```
private final class MyTouchListener implements OnTouchListener {
    public booleanonTouch(View view, MotionEventmotionEvent) {
        if (motionEvent.getAction() == MotionEvent.ACTION_DOWN) {
            ClipData data = ClipData.newPlainText("", "");
            DragShadowBuildershadowBuilder = new View.DragShadowBuilder(view);
            view.startDrag(data, shadowBuilder, view, 0);
            view.setVisibility(View.INVISIBLE);
        return true;
        } else {
            return false;
        }
    }
}
```

代码 7-21 自定义 OnTouchListener

在这里也可以使用自定义 OnLongClickListener 来设置开始拖动操作，在其 onLongClick()

方法中创建 ClipDate 对象、创建拖动阴影，以及进行其他的相关初始设置。

5. 定义或实现 DragListener

在 DragActivity 中自定义一个 OnDragListener 的监听器 MyDragListener，定义在拖动操作时，各事件发生时视图对象的工作（见代码 7-22）。当 ACTION_DRAG_STARTED 发生时，因为前面在 onTouch()代码中已经做了拖动开始操作时的一些处理，这里就不做任何处理了；当被拖动的对象进入本视图对象的 ACTION_DRAG_ENTERED 事件发生时，将背景改变为 shape_droptarget.xml 所定义的图片；当拖动释放的 ACTION_DROP 事件发生时，将原来的拖动对象删除，加入到所拖动到的位置；当拖动操作结束的 ACTION_DRAG_ENDED 和 ACTION_DRAG_EXITED 事件发生时，将背景改回 shape.xml 定义的正常背景。

```
class MyDragListener implements OnDragListener {
    Drawable enterShape =
                getResources().getDrawable(R.drawable.shape_droptarget);
    Drawable normalShape = getResources().getDrawable(R.drawable.shape);
    @Override
    public booleanonDrag(View v, DragEvent event) {
        int action = event.getAction();
        switch (event.getAction()) {
            case DragEvent.ACTION_DRAG_STARTED:
                //Do nothing
                break;
            case DragEvent.ACTION_DRAG_ENTERED:
                v.setBackgroundDrawable(enterShape);
                break;
            case DragEvent.ACTION_DRAG_EXITED:
                v.setBackgroundDrawable(normalShape);
                break;
            case DragEvent.ACTION_DROP:
                //Dropped, reassign View to ViewGroup
                View view = (View) event.getLocalState();
                ViewGroup owner = (ViewGroup) view.getParent();
                owner.removeView(view);
                LinearLayout container = (LinearLayout) v;
                container.addView(view);
                view.setVisibility(View.VISIBLE);
                break;
            case DragEvent.ACTION_DRAG_ENDED:
                v.setBackgroundDrawable(normalShape);
                default:
                break;
        }
        return true;
    }
}
```

代码 7-22　自定义 OnDragListener

6. 将监听器注册到视图对象

在 DragActivity 中，使用 findViewById()方法获取布局文件中定义的图片对象，并通

过视图对象的 setOnTouchListener()方法和 setOnDragListener()方法，将前面所定义的监听器对象注册到视图对象上，完成整个程序的编写。

```
public class DragActivity extends Activity {
    /** Called when the activity is first created. * /
    @Override
    public void onCreate(Bundle savedInstanceState) {
        super.onCreate(savedInstanceState);
        setContentView(R.layout.main);
        findViewById(R.id.myimage1).setOnTouchListener(new MyTouchListener());
        findViewById(R.id.myimage2).setOnTouchListener(new MyTouchListener());
        findViewById(R.id.myimage3).setOnTouchListener(new MyTouchListener());
        findViewById(R.id.myimage4).setOnTouchListener(new MyTouchListener());
        findViewById(R.id.topleft).setOnDragListener(new MyDragListener());
        findViewById(R.id.topright).setOnDragListener(new MyDragListener());
        findViewById(R.id.bottomleft).setOnDragListener(new MyDragListener());
        findViewById(R.id.bottomright).setOnDragListener(new MyDragListener());
    }
    private final class MyTouchListener implements OnTouchListener {
        public booleanonTouch(View view, MotionEventmotionEvent) {
            if (motionEvent.getAction() == MotionEvent.ACTION_DOWN) {
                ClipData data = ClipData.newPlainText("", "");
                DragShadowBuildershadowBuilder = new View.DragShadowBuilder(view);
                view.startDrag(data, shadowBuilder, view, 0);
                view.setVisibility(View.INVISIBLE);
                return true;
            } else {
                return false;
            }
        }
    }
    class MyDragListener implements OnDragListener {
        Drawable enterShape = getResources().getDrawable(R.drawable.shape_droptarget);
        Drawable normalShape = getResources().getDrawable(R.drawable.shape);
        @Override
        public booleanonDrag(View v, DragEvent event) {
            int action = event.getAction();
            switch (event.getAction()) {
                case DragEvent.ACTION_DRAG_STARTED:
                    //Do nothing
                    break;
                case DragEvent.ACTION_DRAG_ENTERED:
                    v.setBackgroundDrawable(enterShape);
                    break;
                case DragEvent.ACTION_DRAG_EXITED:
                    v.setBackgroundDrawable(normalShape);
                    break;
                case DragEvent.ACTION_DROP:
                    //Dropped, reassign View to ViewGroup
                    View view = (View) event.getLocalState();
                    ViewGroup owner = (ViewGroup) view.getParent();
```

代码 7-23 DragActivity.java

```
                owner.removeView(view);
                LinearLayout container = (LinearLayout) v;
                container.addView(view);
                view.setVisibility(View.VISIBLE);
                break;
            case DragEvent.ACTION_DRAG_ENDED:
                v.setBackgroundDrawable(normalShape);
            default:
                break;
            }
        return true;
        }
    }
}
```

代码 7-23 （续）

小　结

本章主要介绍了安卓系统对于触摸屏的操作和处理。安卓系统中把用户对触摸屏的操作定义成不同的手势。手势是指系统可识别的，用户在对屏幕显示对象操作时，手指在触摸屏上抬起、按下或是移动的方式。在安卓系统中支持的核心手势包括：触摸（Touch）、长按（Long Press）、滑动（Swipe）、拖曳（Drag）、双击（Double Touch）、放大（Pinch Open）和缩小（Pinch Close）。

在安卓系统中，触摸事件由 MotionEvent 类来描述。每产生一个触摸事件，系统就会创建一个 MotionEvent 对象。从用户手指触摸设备屏幕开始，到手指离开设备屏幕结束，安卓系统会产生一系列与手指运动相关的触摸事件，每个触摸事件都记录手指运动的信息，称这些触摸事件为一个事件序列。每一个手势都是一个事件序列。

触摸事件的处理遵循触摸事件的传递和消费机制。触摸事件在用户界面的 View 和 ViewGroup 的相邻层次之间传递，传递方向先从外向内，然后从内向外。从外向内传递就是从最外层的根元素依次递归地向其包含的子元素传递，一直到最内层子元素，或中间某个元素消费了触摸事件，结束了传递；从内向外就是从最内层子元素依次递归地向外层传递，直到根元素或中间某个元素消费了触摸事件，结束了传递。对于触摸事件的处理包括速率跟踪、多点触控、手势识别和拖放处理。事件处理遵循触摸事件的传递和消费机制，具体实现可以采用事件监听的方式，也可以采用回调方法的方式处理。

第8章 定位服务基础

安卓通过 android.location 包中的类为应用程序提供定位服务，定位框架中的核心组件就是定位服务系统，其提供了支撑底层设备的定位 API。与其他系统服务一样，并不是直接实例化一个 LocationManager 对象，而是通过调用 Context 类的 getSystemService(Context.LOCATION_SERVICE)方法来获得一个 LocationManager 对象，这个方法会返回一个新的 LocationManager 对象。应用程序获取一个 LocationManager 对象后，就可以进行定位服务的各种操作，例如：

- 查询所有定位提供者列表，获得最新的用户位置信息。
- 周期性地注册、更新或注销用户当前位置。

8.1 请求位置权限

为了保护用户隐私，使用位置信息服务的应用必须请求位置权限。请求位置权限时，请遵循与请求任何其他运行时权限相同的最佳做法。请求位置权限时的一个重要区别在于，系统中包含与位置相关的多项权限。具体请求哪项权限以及请求相关权限的方式取决于应用用例的位置信息要求。本节介绍不同类型的位置信息要求，并就如何在每种情况下请求位置权限提供了指导，每项权限都具有以下特征组合。

- 类别：前台位置信息或后台位置信息。
- 精确度：确切位置或大致位置。

如果应用的某项功能仅分享或接收一次位置信息，或者只在特定的一段时间内分享或接收位置信息，则该功能需要前台位置信息访问权限，以下是此类情况的一些示例。

- 在导航应用中，某项功能可让用户查询精细导航路线。
- 在即时通信应用中，某项功能可让用户与其他用户分享自己目前所在的位置。

如果应用的功能在下列某种情况下访问设备的当前位置信息，系统就会认为应用需要使用前台位置信息。

- 属于应用的某个活动可见。
- 应用的某个前台服务正在运行中。当有前台服务在运行时，系统会显示一条常驻通知来提醒用户注意。当应用被置于后台时(例如，当用户按设备上的主屏幕按钮或关闭设备的显示屏时)，其位置信息访问权限会得到保留。

此外，建议声明位置的前台服务类型，如以下代码段所示，在安卓 10(API 级别 29)及更高版本中，必须声明此前台服务类型，如代码 8-1 所示。

```
<!-- Recommended for Android 9 (API level 28) and lower. -->
<!-- Required for Android 10 (API level 29) and higher. -->
<service
android:name="MyNavigationService"
android:foregroundServiceType="location" ... >
<!-- Any inner elements would go here. -->
</service>
```

代码 8-1　声明此前台服务类型

当应用请求 ACCESS_COARSE_LOCATION 权限或 ACCESS_FINE_LOCATION 权限时(如以下代码段所示),就是在声明需要获取前台位置信息,如代码 8-2 所示。

```
<manifest ... >
<!-- Always include this permission -->
<uses-permission android:name="android.permission.ACCESS_COARSE_LOCATION" />

<!-- Include only if your app benefits from precise location access. -->
<uses-permission android:name="android.permission.ACCESS_FINE_LOCATION" />
</manifest>
```

代码 8-2　请求 ACCESS_COARSE_LOCATION 权限或 ACCESS_FINE_LOCATION 权限

如果应用中的某项功能会不断地与其他用户分享位置信息或使用 Geofencing API,则该应用需要后台位置信息访问权限。以下是此类情况的几个示例。

- 在家庭位置信息分享应用中,某项功能可让用户与家庭成员持续分享位置信息。
- 在 IoT 应用中,某项功能可让用户配置自己的家居设备,使其在用户离家时关机并在用户回家时重新开机。

除了前台位置信息部分所述的情况之外,如果应用在任何其他情况下访问设备的当前位置信息,系统就会认为应用需要使用后台位置信息。后台位置信息精确度与前台位置信息精确度相同,具体取决于应用声明的位置信息权限。在安卓 10(API 级别 29)及更高版本中,必须在应用的清单中声明 ACCESS_BACKGROUND_LOCATION 权限,以便请求在运行时于后台访问位置信息。在较低版本的安卓系统中,当应用获得前台位置信息访问权限时,也会自动获得后台位置信息访问权限,如代码 8-3 所示。

```
<manifest ... >
<!-- Required only when requesting background location access on
    Android 10 (API level 29) and higher. -->
<uses-permission android:name="android.permission.ACCESS_BACKGROUND_
LOCATION" />
</manifest>
```

代码 8-3　在应用的清单中声明 ACCESS_BACKGROUND_LOCATION 权限

安卓支持以下级别的位置信息精确度。

- 大致位置：提供设备位置的估算值,将范围限定在大约 1.6km(1 英里)内。当声明 ACCESS_COARSE_LOCATION 权限(而非 ACCESS_FINE_LOCATION 权限)时,应用会使用这种级别的位置信息精确度。

- 确切位置：提供尽可能准确的设备位置估算值，通常将范围限定在大约50m(160英尺)内，有时精确到几米(10英尺)范围以内。当声明ACCESS_FINE_LOCATION权限时，应用会使用这种级别的位置信息精确度。如果用户授予大致位置信息权限，应用只能获取大致位置信息(无论它声明了哪些位置信息权限)。当用户仅授予大致位置信息使用权时，应用应该仍会正常工作。如果应用中的某项功能确实需要使用ACCESS_FINE_LOCATION权限访问确切位置，可以请求用户允许该应用获取确切位置信息。

当应用中的功能需要位置信息访问权限时，请等到用户与该功能互动时再发出权限请求。本工作流遵循在上下文中请求运行时权限的最佳做法，如介绍如何请求应用权限的指南中所述。图8-1举例说明了如何执行此过程。该应用包含一项"分享位置信息"功能，需要前台位置信息访问权限。不过，在用户选择分享位置信息按钮之前，应用不会请求位置权限，如果用户选择仅在使用该应用时允许，系统就会启用该功能。

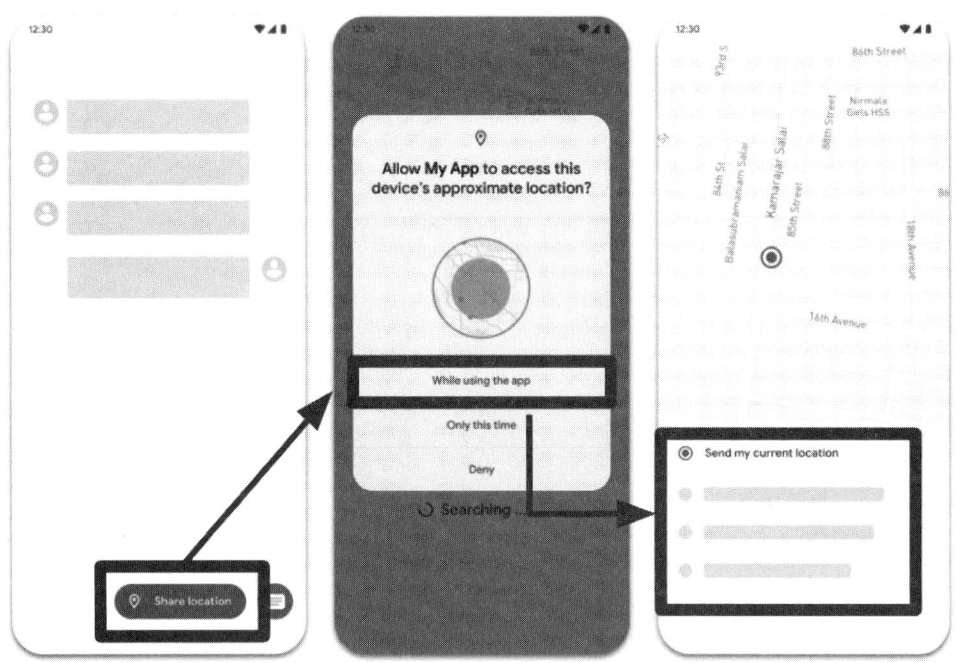

图8-1 需要前台位置信息访问权限的位置信息分享功能

用户只能授予大致位置信息使用权。在安卓12(API级别31)或更高版本中，用户仍可以请求该应用只检索大致位置信息，即使该应用请求ACCESS_FINE_LOCATION运行时权限也是如此。要处理这种可能会出现的用户行为，请勿单独请求ACCESS_FINE_LOCATION权限，而应在单个运行时请求中同时请求ACCESS_FINE_LOCATION权限和ACCESS_COARSE_LOCATION权限。如果尝试仅请求ACCESS_FINE_LOCATION，系统会在某些安卓12版本上忽略该请求，如果应用以安卓12或更高版本为目标平台，系统会在Logcat中记录以下错误消息。

```
ACCESS_FINE_LOCATION must be requested with ACCESS_COARSE_LOCATION.
```

注意：为了更好地尊重用户隐私，建议仅请求 ACCESS_COARSE_LOCATION，即使只能访问大致位置信息，也可以满足大多数用例的要求。图 8-2 显示了应用以安卓 12 为目标平台且仅请求 ACCESS_COARSE_LOCATION 时显示的面向用户的对话框。当应用同时请求 ACCESS_FINE_LOCATION 和 ACCESS_COARSE_LOCATION 时，系统权限对话框将为用户提供以下选项。

- 确切位置：允许应用获取确切位置信息。
- 大致位置：允许应用仅获取大致位置信息。

图 8-3 显示该对话框包含这两个选项的视觉提示，以帮助用户进行选择。用户确定位置信息精确度后，可以点按三个按钮中的一个来选择权限授予的时长。

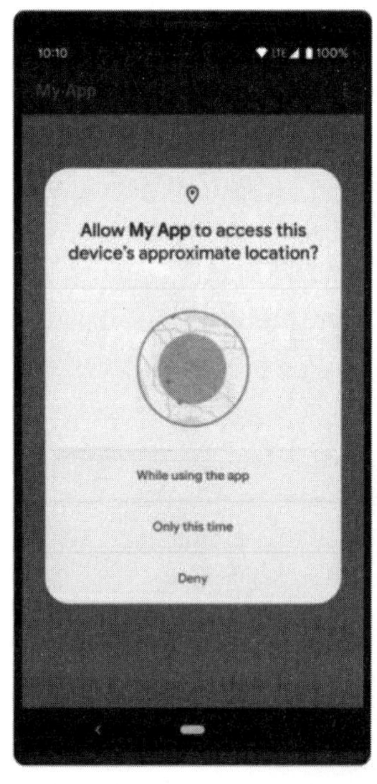

图 8-2 应用仅请求 ACCESS_COARSE_LOCATION 时显示的系统权限对话框

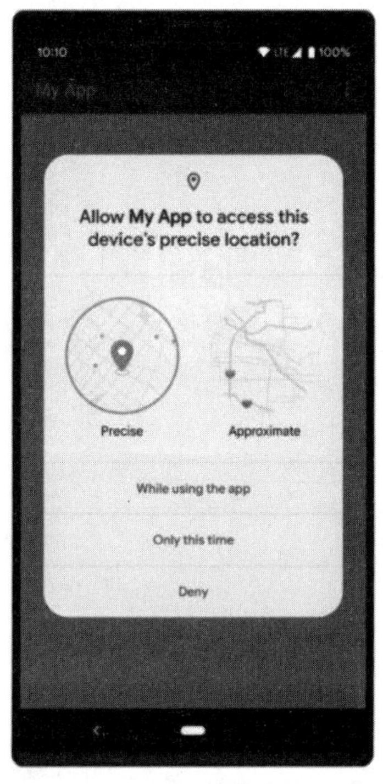

图 8-3 应用在单个运行时请求中同时请求 ACCESS_FINE_LOCATION 和 ACCESS_COARSE_LOCATION 时显示的系统权限对话框

在安卓 12 和更高版本中，用户可以转到系统设置，以设置任何应用的首选位置信息精确度，而不管该应用的目标 SDK 版本是什么。即使应用安装在搭载安卓 11 或更低版本的设备上，用户随后又将该设备升级到安卓 12 或更高版本，也是如此。注意：如果用户从权限对话框或在系统设置中将应用的位置信息使用权从确切位置降级到大致位置，系统会重启应用的进程。因此遵循有关请求运行时权限的最佳做法特别重要。该对话框仅涉及大致位置，并且包含三个按钮，它们上下分布。用户的选择会影响权限授予，表 8-1 显示了系统根据用户在运行时权限对话框中选择的选项向应用授予的权限。

表 8-1 根据用户在运行时权限对话框中选择的选项向应用授予的权限

	确切位置	大致位置
仅在使用该应用时允许	ACCESS_FINE_LOCATION、ACCESS_COARSE_LOCATION	ACCESS_COARSE_LOCATION
仅限这一次	ACCESS_FINE_LOCATION、ACCESS_COARSE_LOCATION	ACCESS_COARSE_LOCATION
拒绝	无位置权限	无位置权限

如需确定系统已向应用授予的权限，请查看权限请求的返回值，可以在类似于下面的代码中使用 Jetpack 库，也可以使用平台库，在这种情况下自行管理权限请求代码，如代码 8-4 所示。

```
ActivityResultLauncher<String[]>locationPermissionRequest =
              registerForActivityResult(new ActivityResultContracts
              .RequestMultiplePermissions(), result -> {
    Boolean fineLocationGranted = result.getOrDefault(
              Manifest.permission.ACCESS_FINE_LOCATION, false);
    Boolean coarseLocationGranted = result.getOrDefault(
              Manifest.permission.ACCESS_COARSE_LOCATION,false);
    if (fineLocationGranted != null &&fineLocationGranted) {
        //Precise location access granted.
    } else if (coarseLocationGranted != null &&coarseLocationGranted) {
        //Only approximate location access granted.
    } else {
        //No location access granted.
    }
}
);
//...
//Before you perform the actual permission request, check whether your app
//already has the permissions, and whether your app needs to show a permission
//rationale dialog. For more details, see Request permissions.
locationPermissionRequest.launch(new String[] {
Manifest.permission.ACCESS_FINE_LOCATION,
Manifest.permission.ACCESS_COARSE_LOCATION
});
```

代码 8-4 使用 Jetpack 库

可以要求用户将应用的访问权限从大致位置升级到确切位置，但是在让用户将应用的使用权升级到确切位置之前，需要考虑应用的用例是否确实需要这一级别的精确度。如果应用需要通过蓝牙或 Wi-Fi 将某个设备与附近的设备配对，考虑使用配套设备配对或蓝牙权限，而不是请求 ACCESS_FINE_LOCATION 权限。如需请求用户将应用的位置信息使用权从大致位置升级到确切位置，可执行以下操作。

(1) 如有必要，请说明应用为何需要获取权限。

(2) 再次同时请求 ACCESS_FINE_LOCATION 和 ACCESS_COARSE_LOCATION 权限。由于用户已允许系统向应用授予大致位置信息使用权，因此这次系统对话框有所不同，如图 8-4 和图 8-5 所示。

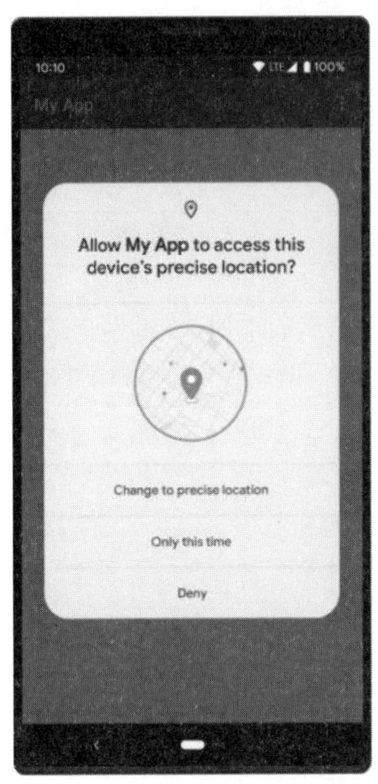

图 8-4　用户之前选择了大致位置和仅在使用该应用时允许

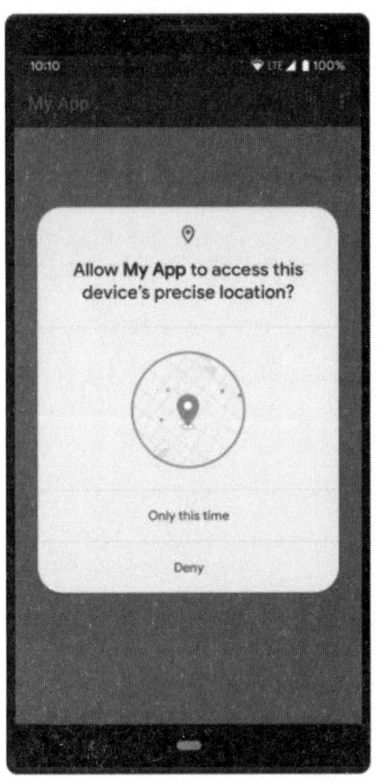

图 8-5　用户之前选择了大致位置和仅限这一次

即使应用中有多项功能需要位置信息使用权，可能其中也只有部分功能需要后台位置信息访问权限。因此，建议应用对位置权限执行递增请求，先请求前台位置信息访问权限，再请求后台位置信息访问权限。执行递增请求可以为用户提供更大的控制权和透明度，因为他们可以更好地了解应用中的哪些功能需要后台位置信息访问权限。注意：如果应用以安卓 11（API 级别 30）或更高版本为目标平台，系统会强制执行此最佳做法。如果同时请求在前台访问位置信息的权限和在后台访问位置信息的权限，系统会忽略该请求，且不会向应用授予其中的任一权限。图 8-6 显示了旨在处理递增请求的应用示例，“显示当前位置”和“推荐附近地点”这两项功能都需要前台位置信息使用权，不过只有“推荐附近的地点”功能需要后台位置信息访问权限。执行递增请求的过程如下。

（1）首先应用应该引导用户留意到需要前台位置信息访问权限的功能，例如，图 8-1 中的“分享位置信息”功能或图 8-2 中的“显示当前位置”功能。在应用有权访问前台位置信息之前，建议停止让用户访问需要后台位置信息访问权限的功能。

（2）稍后等到用户摸索需要后台位置信息使用权的功能时，可以再请求在后台访问位置信息的权限。

注意如果应用中的某项功能从后台访问位置信息，请验证此类访问是否有必要，并考虑以其他方式获取该功能所需的信息。

权限对话框内容取决于目标 SDK 版本，在搭载安卓 10（API 级别 29）的设备上，应用中的某项功能请求在后台访问位置信息时，系统权限对话框包含一个名为“始终允许”的选项，

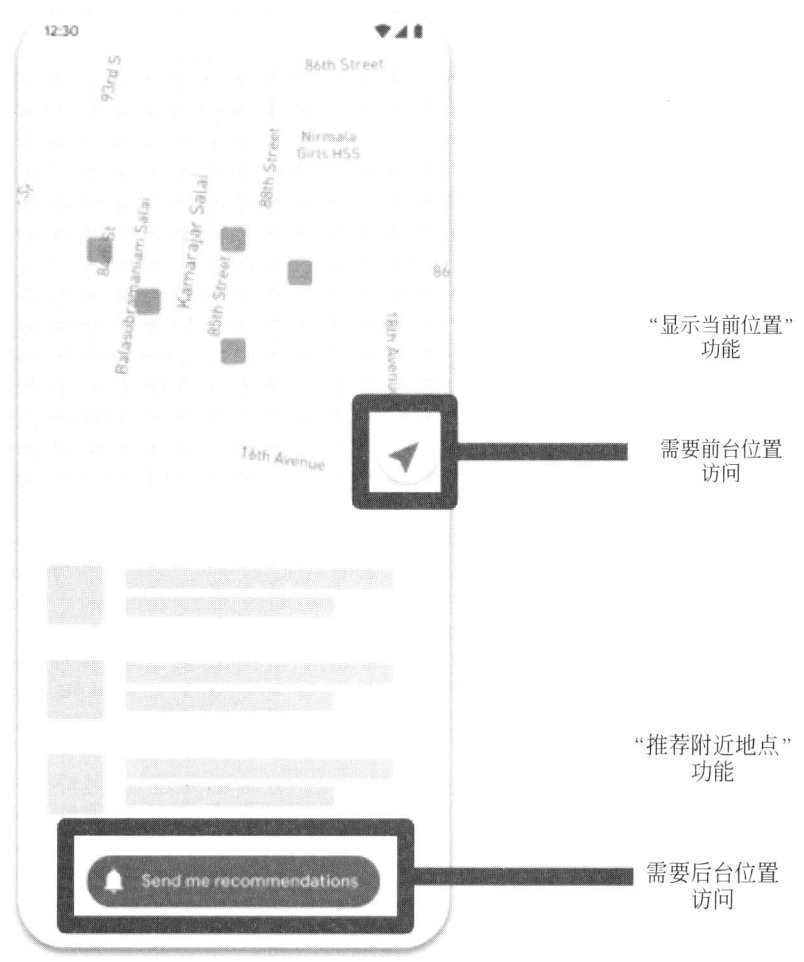

图 8-6　这两项功能都需要位置信息使用权，但只有“推荐附近地点”功能需要后台位置信息使用权

如果用户选择此选项，应用中的相应功能就会获得在后台访问位置信息的权限。但是，在安卓 11（API 级别 30）及更高版本中，系统对话框不含“始终允许”选项，相反，用户必须在设置页面上启用后台位置信息，如图 8-7 所示。请求在后台访问位置信息的权限时，可以遵循最佳做法，帮助用户导航到此设置页面，授予权限的过程取决于应用的目标 SDK 版本。

（1）以安卓 11 或更高版本为目标平台的应用。

如果应用尚未获得 ACCESS_BACKGROUND_LOCATION 权限并且 shouldShowRequestPermissionRationale()返回 true，需要向用户显示包含以下内容的指导界面。

- 明确说明应用功能需要在后台访问位置信息的原因。
- 用于授予后台位置信息使用权的设置选项（例如，图 8-8 中的“始终允许”）的用户可见标签。可以调用 getBackgroundPermissionOptionLabel()获取此标签。此方法的返回值会根据用户设备的语言偏好设置进行本地化。
- 供用户拒绝授予权限的选项。如果用户拒绝应用在后台访问位置信息，他们应该能够继续使用应用。
- 用户可以通过点按系统通知来更改应用的位置信息设置。

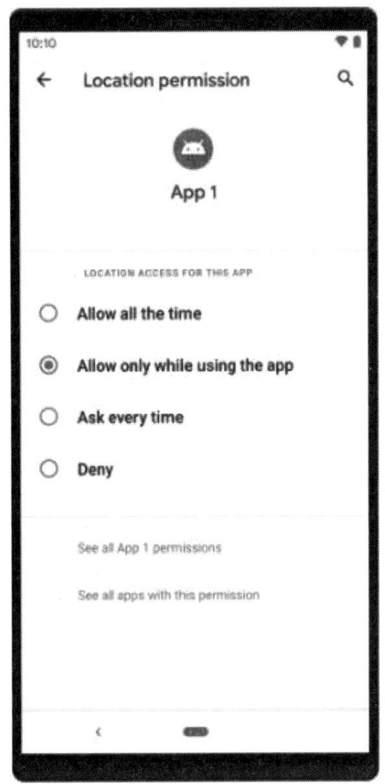

图 8-7　设置页面包含一个名为"始终允许"的选项，用于授予后台位置信息使用权

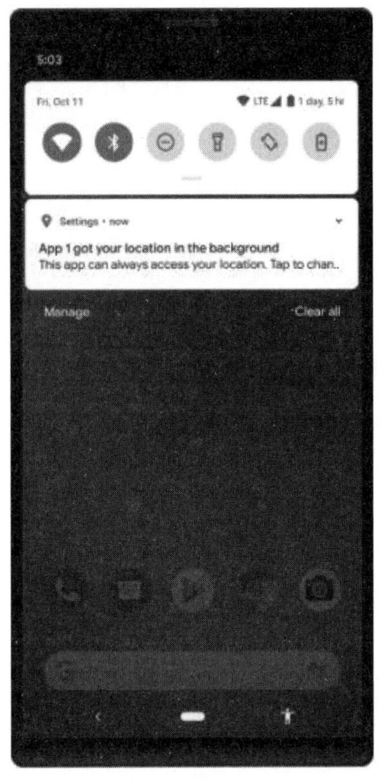

图 8-8　提醒用户他们已授予应用后台位置信息使用权的通知

(2) 以安卓 10 或更低版本为目标平台的应用。

当应用中的某项功能请求后台位置信息访问权限时，用户会看到一个系统对话框。此对话框包含一个选项，可用于导航到设置页面上的应用位置权限选项，只要应用已遵循有关请求位置信息权限的最佳做法，无须做出任何更改即可支持此行为。用户可能会影响后台位置信息的准确度，如果用户请求获取大致位置信息，用户在位置信息权限对话框中的选择也适用于后台位置信息。换言之，如果用户向应用授予 ACCESS_BACKGROUND_LOCATION 权限，但仅授予在前台访问大致位置信息的权限，那么应用在后台也只有大致位置信息的访问权限。在安卓 10 及更高版本中，当应用中的功能在用户授予后台位置信息访问权限后首次在后台访问设备位置信息时，系统会安排向用户发送一条通知。此通知旨在提醒用户他们已允许应用始终有权访问设备位置信息，示例通知如图 8-8 所示。

8.2　获取位置信息

安卓设备获取位置可以使用 GPS 和安卓网络位置提供器（Android Network Location Provider，NLP）。尽管 GPS 定位更精确，但缺点是只能在户外使用、耗电严重，并且其返回用户位置的速度远不能满足用户需求。网络位置提供器通过基站和 Wi-Fi 信号来获取位置信息，并且室内外均可使用，其速度更快、耗电更少。为了获取用户位置信息，可以同时使用

GPS 和安卓网络位置提供器，也可以二者任选其一。那么哪些因素决定了定位呢？获得用户信息是一个复杂的过程，有时候会发现获取的位置信息是错误的或者精度不高，原因有以下几种。

- 多种位置源：GPS、Cell-ID 和 Wi-Fi 都可以提供用户位置信息，每种源的精度是不同的，但是决定使用哪个源，需要权衡精度、速度和电池的容量。
- 用户的移动：当用户移动时，因为用户位置的改变必须经常定期获取用户位置，所以当用户在移动时，如果获取信息的频次越高，则用户位置信息越精确，但是高频次也会影响设备的运行效率和电量。
- 变化的精度：从每个位置源获得的位置估算在精度方面也是不一致的。例如，从一个位置上，10s 前获得的位置或许比从相同的或者不同的源上获取的最新位置精度更高。

在活动的 onCreate()方法中，按如下代码段所示，创建一体化位置信息提供程序客户端的一个实例，如代码 8-5 所示。

```
private FusedLocationProviderClientfusedLocationClient;
//..
@Override
protected void onCreate(Bundle savedInstanceState) {
    //...
    fusedLocationClient =
                    LocationServices.getFusedLocationProviderClient(this);
}
```

代码 8-5　创建一体化位置信息

创建位置信息服务客户端后，就可以获取用户设备最近一次的已知位置。当应用连接到这些设备后，就可以使用一体化位置信息提供程序的 getLastLocation()方法来检索设备的位置。此调用返回的位置信息的准确度取决于在应用清单中设置的权限，如介绍如何请求位置权限的指南中所述。如需请求最近一次的已知位置，请调用 getLastLocation()方法。以下代码段说明了这一请求以及简单的响应处理方法，如代码 8-6 所示。

```
fusedLocationClient.getLastLocation()
.addOnSuccessListener(this, new OnSuccessListener<Location>() {
    @Override
    public void onSuccess(Location location) {
        //Got last known location. In some rare situations this can be null.
        if (location != null) {
            //Logic to handle location object
        }
    }
});
```

代码 8-6　简单的响应处理方法

getLastLocation()方法会返回一个 Task，供用来获取具有地理位置经纬度坐标的 Location 对象。在以下情况下，该位置信息对象可能为 null。

- 设备设置中关闭了位置信息服务。即使之前检索到了最近一次的位置信息，结果也可能为 null，因为停用位置信息服务也会清除缓存。

- 设备从未记录自己的位置信息，新设备或者已经恢复为出厂设置的设备可能会发生此情况。
- 设备上的 Google Play 服务已经重启，且在服务重启后，没有已请求位置信息的活跃一体化位置信息提供程序客户端。为避免这种情况，可以创建新客户端并自行请求位置信息更新。如需了解详情，请参阅接收位置信息更新。

选择最佳位置信息估算值，FusedLocationProviderClient 提供了多种检索设备位置信息的方法。根据应用的用例，从以下选项中选择一项。

- getLastLocation()可更快地获取位置信息估算值，并最大限度地减少应用对电池用量的消耗。但是，如果最近没有其他客户端主动使用位置信息，则位置信息可能会过时。
- getCurrentLocation()可以更一致、更及时地获取更准确的位置信息。不过，这种方法会导致系统在设备上进行主动位置信息计算。

推荐使用这种方法来获取最新位置信息，并建议尽可能使用这种方法。与使用 requestLocationUpdates()自行启动和管理位置信息更新等替代方案相比，这种方法更安全。如果应用调用 requestLocationUpdates()，则在无法获取位置信息或者获取新位置后请求未正确停止时，会消耗大量电量。在使用位置服务开发应用时，上面这些因素都需要考虑。但首先需要知道怎样获取位置信息。以下是 android.location 包中几个关于定位功能的比较重要的类。

- LocationManager：提供访问系统定位服务。定位服务可以为应用程序提供周期性的设备的地理位置更新信息，或当设备进入某个地理范围时，发送应用程序说明的意图。
- LocationProvider：是一个抽象类，是不同定位提供者的父类，提供当前位置信息，并存储在 Location 类中。Android 设备有一些可用的 LocationProvider，表 8-2 列出了主要的 LocationProvider。

表 8-2 LocationProvider

LocationProvider	描　述
network	使用移动网络或 Wi-Fi 来确定最佳位置，在室内精度比 GPS 高
gps	使用 GPS 接收器来确定最佳位置，通常比网络精度更高
passive	允许参与其他组件位置更新以节省能源

- LocationListener：提供定位信息发生改变时的回调功能。必须事先在定位管理器中注册监听器对象。
- Criteria：使得应用能够通过在 LocationProvider 中设置的属性来选择合适的定位提供者。

在安卓中，可以通过回调的方法得到用户位置。使用 LocationManager 类，向其 requestLocationUpdates()方法传入一个 LocationListener 对象，就可以获得位置更新。在 LocationListener 中，必须要实现响应的几个回调方法，以便当用户位置信息和服务状态变

化时 LocationManager 调用。代码 8-7 使用一个简单的例子，说明了如何定义一个 LocationListener，并且请求位置更新。

```
//Acquire a reference to the system Location Manager
LocationManagerlocationManager =
        (LocationManager) this.getSystemService(Context.LOCATION_SERVICE);

//Define a listener that responds to location updates
LocationListenerlocationListener = new LocationListener() {
    public void onLocationChanged(Location location) {
        //Called when a new location is found by the network location provider.
        makeUseOfNewLocation(location);
    }
    public void onStatusChanged(String provider, int status, Bundle extras) {}
    public void onProviderEnabled(String provider) {}
    public void onProviderDisabled(String provider) {}
};
//Register the listener with the Location Manager to receive location updates
locationManager.requestLocationUpdates(LocationManager.NETWORK_PROVIDER,
                                        0, 0, locationListener);
```

代码 8-7　位置更新信息获取

在 requestLocationUpdates()方法的第一个参数是位置服务的类型，也就是程序通过什么来获取用户的位置信息；第二个参数是两次位置提醒之间的最小时间间隔；第三个参数是两次位置提醒之间的最小距离间隔（第二、三两个参数都为 0 表示尽可能频繁的请求位置信息）；第四个参数为 LocationListener。例如，每隔 30s 收集一次 GPS 信息，可以用如代码 8-8 所示的代码实现。

```
locationManager.requestLocationUpdates(LocationManager.GPS_PROVIDER,
                                        30 * 1000, 0, myListenGPS);
```

代码 8-8　每隔 30s 收集一次 GPS 信息

代码 8-7 中，选择的位置服务类型为 NETWORK_PROVIDER，而安卓系统提供两种位置服务类型，其中包括：

- LocationManager.GPS_PROVIDER。
- LocationManager.NETWORK_PROVIDER。

应用程序如果要使用这两种方式的定位服务，需要通过系统设置，如图 8-9 所示。

这两种方式的区别是什么呢？GPS_PROVIDER 提供精确的 GPS 定位，但在室内几乎无法定位而导致无法收集信息，即有定位盲区。GPS 定位的基本原理是测量出已知位置的卫星到用户接收机之间的距离，然后综合多颗卫星的数据就可以知道接收机的具体位置。要达到这一目的，卫星的位置可以根据星载时钟所记录的时间在卫星星历中查出，所以必须在户外使用。而 NETWORK_PROVIDER 为网络定位，其偏差较大，但无定位盲区，只要有网络一般都可以收集得到。网络定位简单来说就是当接入 Wi-Fi 时就使用 Wi-Fi 定位，当前接入 4G 网就是基站定位。实际上基站和 Wi-Fi 有单独的定位方式，只不过系统都封装到了 NETWORK_PROVIDER 方法中。除了 requestLocationUpdates()方法，

图 8-9　设置定位方式

LocationManager 类还提供了 getLastKnownLocation()方法，来获取上一次获取到的位置信息，而并非当前的 GPS 位置信息。为了从 NETWORK_PROVIDER 或 GPS_PROVIDER 获取位置更新，必须声明在应用程序的 AndroidManifest 文件中声明用户访问的 ACCESS_COARSE_LOCATION 或 ACCESS_FINE_LOCATION 权限，如代码 8-9 所示。

```
<manifest ... >
<uses-permission
android:name="android.permission.ACCESS_FINE_LOCATION" />
...
</manifest>
```

代码 8-9　定位服务用户权限设置

如果在应用程序中同时使用 NETWORK_PROVIDER 和 GPS_PROVIDER，就只需声明 ACCESS_FINE_LOCATION 权限。ACCESS_COARSE_LOCATION 只包含 NETWORK_PROVIDER 的权限。

适当地使用位置信息能够为应用的用户带来好处。例如，如果应用要在用户步行或驾车时帮助他们寻路，或者如果应用要跟踪资产的位置，那么就需要定期获取设备的位置信息。除了地理位置（纬度和经度）之外，可能还需要向用户提供其他信息，如设备的方位（水平行进方向）、高度或速度。Location 对象中提供了这些信息以及更多信息，应用可以从一体化位置信息提供程序中检索这些信息。作为响应，API 会根据 WLAN 和 GPS（全球定位系统）等当前可用的位置信息提供程序，以可用的最佳位置信息定期更新应用。位置信息的准确度由提供程序、已请求的位置权限以及在位置信息请求中设置的选项决定。下面将介绍如何在一体化位置信息提供程序中使用 requestLocationUpdates()方法请求对设备的位置信息进行定期更新。

设备的最后已知位置提供了一个方便的起点，确保应用在开始定期位置更新之前具有已知的位置。下面的代码展示了如何通过调用 getLastLocation()来获取最后已知位置。代码段假定应用程序已经检索到最后已知位置，并在全局变量 mCurrentLocation 中将其存储为 Location 对象。在请求位置更新之前，应用程序必须连接到位置服务并进行位置请求。通过更改位置设置，已经展示了如何执行此操作。一旦位置请求设置好了，可以通过调用 requestLocationUpdates()开始定期更新。根据请求的形式，一体化位置提供程序要么调用 LocationCallback.onLocationResult()回调方法并向其传递 Location 对象的列表，要么发出一个 PendingIntent 并在其扩展数据中包含位置信息。更新的准确度和频率受已请求的位置权限以及在位置请求对象中设置的选项的影响。此部分将展示如何使用 LocationCallback 回调方法来获取更新。调用 requestLocationUpdates()方法，并向其传递 LocationRequest 对象的实例和 LocationCallback。定义一个 startLocationUpdates()方法，如代码 8-10 所示。

```
@Override
protected void onResume() {
    super.onResume();
    if (requestingLocationUpdates) {
        startLocationUpdates();
    }
}

private void startLocationUpdates() {
    fusedLocationClient.requestLocationUpdates(locationRequest,
        locationCallback,
        Looper.getMainLooper());
}
```

代码 8-10　定义一个 startLocationUpdates()方法

注意，上面的代码段引用了布尔标志 requestingLocationUpdates，该标志用于跟踪用户已开启还是已关闭位置信息更新。如果用户已关闭位置信息更新，可以告知他们应用要求访问位置信息。定义位置信息更新回调，一体化位置信息提供程序会调用 LocationCallback.onLocationResult()回调方法。传入参数包含 Location 对象列表，其中包含位置的纬度和经度。以下代码段展示了如何实现 LocationCallback 接口并定义该方法，然后获取位置信息更新的时间戳，并在应用的界面上显示纬度、经度和时间戳，如代码 8-11 所示。

```
private LocationCallbacklocationCallback;
//...
@Override
protected void onCreate(Bundle savedInstanceState) {
    //...
    locationCallback = new LocationCallback() {
        @Override
        public void onLocationResult(LocationResultlocationResult) {
```

代码 8-11　实现 LocationCallback 接口并定义该方法

```
                if (locationResult == null) {
                    return;
                }
                for (Location location :locationResult.getLocations()) {
                    //Update UI with location data
                    //...
                }
            }
        };
    }
```

代码 8-11 （续）

停止位置信息更新，应考虑当活动不再获得焦点时（如当用户切换到另一个应用或切换到同一应用中的另一个活动时）是否要停止位置信息更新。这样便于减少耗电量，前提是应用即使在后台运行时也不需要收集信息。下面介绍如何在活动的 onPause()方法中停止更新。如需停止位置信息更新，可调用 removeLocationUpdates()，并向其传递 LocationCallback，如代码 8-12 所示。

```
    @Override
    protected void onPause() {
    super.onPause();
    stopLocationUpdates();
    }

    private void stopLocationUpdates() {
        fusedLocationClient.removeLocationUpdates(locationCallback);
    }
```

代码 8-12 调用 removeLocationUpdates()，并向其传递 LocationCallback

使用布尔属性 requestingLocationUpdates 跟踪当前是否开启了位置信息更新。在活动的 onResume()方法中，检查位置信息更新当前是否处于活跃状态，如果未处于活跃状态，请将其激活，如代码 8-13 所示。

```
    @Override
    protected void onResume() {
        super.onResume();
        if (requestingLocationUpdates) {
            startLocationUpdates();
        }
    }
```

代码 8-13 检查位置信息更新当前是否处于活跃状态

保存活动的状态，设备配置的更改（如屏幕方向或语言的更改）可能会导致当前活动被销毁，因此应用必须存储重新创建该活动所需的所有信息。为了实现此目的，一种方法是使用存储在 Bundle 对象中的实例状态。代码 8-14 展示了如何使用活动的 onSaveInstanceState()回调保存实例状态。

```
@Override
protected void onSaveInstanceState(Bundle outState) {
    outState.putBoolean(REQUESTING_LOCATION_UPDATES_KEY,
                        requestingLocationUpdates);
    //...
    super.onSaveInstanceState(outState);
}
```

代码 8-14　使用活动的 onSaveInstanceState()回调

定义一个 updateValuesFromBundle()方法，以从上一个活动实例恢复保存的值(如果有)。从活动的 onCreate()方法调用上述方法，如代码 8-15 所示。

```
@Override
public void onCreate(Bundle savedInstanceState) {
    //...
    updateValuesFromBundle(savedInstanceState);
}

private void updateValuesFromBundle(Bundle savedInstanceState) {
    if (savedInstanceState == null) {
        return;
    }
    //Update the value of requestingLocationUpdates from the Bundle.
    if (savedInstanceState.keySet().contains(
                                    REQUESTING_LOCATION_UPDATES_KEY)) {
        requestingLocationUpdates = savedInstanceState.getBoolean(
                REQUESTING_LOCATION_UPDATES_KEY);
    }
    //...
    //Update UI to match restored state
    updateUI();
}
```

代码 8-15　定义一个 updateValuesFromBundle()方法

如果应用需要请求位置信息或接收权限更新，设备就需要启用适当的系统设置，例如，GPS 或 WLAN 扫描。应用不应直接启用服务(例如设备的 GPS)，而应指定所需的准确度/耗电量以及更新间隔，然后设备就会自动对系统设置进行相应的更改。这些设置通过 LocationRequest 数据对象定义。本节介绍如何使用 Settings Client 检查启用了哪些设置，以及如何向用户提供"位置信息设置"对话框，让用户只需点按一下就可以更新自己的设置。为了使用 Google Play 服务和一体化位置信息提供程序提供的位置信息服务，使用 Settings Client 连接应用，然后检查当前的位置信息设置，并视需要提示用户启用所需的设置。如果应用的功能需要使用位置信息服务，应用必须根据这些功能的用例请求位置权限。如需保存向一体化位置信息提供程序发送的请求的参数，需要创建 LocationRequest。这些参数用于确定位置信息请求的准确度。如需详细了解所有可用的位置信息请求选项，本节将介绍如何设置更新间隔、最快更新间隔和优先级，具体如下所述。

(1) 更新间隔：setInterval()——此方法以毫秒为单位，设置应用接收位置信息更新的频率。请注意，为了优化电池电量的使用，位置信息的更新频率可能会高于或低于此频率，此外，也可能完全不更新位置信息（例如，当设备没有网络连接时）。

（2）最快更新间隔：setFastestInterval()——此方法以毫秒为单位，设置应用处理位置信息更新的最快频率。除非以快于 setInterval()中指定的频率接收更新对应用有益，否则无须调用此方法。

（3）优先级：setPriority()——此方法设置请求的优先级，此优先级可以明确地提示 Google Play 服务提供的位置信息服务应该使用哪些位置信息来源。支持使用以下值。

- PRIORITY_BALANCED_POWER_ACCURACY：使用此设置可以请求城市街区级别的定位精确度，即大约 100m。这是一个粗略的准确度，消耗的电量可能会比较少。使用此设置时，位置信息服务可能会使用 WLAN 和手机基站来进行定位。但请注意，位置信息提供程序的选择还取决于许多其他因素，例如，有哪些信息来源可用。
- PRIORITY_HIGH_ACCURACY：使用此设置可以请求尽可能精确的位置信息。使用此设置时，位置信息服务更有可能使用 GPS 确定位置。
- PRIORITY_LOW_POWER：使用此设置可以请求城市级别的定位精确度，即大约 10km。这是一个粗略的准确度，消耗的电量可能会比较少。
- PRIORITY_NO_POWER：如果不希望增加耗电量，又想及时获得可用的位置信息更新，请使用此设置。使用此设置时，应用不会触发任何位置信息更新，但会接收其他应用触发的位置信息更新。

创建位置信息请求并设置相关参数，如代码 8-16 所示。

```
protected void createLocationRequest() {
    LocationRequestlocationRequest = LocationRequest.create();
    locationRequest.setInterval(10000);
    locationRequest.setFastestInterval(5000);
    locationRequest.setPriority(LocationRequest.PRIORITY_HIGH_ACCURACY);
}
```

代码 8-16　创建位置信息请求并设置相关参数

将优先级 PRIORITY_HIGH_ACCURACY 与在应用清单中定义的 ACCESS_FINE_LOCATION 权限设置及 5000ms(5s)的快速更新间隔配合使用，可让一体化位置信息提供程序返回准确度在几英尺以内的位置信息更新，这种方法适用于实时显示位置信息的地图应用。性能提示：如果应用在收到位置信息更新后会访问网络或执行其他长时间运行的工作，将最快间隔调整为较慢的值，此调整可防止应用收到更新却无法使用。待长时间运行的工作完成后，再重新将最快间隔设置为较快的值。

获得当前位置信息设置，连接到 Google Play 服务和位置信息服务 API 后，即可获得用户设备的当前位置信息设置。如需实现此目的，请创建一个 LocationSettingsRequest.Builder，并添加一个或多个位置信息请求，代码 8-17 展示了如何添加在上一步中创建的位置信息请求。

```
LocationSettingsRequest.Builder builder =
                                     new LocationSettingsRequest.Builder()
.addLocationRequest(locationRequest);
```

代码 8-17　在上一步中创建的位置信息请求

接下来，检查是否满足了当前的位置信息设置要求，如代码 8-18 所示。

```
LocationSettingsRequest.Builder builder =
                                   new LocationSettingsRequest.Builder();
//...
SettingsClient client = LocationServices.getSettingsClient(this);
Task<LocationSettingsResponse> task =
                            client.checkLocationSettings(builder.build());
```

代码 8-18　检查是否满足了当前的位置信息设置要求

Task 对象完成后，应用可以通过查看 LocationSettingsResponse 对象中的状态代码，检查位置信息设置。如需更加详细地了解相关位置信息设置的当前状态，应用可以调用 LocationSettingsResponse 对象的 getLocationSettingsStates()方法。提示用户更改位置信息设置，如需确定位置信息设置是否适合位置信息请求，将 OnFailureListener 添加至验证位置信息设置的 Task 对象，然后检查传递到 onFailure()方法的 Exception 对象是否为 ResolvableApiException 类的实例，如果是就表示必须更改设置。接下来，通过调用 startResolutionForResult()方法显示一个对话框，请求用户授予修改位置信息设置的权限。以下代码段展示了如何确定用户的位置信息设置，是否允许位置信息服务创建 LocationRequest，以及如何在必要时向用户请求更改位置信息设置的权限，如代码 8-19 所示。

```
task.addOnSuccessListener(this,
                    new OnSuccessListener<LocationSettingsResponse>() {
    @Override
    public void onSuccess(LocationSettingsResponselocationSettingsResponse) {
        //All location settings are satisfied. The client can initialize
        //location requests here.
        //...
    }
});

task.addOnFailureListener(this, new OnFailureListener() {
    @Override
    public void onFailure(@NonNull Exception e) {
        if (e instanceofResolvableApiException) {
            //Location settings are not satisfied, but this can be fixed
            //by showing the user a dialog.
            try {
                //Show the dialog by calling startResolutionForResult(),
                //and check the result in onActivityResult().
                ResolvableApiException resolvable = (ResolvableApiException) e;
```

代码 8-19　确定用户的位置信息设置是否允许位置信息服务创建 LocationRequest

```
                resolvable.startResolutionForResult(MainActivity.this,
                        REQUEST_CHECK_SETTINGS);
            } catch (IntentSender.SendIntentExceptionsendEx) {
                //Ignore the error.
            }
        }
    }
});
```

代码 8-19 (续)

按照请求位置权限和隐私设置最佳做法页面中所述,应用应该只请求获得对于面向用户的功能所必需的位置权限,并以恰当的方式向用户披露请求的内容。大多数使用情形中,只有在用户与应用互动时才需要使用位置信息。如果应用需要在后台访问位置信息(例如,在实现地理围栏时),请确保这种访问对使用应用的核心功能起到至关重要的作用,能为用户提供明确的好处,并且采用一种让用户清楚知道的方式完成。注意:Google Play 商店已更新有关设备位置的政策,限制应用仅在实现核心功能所必需的情形下且在满足相关政策要求后才能请求后台位置信息访问权限。采用这些最佳做法并不能保证 Google Play 会批准应用在后台使用位置信息,详细了解与设备位置信息相关的政策变更。后台位置信息访问权限核对清单,使用以下核对清单确定潜在的后台位置信息访问逻辑。

(1) 在应用的清单中,检查是否有 ACCESS_COARSE_LOCATION 权限和 ACCESS_FINE_LOCATION 权限,验证应用是否需要这些位置权限。

如果应用以安卓 10(API 级别 29)或更高版本为目标平台,检查是否有 ACCESS_BACKGROUND_LOCATION 权限,验证应用是否具有需要有关权限的功能。

(2) 在代码中检查是否使用了位置信息访问 API(例如,Fused Location Provider API、Geofencing API 或 LocationManager API),例如,在以下结构中检查:

- 后台服务。
- JobIntentService 对象。
- WorkManager 或 JobScheduler 任务。
- AlarmManager 操作。
- 从应用控件调用的待定意图。

(3) 如果应用会使用访问位置信息的 SDK 或库,则视为应用需要该访问权限。

(4) 评估后台位置信息访问权限,如果发现应用在后台访问了位置信息,应考虑执行以下操作。

- 评估后台位置信息访问权限是否对应用的核心功能起到至关重要的作用。
- 如果不需要在后台访问位置信息,请移除此权限。

如果应用以安卓 10(API 级别 29)或更高版本为目标平台,请从应用的清单中移除 ACCESS_BACKGROUND_LOCATION 权限。移除此权限后,搭载安卓 10 的设备上的应用将无法选择始终访问位置信息。

- 确保用户知道应用在后台访问位置信息。在对用户而言并非显而易见的情形下,这一点尤为重要。
- 如果可能,请重构位置信息访问逻辑,以便仅在用户可以看到应用的活动时请求访问位置信息。

限制后台位置信息更新次数，如果后台位置信息访问权限对应用至关重要，请注意：在搭载安卓 8.0(API 级别 26)及更高版本的设备上，安卓系统为了延长设备电池的续航时间，采用了"后台位置信息限制"的设置。在这些版本的安卓系统中，如果应用在后台运行，其每小时只能接收几次位置信息更新。应详细了解后台位置信息限制。

在开发应用的过程中，需要对获取用户位置的模型进行效率测试。最简单的测试就是使用 Android 真机设备，但是如果没有一个真正的物理设备，也可以使用安卓虚拟机的虚拟位置进行基于用户位置的测试。向应用提供模拟位置数据的方法主要有三种：Eclipse、DDMS 或者模拟器控制台的"geo"命令行。由于提供模拟位置数据是使用 GPS 的数据类型，所以必须使用 GPS_PROVIDER 来获取位置更新，否则模拟数据无法工作。如果使用 DDMS 工具，可以使用多种方法模拟位置数据，其中包括向设备手动发送独立的经纬度；使用 GPX 文件向设备发送的一系列路径；使用 KML 文件向设备发送独立的一序列化的路径位置。如果使用模拟器控制台的"geo"命令行发送模拟位置数据，需要在安卓模拟器上装载应用，并在 SDK 下的 \tools 目录下打开设备终端的控制台，连接到模拟器控制台，如代码 8-20 所示。

```
telnet localhost <console-port>
```

代码 8-20　连接到模拟器控制台

然后向模拟控制台发送位置数据。"geo fix"发送固定的 geo 位置。这个命令接收十进制的经度和纬度，以及一个可选的海拔(单位：m)，如代码 8-21 所示。

```
geo fix -121.45356 46.51119 4392
```

代码 8-21　向模拟控制台发送位置数据

geo nmea 发送一个 NMEA 0183 句子，如代码 8-22 所示。

```
geo nmea $GPRMC,081836,A,3751.65,S,14507.36,E,000.0,360.0,130998,011.3,E*62
```

代码 8-22　发送一个 NMEA 0183 句子

8.3　定位最佳策略

基于位置的应用可谓数不胜数，但是由于很难提供最佳精度、用户位置移动、多种方法获取用户位置和尽可能减少耗电量等原因，使得获取用户位置变得较为复杂。要既减少电池的耗电量，同时又获取极佳的用户位置，必须定义一个长效模型来解决多种难题，说明应用如何获取用户的位置。当启动或停止监听位置更新，或使用缓存位置数据时此模型会被使用。下面是获取用户位置的典型流程。

(1) 启动应用。

(2) 一段时间后，开始监听定位提供者获取位置信息。

(3) 通过去除不够准确的位置更新来保持以最佳状态去获取位置信息。

(4) 停止监听获取位置信息。

（5）采用最新最好的位置。

图 8-10 通过使用时间线展示了获取用户位置更新的流程时间线，这个时间线体现了应用监听用户位置更新的各个时间段和各个时间段发生的事件。

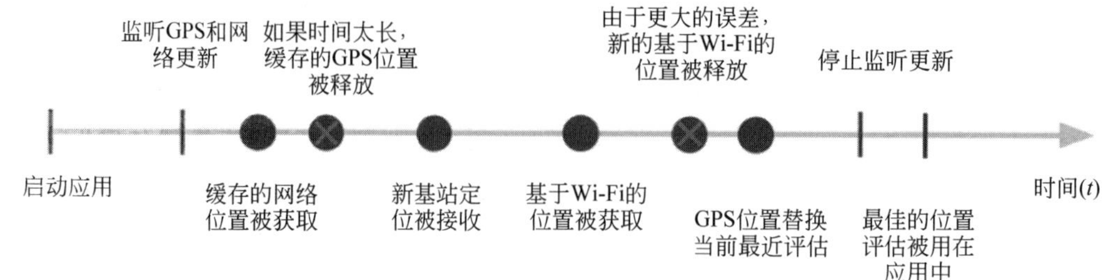

图 8-10 用户位置更新

在接收更新位置信息的这段时间，需要对一些关键点做出决策。

1. 决定开始监听更新的时刻

应用程序可以一启动就开始监听用户位置更新，也可以仅当用户触发特定的条件时才启动监听。但是要清楚地意识到两点：第一点是长时间的监听位置更新可能导致耗电量急剧上升，第二点是短时间的监听又可能使得用户位置获取的准确度不够。如上所述，可以通过调用 requestLocationUpdates()开始监听更新，如代码 8-23 所示。

```
LocationProviderlocationProvider = LocationManager.NETWORK_PROVIDER;
//或者使用 LocationManager.GPS_PROVIDER
locationManager.requestLocationUpdates(locationProvider, 0, 0, locationListener);
```

代码 8-23 通过调用 requestLocationUpdates()开始监听更新

2. 通过最后可知位置快速修正

位置监听器接收第一次位置更新所花费的时间长得可能让用户难以忍受。除非位置监听器接收到一个更精确的位置信息，应用程序应该暂时使用缓存中的用户位置信息，这个信息可以通过调用 getLastKnownLocation()方法来获取，如代码 8-24 所示。

```
LocationProviderlocationProvider = LocationManager.NETWORK_PROVIDER;
Location lastKnownLocation = locationManager.getLastKnownLocation(locationProvider);
```

代码 8-24 通过调用 getLastKnownLocation()方法来获取

3. 决定停止监听更新的时刻

根据应用程序的不同，决定什么时候停止监听最新的策略可能非常简单，也可能十分复杂。在获取位置信息和使用位置信息之间加入一点时间的延迟，可能提高位置获取的准确度。持续监听会消耗大量的电量，因此只要获取了所需的信息，应该通过调用 removeUpdates()停止监听更新，如代码 8-25 所示。

```
//移除先前添加的监听
locationManager.removeUpdates(locationListener);
```

代码 8-25 通过调用 removeUpdates()停止监听更新

4. 保持最佳的估算值

最新获取的位置信息可能是最精确的，但是由于位置修正的精确度经常变化，最新获取到的位置信息并不一定都是最准确的，因此需要基于一些规范添加选择位置信息的逻辑，这些规范可以根据具体的应用和现场测试的实例不同而有所变化，下面是确认位置修正可以采用的步骤。

(1) 检查是否最近得到的位置信息明显比以前的要新。

(2) 检查位置精度是好于还是差于之前的位置信息。

(3) 检查最新的位置信息是来自于哪一个提供者，并且判断这个位置信息相比之前的是否更加准确可靠。

代码 8-26 是符合上述逻辑的代码实现例子，说明了如何在应用程序中实现预定义好的策略和逻辑。

```
private static final int TWO_MINUTES = 1000 * 60 * 2;
/** 判断哪一种位置读取方式比当前的位置修复更加准确
 * @param location 新位置
 * @param currentBestLocation 当前的位置，此位置需要和新位置进行比较
 * /
protected booleanisBetterLocation(Location location, Location currentBestLocation) {
    if (currentBestLocation == null) {
        //A new location is always better than no location
        return true;
    }

    //检查最新的位置是比较新还是比较旧
    long timeDelta = location.getTime() - currentBestLocation.getTime();
    booleanisSignificantlyNewer = timeDelta> TWO_MINUTES;
    booleanisSignificantlyOlder = timeDelta< -TWO_MINUTES;
    booleanisNewer = timeDelta> 0;

    //如果当前的位置信息来源于两分钟前，使用最新位置，
    //因为用户可能移动了
    if (isSignificantlyNewer){
        return true;
    //如果最新的位置也来源于两分钟前，那么此位置会更加不准确
    } else if (isSignificantlyOlder) {
        return false;
    }

    //检查最新的位置信息是更加准确还是不准确
    int accuracyDelta = (int) (location.getAccuracy()
                                - currentBestLocation.getAccuracy());
    booleanisLessAccurate = accuracyDelta> 0;
    booleanisMoreAccurate = accuracyDelta< 0;
    booleanisSignificantlyLessAccurate = accuracyDelta> 200;

    //检查旧的位置和新的位置是否来自同一个 Provider
    booleanisFromSameProvider = isSameProvider(location.getProvider(),
```

代码 8-26　位置修正判断逻辑

```
        currentBestLocation.getProvider());

        //结合及时性和精确度,决定位置信息的质量
          if (isMoreAccurate) {
            return true;
        } else if (isNewer&& !isLessAccurate) {
            return true;
        } else if (isNewer&& !isSignificantlyLessAccurate&&isFromSameProvider) {
            return true;
        }
        return false;
    }

    /*** 检查两个提供者是否是同一个 * /
    private booleanisSameProvider(String provider1, String provider2) {
        if (provider1 == null) {
          return provider2 == null;
        }
        return provider1.equals(provider2);
    }
```

代码 8-26 （续）

5. 调整模型来保存电量和数据交换

当测试应用程序的时候,可能会在模型是要提供更佳的位置信息还是更佳的效率之间做出选择调整。

6. 减少窗口的大小

在一个较小的窗口下监听位置更新,意味着与 GPS 或者网络定位服务进行更少的交互,这样就可以保存电池电量。但是这样会使得可选位置变少,从而导致获取最佳位置信息变得困难。

7. 减少位置提供者的更新频率

在窗口中减少更新出现的频率也可以提高电池使用效率,但是这样会牺牲精确度。两者之间的权衡要依赖于具体的实际应用。可以通过增加 requestLocationUpdates()函数的第二个和第三个参数的值来减少更新的频率。

8. 仅支持一种位置信息提供者

根据应用程序的使用场景和对精度的要求,也许只需要在网络定位提供者和 GPS 之间选择一种提供者,而不是两者都需要。只和其中的一种服务进行交互可以大大地减少耗电的可能性。

8.4 信息获取实例

前面对有关定位服务的位置信息服务进行了阐述,下面利用一个简单的例子把这些知识连贯起来。这个例子可以在屏幕上显示手机设备当前位置的经纬度,当按下按钮时屏幕显示出当前经纬度对应的地址信息,下面是具体的步骤。

(1) 设置用户权限。在应用程序的 AndroidManifest.xml 文件中,添加设置访问位置提

供器的权限内容(见代码 8-9)。

(2) 定义布局等资源文件。在\res\layout 中定义用户界面的布局文件 activity_main.xml,在界面上定义一个按钮 show_address_button,用于响应从位置提供器中获取当前位置信息,然后在界面上显示当前位置的经纬度以及设备所在的地址。

(3) 创建或打开活动,获取视图对象。创建显示用户界面的 Activity 子类 ShowLocationActivity,并导入 activity_main.xml 定义的布局文件,获取按钮对象,并分别赋值给 showAddrBtn 变量。

(4) 获取 LocationManager 对象。从系统获取 LocationManager 对象,并创建 Criteria 对象,根据其精度和电池耗电量的标准,使用 LocationManager 的 getBestProvider()方法选取系统最符合要求的 LocationProvider,如代码 8-27 所示。

```
LocationManagerlocationManager =
                (LocationManager) getSystemService(Context.LOCATION_SERVICE);
Criteria criteria = new Criteria();
provider = locationManager.getBestProvider(criteria, false);
Location location = locationManager.getLastKnownLocation(provider);
```

代码 8-27　初始化提供位置服务的对象

(5) 定义自己的 LocationListener。

在 ShowLocationActivity 中创建自己的 MyLocationListener 实现 LocationListener 的接口,当位置发生变化时,把经纬度显示在屏幕上,如代码 8-28 所示。

```
private class MyLocationListener implements LocationListener {
    @Override
    public void onLocationChanged(Location location)   {
        String showLocation = "Current Location \n Latitude:  "
                              + location.getLatitude()
                              + "\n Longitude:  "+location.getLongitude();
        Toast.makeText(this,showLocation,
                Toast.LENGTH_SHORT).show();
    }

    @Override
    public void onProviderEnabled(String provider) {
        Toast.makeText(this, "Enabled new provider " + provider,
                Toast.LENGTH_SHORT).show();
    }

    @Override
    public void onProviderDisabled(String provider) {
        Toast.makeText(this, "Disabled provider " + provider,
                Toast.LENGTH_SHORT).show();
    }

    @Override
    public void onStatusChanged(String provider, int status, Bundle extras) {
```

代码 8-28　自定义位置监听器

```
        Toast.makeText(this, "Provider status changed",
                              Toast.LENGTH_SHORT).show();
    }
}
```

代码 8-28 （续）

（6）将 MyLocationLister 注册到当前的 LocationManager 对象。

在 ShowLocationActivity 的 onResume()方法中注册位置监听器，并设定位置更新信息获取的方式和间隔；在 onPause()方法中删除监听器监听位置更新信息，在 ShowLocationActivity 界面处于暂停状态时减少电池耗电量，如代码 8-29 所示。

```
MyLocationListenermyLtn = new MyLocationListener();
@Override
protected void onResume() {
    super.onResume();
    locationManager.requestLocationUpdates(provider, 400, 1, myltn);
}
@Override
protected void onPause() {
    super.onPause();
    locationManager.removeUpdates(myltn);
}
```

代码 8-29 注册监听器

（7）定义按钮的监听器。

在 ShowLocationActivity 的 onCreate()方法中使用匿名内部类的方式，定义 showAddrBtn 按钮的单击监听器，通过当前的经纬度获得确切的地址。由于实现经纬度与地址转换的代码比较烦琐，定义一个 private 的方法 getAddress()来实现，如代码 8-30 所示。

```
protected void onCreate(){
    ...
    showAddrBtn.setOnClickListener(new OnClickListener() {
        @Override
        public void onClick(View v) {
            Toast.makeText(this, "Address:  " + getAddress(),
                Toast.LENGTH_SHORT).show();
        }
     });
    private String getAddress(){
    Location currentLoc = locationManager.getLastKnownLocation(provider);
    Geocoder geocoder = new Geocoder(getBaseContext(), Locale.getDefault());
    try{
        List<String> addresses = new ArrayList<String>();
        List<Address>addr = geocoder.getFromLocation(currentLoc.getLatitude(),
                                              currentLoc.getLongitude(), 3);
        if(addr != null){
```

代码 8-30 经纬度转换为地址

```
            for(Address address:addr){
                String placeName = address.getLocality();
                String featureName = address.getFeatureName();
                String country = address.getCountryName();
                String road = address.getThoroughfare();
                String locationInfo = String.format("\n[%s] [%s] [%s] [%s]",
                                            placeName,featureName,road,country);
            }
        }
        return locationInfo;
    }
    catch(Exception e){
    throw new RuntimeException(e);
}
```

代码 8-30　（续）

运行 ShowLocationActivity，观察结果。

小　　结

本章主要介绍了安卓应用程序如何实现定位服务。安卓通过 android.location 包中的类为应用程序提供定位服务。定位框架中的核心组件就是 LocationManager 系统服务，其提供了支撑底层设备的定位 API。安卓设备可以使用 GPS 和安卓网络位置提供器来提供位置信息，提供与位置相关的服务。

图 书 资 源 支 持

感谢您一直以来对清华版图书的支持和爱护。为了配合本书的使用,本书提供配套的资源,有需求的读者请扫描下方的“书圈”微信公众号二维码,在图书专区下载,也可以拨打电话或发送电子邮件咨询。

如果您在使用本书的过程中遇到了什么问题,或者有相关图书出版计划,也请您发邮件告诉我们,以便我们更好地为您服务。

我们的联系方式:

清华大学出版社计算机与信息分社网站：https://www.shuimushuhui.com/

地　　址：北京市海淀区双清路学研大厦 A 座 714

邮　　编：100084

电　　话：010-83470236　010-83470237

客服邮箱：2301891038@qq.com

QQ：2301891038（请写明您的单位和姓名）

资源下载：关注公众号“书圈”下载配套资源。

资源下载、样书申请

书圈

图书案例

清华计算机学堂

观看课程直播